国之重器出版工程

网络强国建设

区块链技术与应用丛书

# 区块链技术指南

组编：杭州趣链科技有限公司

主编：邱炜伟　李　伟

副主编：黄方蕾　胡麦芳　张珂杰

電子工業出版社

Publishing House of Electronics Industry

北京 · BEIJING

## 内 容 简 介


本书通过三部分内容解码区块链核心技术，揭示这项颠覆性的技术掀起第四次工业革命背后的秘密。第一部分，基础架构篇，首先，向读者阐释了区块链的概念、发展、分类及架构，并对即将到来的区块链 4.0 阶段提供了前瞻性的思考；其次，通过模块化讲解的方式介绍了区块链通用技术架构体系，包括数据结构与账户体系、网络通信、共识算法、区块链安全、智能合约技术要点，并对上述五大模块核心技术进行了深度剖析。第二部分，拓展协议篇，针对当前区块链扩容协议、区块链治理与审计、跨链互操作技术和区块链+难题，提供了具有理论意义和实践意义的技术方案讲解。第三部分，应用实践篇，剖析了以太坊、Hyperledger Fabric 等各大主流区块链底层平台的架构与设计，并介绍了区块链测评的理论与方法，带领读者体验从开发环境准备、应用架构搭建到智能合约设计的全流程区块链应用研发，更深刻地理解和掌握区块链技术的应用模式和测评技术。

本书的目标读者是所有想充分了解区块链的人群。本书既包含区块链基础知识，又有对区块链核心技术的深入解读和讨论，可以帮助非专业人员系统地了解区块链，也可以帮助开发工程师更加快速、深入地投入到区块链的开发工作当中。





**图书在版编目（CIP）数据**

区块链技术指南 / 杭州趣链科技有限公司组编；邱炜伟，李伟主编. —北京：电子工业出版社，2022.1

（区块链技术与应用丛书）

ISBN 978-7-121-41952-2

Ⅰ. ①区… Ⅱ. ①杭… ②邱… ③李… Ⅲ. ①区块链技术—指南 Ⅳ. ①TP311.135.9-62

中国版本图书馆 CIP 数据核字（2021）第 183677 号

责任编辑：徐蕾薇　　　　特约编辑：田学清
印　　刷：北京七彩京通数码快印有限公司
装　　订：北京七彩京通数码快印有限公司
出版发行：电子工业出版社
　　　　　北京市海淀区万寿路 173 信箱　　　邮编：100036
开　　本：720×1000　1/16　印张：25.5　字数：457 千字
版　　次：2022 年 1 月第 1 版
印　　次：2024 年 12 月第 4 次印刷
定　　价：128.00 元

凡所购买电子工业出版社图书有缺损问题，请向购买书店调换。若书店售缺，请与本社发行部联系，联系及邮购电话：（010）88254888，88258888。

质量投诉请发邮件至 zlts@phei.com.cn，盗版侵权举报请发邮件至 dbqq@phei.com.cn。

本书咨询联系方式：xuqw@phei.com.cn。

# “国之重器出版工程”编辑委员会

**专家委员会委员**（按姓氏笔画排列）：

**于　全**　中国工程院院士
**王　越**　中国科学院院士、中国工程院院士
**王小谟**　中国工程院院士
**王少萍**　“长江学者奖励计划”特聘教授
**王建民**　清华大学软件学院院长
**王哲荣**　中国工程院院士
**尤肖虎**　“长江学者奖励计划”特聘教授
**邓玉林**　国际宇航科学院院士
**邓宗全**　中国工程院院士
**甘晓华**　中国工程院院士
**叶培建**　人民科学家、中国科学院院士
**朱英富**　中国工程院院士
**朵英贤**　中国工程院院士
**邬贺铨**　中国工程院院士
**刘大响**　中国工程院院士
**刘辛军**　“长江学者奖励计划”特聘教授
**刘怡昕**　中国工程院院士
**刘韵洁**　中国工程院院士
**孙逢春**　中国工程院院士
**苏东林**　中国工程院院士
**苏彦庆**　“长江学者奖励计划”特聘教授
**苏哲子**　中国工程院院士
**李寿平**　国际宇航科学院院士

**郑纬民** 中国工程院院士

**郑建华** 中国科学院院士

**屈贤明** 国家制造强国建设战略咨询委员会委员、工业和信息化部智能制造专家咨询委员会副主任

**项昌乐** 中国工程院院士

**赵沁平** 中国工程院院士

**郝 跃** 中国科学院院士

**柳百成** 中国工程院院士

**段海滨** “长江学者奖励计划”特聘教授

**侯增广** 国家杰出青年科学基金获得者

**闻雪友** 中国工程院院士

**姜会林** 中国工程院院士

**徐德民** 中国工程院院士

**唐长红** 中国工程院院士

**黄 维** 中国科学院院士

**黄卫东** “长江学者奖励计划”特聘教授

**黄先祥** 中国工程院院士

**康 锐** “长江学者奖励计划”特聘教授

**董景辰** 工业和信息化部智能制造专家咨询委员会委员

**焦宗夏** “长江学者奖励计划”特聘教授

**谭春林** 航天系统开发总师

# 《区块链技术指南》编委会


**组　编**　杭州趣链科技有限公司

**主　编**　邱炜伟　李　伟

**副主编**　黄方蕾　胡麦芳　张珂杰

**编　委**（按姓氏拼音排序）

曹立晨　端　豪　董剑辉　戴唯威　方儒玥　郭　威

何　昊　何　奇　金　鹏　江　哲　刘明美　李世敬

李旺泰　俞志斌　鲁校冉　刘　欣　卢益铭　马晓敏

乔沛杨　宋　宇　谭锦志　陶烨琪　陶勇星　王广任

汪晓可　魏新蕾　魏晓彤　吴志强　徐才巢　夏立伟

薛英才　叶晨宇　俞　欢　余　竞　杨　攀　姚文豪

郑柏川　赵超越　张丁文　周　蓉　曾　爽　郑银燕

# 序

当前，全球新一轮科技革命和产业变革方兴未艾，各行各业正在加速数字化转型，推动新一代信息技术与实体经济深度融合。区块链诞生至今，短短十多年时间已经取得了长足的发展，被认为是继互联网之后将对人类经济社会发展产生重大影响和变革的最具颠覆性技术，我国和全球主要经济发达国家都把区块链技术和应用上升为国家战略。

本书的作者深耕区块链行业 6 年多，一直致力于探索区块链技术前沿和行业应用，在区块链技术领域有着丰富的研发基础和实战经验。本书从区块链基础架构和原理讲起，深入浅出地介绍了区块链核心技术及拓展组件与平台，从区块链的基本原理和数据结构，到共识算法、密码学理论等核心组件，再到链上链下协议等区块链拓展协议，最后对市场上具有代表性的区块链平台做了细致的分析并提供了应用搭建指南，既有基础性的技术原理阐释和大量拓展性技术的解析，也有实践性很强的应用指导。我认为目前这是一本全面、专业、翔实的区块链技术指引，相信可以为区块链入门学习者和区块链开发者提供有效的指导和帮助。

中国工程院院士、浙江大学教授 陈纯

2021 年 9 月

# 前言

作为一项颠覆性技术，区块链以其去中心化、防篡改、可信任的特点，引领着全球新一轮技术和产业的双重变革，有望成为全球技术创新和模式创新的策源地，推动信息互联网向价值互联网变迁升级。目前，全球主要国家都在加快布局区块链技术发展，其应用已经延伸到了数字金融、物联网、智能制造、供应链管理、数字资产交易等多个领域。国内的区块链行业也已成星火燎原之势，2020 年 4 月，国家发改委首次将区块链与 5G、人工智能、云计算等新兴技术一起列入新基建范畴。在不远的未来，区块链将在更广阔的领域赋能产业升级，催生新的智能产业形态，助力构建包容、互信、可持续的数字化社会。

随着区块链技术上升至国家战略层面，在区块链这个新兴领域占据科技创新制高点、取得产业新优势具有十分重要的意义。目前，区块链行业百家争鸣，市面上区块链相关书籍众多，但多为商业与普及类书籍，且质量良莠不齐，我们急需一本能系统性深入介绍区块链基础理论知识和应用实践经验的指导性书籍，帮助大家驱走迷雾，从本质上了解区块链技术及其应用。

《区块链技术指南》恰好填补了这一空白，本书旨在提供全面翔实、国际领先的区块链技术指导，在区块链人才市场供不应求的当下，助力国家战略层面的专业化技术人才培养，推动区块链教学、研究与应用的发展。全书内容可分为基础架构、拓展协议、应用实践三个篇章。第一部分，基础架构篇，包含第 1～6 章，内容涵盖基本概念与架构、数据结构与账户体系、网络通信、共识算法、区块链安全及智能合约；第二部分，拓展协议篇，包含第 7～10 章，内容涵盖区块链扩容协议、区块链治理与审计、跨链互操作技术及区块链+，其中，区块链+探讨了区块链技术对物联网、大数据、工业互联网场景的赋能方式与意义；第三部分，应用实践篇，包含第 11～12 章，给出了以太坊、Hyperledger Fabric、Libra、Hyperchain 主流区块链平台的技术架构与使用实例，并介绍了区块链测评内容与测试工具。

凯文•凯利在《失控》一书中写道：“人们都说，没有什么能逃脱冷酷的热力学第二定律，宇宙的最后归宿是一片热死寂。但这不是故事的全部，宇宙在沉寂的同时，也在热闹起来，从旧物中带来新生、增加复杂性的新层次。宇宙充满了无尽的创造力。熵和进化，两者就像两支时间之矢，一头在拖拽着我们退入无穷的黑暗，一头在拉扯着我们走向永恒的光明。”科技具有向上的力量，牵引着人类社会不断迈步向前，希望有志于加入区块链行业的仁人志士能从本书中获益，加入此番科技革命的行列，为构建一个价值流通一体化的智慧社会添砖加瓦。

# 目 录

# 第1章 基本概念与架构

区块链技术起源于比特币开源项目，比特币这个独具神秘色彩的项目自2009年起已经稳定运行十余年，在没有任何机构和个人进行专职运维的情况下没有出现过一次服务暂停，现今已经创造出千亿市值。区块链技术正是比特币一切传奇和辉煌背后的底层核心支撑技术。区块链技术始于比特币，但不止于比特币，它博取经济学、密码学、博弈论、分布式系统等众多领域之长，背后带来的高可信、高可靠、高可用特性蕴藏着巨大的社会及商业价值，被认为是第四次工业革命浪潮中最重要且具有代表性的技术之一。本章旨在对区块链的基本概念与架构做一个简洁而全面的概述，让读者对区块链技术的背景、起源、发展脉络、分类及架构产生初步的认知，同时为后续章节阐述区块链技术理论知识奠定坚实的基础。

## 1.1 区块链概念

区块链概念起源于“神秘人物”中本聪于2008年发布的比特币白皮书，但10余年过去了，区块链仍没有一个标准的定义，然而这并不妨碍大家对区块链技术心驰神往，其对于技术的创新及商业社会的变革吸引着越来越多的人加入区块链的浪潮。本节首先对区块链技术进行简要概述，阐述区块链的价值和定义，然后介绍区块链的来源，使读者可以了解区块链的“前世今生”，最后介绍区块链独特的技术特点。

### 1.1.1 区块链技术概述

#### 1. 区块链与信任

货币和文字都是人类文明历史长河中最具特色的伟大发明，二者之间存

在着千丝万缕的关系，最早诞生的楔形文字就是当时苏美尔人用来记录商业交易信息的手段[1]（当时的流通货币为大麦，称为“大麦货币”）。文字承载信息，而货币承载信任，信任是一切商业行为的基础。货币是有史以来最普遍也最有效的互信系统[2]，其形态从实物货币、金属货币等实体货币逐渐演变为电子货币、数字货币等虚拟货币，从最开始作为既有实际价值又有信任价值的双向承载者演变为纯粹的信任承载者，货币体系的内核，就体现在信任上[3]。在经济学领域，信任被定义为一个主体评估另一个主体将采取某种特殊行为的主观概率水平。简单来说，对方在具有投机取巧的风险机会之下的策略就是信任的展现，而如何通过这种行为策略“计算”信任一直是各类学者重点研究的问题，鉴于人是有限理性的社会动物这一客观事实，目前还未构建出精确计算信任的环境和系统。区块链技术的出现给信任的计算带来了新的方向，它的精妙之处在于不是计算人或参与主体的信任，而是计算信任过程中行为的可信度，即如果一个行为的违约性越低，则其可信度越高，反之亦然。这样无须在第三方进行背书的条件下就可以用风险成本和收益成本的设计模型重新定义信任，区块链开创了一种在不可信的竞争环境中低成本建立信任的新型计算范式和协作模式。

区块链作为一种新型可信协作模式，有望对新型生产关系的促进和经济社会的发展产生深远影响，国家对该项技术也极为重视。2016 年，国务院印发的《“十三五”国家信息化规划》将区块链纳入新技术范畴并当作前沿布局。2019 年 10 月，习近平总书记在主持中共中央政治局第十八次集体学习时强调，“区块链技术的集成应用在新的技术革新和产业变革中起着重要作用。我们要把区块链作为核心技术自主创新的重要突破口，明确主攻方向，加大投入力度，着力攻克一批关键核心技术，加快推动区块链技术和产业创新发展。”2020 年 4 月，国家发改委召开例行在线新闻发布会，明确将“区块链”纳入新型基础设施的信息基础设施中。区块链蕴含巨大的变革潜力，有望发展为数字经济信息基础设施的重要组件[4]。

### 2. 区块链定义

区块链目前尚未形成行业公认的定义，但对其定义解读的角度多种多样。

**中本聪论文定义：**中本聪的论文 *Bitcoin：A Peer-to-Peer Electronic Cash System* 指出，区块链是用于记录比特币交易账目历史的数据结构，每个区块的基本组成都由上个区块的散列值、若干条交易及一个调节数等元素构成，矿工通过工作量证明（PoW）来维持持续增长、不可篡改的数据信息，这是对于区块链最早的描述。论文中虽然介绍了区块链技术的要点和原理，但并未直接出现“Blockchain”（区块链）一词，给大家留下了丰富的想象和讨论空间。最终区块链这一命名由相关机构组织公开投票选出。

**维基百科定义：**区块链是凭借密码学算法串接起来并对内容进行保护的串联文字记录（区块）。每个区块都包含上个区块的加密散列、时间戳及交易数据（通常用默克尔树（Merkle Tree）计算的散列值表示），这样的设计使得区块中的内容具有不可篡改的特性。用区块链技术串接的分布式账本能让双方有效记录交易，且可永久查验此交易。

**机构及专家定义：**区块链是一种利用块链式数据结构验证与存储数据，利用分布式节点共识算法生成和更新数据，利用密码学手段保证数据传输和访问的安全，利用由自动化脚本代码组成的智能合约编程和操作数据的全新分布式基础架构与计算范式；区块链是大家共同参与记账的分布式账本，其通过单节点发起，全网广播、交叉审核、共同记账；区块链是建立信任的机器等。

### 3. 区块链结构

区块链技术体系剥离了中心化的权威机构，通过分布式共识机制和加密算法来解决分布式系统中的信任和安全问题，区块链记录不可篡改，无须第三方机构进行信任担保，适合多个机构在区块链网络中相互监督并实时对账。区块链通过智能合约提高经济活动与契约的自动化程度，从而在多方协作的业务场景下提高业务效率、降低业务成本。其数据组织如下。

- 交易（Transaction）：类比传统金融的交易定义。区块链中的交易是使底层数据状态发生变化的操作请求，每笔交易都对应唯一的交易哈希值。在使用过程中，多笔交易在一段时间内会被打包，形成一个区块，供多方查验。
- 区块（Block）：一段时间内交易和底层数据状态结果打包的集合。系统在一次共识之后通常会生成一个区块，生成区块的时间间隔可以动态改变。
- 链（Chain）：区块按照时间顺序向后追加形成一个串联的链，记录整个账本的状态变化，每个区块都会记录上个区块的哈希值，区块交易是否合法可以通过计算哈希值快速校验。

- 账本（Ledger）：交易是由分布式系统中的多个节点共同记录的。每个节点都记录完整的交易信息，因此它们都可以监督交易的合法性并验证交易的有效性。不同于传统的中心化技术方案，区块链中任何一个节点都没有单独记账的权限，避免了因单一记账人或节点被控制而造假的可能。另外，由于全网节点都参与记账，因此除非绝大部分节点（数量由系统容错性决定）被破坏，否则交易记录不会丢失，保证了数据的安全。

### 1.1.2 区块链技术来源

#### 1. 技术来源

上文提到的“中本聪”是一个具有神秘色彩的人物，其真实身份至今无从得知，2008 年，他（她）在密码学邮件组中发表了论文 *Bitcoin：A Peer-to-Peer Electronic Cash System*（《比特币：一种点对点的电子现金系统》），提出了一种全新的、完全点对点的、可抛弃可信第三方的电子现金系统[5]；2009 年，比特币正式上线并发布创世区块，发行比特币 2100 万个，将在 2040 年全部发行完毕。比特币的诞生并不是一蹴而就的，任何一个现象级的技术出现，必然有一个深远而漫长的前序。

区块链技术起源于比特币，集密码学算法、分布式共识机制、点对点网络、时间戳等技术之大成，是一种基于零信任基础、去中心化的分布式系统。早在比特币以前，上述技术就有了很长的发展历史。在 20 世纪 80、90 年代，有一个想通过密码学算法改变世界的神秘联盟“密码朋克”（Cypherpunk），该联盟成员发现当时社会个人隐私和权限的侵蚀相当严重，在数字时代，保护隐私对于维持社会的开放性是至关重要的，于是这些热衷于加密算法的联盟成员每天都通过邮件进行技术交流，实现自己改变世界的想法，他们是数字货币最早的传播者。在其成员之中，密码破译专家大卫·乔姆在 1981 年的研究奠定了匿名通信的基础，并创建了数字化货币 Ecash[6]（Electronic Cash，电子现金）系统，作为以数据形式流通的货币；英国密码学家亚当·贝克在 1997 年发明了哈希现金（HashCash），采取 PoW 共识算法，通过一些额外的工作成本解决互联网上散布垃圾信息的问题[7]；同年，哈伯和斯托尼塔提出了用时间戳保证数字文件安全的协议，后续发展为比特币协议的基础[8]；戴维在 1998 年发明了数字货币系统 B-Money，强调点对点交易及不可篡改的交易记录，也为比特币协议奠定了基础[9]。

### 2. 比特币

通过上文相信各位读者已经了解了比特币的价值与来源，比特币之所以会引起广泛的热捧与讨论，是因为它是首个完全通过技术方式实现、无须中心化机构管理运维、安全可靠的数字货币系统。传统货币，如纸质货币、电子货币，大家都比较熟悉，但是和比特币对比，二者具有很大的差别，如表 1-1 所示。

表 1-1　传统货币与比特币对比

| 对　比　点 | 传统货币（纸质货币或电子货币） | 比　特　币 |
| --- | --- | --- |
| 发行 | 第三方机构，如中国人民银行 | 分布式共识机制 |
| 交易 | 货币由持有者进行转移，通过第三方机构进行交易流转 | 货币由持有者进行转移，通过点对点网络进行交易流转 |
| 真伪辨别 | 第三方机构 | 密码学算法 |
| 双花问题 | 中心化系统进行统一结算，不会出现双花问题 | “数字”资产转移，可通过分布式共识机制和 UTXO 模型解决双花问题 |
| 安全性 | 第三方机构保证 | 系统自身保证 |

可以看到，同样是资产交易的流转，比特币没有依靠第三方机构进行担保管控，而寻求分布式共识机制、密码学算法自给自足、组织管理。这样相对于传统中心化系统的好处在于以下两点。

（1）**避免了中心化系统被攻击、交易成本高的问题：**中心化顾名思义只有一个中心化系统进行统一管理，如果这个中心化系统被攻击或无法连接，那么整个系统将会瘫痪，造成不可逆的损失；除此之外，第三方机构交易会存在额外的手续费，这是第三方机构提供交易服务而产生的必然成本，这部分成本需要用户自己承担；用户还需要防范诈骗、盗刷、伪造等资产骗局，承担安全风险。

（2）**适用于“无强势中心”的场景：**最典型的就是跨境贸易场景，由于发生贸易的两国的外汇储备不足，汇率变化导致两国意见不统一，每个国家都会更倾向于相信本国的银行系统，那么由谁来定夺将会是一个棘手的问题。

基于上述愿景，比特币设计了一套合理的货币发行机制，建立了一套可靠的交易记录系统，可以跨境交易，全球任何地方的用户都可以访问，这相对于每个国家独立、自成体系的银行系统具有更高的普适性，可以准确、可追溯地记录每笔在比特币系统中发生的交易，并且保证交易记录无法被恶意篡改。

基于上述目标，比特币通过分布式共识机制、密码学算法、块链式数据结

构等技术完成了系统的构建，具有点对点传播、匿名性、交易可追溯、记录不可篡改等特性。

从技术层面上讲，区块链本质上是一个基于点对点网络（peer-to-peer）的分布式账本，数据由一串串相连的区块数据构成，相邻区块数据之间相互链接，其链接指针是采用密码学和哈希算法对区块头进行处理所产生的区块头哈希值。每个区块数据中都记录了一组采用哈希算法组成的树状交易状态信息，保证了每个区块内的交易数据都不可篡改，区块链里链接的区块也不可篡改。比特币的具体交易记录会保存在区块数据中，比特币系统大约每 10 分钟产生一个区块，如图 1-1 所示，每个区块一般都包含区块头（Header）和区块体（Body）两部分，区块头封装当前的父区块哈希（Prev-Block）、版本号（Version）、默克尔根（Merkle Root）、时间戳（Timestamp）、难度（Target）、随机数（Nonce）信息。

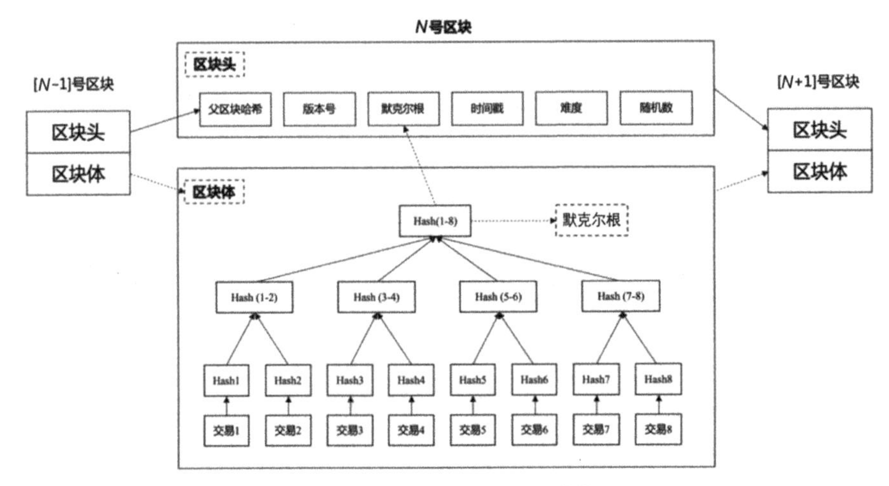


图 1-1　区块链中的区块结构

区块头字段说明如表 1-2 所示。

表 1-2　区块头字段说明

| 字 段 名 称 | 字 段 说 明 |
|---|---|
| 父区块哈希 | 前一区块的哈希值，使用 HASH(HASH(父区块头))计算 |
| 版本号 | 区块版本号，表示区块遵守的验证规则 |
| 默克尔根 | 该区块中所有交易的默克尔根的哈希值，采用 HASH(HASH(父区块头))计算 |
| 时间戳 | 该区块产生的近似时间，精确到秒的 UNIX 时间戳 |
| 难度 | 该区块 PoW 共识算法的难度目标，使用特定算法编码 |
| 随机数 | 满足难度目标所设定的随机数，为了解决 32 位随机数在难度增大时不够用的问题，随机数位数可扩展 |

比特币中采用 PoW 共识算法选择谁来记录交易并获得奖励（这个过程通常称为矿工“挖矿”），上述过程中的区块就是在挖矿过程中产生和确认的。挖矿是一种穷举随机数的算法，把上个区块的区块哈希加上 10 分钟内的全部交易打包，再加上一个随机数，计算出一个哈希值，规则需要随机数生成的哈希值满足一定条件（如 00000 开头），就可以获得这个区块的交易记账权。新产生的区块需要快速地广播出去，以便其他节点对其进行验证，防止造假。当记账成功时，获得区块奖励，也就是挖到了比特币。

### 1.1.3 区块链技术特点

#### 1. 去中介化

去中介化是区块链技术最突出的技术特性，不同于传统应用的中心化数据管理，区块链技术不依赖额外的第三方机构或硬件设施，抛开基于中心化机构的信任评估、授权与担保，通过“机器信任”，即技术手段的方式，实现各个节点信息的自我验证、传递和管理。去中介化主要体现在网络架构和处理执行层面。

网络架构层面，不同于传统的星形拓扑网络，网络中存在一个中心网络节点，区块链拓扑网络为 P2P（Peer-to-Peer，点对点）网络，其特点是任何一个节点的失效都不会影响其他节点之间的连接通信，极大地提高了网络容错性。

处理执行层面，区块链网络中不存在中心决策节点，即“中央节点”，所有节点承担的功能都是对等的，每个节点都可以独立处理、执行、决策、存储，最终通过分布式共识机制达成整个系统的统一。

#### 2. 不可篡改

记录在区块链上的数据会永远存在区块链上，一旦上链不可删除且极难篡改，这增强了链上信息的可信、可靠性。不可篡改主要体现在两个层面。

一是架构层面，区块链采取分布式全冗余存储，相当于区块链中的每方（每个节点）都有全量的数据，如果一方被篡改，那么所有方在共识过程中就会发现一方数据不一致从而进行错误处理，除非本次篡改得到了多方的同意。例如，比特币掌握 51%及以上的算力，联盟链掌握 1/3 以上的投票权（该系统采用拜占庭容错算法）。这种掌握多数话语权的方式在分布式系统中极难实现，成本极高。

二是数据存储结构层面，区块链采用区块结构链式存储，每个区块中都保存着独一无二的区块哈希，并且该区块哈希会存储到下个区块中，下个区块哈希会存储到下下个区块中，从而形成链，当区块中的数据被篡改时，区块哈希会随之进行变化，造成本区块的区块哈希和下个区块的区块哈希记录的值不一致，除非后续区块中的区块哈希全部更改，这需要掌握区块链网络中的大多数算力或投票权，显然这很难实现。综上所述，区块链通过分布式全冗余架构及密码学算法保证区块链上数据的不可篡改。

#### 3. 可追溯

区块链通过在块链式结构上标记时间戳的方式，达到可验证、可追溯的效果。交易的每次变更都会按照时间顺序记录在区块链上，并且将交易记录前后关联，最终形成一个完整的链，用户可以检索从源头到最终的所有交易信息，并且整个链的信息不可篡改和伪造，这样的特性可以很好地用于法律公证、知识产权等时间敏感的领域。

#### 4. 可信任

除了上述去中介化、不可篡改和可追溯特性，区块链还通过密码学算法对链上敏感的交易数据进行加密，用户需要具有相关权限才能访问，并且无须第三方机构，能够很好地解决不信任的问题。

## 1.2 区块链发展

2009 年至今，区块链技术经历了 10 余年的发展，从在“极客圈”小部分人的爱好，到社会上万千大众对数字货币的狂热，再到回归技术本质的冷静。整体从乱象丛生到回归秩序，区块链的发展可谓是跌宕起伏。区块链的诞生并不是一蹴而就的，技术发展和产业应用是两个互相促进正向反馈的因子，在内部因子和外部因子的双重驱动下，区块链技术迸发出了持续的生机和活力，奋勇发展。下面将介绍区块链的发展历程，大致可以分为 3 个阶段：区块链 1.0、2.0、3.0。

**区块链 1.0——“可编程货币”**

在区块链 1.0 阶段（2008—2013 年），区块链技术的核心在于数字货币领域，以比特币为代表的加密数字货币主要解决了行业内长期存在的“双花问题[9]”和“拜占庭将军问题[10]”，双花问题主要研究在没有中心化或第三方机构的存在下，如何确保一笔交易的数字货币不被多次消费，不同于纸质货币，数字货币具有无限复制性；拜占庭将军问题主要研究在存在欺骗和错误的通信

环境下，多个分布式参与方如何就同一决策达成一致。区块链通过点对点网络、密码学算法、分布式共识机制、区块结构链式存储等底层技术很好地解决了上述问题。后来出现的数字货币，如莱特币、狗狗币等的底层技术都是基于比特币区块链进行优化实现的，其架构一般可分为三层。

- 区块链层：区块链层是整体架构的核心，包括共识过程、消息传递、数据存储等核心功能。
- 协议层：协议层提供一些软件服务、规则制定等。
- 货币层：货币层主要作为价值表示，在用户之间传递价值，相当于一种货币单位。

可能有人会想，在有了银行、支付宝、Visa、PayPal 等便捷又好用的服务设施后，为何还需要加密数字货币？在区块链 1.0 阶段，基于区块链技术构建了很多去中心化的数字支付系统，一笔交易可以直接由两个单独的个体发起和完成，很好地解决了货币、汇兑、支付手段等方面的信任、流通、风险问题，给传统的金融体系带来了一定的冲击。区块链的思想始于货币但不止于货币，其有望用一种完全分布式、全球化的方式在个体之间分配和交易各种资源和价值信息，成为一个全球性的可编程开放式网络。

**区块链 2.0——“可编程金融”**

承载着成为全球性的可编程开放式网络的愿景，伴随着图灵完备的智能合约系统的出现，区块链走进了 2.0 阶段。区块链 1.0 阶段的加密数字货币，在区块链网络中交易处理脚本语言只能完成货币资产交换的简单操作，但现实社会中不仅有货币资产的交易，还有股票、债券、产权、合同等各式各样、有形无形的资产需要进行转移和交换等复杂逻辑操作，简单的脚本语言无法发挥出区块链技术的潜在能量。所以业界逐渐将关注点转移到运行在区块链上的模块化、可重用、完备的自动执行脚本语言：智能合约。从此，区块链的应用范围从数字货币领域延伸到金融交易、证券清算和结算、身份认证等商业领域，涌现出很多新的应用场景，如金融交易、智能资产、档案登记、司法认证，DApp（去中心化应用）、DAC（去中心化自治企业）等。

以太坊是区块链 2.0 阶段的代表性平台，其主要提供一个图灵完备的智能合约系统，通过编写以太坊独立研发的 Solidity 智能合约，开发者可以编程开发任何 DApp，如投票、域名、金融交易、众筹、知识产权、智能财产等。根据以太坊白皮书所述，以太坊平台应用有三种类型。

- **金融应用：**为用户提供更强大的资产管理和参与智能合约的方法。包括子货币、金融衍生品、对冲合约、遗嘱等涉及金融交易和价值传递的应用，甚至一些种类全面的雇佣合约。
- **半金融应用：**既涉及金钱方面也涉及非金钱方面。例如，为解决计算问题而设的自我强制悬赏。
- **非金融应用：**如在线投票、DAO（去中心化自治组织）等不涉及金钱方面的应用。

在区块链 2.0 阶段，以智能合约为主导，逐渐形成区块链强大的生态系统：各式各样的协议和与钱包相关的项目（瑞波币、SoinSpark）、开发平台和 API（blockchain.info）、基于区块链的存储通信与计算（Storj、IPFS）、DApp、DAO、DAC、DAS（去中心化自治社会）。越来越多的金融机构、初创公司和研究团体加入区块链技术的探索行列，推动区块链技术的迅猛发展。

**区块链 3.0——“可编程社会”**

随着区块链技术的不断发展，其不仅可以重塑货币、支付、金融及经济形态等方面，更广泛地看，还可以超越货币和经济，走向政务、科学、社交、文化、工业、艺术等更广大的舞台，这就是区块链 3.0 阶段。区块链技术从根本上成为低成本、低摩擦、高信任、高效率的新范式，过去大数据应用的核心瓶颈如“数据隐私”“数据孤岛”“数据确权”等，都可以通过区块链加密技术和智能合约技术解决；技术信任机制保障资源和价值可以在更大范围内有序流动，实现全球资源和资产的优化配置；政府与市场、政府与社会的关系在新的信息基础设施平台上得以重构；“数字治理”成为国家治理现代化的底层支撑。在物联网、医疗、供应链管理、社会公益等行业不断有新的应用涌现。例如，在智能化物联网应用中，汽车可以自动订购汽油、预定检修服务或清洗服务，冰箱可以自动订购商品，甚至空调和冰箱可以谈判如何错峰用电。我们可以大胆构想，区块链技术将广泛而深刻地改变人们的生活方式，重构整个社会，成为促进社会经济发展的理想框架。

**但同样要注意的是，**区块链技术虽然有许多潜在的用途和发展方向，但就像互联网没有渗透到生活的所有角落一样，并不是所有的场景都需要点对点交易、公共记录、去中心化等区块链模式，如无须公开的个人信息存储。我们应该理性地看待区块链技术，根据实际的用途和类别有的放矢，才能让区块链技术更好地发展。

## 1.3　区块链分类

区块链技术经历了三次大的技术演进，产生了较为典型的区块链平台，如 2009 年的比特币、2013 年的以太坊、2015 年的 Hyperledger Fabric 和趣链区块链平台。区块链按照开放程度可分为公有链（Public Blockchain）、联盟链（Consortium Blockchain）与私有链（Private Blockchain）三类，这是目前行业内最常见的分类方式；按照节点准入权限可分为许可链（Permissioned Blockchain）与非许可链（Permissionless Blockchain）。其中，联盟链和私有链属于许可链，公有链属于非许可链。其主要特点和区别如表 1-3 所示。

表 1-3　公有链、联盟链与私有链的对比

| 项目 | 公　有　链 | 联　盟　链 | 私　有　链 |
| --- | --- | --- | --- |
| 中心化程度 | 完全去中心化 | 多中心化 | 完全中心化 |
| 参与方 | 任何人 | 联盟成员机构 | 个体或机构内部 |
| 记账人 | 所有参与方 | 联盟成员协商确定 | 自定义 |
| 信任机制 | 全民背书 | 联盟背书 | 自行背书 |
| 共识算法 | PoW/PoS/DPoS | BFT 类/RAFT | RAFT |
| 激励机制 | 需要 | 可选 | 不需要 |
| 性能表现 | 弱 | 较强 | 强 |
| 典型应用场景 | 加密数字货币 | 业务协作、数据共享 | 数据库管理、审计 |

公有链是完全开放且去中心化的区块链系统，没有节点准入权限，任何人都可以选择参与链上的事务运作，如链上数据读写、验证和创建区块等。公有链内的网络节点地位平等，不存在中心节点或权限优势的节点，节点无须授权便可自由加入或退出，因此公有链属于非许可链。公有链的典型代表有比特币、以太坊等，它们将共识算法、加密验证与激励机制结合起来，构建节点间的信任，完成区块链数据的验证与读写。公有链的共识算法支持大规模网络和数据扩展，并对算法容错性提出较高要求，如比特币的 PoW、PoS 等。同时，公有链的稳定运行离不开经济激励，一般通过发行比特币、以太币等 Token（代币）来吸引大量节点主动合作，共同维护链上数据的安全。

公有链的优点在于所有数据公开透明、不可篡改，并且链上账户不会与现实身份进行绑定，具有较高的匿名性；但与此同时，由于公有链的共识过程需要大量网络节点共同参与完成，因此造成了其交易吞吐量低且交易速度缓慢的问题，如比特币每秒只能处理 7 笔交易。基于上述特点，公有链通常适用于完全去中心化、全民监督、全网自治的应用场景，如数字加密货币。同时可以

促进 DApp 发展，有助于推动“可信数字化”时代进步。

联盟链是多中心化的区块链系统，通常由若干实体机构形成一个组织或联盟，并按照一定的规则共同参与记账。联盟链具有严格的节点准入权限，只有经过授权的节点才能加入，其系统维护规则和数据读写权限通常由联盟成员共同协商制定。联盟链的共识过程由预先确定的节点控制，一般不采用资源浪费型的 PoW 共识算法，而采用分布式一致性算法，如 PBFT（Practical Byzantine Fault Tolerant，实用拜占庭容错）、RAFT 等。此外，与公有链相比，联盟链通过多中心化的互信达成共识，因而激励机制不是必要选项。

联盟链属于许可链的一种，在交易成本、性能效率、隐私保护、监管审计等方面具有更大的优势，适用于机构间共享数据服务的应用场景，如资产清算、数据可信存证、去中介交易等。典型的联盟链代表有 Linux 基金会超级账本（Hyperledger）项目、R3 区块链联盟 Corda 项目、趣链区块链平台项目等，目前，基于这些联盟链底层平台开发的应用已经涉及金融、医疗、政务、能源、IoT 等领域，并且仍在不断拓展。

私有链是完全中心化的区块链系统，仅对单独的个人、实体或私有组织开放，其数据读写权限由中心机构控制，根据实际需求赋予特定机构，或者选择性地对外开放。和联盟链一样，私有链也是许可链的一种，区别在于私有链的节点准入权限只掌握在单一机构手中。由于私有链的信任机制是由中心机构自行背书的，因而不需要激励机制，私有链在三者中拥有最优的性能表现和最低的交易成本。私有链需要依赖掌控绝对权限的中心机构，其本质和中心化的数据库系统无异，因而面临高权限节点易受攻击、信任缺失等风险，但由于其不可篡改、可追溯的特性，私有链在机构内部的数据库管理、财务审计、办公审批等方面具有较高的应用价值。

对于不同种类的区块链选择，应视具体应用场景而定，侧重于可信度与开放性，对交易速度不苛求的应用场景，公有链更有发展潜力；对于更加注重隐私保护、权限控制，对系统性能和监管审计等有较高要求的应用场景，联盟链或私有链更加适用。

## 1.4 区块链架构

综合当前区块链技术的发展与现状，本书总结提出区块链体系技术架构图，如图 1-2 所示。整体来看，区块链体系技术架构分为基础协议、扩展协议和生态组件。区块链是融合了分布式存储、点对点网络、分布式一致性算法、密码学算法等多领域、多学科的新型技术，这些技术构成了区块链的技术内核，因此，基础协议包括数据结构与账户体系、网络通信、共识算法、安全体系、智能合约。随着区块链应用和技术的不断发展，基础的区块链架构在可扩展性、监管合规化、互操作性等方面的问题逐渐凸显，无法支撑大规模商业应用，由此区块链技术也逐渐发展和裂变，各类技术和机制不断出现，丰富区块链基础内核，这类基于区块链基础内核延伸的技术我们将其归为扩展协议，主要包含针对可扩展性提出的一系列区块链扩容协议、针对监管合规提出的治理与审计、针对互操作性提出的跨链互操作，以及区块链与物联网、大数据等产业融合创新的区块链+。另外，为了加强全景区块链生态构建能力，相应的工具与组件也是必不可缺的，目前，相应的生态组件可以分为方便区块链应用、测试、扩展的工具与服务及安全管理。

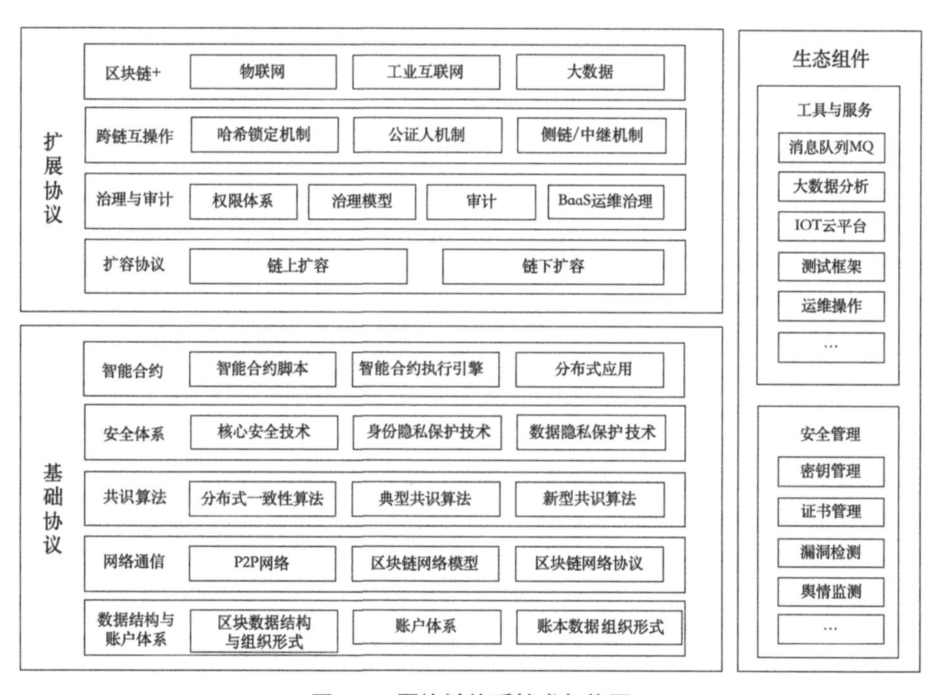


图 1-2　区块链体系技术架构图

### 1.4.1　基础协议

区块链是建立在可信存储机制、点对点网络、共识算法、安全机制、智能合约等基础技术之上的分布式系统，基础协议主要是实现区块链基础功能

的组件，包括数据结构与账户体系、网络通信、共识算法、安全体系、智能合约。

**1）数据结构与账户体系**

根据数据类型和技术架构的不同，区块链底层的存储模型也各有所异。底层的存储涵盖区块数据结构与组织形式、账户体系及账本数据组织形式。其中，区块数据结构往往大同小异，分为包含一系列校验哈希值的区块头及包含交易的区块体，而区块数据组织形式却各不相同，从最开始的块链式逐步发展到树、图等复杂模式。除基础的区块数据结构与组织形式之外，账户体系也是区块链底层一种重要的数据结构，常见的有比特币的 UTXO 模型及以太坊的账户余额模型。除基础的区块数据结构与组织形式、账户体系之外，能支撑复杂业务的区块链平台往往还涉及账本数据组织形式，账本数据需要通过特殊的组织形式如默克尔树，进行组织和存储，以便快速校验数据的正确性。

**2）网络通信**

网络通信包含 P2P 网络、区块链网络模型、区块链网络协议。区块链网络是典型的 P2P 网络，涵盖节点验证、节点发现、数据收发等功能。随着区块链架构的复杂化，逐渐演变出验证节点、SPV 节点等节点类型，形成相应的分层区块链网络模型。同时，针对网络节点自发现、大规模组网等需求，区块链网络相应适配了各种不同的网络协议，如 Gossip、Whisper、Libp2p 等。

**3）共识算法**

共识算法是用于保证分布式系统一致性的算法。区块链是典型的分布式系统，所有节点都独立完成数据计算和存储，需要共识算法来确保各节点的一致性。这里的一致性可以是交易顺序一致性、账本一致性、节点状态一致性等。共识算法往往由传统分布式一致性算法演变而来，如 RAFT、PBFT 等，也有针对区块链架构提出的典型共识算法，如 PoW、PoS、DPoS 等，随着区块链技术的不断发展，新型共识算法不断被提出，如 Casper、Algorand、Hotstuff 等。

**4）安全体系**

区块链系统有着很高的安全性要求，所涉及的身份认证、节点连接、通信传输、数据存储等方面都需要相应的核心安全技术；同时对隐私性有一定的要求，可以概括为身份隐私保护技术和数据隐私保护技术。其中，核心安全技术涵盖哈希算法、数字签名、密钥协商、对称加密及 PKI 证书体系，身份隐私保护技术包括盲签名、环签名、群签名等；数据隐私保护技术涉及账本隔离、账本加密、密态计算与验证等多种机制。

**5）智能合约**

智能合约是区块链业务逻辑的载体，完成编译部署后，可按照智能合约预设的条件和逻辑完成业务执行。智能合约包含承载区块链业务逻辑的智能合约脚本、智能合约执行引擎及分布式应用。

### 1.4.2　扩展协议

随着区块链技术与应用的快速发展，区块链基础架构在性能、安全性、可扩展性等方面的瓶颈逐渐凸显，由此涌现出一系列新的技术机制，作为基础架构的扩展，丰富区块链的落地能力。针对区块链的性能和存储瓶颈，演化出链上扩容和链下扩容；针对安全合规问题，相应提出治理与审计；针对互操作难题，提出跨链互操作；针对区块链与现有技术和应用的可信增强与融合，相应提出区块链+。

**1）扩容协议**

区块链扩容最终是为了解决性能瓶颈（交易吞吐量）和存储容量瓶颈。扩容一直以来都是区块链行业亟待解决的难点问题，相应涌现了一系列技术手段，以提升其可扩展性。

目前，扩容方案整体上分为链上扩容和链下扩容（详见第 7 章）。其中，链上扩容包括区块扩容、并行扩容和架构扩容。区块扩容通过提高区块大小上限，增加写入单个区块的交易数量，从而提高交易吞吐量，常用于比特币等公有链场景；并行扩容在原有架构的基础上，增加子链、并行链分担部分交易处理，通过并行执行的形式，提高交易吞吐量，支付通道、分片等都是并行扩容的技术手段；架构扩容通过新型的区块链架构达到交易扩容的目的。例如，基于 DAG（Directed Acyclic Graph，有向无环图）的区块链架构可以有效提高交易吞吐量。链下扩容也称为第二层扩容。区别于链上扩容，链下扩容的主要思想是在不改变主链本身架构的情况下新增一层通道，实现功能与性能的扩展，主要包括侧链技术、状态通道和链下协同。侧链技术将一条具有更好性能的侧链与主链连接起来，实现跨链资产转移，同时将复杂的业务逻辑在侧链中执行，主链承担结算任务，从而分担主链压力，提高区块链整体的交易速度，侧链的主要模式有中间人托管模式、驱动链模式和 SPV 模式；状态通道是一种将部分事务处理逻辑转移到链下进行的技术，与侧链技术不同的是，状态通道的实现更轻量级，在链上打开一条通道即可进行逻辑处理，不需要额外搭建一条侧链，主要模式有闪电网络、雷电网络；链下协同的主要思想是将链上不方便存储和计算的数据放到链下进行存储和计算，通过映射关系保证链上链下的协同和一致性，主要模式有链下存储、链下计算，可以有效提高主链的性能。

**2）治理与审计**

与中心化应用不同，区块链去中心化、不可篡改等特性与实际工程友好性存在矛盾，缺乏有效的运维管理及完善的治理模式，同时面对难以监管的困境。在区块链治理方面，公有链基本维持通过开源社区来对区块链进行维护的现状；而联盟链的用户多用区块链即服务（BaaS）平台，通过将云计算和区块链进行结合，采用容器、微服务及可伸缩的分布式云存储技术等创新方案简化区块链系统的部署和运维管理，同时，自动化运维和自治治理成为区块链行业研究的重点方向。中国人民银行于2020年2月发布《金融分布式账本技术安全规范》，在业内被视为区块链在金融行业应用的重要标准。如何通过有效审计来保障链上资产的安全性及业务运行的合法、合规性是区块链行业发展的重点问题。

治理与审计的整个实施路径涵盖权限体系、治理模型、审计和Baas运维治理。其中，权限体系可以针对链级权限、节点权限、用户权限等维度进行权限控制；治理模型可以分为链上治理、链下治理及链上链下协同治理；审计则针对节点共识历史、账本数据校验/同步/变更事件、用户访问操作记录、用户身份变更记录、隐私保护策略、智能合约安全、审计管理员操作记录及业务数据本身内容等展开精确有效的审计工作；BaaS运维治理是使上述治理过程更加易于管理及可视化操作封装的一层服务，方便业务人员执行区块链权限管理、联盟治理、链上数据审计等操作。

**3）跨链互操作**

随着区块链技术的广泛应用，涌现出各种区块链平台。每条链的共识算法、加密机制等各不相同，导致区块链间的异构性。而异构性使得链与链之间很难做到信息和价值互通，形成区块链生态中的“价值孤岛”效应。为了打通价值孤岛，需要相应的跨链机制实现跨链互操作。常见的跨链机制有以Ripple为代表的公证人机制，以闪电网络为代表的哈希锁定机制，以BTCRelay为代表的侧链机制，以及以Cosmos、Polkadot、BitXHub为代表的中继机制。

4）区块链+

区块链具有去中心化特性、身份验证功能及可靠的链式存储结构，可以通过区块链+赋能众多分布式系统的使用场景，解决它们之间面临的问题。在区块链+物联网行业，区块链可以解决物联网设备管理困难、数据传输成本过高、隐私保护不完善，以及设备间数据安全共享等问题；在区块链+大数据行业，区块链的账本不可篡改存储机制、共识算法和密码学算法可以为大数据的存储、计算及数据资产化流通提供增信功能；在区块链+工业互联网行业，随着工业 4.0 时代的逐步推进、智能制造的日渐兴起、工业化与信息化的日益融合，工业互联网正在全球范围内进行人、机、物间高度互联的新一轮技术革命，而区块链技术可以帮助提升工业互联网的适用性、安全性及智能性（详见第 10 章）。

### 1.4.3　生态组件

为了加强区块链生态构建能力，需要为应用、测试、扩展服务提供相应的生态工具与服务，如促进链上链下信息交互的消息队列 MQ、支撑数据可视化的大数据分析、统一的区块链测试框架、运维操作、IoT 云平台等。辅助区块链系统进行安全管理的组件也必不可少，如基础的密钥管理、证书管理、漏洞检测及适用于监管的舆情检测等。

## 参考文献

[1] SPEISER CF E A. The Beginnings of Civilization in Mesopotamia[J]. Antiquity, 1941, 15: 162.

[2] 尤瓦尔・赫拉利. 人类简史——从动物到上帝[M]. 北京：中信出版社，2014.

[3] 约瑟夫・熊彼特. 经济分析史（第一卷）[M]. 北京：商务印书馆，1991.

[4] 中国信息通信研究院. 区块链白皮书（2019）[R/OL]. [2020-06-10]. http://www.caict.ac.cn/kxyj/qwfb/bps/201911/t20191108_269109.htm.

[5] NAKAMOTO S. Bitcoin: A peer-to-peer electronic cash system[R]. Manubot, 2019.

[6] DANEZIS G, DIAZ C. A survey of anonymous communication channels[J]. Technical Report-Microsoft Research, 2008, 27: 35.

[7] DWORK C, NAOR M. Pricing via processing or combatting junk mail[C]//Annual international cryptology conference. Berlin: Springer, 1992: 139 − 147.

[8] HABER STUART, STORNETTA SCOTT. Secure names for bit-strings[C]. Proceedings of the 4th ACM Conference on Computer and Communications Security, 1997.

[9] W DAI. “B-money”，A scheme for a group of untraceable digital pseudonyms to pay each other with money and to enforce contracts amongst themselves without outside help [EB/OL]. [2021-03-15]. http://www.weidai.com/bmoney.txt.

# 第2章 数据结构与账户体系

通过对区块链基础知识、发展现状等方面的介绍，相信读者已经对区块链有了一个总体的认识。本章将对区块链的数据结构与账户体系进行介绍，并对区块链的具体运行流程进行详细阐述。

## 2.1 区块数据结构与组织形式

不同主流区块链系统中的数据结构不尽相同，但思路上大体类似，本节将对区块数据结构与组织形式进行介绍。

### 2.1.1 区块数据结构

交易是区块链中最基本也最重要的数据结构。每笔交易中都封装了参与方之间的一次转账操作，经过验证的合法交易将被执行，并保存在区块链中，交易的执行是驱动区块链系统发生状态迁移的唯一途径，而区块是存储交易及相关元数据的数据结构。如图 2-1 所示，一般来说，区块可以分为区块头和区块体两部分，区块头存储该区块的元数据，区块体存储所有实际的交易结构。

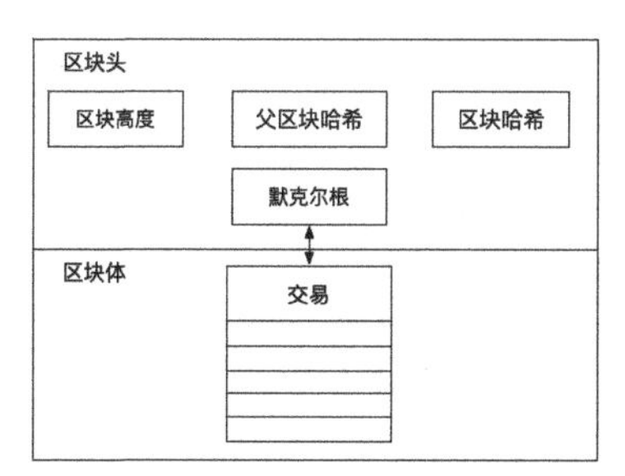


图 2-1　比特币中的区块数据结构

### 1. 区块头

在区块头（Block Header）中，区块哈希是对区块头进行两次 SHA256（Secure Hash Algorithm，安全散列算法）运算得到的结果，区块哈希可以唯一地标识一个区块；父区块哈希为当前区块的前驱区块的哈希值，通过在区块头中存储该字段形成一种区块间的链式结构。

除区块哈希外，区块高度（Block Height）也可以用来标识区块，之所以称为“高度”，是因为我们往往将区块链视为一个垂直的栈式结构，栈底为 0 号区块，挖矿产生的新区块将不断加入栈顶，截止到 2020 年 5 月 18 日，比特币的区块高度已经到达 630778。不同于区块哈希，区块高度有时无法唯一地标识某一个区块，出现这种情况表明区块链产生了分叉（Fork）。

在比特币中[1]，默克尔根是通过特定算法对区块内所有交易进行计算得到的哈希值，以太坊[2]和 Hyperledger Fabric[3]的区块头中除了包含交易的默克尔根，还包含一个针对账本状态的默克尔根。此外，以太坊还包含一个针对交易回执的默克尔根。在 2.3 节将更深入地介绍默克尔根的概念。

在比特币与以太坊这类基于 PoW 共识算法进行共识的公有链中，区块头还包含如难度、随机数等与共识过程相关的字段，共识算法将在第 4 章进行详细介绍。

此外，以太坊为了支持智能合约的执行，在区块头中加入了与 Gas 相关的字段，在第 6 章会对这部分内容进行详细介绍。

### 2. 创世区块

区块链中的第一个区块称为创世区块（Genesis Block），我们可以通过查找高度为 0 的区块或以下区块哈希值定位到比特币的创世区块

000000000019d6689c085ae165831e934ff763ae46a2a6c172b3f1b60a8ce26f

由于创世区块不存在任何的前驱区块，因此创世区块的结构总被静态编码在比特币客户端中，比特币创始人中本聪在创世区块的第一条交易（CoinBase）中隐藏了如下信息：“The Times 03/Jan/2009 Chancellor on brink of second bail-out for banks.”，这是创世区块产生当天《泰晤士报》的头条报道，也是中本聪对当时脆弱的金融系统的暗讽。

### 2.1.2　区块数据组织形式

#### 1．链式

链式结构是最常见的一种区块数据组织形式，任意一个区块（除了创世区块）都可以通过区块头中的父区块哈希索引到上个区块，从而回溯到创世区块，如图 2-2 所示。当新区块被矿工发送至网络时，节点会验证该区块的父区块哈希是否与本地最新区块的区块哈希一致，若一致则将其加入本地区块链。

由于区块头中包含默克尔根，因此通过哈希算法可快速验证某个区块是否遭受了篡改；又因为区块头中包含父区块哈希，因此区块链中任意一个区块的篡改都会导致后续所有区块的改变。

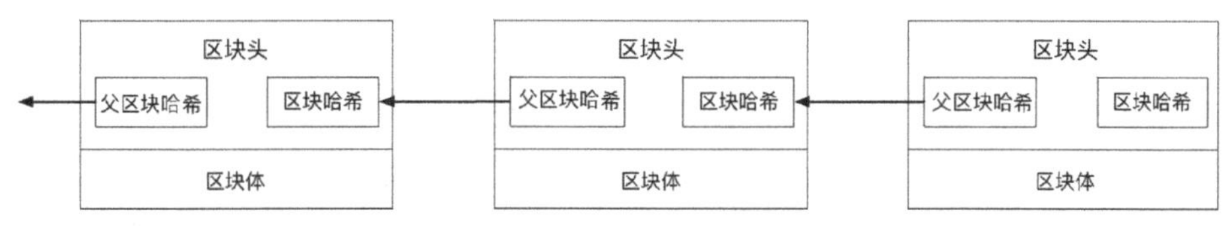


图 2-2　链式区块数据组织形式

#### 2．DAG 式

在 IOTA 区块链项目中使用 DAG 或新型区块链结构 Tangle[4]。Tangle 摒弃了区块的概念，用交易作为 DAG 的节点，DAG 以创世交易（Genesis Transaction）为起点展开，每当有新交易发布到网络中时，网络参与方都会尝试验证 DAG 中至少一个末端节点（Tip）交易的合法性，并在验证通过后将新交易指向末端节点，由于除创世交易外的每笔交易都遵循这样的验证逻辑，因此可以确保从创世交易开始一直到最新交易路径上的所有交易都是经过验证的。如图 2-3 所示，在加入 6 号交易时，选择 4 号和 5 号交易进行验证，若验证通过，则证明 1～5 号交易都是经过验证的。

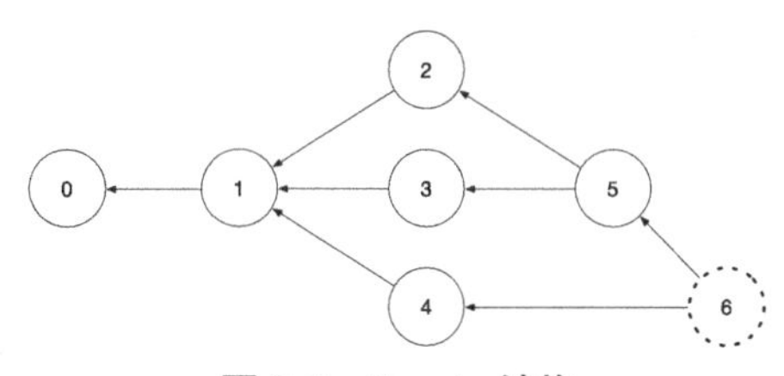


图 2-3　Tangle 结构

## 2.2　账户体系

区块链中的账户体系主要分为以资产为核心建模的 UTXO 模型和以用户

为核心建模的账户余额模型两类，本节将对这两种账户体系进行介绍。

## 2.2.1 UTXO 模型

UTXO（Unspent Transaction Output）模型是比特币引入的模型，本节首先通过一个例子对 UTXO 流程进行介绍，随后对相关概念进行详细介绍。

下述例子仅展示 UTXO 的思想，其中的比特币金额不与实际情况对应。如图 2-4 所示，张三通过挖矿成功获得了 10 个比特币的奖励，随后张三准备向李四转账 5 个比特币，因此张三构建了一笔包含 1 个输入和 2 个输出的交易（如交易 A 所示），其中，输入来自张三的挖矿所得，一个输出进入李四的账户，另一个输出作为找零回到张三的账户，交易 A 执行完成后，张三和李四各拥有 5 个比特币的 UTXO；在交易 B 中，张三向李四转账 2 个比特币，向王五转账 3 个比特币；在交易 C 中，李四使用来自张三的输出，向王五转账 5 个比特币，在这两笔交易执行完成后，张三花光了所有的比特币，李四与王五分别拥有 2 个和 8 个比特币的 UTXO；在交易 D 中，王五使用张三与李四转给自己的 3 个和 5 个比特币的输出，进行后续的花费，交易 D 执行完成后，张三、李四与王五分别拥有 0 个、2 个和 0 个比特币的 UTXO。

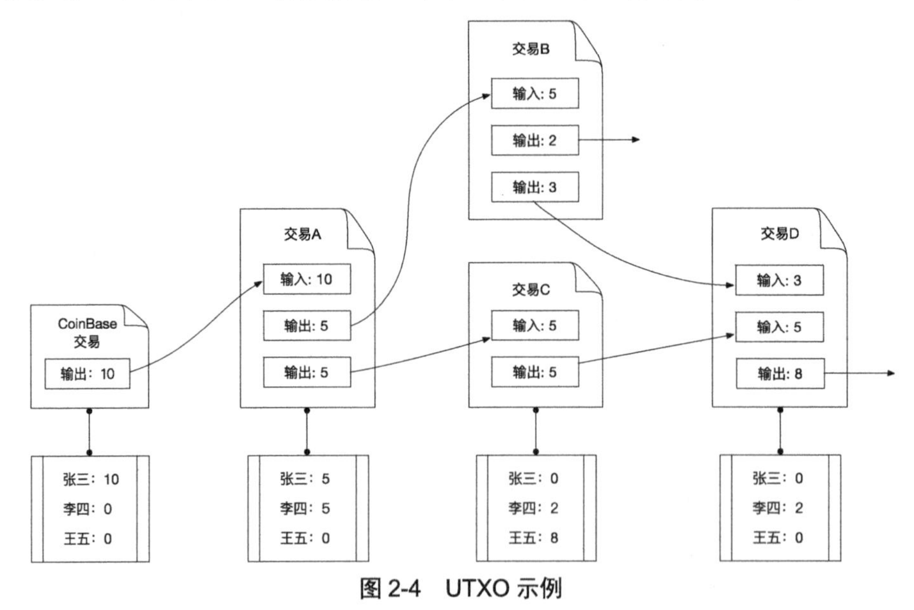


图 2-4 UTXO 示例

### 1. CoinBase

在比特币中，挖矿成功的矿工将得到一笔奖励，这笔奖励一部分来自打包交易的手续费，另一部分就是来自 CoinBase。区块中的第一笔交易称为 CoinBase 交易，该交易以 CoinBase 为输入，以矿工的比特币地址为输出，这笔交易的执行将使该矿工的比特币地址凭空多出若干个比特币。在上述示例中，张三便是通过 CoinBase 交易获得的挖矿奖励。

#### 2. 输入和输出

交易中的每个输出都是一定数量的不可分割的比特币，这些输出由全网共同验证，并且可能被其持有者用作后续交易的输入。比特币全节点（Full Node）会追踪和统计网络中所有可用的交易输出，我们称这些交易输出为 UTXO 集合，即所有“未花费的交易输出”。当我们称一位用户拥有多少比特币时，实际上指的是比特币网络中有多少 UTXO 可以被该用户控制的密钥使用，而这些 UTXO 可能分散在成千上万的区块和交易中，比特币钱包帮我们做收集和计算的工作，将这些 UTXO 的总额以账户余额的形式呈现给用户。在上述示例中，交易 B、C 执行完成后，张三、李四和王五分别拥有 0 个、2 个和 8 个比特币的 UTXO，这样的账户余额呈现是比特币钱包对这三位用户可花费的交易输出进行追踪和统计后的结果。

交易的输出可以是任意数量的 Satoshi（比特币的最小计量单位），值得注意的是，每个输出都是离散且不可分割的，这意味着输出一旦生成，只能作为一个整体被使用。在使用 UTXO 时，若某个 UTXO 金额大于这次交易应付的价格，那么该 UTXO 将作为一个整体被使用，并且产生两部分输出：一部分支付给交易接收方，另一部分作为找零支付给自己，如图 2-4 中的交易 A；若该用户没有单独的 UTXO 支付这笔交易，那么比特币钱包将以一定的策略对用户的 UTXO 进行挑拣和组合，共同作为这笔新交易的输入。

通过使用比特币网络中现存的交易输出，不断生成可被后续交易使用的新输出，比特币系统在消耗和生成 UTXO 的过程中实现了在不同参与方之间转移的价值。值得注意的是，在 CoinBase 交易中并不存在实际的输入，因此可以认为比特币网络是先有输出，再有输入的。

### 2.2.2 账户余额模型

相对于 UTXO 模型，账户余额模型更符合我们的直观理解，因为账户余额模型与现实生活中的银行账户类似。银行系统直接记录每个账户的余额，在进行交易时，首先判断发起方的余额是否充足，若充足则进行交易双方的余额

变动。图 2-5 展示了基于账户余额模型的转账流程，我们可以看到，交易中记录了发起方地址、接收方地址与转账金额，因此每方的账户余额都是一个全局变量，交易的执行直接对转账双方的余额进行操作。

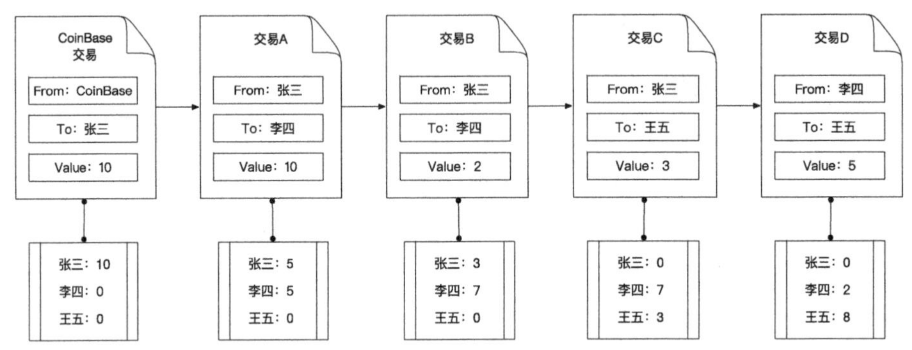


**图 2-5　基于账户余额模型的转账流程**

以太坊（Ethereum）是使用账户余额模型的典型代表，其账户类型可以分为外部账户与智能合约账户两种，下面将对这两种账户类型进行简要介绍。

### 1．外部账户

外部账户（External Owned Account，EOA）是由用户创建的账户，用户通过一组密钥对来控制外部账户，拥有了私钥即拥有了账户的拥有权。在发送以太坊交易时，用户需要使用其私钥对交易进行数字签名，以证实交易的有效性。

### 2．智能合约账户

本文将在第 6 章详细介绍智能合约，在这里读者可以认为智能合约是一段可执行代码，而智能合约账户是存储这段代码的账户。智能合约账户不存在相关的密钥对，无法主动发起交易，所以外部账户是与以太坊交互的唯一媒介。当外部账户向智能合约账户发起交易时，执行该智能合约账户中的智能合约，由于以太坊使用图灵完备（Turing Complete）的虚拟机 EVM 来执行智能合约，因此用户可以引入足够复杂的逻辑来实现各种丰富的功能，如多重签名、权限控制等。

## 2.2.3　模型对比

上文对现阶段广泛采用的两种账户体系进行了介绍，本节将对混合模型进行介绍，随后进行模型之间的对比。

### 1. 混合模型

有些区块链项目提出将UTXO模型与账户余额模型进行结合。以量子链（Qtum）为例，其在负责智能合约执行的虚拟机层与负责转账操作的UTXO层之间加设了一层账户抽象层（Account Abstract Layer，AAL），通过AAL对UTXO账户与智能合约账户进行适配和转换，实现UTXO模型与账户余额模型的优势互补[5]。

### 2. 优劣对比

表2-1给出了UTXO模型与账户余额模型在建模对象、适用场景、隐私性与并行度这几个角度的优劣对比。

表2-1 账户体系优劣对比

| 账户体系 | 对比角度 | | | |
|---|---|---|---|---|
| | 建模对象 | 适用场景 | 隐私性 | 并行度 |
| UTXO模型 | 资产 | 货币资产 | 高 | 高 |
| 账户余额模型 | 账户 | 智能合约 | 低 | 低 |

**1）建模对象**

UTXO模型首先构建“代币”的概念，再为代币赋予所有权，用户可以自由、直接地操作其拥有的代币。因此，UTXO模型是以资产为基础进行建模的；而在账户余额模型中，用户的余额背后并不存在真实的代币进行支撑，用户只能对账户进行操作。因此，账户余额模型是以账户为基础进行建模的。

**2）适用场景**

UTXO模型中并不存在“账户当前状态”的概念，所有状态都以UTXO的形式保存在交易中，我们称UTXO模型是无状态（Stateless）的。因此，难以基于UTXO模型构建转账、货币发行等数字货币领域之外的复杂应用（如智能合约）；而在账户余额模型中，外部账户拥有账户余额等状态数据，智能合约账户拥有智能合约变量等状态数据，我们称账户余额模型是有状态（Stateful）的。因此，基于账户余额模型可以进行丰富的编程应用。

**3）隐私性**

在UTXO模型中，如果用户为每笔收到的交易都使用新的地址，那么这些交易将很难关联到该用户上，提高了用户的隐私性。不过由于区块链应用往往需要追踪某一用户的各种状态，因此这种隐私性可能只在电子货币领域有用武之地；而在账户余额模型中，账户的各种状态与账户地址直接关联，其隐

私性相对较弱。

**4）并行度**

在 UTXO 模型中，交易的输出都是不可分割的独立 UTXO，因此比特币持有者可以选择不同的 UTXO 构建交易，这些交易是互不影响、可并行执行的；而在账户余额模型中，账户余额是一个全局的世界状态，因此若多条交易涉及同一个账户的改变，那么这些交易将无法并行执行。

## 2.3 账本数据组织形式

在区块链中，数据主要分为两大类：区块数据和账本数据，2.1 节已经介绍了区块数据组织形式，本节将介绍账本数据组织形式。

### 2.3.1 默克尔树

默克尔树（Merkle Tree）又称为二叉哈希树（Binary Hash Tree），是一种用来快速计算摘要和验证一批数据完整性的数据结构。在比特币中，通过默克尔树对区块中的所有交易进行计算、汇总，可以得到一个唯一标识这批交易的哈希值，该哈希值为默克尔根（Merkle Root）。比特币采用连续两次的 SHA-256 运算作为基本的哈希计算，本节将通过一个例子来介绍默克尔树的工作流程。

如图 2-6 所示，假设在某个区块中，有 A～G 七条交易，首先，分别对这些交易进行哈希计算，得到 Hash-A～Hash-G 七个哈希值，这些哈希值将作为默克尔树的叶子节点。值得注意的是，由于默克尔树又称为二叉哈希树，其必须拥有偶数个叶子节点，因此我们将重复使用最后一笔交易的哈希值，即 Hash-G。

随后，对相邻叶子节点的哈希值进行字符串拼接，对拼接后的结果进行一次哈希计算，将计算的结果作为该相邻叶子节点的父节点。在图 2-6 中将 Hash-A 与 Hash-B 进行字符串拼接，对拼接后的结果进行两次哈希计算，可得到 Hash-AB。重复这一过程，直到默克尔树的最顶层只剩下单个节点，即默克尔根。默克尔根是一个长度为 32 的字节数组，无论区块中有多少笔交易，任何一笔交易的篡改都会造成默克尔根的变动，因此默克尔根总能唯一地标识每笔交易。

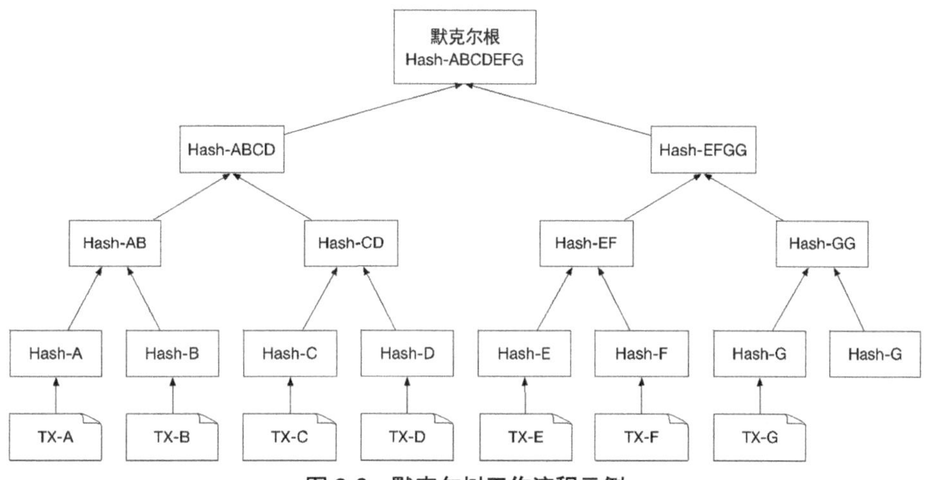


图 2-6　默克尔树工作流程示例

默克尔树能够快速验证一笔交易是否存在于某一批交易中，因此被广泛应用于简单支付验证（Simple Payment Verification，SPV）。若不使用默克尔树，则验证一笔交易是否存在于某一批交易中的直接做法是直接遍历、一一比较，这会带来与交易数目呈正比的时间复杂度；若使用默克尔树，则时间复杂度会降低至交易数目的对数级别。

如图 2-7 所示，若要验证 TX-F 是否存在于这批交易当中，只需要提供 Hash-E、Hash-GG、Hash-ABCD 三个哈希值，通过三次哈希计算判断默克尔根是否一致，我们称由 TX-F 一直到默克尔根的这条路径为默克尔路径（Merkle Path）。

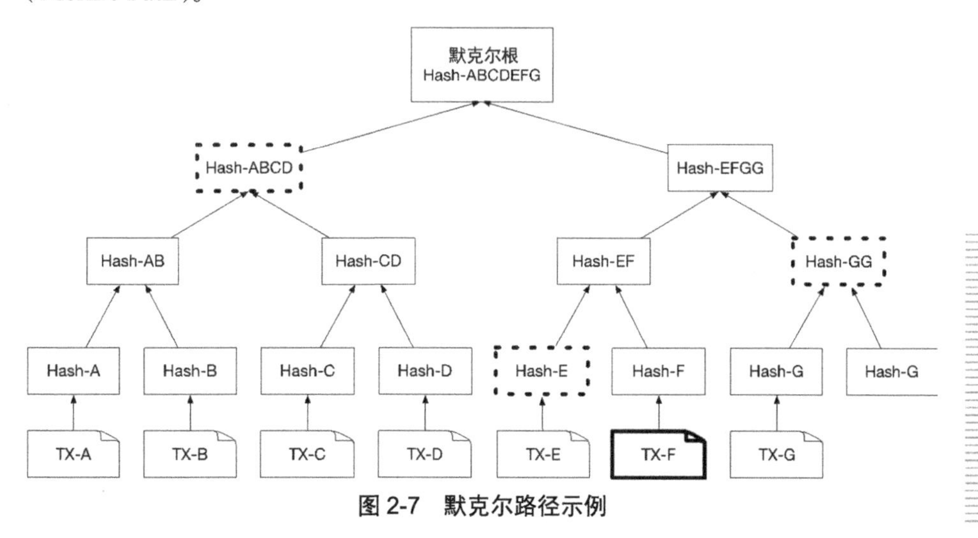


图 2-7　默克尔路径示例

## 2.3.2 MPT

MPT（Merkle Patricia Tree，默克尔帕特里夏树）即默克尔树与帕特里夏树（Patricia Tree）结合的数据结构。MPT 是以太坊采用的账本数据组织形式，以太坊中的状态数据、交易数据、交易回执数据会被组织成相应的三棵 MPT，这三棵 MPT 的根节点哈希值（StateRoot、TransactionRoot、ReceiptRoot）会被保存在区块头中。本节首先介绍 Patricia 树的概念，随后以一个具体的例子对 MPT 的构建流程进行介绍。

### 1. Patricia 树

Patricia 树是 Trie 树的升级版本，Trie 树又称为前缀树或字典树，Trie 树中的数据不是直接保存在某个节点中，而是通过共享公共前缀的方式进行组织，即任何一个节点的子孙节点都拥有相同的前缀。如图 2-8（a）所示，Trie 树中以 7 个节点存储了“team”“to”“so”“stop”4 个单词，但这似乎并不是一种空间友好型数据结构，Trie 树的最大优点是可以最大限度地减少查找过程中的字符串比较。若数据集中存在大量相同前缀的数据，那么 Trie 树可以在节省大量存储空间消耗的同时，带来相当高的数据查询效率；若数据集中的数据几乎没有共同前缀，那么 Trie 树的数据查询效率将变得非常差。

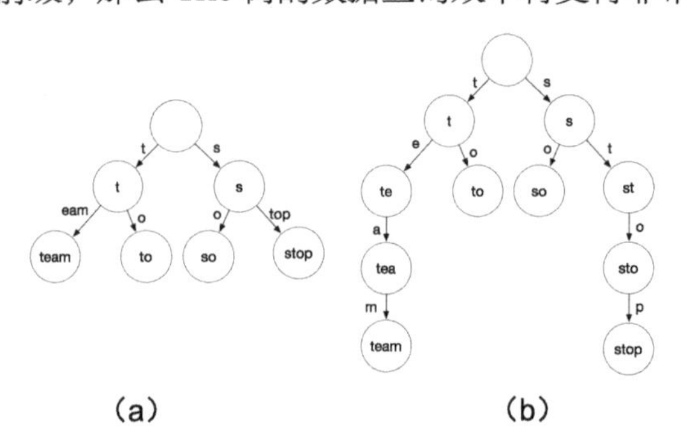


图 2-8　Trie 树（左）与 Patricia 树（右）

Patricia 树对没有共同前缀的数据进行优化组织，若一个节点只拥有一个子节点，那么该节点将与子节点进行合并。对于相同的数据集，Patricia 树的结构如图 2-8（b）所示。

### 2. MPT 节点类型

MPT 中包含扩展节点、叶子节点与分支节点三类，这三类节点内都包含一个“节点标识”字段，用于存储与计算节点哈希值，以及节点在内存中的淘汰策略。除此之外，这三类节点拥有以下特性。

- 扩展节点（Extension Node）：存储本节点所属的 Key 的范围，以及一个指向其他节点的 Value 字段。
- 叶子节点（Leaf Node）：与扩展节点的结构基本相同，只不过叶子节点不指向其他节点，其 Value 字段存储的是一个数据项的内容。
- 分支节点（Branch Node）：用于表示 MPT 中拥有超过一个子节点的非叶子节点。为了防止 Key 的范围过大，MPT 首先通过某种编码方式使 Key 的每位都通过十六进制进行标识，从而一个分支节点最多可以拥有十六个子节点，也可以拥有一个存储自身数据的字段。

### 3. MPT 的构建

我们通过向一棵空 MPT 插入 4 个 Key-Value 对来看 MPT 是如何构建的。首先，插入一条 Key 为“a711355”，Value 为“45.0”的记录，此时的 MPT 结构如图 2-9 所示。由于 MPT 中只有一个节点，因此这个节点为叶子节点。

图 2-9　MPT 插入 Key“a711355”

其次，插入一条 Key 为“a77d337”，Value 为“1.0”的记录，如图 2-10 所示。显然，这条记录与上一条记录拥有共同的前缀“a7”，因此 MPT 在此处出现了分支，并且由两个叶子节点分别存储两条记录无法共享的后缀。

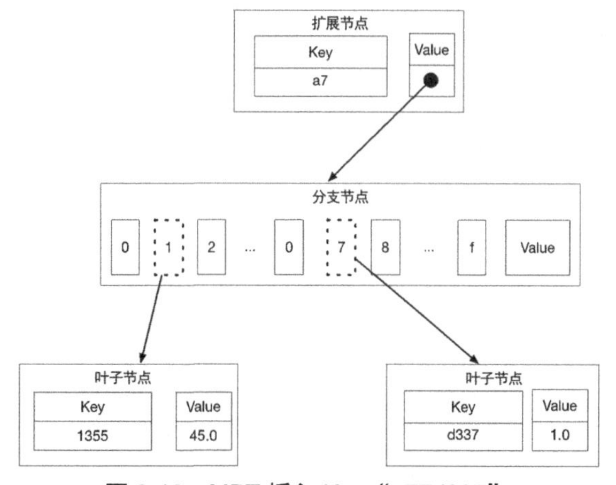


图 2-10　MPT 插入 Key“a77d337”

然后，插入一条 Key 为“a7f9365”，Value 为“1.1”的记录，同样，该记录与上两条记录拥有共同的前缀“a7”，因此可以直接成为现有分支节点下的一个新叶子节点，如图 2-11 所示。

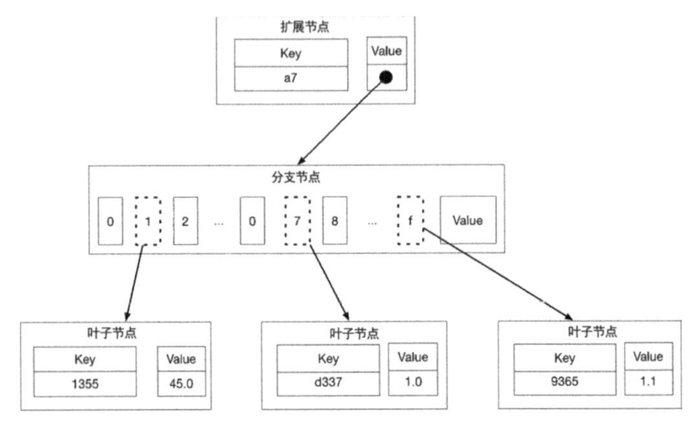


图 2-11　MPT 插入 Key“a7f9365”

最后，插入一条 Key 为“a77d397”，Value 为“0.12”的记录，该记录与 MPT 中“a77d337”记录拥有最长的共同前缀“a77d3”，因此，图 2-11 中的第二个叶子节点就成为一个扩展节点，代表这两条记录在第六位上产生的分叉，最终的 MPT 结构如图 2-12 所示。

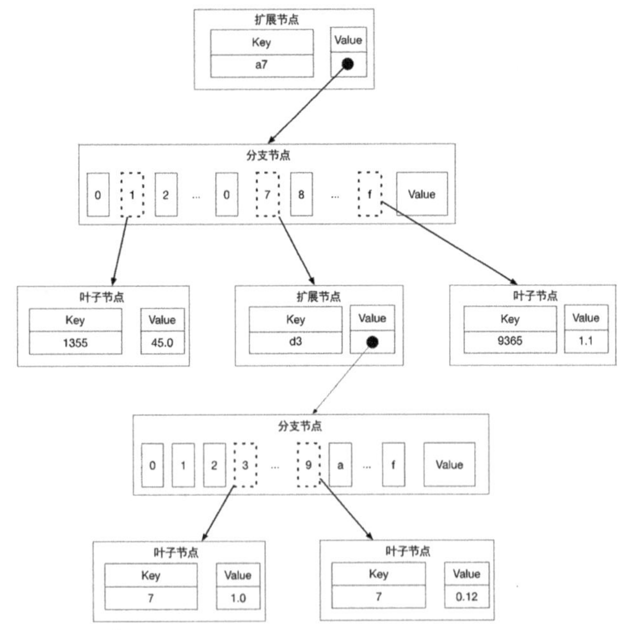


图 2-12　MPT 插入 Key“a77d337”

### 2.3.3 增量哈希

使用树形结构对区块链数据进行组织固然能带来许多优势，但在读写操作的性能及存储表现上，树形结构显然不是那么优秀，因此一些区块链项目摒弃了树形结构，直接将数据以 Key-Value 对的形式进行存储。

这种方法带来的最主要的问题是如何验证当前区块链状态的正确性。直接方法是遍历数据库中所有账户数据，并对这些数据依次进行哈希计算，最后得到一个代表当前区块链的状态哈希值，然而若每次出块都遍历整个数据库，则会带来巨大的磁盘 IO 开销，因此这种方法并不可取。所谓增量哈希，其实就是对上个区块的增量哈希值加上新区块执行过程中产生的修改集进行哈希计算，将其结果作为新区块的状态哈希值。

举例来说，若在创世区块中创建了 50 个账户，则创世区块的状态哈希值就是这 50 个账户的哈希值，记为 $H_0$；在 1 号区块中，20 个账户的余额或智能合约变量发生了变动，则 1 号区块的状态哈希值为

$$H_1 = \text{Hash}\left(H_0 + \text{Hash}\left(\sum_{i=0}^{20}\text{Hash}(\text{Account}_i)\right)\right)$$

## 2.4 运行流程

交易是区块链系统对外界业务场景进行响应和处理的最小单元。一般来说，区块链中的交易会导致区块链系统中的价值转移。另外，在目前的企业级区块链系统中，交易可以通过对智能合约的部署和调用，进行复杂业务逻辑的部署和执行。本节首先概述性地介绍一笔交易在区块链系统中的生命周期，然后介绍区块链的运行流程。

### 2.4.1 运行流程概述

目前，主流区块链系统采用的交易流大体上可分为两类，一类为以太坊、趣链区块链平台中的先定序后执行模式，另一类为 Hyperledger Fabric 中的先执行后定序模式，这里的交易定序指的是由共识模块对交易进行排序和打包。

#### 1. 先定序后执行

图 2-13 为以太坊交易运行流程。一般来说，交易生命周期包含如下步骤。

**1）交易生成**

由用户在客户端（SDK）构建一笔区块链交易，附上可证明交易正确性的私钥签名，向某个区块链节点发送这笔交易。

**2）交易广播**

节点在收到上述交易并验证私钥签名的正确性后，向全网节点广播这笔交易。

**3. 交易共识**

共识节点（挖矿节点）在收集了一定数量的交易，或者收集了一段时间的交易后，将交易按照手续费高低进行排序并打包，随后进行挖矿。挖矿成功的节点将广播这批交易。

**4）交易执行**

节点在收到这批交易后，依次执行其中的交易。值得一提的是，以太坊不仅支持直接的转账操作，还支持智能合约的部署与调用，后者的执行过程将在节点的虚拟机中进行。

**5）交易存储**

在这批交易全部执行完成后，节点对执行结果进行构造，并将相应的区块数据、账本数据写入数据库。

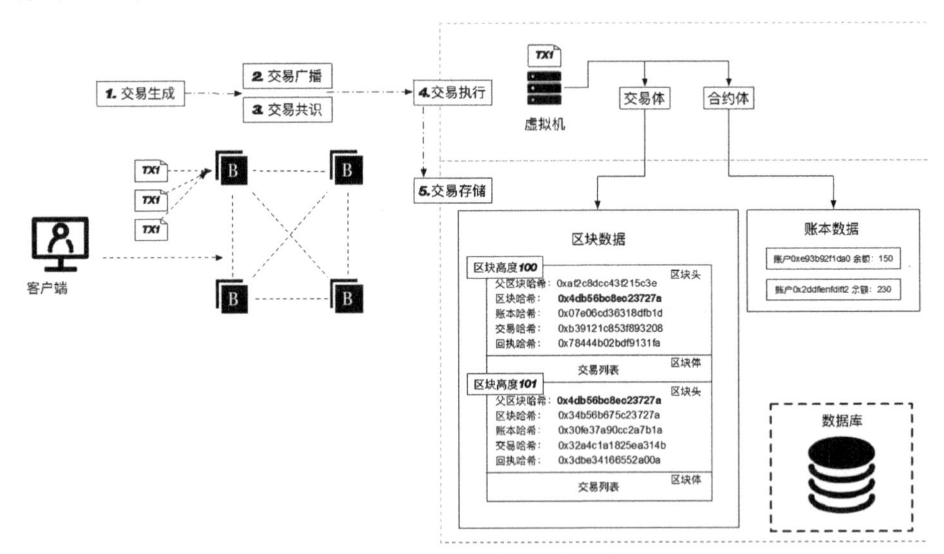


图 2-13　以太坊交易运行流程

### 2. 先执行后定序

如图2-14所示，Hyperledger Fabric交易运行流程大致可以分为以下几个步骤。

**1）交易提案**

用户在客户端生成一笔交易提案，提案中包含本次需要执行的链码（Hyperledger Fabric中的智能合约）信息，用户对提案进行私钥签名后将其发送给一个或多个Peer（背书）节点。

**2）交易背书与执行**

Peer节点对提案进行以下验证：（1）格式完整；（2）该提案未被执行过；（3）提案私钥签名正确；（4）提案发起方有足够的操作权限。在验证通过后，基于当前账本状态对相应的链码进行交易执行，生成一个读写集（本次交易执行读取了哪些数据，更新了哪些数据），但此时区块链账本状态并不会被更新。最后将提案的执行结果，连同节点自身的私钥签名一起返回给客户端，完成本节点对这次提案的交易背书。

**3）背书检查**

客户端在收到一定数量的提案结果后，对它们的合法性进行检查，并判断本次交易提案是否满足背书策略（有来自足够数量的Peer节点的背书），随后根据提案结果生成一笔交易发送至Order（排序）节点。

**4）交易定序**

Order节点监听网络中来自不同客户端的交易，并按照一定的规则将其打包成区块，在收集了一定数量的交易，或者收集了一段时间的交易后，将区块广播至所有Peer节点。

**5）交易提交**

Peer节点在收到区块后，依次应用每条交易中的读写集到世界状态，在这之前，Peer节点还需要验证交易背书是否满足背书策略。

**6）交易存储**

Peer节点在提交完区块后，将相应的区块数据、账本数据写入数据库。

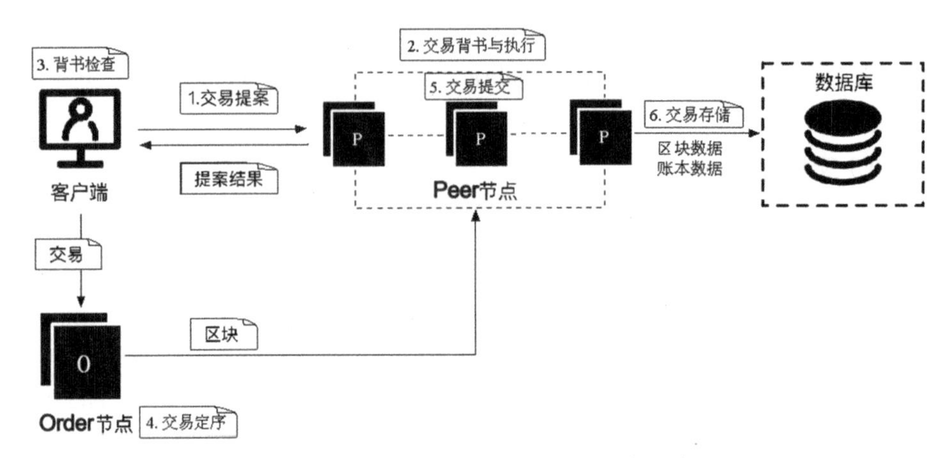


图 2-14　Hyperledger Fabric 交易运行流程

值得一提的是，Hyperledger Fabric 并不是将交易的执行结果直接应用于状态机，而是以读写集（Read-Write Set）的形式记录这些执行结果。如图 2-15 所示，Hyperledger Fabric 的每笔交易都会记录其对状态数据的读取情况和即将对状态数据造成的修改，这里对状态数据的读取情况指在预执行过程中，访问到的每条数据对应的版本信息，即产生于哪个区块的第几笔交易，所有状态数据的读取情况的总和构成这笔交易的读集；而即将对状态数据造成的修改指即将写入数据库的数据信息，一旦这笔交易验证通过，写集中的数据在持久化到数据库时就会附带上版本信息。这些修改信息的总和构成这笔交易的写集。简单来说，读集和写集组成了一笔交易的读写集。Hyperledger Fabric 会将交易发送给 Peer 节点，Peer 节点在收到该交易后会访问数据库，根据交易指定的逻辑完成对交易的预执行，得到该交易对应的读写集，并将读写集返回给客户端，客户端接收到读写集后可完成交易的生成。

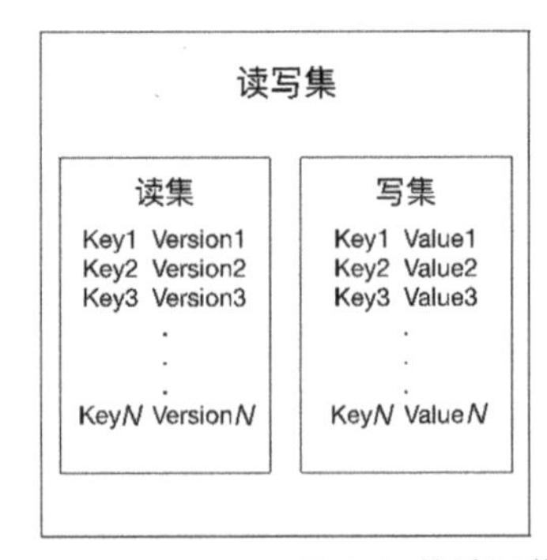


图 2-15　Hyperledger Fabric 的读写集结构

### 2.4.2 交易的生成

一般来说，用户通过区块链生产厂商提供的客户端进行交易的生成与发送，表 2-2 展示了以太坊交易字段及其含义。

表 2-2　以太坊交易字段及其含义

| 字段名 | 类型 | 含义 |
| --- | --- | --- |
| From | [32]byte | 交易发起方地址 |
| To | [32]byte | 目标（转账对象或被调用智能合约）的以太坊地址 |
| Nonce | uint64 | 可以理解为每个以太坊地址作为 From 所发起的交易的序列号，用于防止消息重播或双花问题 |
| GasPrice | *big.Int | 为执行这个交易需要进行的计算步骤所消耗的每单位 Gas 的价格 |
| GasLimit | uint64 | 用于执行这个交易的最大 Gas 数量。该字段必须在交易开始前设置，且设定后不能再增加 |
| Value | *big.Int | 转账到目标地址的价值 |
| Data | []byte | 一个变长的十六进制字符串，一般与智能合约的部署、调用等操作有关 |
| V/R/S | *big.Int | 发送客户端对交易的签名 |

From 字段标识了一笔交易的发起方地址，一般一个以太坊客户端会管理多个账户，From 字段在以太坊中主要用于使客户端明确发起交易的账户，而不会被真正写入交易并发送到以太坊网络中，这是因为发起方地址可以通过签名方的公钥进行恢复。

To 字段标识了转账的目标账户，或者要操作的智能合约对应的智能合约账户，若该字段为空，则意味着智能合约被部署。

Nonce 字段是一个连续增长的整数，用于标识特定账户已经发送到以太坊网络中的交易数目。一方面，Nonce 字段的存在可以保证矿工在打包交易时能够确定来自相同账户的交易顺序，考虑如下场景：张三计划发起两笔交易，并希望第一笔交易可以先于第二笔交易被打包，由于区块链网络的异步性，此时若没有 Nonce 字段的存在，则张三只能先发送第一笔交易，等到确认这笔交易被打包后再发送第二笔交易，否则无法确定矿工收齐这两笔交易的先后顺序，而事实上张三只需要递增这两笔交易的 Nonce 值，矿工即可对交易进行正确排序；另一方面，Nonce 字段可以解决数字货币中著名的“双花问题”，即若没有 Nonce 字段，则矿工无法判断自己是否打包过某笔交易，从而导致恶意用户可以不断复制一笔交易并发送至网络中，使这笔交易被反复执行。

以太坊出于矿工激励策略与系统稳定性的考虑设置了 Gas 机制，根据以太坊黄皮书[6]，一次账户余额的变更、一次哈希计算、任何智能合约的执行等都需要消耗一定量的 Gas，如果 Gas 消耗超出这笔交易发起方指定的数目，则撤销这笔交易，且其造成的所有对区块链状态的改变都将被回滚。一方面，交易执行中消耗的 Gas 都将为矿工所得，激励矿工为网络的良好发展不断贡献算力；另一方面，防止用户在智能合约潜在的漏洞中对区块链系统造成有意或无意的破坏（如智能合约中的死循环造成全网节点的瘫痪）。具体来说，Gas 在交易结构中体现为 GasPrice 与 GasLimit，前者指明了 Gas 与以太币之间的转换比例，后者为交易发起方愿意为这笔交易的执行支付的 Gas 上限。当然，对矿工来说，越“值钱”的交易会越早被打包。

Data 字段一般和智能合约有关。一般来说，智能合约调用交易中的 Data 字段包含调用方法的标识和需要传入的参数，智能合约部署交易中的 Data 字段主要包含智能合约经编译后的字节码。以太坊虚拟机会按照交易特点解析 Data 字段中的内容，并进行相应的操作。

交易签名可以保证交易的完整性与真实性。交易签名的一般流程是对交易整体计算摘要后，使用交易发起方账户的私钥对交易摘要进行签名。交易签名采用非对称加密算法，如传统椭圆曲线签名算法，许多国产区块链系统也支持国密算法 SM2，这些算法将在 5.2 节进行详细介绍。

### 2.4.3 交易传播与验证

每个节点在收到一笔交易后都会进行有效性验证。一般来说，这一步是验证交易签名是否合法，以保证交易在整个生成到传播的过程中没有被篡改过。交易签名验证的方式与在其他场景下签名的验证方式基本没有区别，首先，计算交易摘要；然后，使用交易发起方账户的公钥对签名进行解密，得到发送方发送时的交易摘要，若二者相等，则交易验证通过。以比特币为代表的基于 UTXO 模型的区块链平台一般采用锁定脚本和解锁脚本的方式保证交易的有效性，其将一系列操作数和指令以脚本的形式附在交易中，若这些脚本执行得到期望的结果，则验证通过。

接收到这笔交易的节点会将这笔交易广播到区块链系统中的每个节点上。对于大规模网络，区块链系统一般不与全网节点建立全连接，而采用 Gossip 等 P2P 协议，将交易广播给逻辑或物理上的“邻居”，然后由“邻居”完成进一步的交易广播；相反，对于小规模、节点较少的私有链或联盟链场景，可以采用全连接的 P2P 网络，每个节点都可以一次性完成所需信息的广播任务。

区块链节点在接收到来自客户端或其他节点的交易后，会将交易暂存到本地交易池（Transaction Pool），用于后续的共识定序和区块生成。一般来说，区块链节点会提供两种交易池，一种用于暂存可供用户生成区块的交易（Pending Pool），另一种用于暂存用户暂时无法生成区块的交易（Queued Pool）。为保证执行效率，区块链系统的交易池都是一段内存空间，不会占用持久化存储设备的空间和 IO。

2.4.2 节对 Nonce 字段的介绍中提到，矿工需要依照 Nonce 值按序打包同一用户的所有交易，由于区块链网络存在异步性，无法对交易到达矿工的先后顺序做出假设，因此，对于未按序到达的交易，矿工先将其暂存到 Queued Pool，而对于按序到达的交易，则将其暂存到 Pending Pool。

Pending Pool 中的交易会被进一步打包用于生成区块，区块的生成规则遵循区块链底层采用的共识算法。

（1）在采用 PoW 共识算法的比特币或以太坊中，矿工为了最大化自己的利益，会优先挑选交易池中手续费更高的交易进行打包，为防止手续费低的交易“饿死”，随着交易的等待时间不断变长，交易的优先级会得到提升；在完成交易的打包且成功解出 PoW 共识算法之后，矿工将这批交易广播至全网节点，并由全网节点进行验证和执行。

（2）在采用 BFT 类算法的趣链区块链平台中，由于不存在任何激励机制，因此往往由一个事先选举的节点进行交易的打包，打包时按照先来先服务等较为公平的策略进行交易的选择。在完成交易打包后，将这批交易广播至全网节点进行后续的共识流程。

打包好的交易将用于区块的生成。在目前常用的企业级区块链系统中，一般有专门的主节点对内存中的交易进行排序和打包，随后将打包结果同步给其他参与方，各个参与方进行必要的执行等操作获取其他区块的相关信息（例如，交易执行过程完成对世界状态的修改后，会生成最新的世界状态哈希）后，即可成功生成区块。对于这样的区块链系统，所有正常工作的节点均会生成一致的区块，不会出现相同区块高度的区块不一致的情况。而在以比特币为代表的公有链中，不同的矿工可能会产生不同的打包结果，生成不同的区块，即出现分叉，4.3.1 节将对分叉及分叉的解决办法进行详细介绍。

### 2.4.4 交易的执行

节点在接收到一批交易并验证其合法性之后，便开始依次执行其中的交易。节点根据交易中的 To 字段判断这笔交易是转账交易还是智能合约交易。若为后者，则取出交易中的 Payload 字段，交由虚拟机进行智能合约的执行，这部分内容将在第 6 章进行详细介绍。

在采用 BFT 类算法的联盟链中，由于同一时刻只有一个节点在打包，因此所有正常节点在任意区块高度都执行相同顺序的交易，这保证了这些节点的状态总是发生一致的变迁。

## 2.5 本章小结

本章对区块链的基础知识进行了介绍，包括区块数据结构与组织形式、账户体系、账本数据组织形式、交易在区块链中的生命周期与运行流程等内容，为读者理解区块链的设计思想提供了初步的认知，也为后文更深入的模块化讲解进行了铺垫。

## 参考文献

[1] NAKAMOTO S. Bitcoin：A peer-to-peer electronic cash system[EB/OL]. [2021-03-16]. https://git.dhimmel.com/bitcoin-whitepaper/.

[2] BUTERIN V. A next-generation smart contract and decentralized application platform[J]. white paper, 2014, 3: 37.

[3] CHRISTIAN C. Architecture of the hyperledger blockchain fabric[C]// Proceedings of the Workshop on Distributed Cryptocurrencies and Consensus Ledgers. Chicago, 2016: 14－17.

[4] Serguei Popov. The rangle[EB/OL].[2020-10-18]. http://www.descryptions.com/Iota.pdf.

[5] DAI P, MAHI N, EARLS J. 量子链技术白皮书 v0.7[EB/OL]. [2021-03-16].https://qtum.org/user/pages/01.home/Qtum%20whitepaper_cn%20v0.7.pdf.

[6] Wood Gavin, Ethereum project yellow paper. Ethereum: A secure decentralised transaction ledger[EB/OL].[2020-11-20]. https://gavwood.com/paper.pdf.

第 3 章

# 网络通信

区块链的网络层封装了区块链系统的组网方式，包括节点间的组织形式、数据传输方式等。本章将重点介绍区块链网络层的拓扑结构、网络协议及网络中不同的节点类型。

## 3.1 P2P 网络

P2P 是“peer-to-peer”的缩写，peer 在英语里一般是同伴、同事的意思，因此 P2P 网络通常被称为对等网络，网络中的每个节点被称为对等节点。在 P2P 网络中，每个节点的地位都是对等平权的，既能作为服务的请求者又能为其他节点提供服务。P2P 网络打破了互联网中传统的客户端/服务器端结构，使每个节点都具有不依赖中心服务器，自由、平等通信的权利。

P2P 网络的发展到目前为止经历了四个阶段：集中式、纯分布式、混合式和结构化，每个阶段都代表一种 P2P 网络模型，主要的区块链平台大多采用混合式和结构化 P2P 网络模型来构建。

目前，在学术界和工业界对 P2P 网络没有一个统一的定义，不同的研究学者和机构分别给出了 P2P 网络不同的定义，这些定义之间并不矛盾，均从不同角度反映了 P2P 网络的内在特点。一般来说，P2P 网络具有如下特点。

- 去中心化。信息的传输和服务都直接在节点间进行，无须中心化服务器的介入。
- 可扩展性。虽然节点的加入增加了对服务的需求，但同步扩充了系统资源的供给和服务能力。
- 健壮性。P2P 网络具有高鲁棒性、高容错性的特点，同时，网络拓扑结构可以根据部分节点失效自动调整。

- 负载均衡。在 P2P 网络中，每个节点既是服务器端又是客户端，同时，资源分布在多个节点上，能够更好地实现网络的负载均衡。
- 隐私保护。节点信息的传输无须经过某个中心节点，降低了隐私泄露的风险，同时增加了消息的匿名性。

惠普实验室（Hewlett-Packard Laboratories）的 Milojicic 将 P2P 网络定义为一类采用分布式方式、利用分布式资源完成关键功能的系统。其中，分布式资源包括算力、存储空间、数据、网络带宽等各种可用资源，关键功能是分布式计算、数据内容共享、通信与协作或平台服务。

### 3.1.1 P2P 网络模型

#### 1. 集中式 P2P 网络

集中式 P2P 网络结构最为简单，一个节点保存其他节点的索引信息，而索引信息又包括节点 IP、端口、节点资源等。节点之间互连的路由信息需要向中心节点查询，如果和对等节点建立连接则不再依赖中心节点。集中式 P2P 网络结构简单、容易实现，但是由于其所有路由信息都在中心节点中存储，因此当节点数量不断增长时容易出现性能瓶颈，也容易出现单点故障。集中式 P2P 网络拓扑结构如图 3-1 所示。

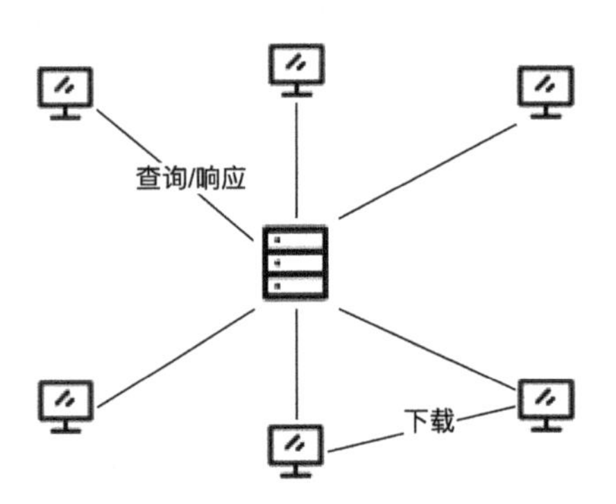


图 3-1 集中式 P2P 网络拓扑结构

#### 2. 纯分布式 P2P 网络

纯分布式 P2P 网络移除了中心节点，在 P2P 网络之间建立了随机网络，一个新加入的节点和 P2P 网络中的某个随机节点建立连接，形成一个随机的拓扑结构，如图 3-2 所示。新节点和邻居节点建立连接后需要全网广播，让整个网络感知到新节点的存在。

全网广播的方式是，新节点向自己的邻居节点广播，邻居节点在接收到广播后向自己的邻居节点广播，以此类推，从而广播到整个网络。这种广播机制也称为泛洪机制。

纯分布式P2P网络不存在集中式P2P网络的单点故障和中心节点性能瓶颈，具有较好的扩展性，但是泛洪机制又引入了新的问题，一是容易形成泛洪循环，节点A发出的消息经过节点B到节点C，节点C再广播到节点A，形成了一个消息循环；二是响应消息风暴，如果节点A想请求的资源被很多节点拥有，那么在短时间内就会有大量的节点向节点A发送响应消息，可能会让节点A崩溃。

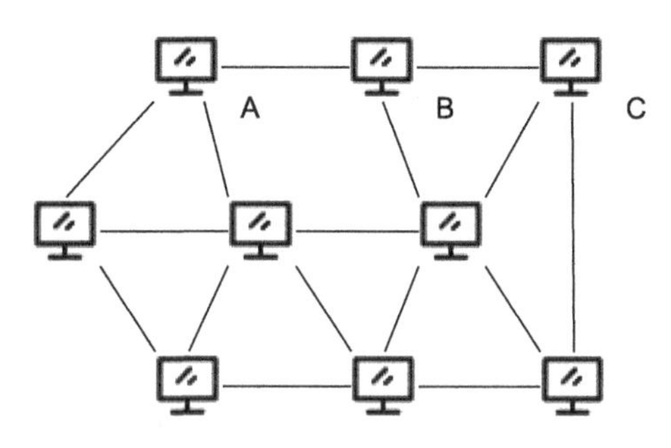


图3-2 纯分布式P2P网络拓扑结构

### 3. 混合式P2P网络

混合式P2P网络就是混合了集中式P2P网络和纯分布式P2P网络的结构，混合式P2P网络中存在多个超级节点组成分布式P2P网络，而每个超级节点又与多个普通节点组成局部的集中式P2P网络，如图3-3所示。相对于普通节点，超级节点在处理能力、带宽、存储方面具有一定的优势。一个新的普通节点加入网络时，需要先选择一个超级节点进行通信，该超级节点推送其他超级节点列表给新加入的普通节点，然后，新加入的普通节点再根据超级节点列表中的状态选择一个超级节点作为父节点。这种混合式P2P网络拓扑结构限制了泛洪机制广播的范围，避免了大规模的泛洪循环。在实际应用中，混合式P2P网络拓扑结构是相对灵活且比较有效的网络结构，容易实现。

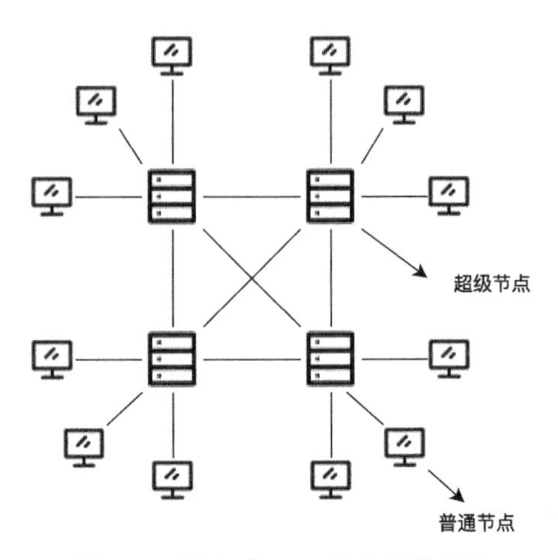


图 3-3　混合式 P2P 网络拓扑结构

### 4. 结构化 P2P 网络

结构化 P2P 网络综合了集中式 P2P 网络的快速查找和纯分布式 P2P 网络的去中心化特点，对二者进行了权衡，结构化 P2P 网络是目前 P2P 网络的主流结构。

结构化 P2P 网络也是一种分布式 P2P 网络，但其与纯分布式 P2P 网络有所区别。纯分布式 P2P 网络是一个随机网络，而结构化 P2P 网络可以将所有节点按照某种结构有序地组织起来，形成一个环形网络或树形网络。

结构化 P2P 网络在具体实现上普遍基于 DHT（Distributed Hash Table，分布式哈希表）算法。具体的实现方案有 Chord、Pastry、CAN、Kademlia 等算法，其中，Kademlia 算法是以太坊 P2P 网络所采用的算法。图 3-4 展示了一个简单 Kademlia 网络的拓扑结构。在 Kademlia 算法中，通过对节点按照二叉树的结构进行组织，可以达到对节点高效路由和索引的目的。

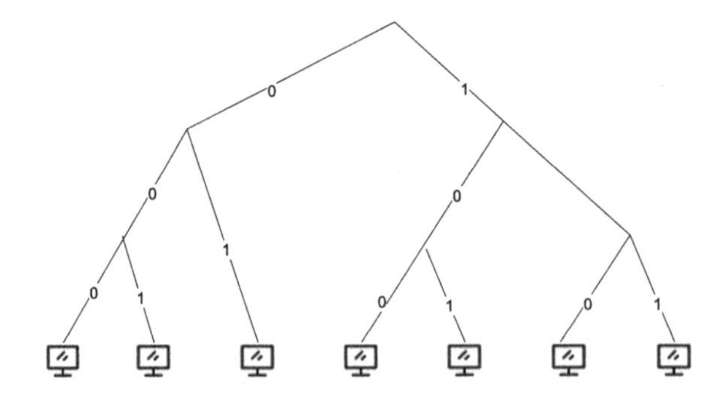


图 3-4　结构化 P2P 网络拓扑结构（简单 Kademlia 网络的拓扑结构）

## 3.1.2　P2P 网络协议

### 1. BitTorrent 协议

BitTorrent（全称比特流，简称 BT）协议是一个网络文件传输协议，依赖 P2P 网络，采用 BT 协议的节点作为数据下载者在下载的同时不断向其他下载者上传已下载的数据。BT 协议充分利用了用户的上行带宽，通过一定的策略保证上传速度越快，下载速度也越快。

BT 协议是架构于 TCP/IP 协议之上的一个 P2P 网络文件传输协议，处于 TCP/IP 协议的应用层。BT 协议本身包含很多具体的内容协议和扩展协议，并且还在不断扩充。如果有多个下载者并发地下载同一个文件，则每个下载者同时为其他下载者上传文件，这样，文件源可以支持大量的用户进行下载，而只带来适当的负载增长。

BT 协议把提供下载的文件进行拆分，这种拆分并不是将文件实际拆分，而是按照固定大小拆分成逻辑上的小块，逻辑分块后硬盘上并不产生各个块文件，而把每个块的索引信息和哈希值写入 torrent 文件（种子文件，简称“种子”），作为被下载文件的索引和校验依据。下载者要下载文件内容，首先需要得到相应的 torrent 文件，然后使用 BT 客户端进行下载。下载时 BT 客户端首先解析 torrent 文件，得到 Tracker 服务器地址，然后连接 Tracker 服务器。Tracker 服务器回应下载者的请求，提供拥有资源节点的 IP 地址。BT 客户端也可解析 torrent 文件，得到节点路由表，然后连接节点路由表中的有效节点，由网络中的有效节点提供其他下载者的 IP 地址。

下载者再连接其他下载者，根据 torrent 文件，分别告知对方自己已经拥有的数据块，然后向对方获取自己没有的数据块。这种方式不需要其他服务器或网络节点的参与，分散了单条线路上的数据流量，减轻了服务器的负担。下载者每得到一个块，都需要算出下载的数据块的哈希验证码，与 torrent 文件中的进行对比，如果一致则说明数据块正确，不一致则需要重新下载这个数据块。下载者越多，提供的带宽越多，torrent 文件也越多，下载速度就越快。

从 BT 客户端角度考虑，下载原理分为以下几步。

（1）根据 BT 协议，文件发布者会根据要发布的文件生成一个 torrent 文件。BT 客户端可从 Web 服务器上下载该 torrent 文件，并从中得到 Tracker 服务器地址等信息。

（2）根据 Tracker 服务器地址与 Tracker 服务器建立连接，并从 Tracker 服务器上得到拥有 torrent 文件的节点的信息，或者根据这些信息与网络中其他节点建立连接，或者从对等节点中得到拥有 torrent 文件的节点的信息。

（3）根据节点信息与多个节点建立连接，依据对应协议完成握手，并从连接的对等节点中下载数据文件，同时监听其他节点的连接，以便将自己拥有的数据分享出去。

在这个发展阶段的 BT 协议使用 Tracker 服务器作为 torrent 文件提供索引，同样面临着集中式 P2P 网络遇到的问题，随着 P2P 网络的发展，出现了 DHT 这样不依赖中心索引服务器（如 Tracker 服务器）的结构化网络模型，BT 协议也随之更新，支持无 Tracker 服务器模式。

DHT 是一种分布式存储方法。在不需要中心索引服务器的情况下，每个 BT 客户端负责一个小范围的路由，并存储一小部分数据，从而实现整个 DHT 网络的寻址和存储。使用支持该技术的 BT 客户端，用户无须连接 Tracker 服务器就可下载，因为 BT 客户端会在 DHT 网络中寻找下载同一文件的其他用户，并与其进行通信，开始下载。这种技术优势非常明显，极大地减轻了 Tracker 服务器的负担，甚至可以不使用 Tracker 服务器，用户之间可以更快速地建立连接。

### 2. Kademlia 协议

Kademlia 是一种通过分散式杂凑表实现的协议，它是由 Petar Maymounkov 和 David Mazières 为 P2P 网络设计的一种结构化网络协议。Kademlia 协议规定了网络的结构，也规定了通过节点查询进行信息交换的方式。节点间依赖自身 ID 作为标识，同时依赖自身 ID 进行节点路由和资源定位。

相对于纯分布式 P2P 网络泛洪式地查询数据，Kademlia 网络为了更加快速地搜索节点，采用基于两个节点 ID 的异或来计算距离。需要注意的是，同一网络中的节点 ID 格式必须一致，并且得到的距离只是在 Kademlia 网络中的虚拟距离，与现实中节点的物理距离没有关系。一个具有 $2^n$ 个节点的 Kademlia 网络在最坏的情况下只需要 $n$ 步就可以找到被搜索的节点。

在 Kademlia 网络中，所有节点都被当作一棵二叉树的叶子节点，并且每个节点的位置都由其 ID 前缀唯一确定。任意一个节点都可以按照自己的视角把这棵二叉树分解为一系列连续的、不包含自己的子树。最高层的子树，由整棵不包含自己的二叉树的另一半组成；下一层子树则由剩下部分中不包含自己的二叉树的另一半组成；以此类推，直到分割完整棵二叉树。图 3-5 展示了节点 0011 对子树的划分。

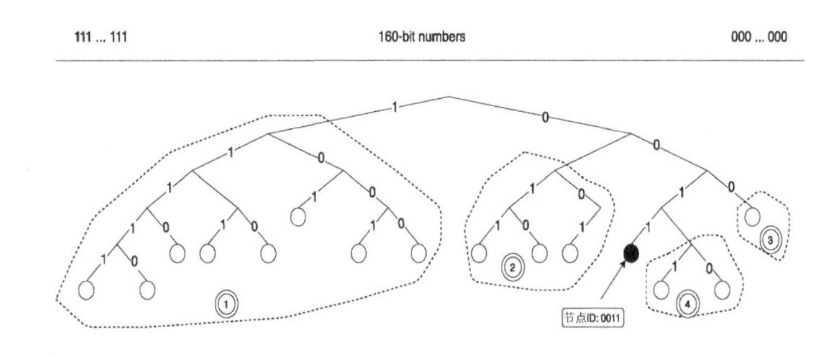


图 3-5　节点 0011 对子树的划分

虚线包含的部分就是各子树，从节点 0011 的视角一共划分为四棵子树。Kademlia 协议确保每个节点都知道其各非空子树的至少一个节点。在这个前提下，每个节点都可以通过节点 ID 找到任何一个节点。这个路由的过程是通过异或节点 ID，不断缩短节点间距离得到的。

图 3-6 演示了节点 0011 是如何通过连续查询找到节点 1110 的。节点 0011 通过在逐层的子树间不断学习，并查询最佳节点，获得越来越接近的节点，最终收敛到目标节点。

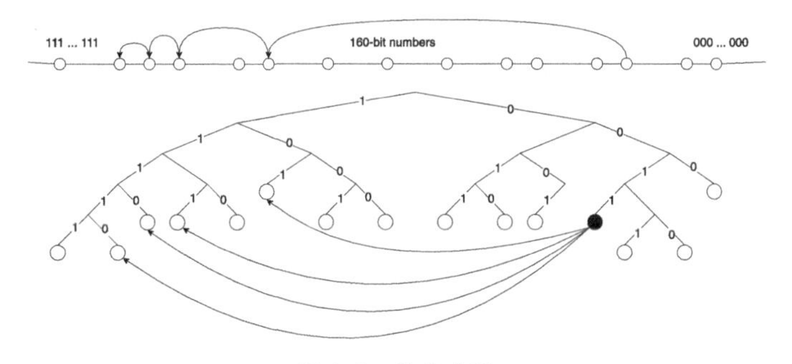


图 3-6　节点查询

首先，假设查询的目标节点是 1110，按照节点 0011 的视角划分子树，在第一棵子树中，假设节点 0011 知道其节点是 101，节点 0011 首先向节点 101 发起请求。向节点 101 发起请求是因为根据与节点 101 计算异或距离后发现其与目标节点距离最近，为了得到目标节点需要向离目标节点更近的节点查询。

然后，节点 101 也会按照自己的视角将整棵树进行划分，它同样知道每棵

非空子树中的至少一个节点，这时返回目标节点所在的对应子树中节点 101 知道的节点，以此类推，找到目标节点。后续的每步查询都是上步查询的返回值，并且每步都越来越接近目标节点。

在 Kademlia 网络保存的每个子树的节点列表都被称为 $K$ 桶，其中，$K$ 标识了一个桶中存放节点的数量。每个节点都保存了按自己视角划分子树后子树中节点的信息，如果只保存单个节点，则鲁棒性不足，为了解决这个问题，需要多保存几个节点。在图 3-6 中可以看到，有些子树的节点多，有些子树的节点少。Kademlia 协议为平衡系统性能和网络负载设置了一个常数，但该常数必须是偶数，如 $K = 20$。在 BT 协议的实现中，$K= 8$。

网络中的节点并不是一成不变的，随时有节点加入也有节点退出，为了维护网络的稳定性需要实时更新 $K$ 桶，剔除已经退出网络的节点，增加新加入网络的节点。

基于对网络上大量用户行为习惯的研究结果，节点的失效概率和在线时长呈反比，也就是说，在线时间长的节点继续保留在 $K$ 桶列表中更有利于网络的稳定性。由于每个 $K$ 桶覆盖距离的范围都呈指数增长，因此形成了离自己近的节点的信息多，离自己远的节点的信息少的情况，保证了路由查询过程是收敛的。这种方式也意味着有更多可能连接到离自己近的节点，一方面是因为距离近的子树的节点少，另一方面是因为自己可以更多地包含距离近的节点。

## 3.2 区块链网络

区块链网络是按照 P2P 协议运行的一系列节点的集合，这些节点共同完成特定的计算任务，共同维护区块链账本的安全性、一致性和不可篡改性。区块链系统为了适应不同的应用场景或解决单一节点性能瓶颈，衍生出了不同类型的节点，这些节点有不同的分工，共同维护整个区块链网络的健壮性。除了 P2P 协议，区块链网络还包含其他协议。

### 3.2.1 节点类型

虽然 P2P 网络中的各个节点相互对等，但在区块链网络里根据提供的不同功能，不同区块链系统会对节点类型进行不同的划分。

区块链技术发展早期，主要以公有链为主，根据节点存储内容的不同，节点类型划分为以下两种。

- 全节点：全节点指的是节点同步全量区块链数据，负责交易的广播和验证，维护整个区块链网络的稳定运行。

- 轻节点：轻节点也被称为简单支付验证（SPV）节点，指的是节点只同步区块头数据，依赖全节点，通过默克尔路径验证一笔交易是否存在于区块中，不需要下载区块中的所有交易。存储容量有限的 IoT 设备可以通过运行一个轻节点参与到区块链网络中。

随着区块链技术的快速发展和普及，区块链应用呈现爆发式增长，各种应用场景层出不穷。为了解决传统企业业务上的痛点，企业级联盟链应运而生，这也对区块链技术提出了更高的要求，相对于公有链，联盟链中的节点类型更加多样化。例如，由大中企业组成的联盟链，其核心企业具有最优厚的计算资源和最高的数据管理权限，而小企业只有数据访问权，它依赖核心企业提供的数据来运行自己特定的业务。核心企业节点间通过运行共识协议决定区块链账本的内容，而小企业节点同步这些账本内容，当收到一条客户端发送过来的交易时，转发给核心企业节点处理。因此，根据节点是否参与共识，节点类型又可划分为以下两种。

- 共识节点/验证节点：共识节点在某些系统中也被称为验证节点，主要负责对交易排序，并打包成块，与其他验证节点达成一致的共识，然后执行交易，将交易和执行结果进行存储。
- 非共识节点/非验证节点：非共识节点在某些系统中也被称为非验证节点，主要负责同步验证节点生成的区块，执行交易，将交易和执行结果进行存储。

图 3-7 为趣链区块链平台多种类型节点组成的网络拓扑。

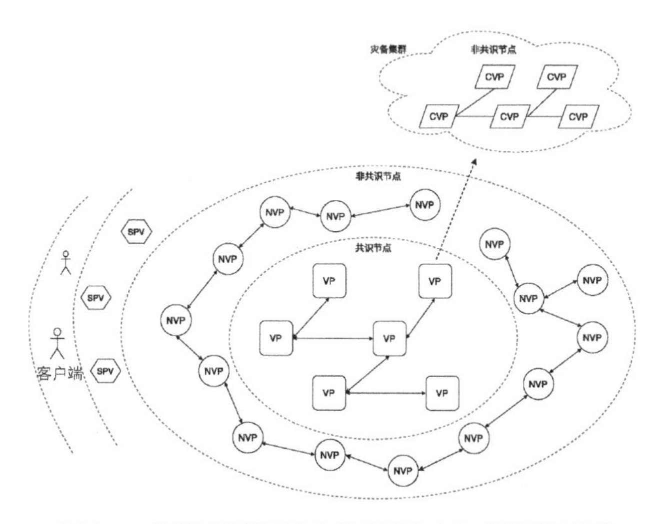


图 3-7　趣链区块链平台多种类型节点组成的网络拓扑

其中，VP 为共识节点，NVP 和 CVP 均为非共识节点，每个 VP 节点都可以部署一个由 CVP 节点组成的灾备集群，在 VP 节点发生故障时，自动切换接替 VP 节点的工作。

在某些联盟链系统中，为了突破单一节点系统资源的限制，将区块的共识、执行和存储功能进行拆分，分别交由不同节点完成。VP 节点运行共识协议，决定交易的排序，并打包成区块，因为 VP 节点不存储区块链账本内容，因此不执行区块只广播区块。NVP 节点接收到 VP 节点广播过来的区块后，首先对区块进行合法性校验，校验通过后，按照区块内交易的顺序执行交易，并存储交易和执行结果。Hyperledger Fabric 联盟链就是一个典型的拆分节点共识、执行和存储的例子，共识交由 Order 节点完成，执行和存储交由 Peer 节点完成，图 3-8 为 Hyperledger Fabric 联盟链多种类型节点组成的网络拓扑，为了简化复杂度，图中没有画出多通道的 Hyperledger Fabric 联盟链网络，仅描述只有一个通道的 Hyperledger Fabric 联盟链网络，组织 A 和组织 B 在一个通道内。

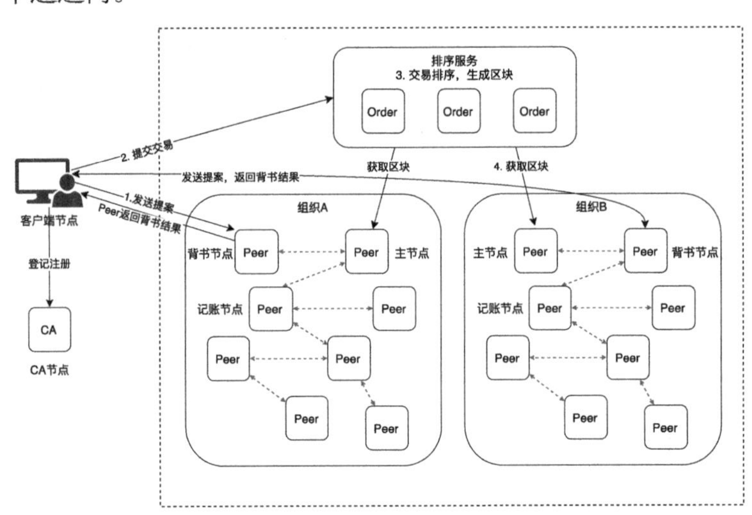


图 3-8　Hyperledger Fabric 联盟链多种类型节点组成的网络拓扑

在由多个组织参与组成的 Hyperledger Fabric 联盟链网络中，每个组织都可以是一个集群，不同的组织集群连接起来形成一个区块链网络。在整个网络中，节点主要分为客户端节点、CA 节点、Order 节点和 Peer 节点。客户端节点为通过客户端发送提案、提交交易的节点；CA 节点负责为网络中的节点提供基于数字证书的身份信息；Order 节点负责对 Peer 节点签名并对满足签名策略的交易提案进行排序和出块，广播给 Peer 节点；而 Peer 节点可担任不同角色，角色如下。

- 记账节点（Committing Peer）：所有的 Peer 节点都可以称作记账节点，负责对区块及区块交易进行验证，验证通过后写入账本。
- 背书节点（Endorsing Peer）：负责执行客户端节点发送过来的交易提案，并根据背书策略对交易进行签名背书后再返回给客户端节点。
- 主节点（Leader Peer）：一个组织集群中有多个 Peer 节点，为了提高通信效率，需要一个主节点作为代表负责与 Order 节点通信，接收 Order 节点广播过来的区块，并同步给组织集群内其他 Peer 节点。主节点可以通过动态选举或静态指定产生。一个组织集群内可以有一个或多个主节点。
- 锚节点（Anchor Peer）：负责与其他组织集群的 Peer 节点通信，即负责跨组织集群的通信，确保不同组织集群内的 Peer 节点相互知道对方组织集群的节点信息。锚节点不是 Hyperledger Fabric 联盟链网络的必选项，一个组织集群可以有零个或多个锚节点。

综上所述，在不同的区块链系统里，根据节点职能的不同对节点类型有不同的划分，不同类型的节点分工协作，维护整个区块链网络的健壮性和稳定性。通过对节点类型进行划分，一方面，可以满足业务应用场景的需求，比如，前文提到的中小企业联盟链的例子；另一方面，突破单一节点系统资源限制，便于日后节点横向扩展，构建更大规模的区块链网络。

### 3.2.2　区块链网络模型

区块链的网络结构继承了计算机通信网络的一般拓扑结构，可以分为如图 3-9 和图 3-10 所示的完全去中心化网络结构和多中心化网络结构。完全去中心化指网络里所有节点都是对等的，各个节点自由加入或退出网络，不存在中心节点。采用 PoW 共识算法的公有链就是一种完全去中心化网络。在这种网络中，所有节点都有权限生成新区块，并写入区块链账本，节点只要解出 PoW 数学难题就能获得记账的权利，在经济激励机制下，越来越多的节点参与到记账权的竞争中，整个网络得以稳定运行，这种稳定运行不依赖某些中心节点，任何节点的退出都不会对区块链网络造成影响。但是，完全去中心化网络维护成本高、共识效率低、交易确认延迟高。随着互联网技术的发展，人们对交易吞吐量的要求越来越高。据统计，全球知名信用卡支付公司平均每秒可处理大约 2000 笔交易，其峰值维持在每秒上万笔交易。站在“区块链不可能三角”（可扩展性、去中心化、安全性）的角度，区块链要想应用到实际业务场景中，可扩展性和安全性缺一不可。而去中心化作为区块链技术兴起的一大亮点，也不可缺失。因此，人们想到，可以牺牲部分去中心化来提升整个网络的可扩展性，但这种牺牲并不是说网络就此变成了中心化网络架构，而是演变成一种叫作“弱去中心化”的网络架构，也称为多中心化网络结构。多中心化网络结构指网络里存在特定数量的中心节点和其他节点，只有中心节点拥有记账权。如图 3-10 所示，黑色圆点表示中心节点，灰色圆点表示其他节点，中心节点负责共识和出块，它的加入和退出受到严格控制，往往需要经过全网节点投票同意后方可加入或退出；其他节点虽然没有记账权，但可以共同监督中心节点的行为，如果中心节点存在作恶行为，则可以将其投出。其他节点也可以竞争成为中心节点。

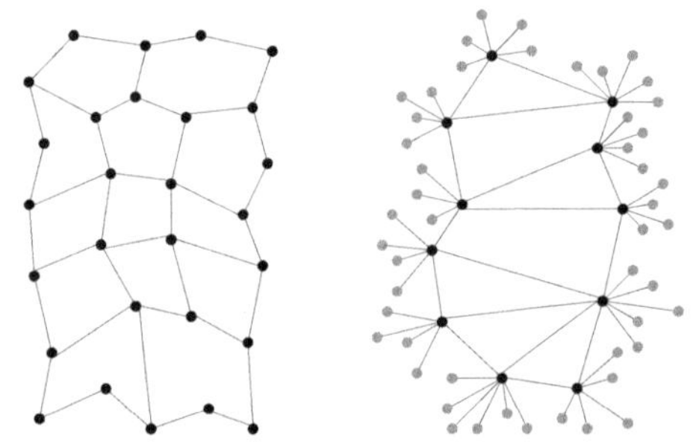

图 3-9　完全去中心化网络结构　图 3-10　多中心化网络结构

不同区块链系统采用的网络连接方式不同，主要划分为如图 3-11 和图 3-12 所示的全连接网络和自发现传播网络，这两种网络连接方式各有优缺点。全连接网络，即节点间两两建立可互相收发消息的网络连接，消息的发送不需要经过中间节点传播，直接到达对端，具有实现简单、通信高效的优点，但是网络扩展性不高；自发现传播网络，即节点只与部分节点建立网络连接，但总有一条链路可以到达网络里的各个节点，因此，理论上网络可无限扩展，但是实现起来较复杂且通信可能有一定的延迟。

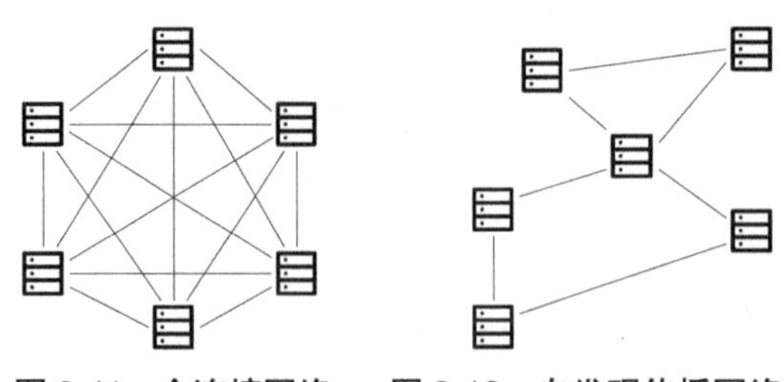

图 3-11　全连接网络　图 3-12　自发现传播网络

### 3.2.3 区块链网络协议

区块链网络在对等网络的基础上，还包括其他协议。本节将介绍区块链系统网络层常用的协议。

#### 1. Gossip

Gossip 协议最早是在 1987 年由 Demers Alan，Dan Greene 等在 ACM 上发表的论文 *Epidemic Algorithms for Replicated Database Maintenance* 中提出的。它是一种去中心化、可扩展、可容错，并保证最终一致性的消息传播通信协议，用来实现节点间信息同步，解决分布式架构中的一致性问题。

Gossip 协议的基本原理是当一个节点想要把自己的消息同步给组织集群内其他节点时，先周期性地随机选择几个节点，并把消息传播给这些节点。收到消息的节点重复同样的过程，即把消息再传播给随机选择的其他节点，直至组织集群里的所有节点都收到了该消息。随机选择目标传播节点的数量 $N$ 是一个指定的常量，这个 $N$ 称为 fanout 参数。由于整个收敛过程需要一定的时间，因此无法保证在某一时刻所有节点都收到了消息，但理论上最终所有节点都会收到消息。因此，Gossip 协议是一个最终一致性协议，其不要求任何中心节点，允许节点任意加入或退出组织集群，组织集群里的所有节点都是对等的，任意一个节点不需要知道整个组织集群里的所有节点信息就可以把消息散播到全网，即使组织集群中任何节点宕机或重启也不会影响消息的传播。图 3-13 为 Gossip 协议在由 16 个节点组成的网络里的数据传播示意图，首先，图 3-13（a）中节点 1 更新数据，并想广播给其他节点；如图 3-13（b）所示，节点 1 随机选择了节点 2 和节点 7 进行数据传播；然后，如图 3-13（c）所示，节点 1、节点 2 和节点 7 继续随机选择节点进行数据传播。以此类推，最后，网络里的所有节点都更新了数据。

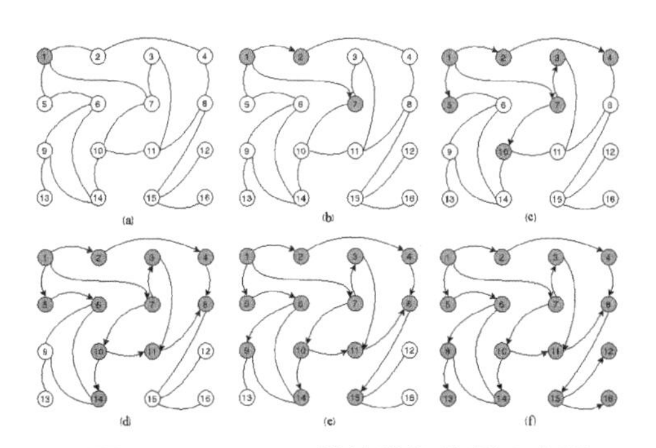

图 3-13 Gossip 协议数据传播示意图

总结一下，节点传播消息是周期性的，并且每个节点都有自己的周期。节点传播消息的目标节点数量由 fanout 参数决定。至于往哪些目标节点传播消息，则是随机选择的。所有节点都重复同样的过程，直至整个网络从不一致的状态收敛到一致的状态。一般来说，Gossip 网络中两个节点间的通信方式有以下三种。

- Push-based 方式：节点 A 将数据及版本号（Key，Value，Version）推送给节点 B，节点 B 更新节点 A 中比本地新的数据。
- Pull-based 方式：节点 A 仅将（Key，Version）发送给节点 B，节点 B 将本地比节点 A 新的数据（Key，Value，Version）推送给节点 A，节点 A 更新本地数据。
- Push-Pull 混合方式：在 Pull-based 方式的基础上，节点 A 将本地比节点 B 新的数据推送给节点 B，节点 B 更新本地数据。

理论上，使用 Gossip 协议进行通信的组织集群的节点数量无上限，网络收敛速度快，因此，Grossip 协议在区块链领域得到了广泛应用。

面向企业级联盟链的 Hyperledger Fabric 采用 Gossip 协议作为其 P2P 网络的消息传播协议。其主要作用有：（1）区块传播：避免为了同步区块，所有的 Peer 节点都与 Order 节点连接的情况。仅需要主节点与 Order 节点相连，负责与 Order 节点通信。主节点在获取到新区块以后，通过 Gossip 网络的 Push-based 方式将新区块传播给随机选择的预定数量的其他 Peer 节点，收到新区块的 Peer 节点重复该过程，直到每个 Peer 节点都收到了新区块。通过 Gossip 协议进行区块传播在一定程度上缓解了 Order 节点的压力；（2）区块同步：当 Peer 节点由于宕机、重启或新加入导致区块落后时，通过 Gossip 网络的 Pull-based 方式可以从其他 Peer 节点处拉取新区块，直至账本数据同步到最新状态，此过程不需要 Order 节点的参与；（3）节点发现：Peer 节点周期性地通过 Gossip 网络的 Push-based 方式随机选择预定数量的节点传播心跳消息，表示自身存活状态。因此，每个组织集群的 Peer 节点都可以维护组织集群内所有 Peer 节点的存活状态信息。若每个组织集群中至少有一个 Peer 节点访问锚节点，则锚节点就可以知道通道内所有不同组织集群的 Peer 节点的信息，进而网络里的所有 Peer 节点都可以知道通道内所有不同组织集群的节点信息，维护通道内的节点关系视图（组织集群关系视图）。

同样采用 Gossip 协议的还有 Facebook 研发的面向稳定币的区块链系统 Libra，Libra 仅使用 Gossip 网络中的 Push-based 方式实现区块链节点发现功能。节点周期性地随机选择预定数量的节点向其传播自己当前的网络视图，收到消息的节点如果检查到对端发送过来的信息更新，则更新本地维护的节点地址信息，重复该过程，直到网络里的所有节点都有一个完整的节点关系视图。如果节点关系视图里有未建立连接的节点，则与其建立连接。因此，Libra 仅使用 Gossip 协议实现节点发现功能，而整个网络还是一个全连接网络，节点间两两相连。

### 2. Whisper

Whisper[①]起源于以太坊，是以太坊里的一个网络子协议，子协议指的是构建在以太坊 P2P 网络之上的协议，虽然各个子协议都有自己的协议名称、协议版本号和协议消息定义，但是，所有子协议的底层通信都使用同一个以太坊 P2P 网络。Whisper 是一个基于身份的消息传递系统，其设计目的是为 DApp 提供一种高隐私性、防网络嗅探的通信服务。一个以太坊节点可以自行选择是否开启 Whisper 服务，如果开启，那么这个节点被称为 Whisper 节点。

Whisper 节点周期性地向其他节点广播自己收到的 Whisper 消息，因此，所有的 Whisper 消息都会发送给每个 Whisper 节点。为了降低网络负担，防止恶意客户端向节点发送大量垃圾消息对节点造成 DDoS 攻击，以太坊使用 PoW 来提高 Whisper 消息发送的门槛，即每次发送 Whisper 消息，节点都需要进行一次 PoW，仅当消息的 PoW 值超过特定阈值时，节点才会处理该消息，并转发给其他 Whisper 节点，否则将其丢弃。本质上，如果节点希望网络将 Whisper 消息存储一段时间（TTL），那么计算 PoW 值的成本可视为为该消息分配资源所支付的价格，因此，所需 PoW 值与消息大小和 TTL 呈正比。由于所有的 Whisper 消息都会被加密且通过加密网络传输，只有持有对应密钥的人才能对消息解密，所以 Whisper 消息传递具备安全性。

Whisper 对外暴露了一套订阅—发布模型的 API，客户端通过这套 API，可以向 Whisper 节点发送与某个 Topic[②]相关的消息，节点将消息分发给所有与该 Topic 相关的过滤器[③]，并在到达广播时间时将消息广播给其他 Whisper 节点。客户端也可以向 Whisper 节点订阅自己感兴趣的 Topic，节点将返回

---

① 本节描述的 Whisper 是 Whisperv6。

② Topic 指的是客户端感兴趣的主题。所有对这个 Topic 感兴趣的客户端都可以发起订阅，然后接收与该 Topic 相关的消息。客户端也可以发送与该 Topic 相关的消息。

③ 过滤器指的是客户端向节点发起 Topic 的订阅事件，节点为该订阅事件初始化一个过滤器，该过滤器记录客户端感兴趣的 Topic 有哪些、与 Topic 相关的消息、Topic 相关的密钥信息等。

一个过滤器 ID 给客户端，如果过滤器里有与该 Topic 相关的消息，则客户端使用过滤器 ID 向节点查询得到 Topic 消息。客户端也可以在向 Whisper 节点发送消息时指定这个 Topic 消息要转发给哪个 Whisper 节点，由接收发送请求的节点将消息转发给指定节点，指定节点收到 Topic 消息以后，将消息分发给所有与该 Topic 相关的过滤器，并在到达广播时间时将消息广播给其他 Whisper 节点。

### 3. libp2p

libp2p 是协议实验室（Protocol Labs）研发的 IPFS 项目里相当重要的一个组件，主要负责节点发现、数据路由、安全传输等，后来被提升为独立的开源社区项目。如今，已经有多个项目使用 libp2p 作为网络传输层，如 IPFS、Filecoin、Polkadot 和以太坊 2.0 等。

libp2p 支持各种各样的传输协议，如 TCP、UDP、QUIC 等，它使用自描述（Multiaddr）来标准化一个节点的地址，而不仅是 IP 地址和端口号。自描述地址包括 IP 地址类型、IP 地址、网络传输协议、端口号、应用协议 ID 和节点 ID 等信息，通过地址解析和协议协商，libp2p 知悉使用什么协议才能连接到目标节点。这使得 libp2p 在网络协议繁多、协议升级频繁的大环境下，可以很方便地实现各种协议的扩展。

libp2p 作为一种专门为点对点应用设计的模块化、易扩展、集多种传输协议和点对点协议为一体的通用 P2P 解决方案，具有成为未来点对点传输应用、区块链和物联网基础设施的潜力，它高度抽象了主流的传输协议，使得上层应用开发不必关注底层网络的具体实现，最终实现跨环境、跨协议的设备互联。

## 3.3 本章小结

本章首先介绍了 P2P 网络的发展历程及传统 P2P 网络中常使用的技术，然后以此为基础，介绍了由多种不同类型节点组成的区块链网络拓扑结构，这些节点各司其职，共同维护区块链网络的稳定性和健壮性，同时，对节点功能进行划分使区块链大规模组网成为可能。最后简单介绍了区块链网络里常用的协议，让读者对这些协议有大概的认识。

# 第4章 共识算法

本章将介绍用于保证区块链系统一致性的核心算法——共识算法。共识问题在区块链系统出现之前就已经有非常长时间的研究了，传统分布式一致性算法可以解决组织集群部署下由于节点出现宕机错误导致的不一致问题，通常用于多机灾备容错方案，如分布式数据库管理。但是，区块链系统上承载的是价值传输，因此典型的区块链共识算法必须考虑到恶意节点的存在，保证区块链上的价值不会被恶意节点操纵。随着区块链技术的不断发展，区块链共识算法逐渐呈现百花齐放的态势，近年来也出现了许多新型的共识算法，它们大都在前人的研究基础上进行了一定的结合与改良，往往能够很好地解决许多现实中的问题，达到非常好的效果。

## 4.1 共识算法概述

### 1. 共识问题

共识问题指的是如何让处在分布式系统中的一系列节点就某一个决策达成一致。一个好的共识算法可以让分布式系统中的所有节点运行得像一个节点实体一样，其中每个节点都有完全一致的操作记录。但是，这样一个听起来很简单的问题却成为近几十年来分布式系统理论研究的核心。究其原因，主要可以总结为如下三点。

首先，实践证明共识问题是一个难以解决的问题。FLP 不可能定理（见 4.1.2 节）从理论上证明了如果一个分布式系统中存在任意一个故障节点，那么共识问题在异步系统中是不可解的，只有在同步系统中才有解。因此，共识问题的难易程度在很大程度上依赖通信模型中的时序假设。

其次，设计一个正确的共识算法是很难的。简单的协议往往不能应付所有场景，如 2PC 协议、3PC 协议，在遇到网络分区之后都无法保证系统的一致性。Chubby 的发明者 Mike Burrows 曾经说过："只有一种共识协议，那就是 Paxos，其他共识协议都是 Paxos 的变种。"由 Leslie Lamport 构思的 Paxos 以设计精妙著称，但是由于其难以理解，因此在很长一段时间里都不曾被人知晓。

最后，随着分布式系统的发展，共识算法变得愈发重要。分布式数据库、复制状态机等一系列分布式系统都在极大程度上依赖共识算法。

#### 2. 正确性定义

共识算法的正确性定义如下。

在一个由 $N$ 个节点组成的分布式系统中，一个正确的共识算法必须满足如下三个特性。

- 一致性（Agreement）：所有节点都同意某个决策值。
- 有效性（Validity）：最终决定的决策值必须由这 $N$ 个节点中的某个节点提出。
- 终止性（Termination）：所有节点最终都能完成决策。

一致性比较好理解，即如果不同节点最终选定的决策值不一致，那么共识就无法达成。当然，在某些情况下，可以稍微减弱这个条件，即只要系统中大多数（Majority）节点同意某个决策值，就认为共识已经达成了。

有效性可能看起来不太直观，但是如果仅保证一致性，则可能存在如下问题：所有节点最终都会选择一个系统的默认值。例如，在一个数据库提交协议的过程中，如果每次决策都是"不提交"，虽然不会破坏一致性，但是所有合法的事务提交都会被拒绝，这显然是不合理的。

终止性也是一个非常重要的特性。一致性可以定义系统如何选择一个决策值，却没有定义何时进行这样的选择。因此，共识算法需要通过终止性来保证系统始终不停地向前运转，而不是一直停留在一个决策中迟迟无法结束，这样的共识算法是不实用的。

需要注意的是，截止到目前，本节还没有提及容错，设计一个能够容忍节点出错的共识算法更加困难。事实上，共识问题最典型的应用场景就是容错系统，如状态机复制（State Machine Replication）问题。容错系统中往往存在一组连续的共识问题，任何一个节点都有可能出现异常，有可能是良性的宕机停止错误（Crash Stop），也有可能是恶意的拜占庭错误（Byzantine Fault），如何保证在存在错误节点的同时达成连续的共识是一个实用的共识算法必须考虑的问题。

### 3. 通信模型

分布式系统建立在许多通过网络连接或其他方式进行消息通信的节点之上，而网络通信的不确定性会限制共识算法的设计。通信模型定义了不同消息的延迟对于分布式系统的限制能力。总的来说，一共存在三种类型的通信模型，分别是同步模型、异步模型与部分同步模型。

**1）同步模型（Synchronous Model）**

在同步模型中，所有节点之间的消息通信都存在一个已知的延迟上界 $\Delta$，并且不同节点处理事务的相对速度差值有一个已知上界 $\phi$。因此，在同步模型中，每轮共识中的任何一个节点都必须在一定的时间差内执行完成本地事务，并能够在给定时间内向其他节点传输完成任意大小的消息。在同步模型中，任何节点的请求都应该在一个可预估的时间内得到响应，否则，可将对端节点视为故障节点。同步模型是一个非常理想的通信模型，在现实生活中几乎不可见，但是在分布式系统的理论研究中却发挥着极其重要的作用，许多早期的分布式一致性算法都是在同步模型的假设下设计的。

**2）异步模型（Asynchronous Model）**

在异步模型中，上述的延迟上界 $\Delta$ 与 $\phi$ 都不存在，即节点间消息传递的延迟无上界（但是可以保证消息最终能够传递完成），节点的处理速度也未知。异步模型比较符合现实的互联网环境，节点无响应可能是网络断开造成的，也可能是节点处理速度过慢，无法通过简单的超时检测判断节点是否失效。异步模型与同步模型相比更通用。一个适用于异步系统共识的算法，也适用于同步系统，但是反过来并不成立。在异步模型中设计一个正确的共识算法已经被证明是不可能的。

**3）部分同步模型（Partial Synchrony Model）**

部分同步模型是介于同步模型与异步模型之间的一种通信模型，于 1988 年由 Dwork、Lynch、Stockmeyer 在论文[1]中提出。该模型假设存在一个全局稳定时间（Global Stabilization Time，GST），在 GST 之前，整个系统可能处于异步状态，即消息的传递无延迟上界，但是在 GST 之后，整个系统可以恢复到同步状态。然而，该模型中的 GST 是未知的，即无法预知何时到达 GST 从

而恢复到同步状态。部分同步模型的时序假设比较贴合现实世界中对共识算法的需求，即共识总可以在同步状态下完成，然而一旦网络出现问题，共识可能会进入一段时间的阻塞，直至网络恢复正常。因此，部分同步模型中的共识算法设计首要保证的就是安全性（就算系统进入了异步状态），仅需要在 GST 之后保证系统的可终止性（活性）。该模型其实是许多共识算法的模型基础（虽然有些并没有显式地提及），如 Paxos、ViewStamp Replication、PBFT 共识算法等。

### 4．共识算法简史

最早的分布式一致性算法可以追溯到 Leslie Lamport 在 1978 年发表的论文[2]。虽然在论文中并没有显式地提及一致性的概念，但是 Lamport 在摘要中明确指出了一种用于定义分布式事件发生前后关系（偏序关系）的算法，该算法最终可用于同步分布式系统的逻辑时钟（也称为 Lamport Clock），从而确定系统中所有事件的全序关系。Lamport 在论文中通过一个状态机的例子展示了全序关系如何用来解决分布式系统中的同步问题，这也是首篇将同步问题与分布式状态机问题结合到一起的论文，按照 Lamport 的说法，这篇论文实际上描述了一种如何实现任意分布式状态机的算法，这也正是分布式一致性算法的来源。同年，Jim Gray 在论文[3]中提出了两阶段提交（2PC），首次尝试解决分布式数据库中的一致性问题，但是 2PC 存在严重的阻塞问题。1981 年，Dale Skeen 在论文[4]中提出了三阶段提交（3PC），可以解决 2PC 的阻塞问题，但是 3PC 在发生网络分区时会有严重的不一致问题。事实上，2PC 满足了安全性却牺牲了活性，而 3PC 恰恰相反，它满足了活性却牺牲了安全性。

1982 年，Leslie Lamport 在论文[5]中提出了著名的拜占庭将军问题，引入了拜占庭错误，将一致性问题的复杂度又提升了一个档次。与此同时，Lamport 也给出了两种在同步模型下拜占庭将军问题的解法，虽然此时人们对同步网络与异步网络还没有非常清晰的定义。直到 1985 年，Fischer、Lynch 和 Paterson 在论文[6]中提出并证明了 FLP 不可能定理，直截了当地告诉人们在异步网络中，只要有一个节点出现故障，就不可能存在一种完美的共识算法可以正确地终止。在此后的共识算法设计过程中，人们大都会避开异步网络的假设，但是异步网络才是现实生活中真实的网络模型。直到 1988 年，Dwork、Lynch、Stockmeyer 在论文[1]中提出了部分同步模型，该模型旨在提出一种介于同步网络与异步网络之间的网络模型。在该模型中，FLP 不可能定理的限制可以被部分打破，即当系统处于异步状态时，共识可以阻塞，而现实中总有恢复到同步网络的时候，此时共识就可以继续推进了。

1990 年，Lamport 在论文[7]中提出了 Paxos，这是首次被提出的一个能够在异步网络中保证安全性并在网络进入同步状态后保证活性的共识算法，其后很大一部分共识算法都是 Paxos 的变体，包括后来的 RAFT[8]。但是 Paxos 最大的问题在于它只能安全运行在非拜占庭网络的环境中，一旦有节点进行恶意攻击，那么整个系统将会崩溃。1999 年，Miguel Castro 和 Barbara Liskov 在论文[9]中提出了 PBFT 共识算法，该算法大大降低了拜占庭容错算法的网络复杂度，成为第一个实用的拜占庭容错算法。

2008 年，中本聪发表了比特币白皮书，首次提出了比特币的概念，同时将 PoW 共识算法应用到区块链。此后，各类证明类的共识算法相继出现，如 PoS、PoA 等，共识算法也从传统分布式一致性算法慢慢演化成独特的区块链共识算法。

### 4.1.1　拜占庭将军问题

1982 年，Leslie Lamport、Robert Shostak 和 Marshall Pease 三位科学家发表了论文[5]，该论文提出了著名的拜占庭将军问题。拜占庭将军问题首次假设了分布式系统中存在恶意节点的情况，并给出了在同步模型下的解法（虽然在此之前，同步模型与异步模型还没有明确的定义）。在拜占庭将军问题中，节点不仅会出现宕机或断网等良性错误，还有可能出现任意情况的拜占庭错误。例如，硬件或软件故障导致的节点不按程序逻辑运行，甚至节点程序被人恶意操纵，等等。总之，拜占庭错误更加贴近实际生活中面临的故障模型，也是分布式系统中最难解决的故障模型。

Leslie Lamport、Robert Shostak 和 Marshall Pease 三位科学家在上述论文的摘要中，指出了一个可靠的计算机系统必须能够处理故障组件向其他组件发送不一致消息的恶意情况，并提出了一种更加抽象的描述方式：一组驻扎在敌军周围的拜占庭将军之间如何就攻击还是撤退达成一致。在该假设中，将军们只能通过信使进行沟通。与此同时，将军之间可能存在叛徒，叛徒企图混淆忠诚将军的视线，即向不同将军发送不一样的消息。叛徒的存在使问题变得更加复杂，因为叛徒不仅有可能投反对票，还有可能向不同将军投不一致的票。最终的问题就是在上述假设下，能否找出一种可以保证忠诚将军之间达成一致的算法。该算法需要满足如下两个条件。

A. 所有忠诚将军最终会同意相同的决策，并且该决策是一个合理的决策。

B. 少数叛徒不能使忠诚将军最终选择一个错误的决策。

条件 A 与条件 B 保证了最终所有忠诚将军行动一致，并且他们的决策不会被少数叛徒影响。

上述条件是站在全局视角来看的，为了简化问题的描述，可以从单个将军的视角进行分析。如果从每个将军的视角来看，都满足如下条件，那么整个系统将按照上述的条件 A、条件 B 进行运转，下面给出拜占庭将军问题在单个将军视角下的描述（司令—副官模型）。假设一共有 $n$ 个将军，任何一个将军作为司令都必须向其他 $n-1$ 个副官（将军）发送一条指令，所有将军的行为需要满足两个条件，即

IC1. 所有忠诚的副官最终会选择相同的指令。

IC2. 如果司令是忠诚的，那么每个忠诚的副官都必须同意他的指令。

需要注意的是，如果司令是忠诚的，那么显然条件 IC2 可以推导出条件 IC1。但是，司令不一定是忠诚的，如果司令是叛徒，那么所有忠诚的副官也应该协商选择一个相同的指令决策。

最终，Leslie Lamport、Robert Shostak 和 Marshall Pease 给出了两种不同的解法，分别是基于口头消息的协议和基于书面消息的协议。

**1）基于口头消息的协议**

在基于口头消息的协议中，需要有至少 $3m+1$ 个将军才能容忍 $m$ 个叛徒的存在。首先定义“口头消息”（口头消息协议的网络模型假设）。

A1. 每个发送出去的消息都能够被成功地传递。

A2. 消息的接收方能准确地知道消息的发送方是谁。

A3. 消息丢失可以被检测到。

可以看出，上述三点其实定义了一个较为严格的同步网络。A1 和 A2 保证了叛徒不能干扰任意两位将军之间的网络通信。A1 保证了叛徒不能干扰消息通道，A2 保证了叛徒不能直接伪造其他将军的消息（但是叛徒可以伪造转发第三方将军的消息）；A3 阻止了叛徒企图通过不发送消息来阻止决策的达成。同时，基于口头消息的协议要求所有将军之间都可以直接发送消息（对应于分布式系统中的点对点网络）。最终，证明在包含 $m$ 个叛徒的情况下，至少需要 $3m+1$ 个将军才能给出一个基于口头消息的解法，具体的算法及证明在此不做赘述，可以通过如下的例子来简单地理解其中的思想。

（1）当一共有 $n=3$ 个将军时，如果有 $m=1$ 个叛徒，则问题无解。

如图 4-1 与图 4-2 所示，考虑两种情况，副官是叛徒及司令是叛徒，观察副官 1 的视角。

①如果副官（副官 2）是叛徒，此时司令发出一条指令（攻击），那么副官 1 将会收到一条来自司令的攻击指令和一条来自副官 2 的撤退指令（副官 2 故意欺骗副官 1 说自己收到的指令是撤退）。最终，在副官 1 的视角下，他收到了{攻击，撤退}的指令集合。

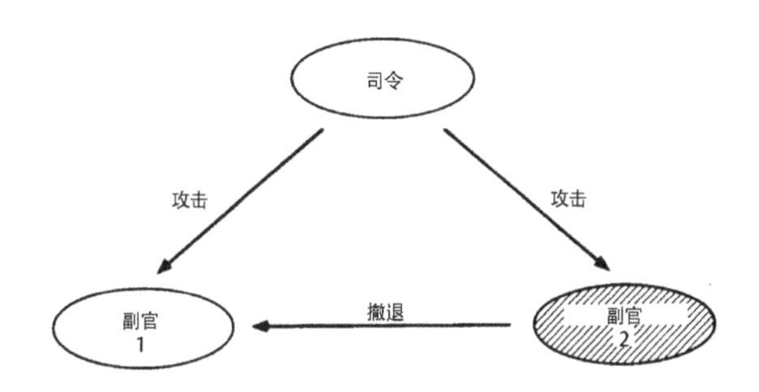


**图 4-1　$n$=3，$m$=1，副官是叛徒[5]**

②如果司令是叛徒，此时司令故意向副官 1 发出攻击指令，向副官 2 发出撤退指令，随后，副官 2 如实地将自己收到的指令（撤退）转发给副官 1。最终，在副官 1 的视角下，他还是收到了{攻击，撤退}的指令集合。

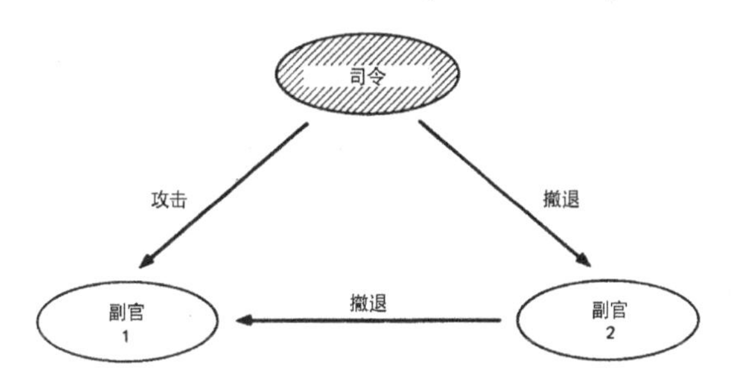


**图 4-2　$n$=3，$m$=1，司令是叛徒[5]**

上述两种情况中，在副官 1 的视角下，他收到的始终是{攻击，撤退}的指令集合，因此他无法辨别出到底司令是叛徒还是副官（副官 2）是叛徒，这将导致副官 1 无法做出最终决策，违背了条件 IC2（如果司令是忠诚的，那么忠诚的副官必须同意司令的指令）。

（2）当一共有 $n$=4 个将军时，如果其中有 $m$=1 个叛徒，则问题可解。

如图 4-3 与图 4-4 所示，依然考虑两种情况，副官是叛徒及司令是叛徒。

①如果副官（副官 3）是叛徒，此时司令给出一条指令（$v$），那么副官 2

将会收到一条来自司令的指令 $v$、一条来自副官 1 的指令 $v$（副官 1 如实转发自己收到的指令）、一条来自副官 3 的指令 $x$（副官 3 故意欺骗副官 2 说自己收到的指令是 $x$）。最终，在副官 2 的视角下，他收到了{$v$，$v$，$x$}的指令集合，由于 $v$ 有 2 票，$x$ 只有 1 票，因此副官 2 可以直接判断出副官 3 是叛徒，并最终选择指令 $v$ 作为自己最终的选择。同理，副官 1 将会做出相同的选择，即指令 $v$，最终司令、副官 1 与副官 2 这 3 位忠诚的将军将会选择一致的指令 $v$（满足条件 IC1、条件 IC2）。

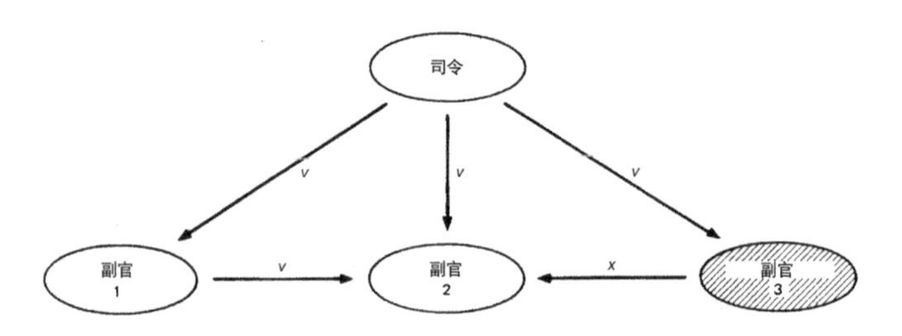


图 4-3　$n$=4，$m$=1，副官是叛徒[5]

②如果司令是叛徒，此时司令故意向副官 1 发出指令 $x$，向副官 2 发出指令 $y$，向副官 3 发出指令 $z$，随后，每位副官都如实地转发自己收到的指令给其他两位副官。最终，在任何一位副官的视角下，他们收到的指令集合都是{$x$，$y$，$z$}，可以判断司令为叛徒。在司令是叛徒的情况下，所有忠诚副官的行为必然是一致的（满足条件 IC1）。由于司令是叛徒，因此无须考虑是否满足条件 IC2。

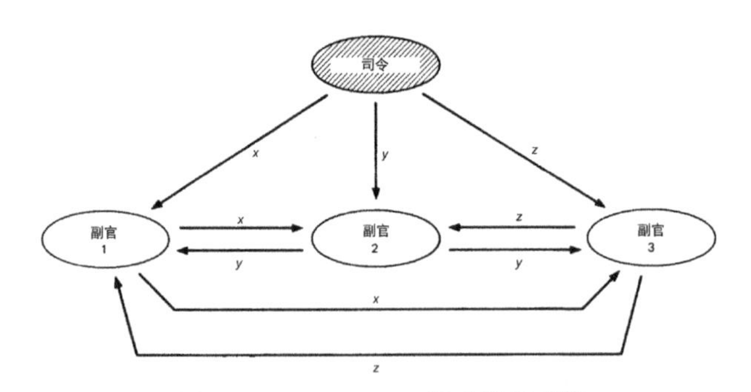


图 4-4　$n$=4，$m$=1，司令是叛徒[5]

**2）基于书面消息的协议**

上述第一个例子指出：仅通过口头消息，不存在一个解法使得小于 $3m$+1 个将军的军队中能够容忍 $m$ 个叛徒，此处问题的难点在于叛徒可以伪造第三方将军的消息，从而混淆其他将军的视线。如果能够限制叛徒的这种伪造能力，那么问题就会变得简单，这就是基于书面消息的解法。这里的“书面”指的是所有消息都会带上将军的签字，从而变得不可伪造。对应到实际的计算机系统中，即所有的网络消息都需要带上节点的私钥签名，其他节点可以通过公钥进行验证。具体来说，在基于书面消息的协议中，需要对基于口头消息的协议的网络模型增加一个额外的假设条件。

A4.（a）忠诚将军的签名不可伪造，任何对于已签名消息的篡改都可以被检测出；（b）任何人都可以验证将军签名的真实性。

需要注意的是，这里并没有对叛徒的签名做任何假设，即任意叛徒的签名都可以被另外的叛徒伪造，形成叛徒之间的共谋，这是可以容忍的。基于书面消息的协议的本质是引入签名消息，使得所有消息都可以追本溯源。在这种条件下，算法能够处理 $n$ 个将军中至多有 $m$ 个叛徒的情况，其中，$n \geqslant m$。限于本书的篇幅，此处不再赘述具体的算法细节及正确性证明，读者若有兴趣，可以参阅原始论文。

### 4.1.2　FLP 不可能定理

1985 年，Fischer、Lynch 和 Patterson 三位科学家发表了论文[6]，提出了著名的 FLP 不可能定理。作为分布式系统领域中最重要的定理之一，FLP 不可能定理给出了一个非常重要的结论：在一个异步通信网络中，只要存在一个故障节点，就不存在一种完美的共识算法可以正确地终止。

FLP 不可能定理实际上是在一个比异步通信网络更强的通信模型下得出的结论，如果在这样一个更强的通信模型下都无法保证共识算法的终止性，那么在现实中更弱的通信模型下也不可能达到这种保证。FLP 不可能定理假设系统中不存在拜占庭错误，并且消息传递是可靠的，即消息传递的延迟未知，但是所有消息最终都会被成功传递且只会被传递一次。也就是说，FLP 不可能定理假设网络消息可能出现延迟，但是不会出现丢包、重复包的情况，这是一个比现实网络更可靠的网络假设，但即便是在这种网络假设下，FLP 不可能定理也证明了在任意时间停止单个节点进程，会导致任何一个共识算法都无法达成最终一致，更不要说现实网络中还存在网络分区与拜占庭错误等问题了。因此，如果不对通信模型做更进一步的假设，或者对容错类型做更大的限制，那么该问题就不存在一个完美的解决方案。

FLP 不可能定理解决了此前五到十年间在分布式系统领域一直存在争议

的问题。在此之前，已经有能够在同步网络中解决一致性问题的算法了（如拜占庭将军问题的两种解法），甚至在同步网络中还可以容忍节点出错。事实上，在同步模型中，可以通过等待一段已知的上限时间来检测对端节点是否出现故障，但是这在异步模型中是行不通的。直至 FLP 不可能定理的出现，才从理论的角度告诉人们可以不用再想方设法地设计一个在异步网络中始终能够达成一致的共识算法。因此，后续的共识算法设计通常会在某些方面做出妥协。例如，网络假设不再是异步模型而是部分同步模型，即允许存在一定时间的异步网络状态，在此期间无法达成共识，但是只要网络恢复到同步状态，就可以立即完成共识，虽然这样对于系统的活性有一定的影响，但是只要能够保证系统的安全性，依然是一个可接受的共识算法。例如，Paxos 理论上也会出现活锁，但其能够保证即使出现活锁整个算法也是安全的，那么在实际场景中，只要活锁结束了，就可以继续推进共识了。

### 4.1.3　CAP 理论

2000 年，加州大学伯克利分校的 Eric Brewer 教授在 ACM PODC 会议上提出了 CAP 猜想。两年后，麻省理工学院的 Seth Gilbert 和 Nancy Lynch 从理论上证明了 CAP 猜想。此后，CAP 理论正式成为分布式领域公认的定理。一个分布式系统最多只能同时满足如下三种特性中的两种。

#### 1. 一致性

这里的一致性（Consistency）指的是强一致性（Linearizability Consistency），即一旦完成了一次写操作，那么从任何一个节点处读取出来的结果要么是最新结果（最近一次写的结果），要么读取失败返回错误信息。强一致性是目前能够实现的最高级别的一致性模型，但是它的实现代价通常是非常大的，因此，在实际的工程实践中，通常将其放宽至较弱的一致性，如最终一致性（Eventual Consistency）。

#### 2. 可用性

可用性（Availability）指客户端每次的请求都会在一定时间内收到一个有效的响应，即服务一直可用。可用性一直是 CAP 理论中最有歧义的特性。从工程角度来说，可用性指的是系统能够成功处理请求的比例，或者客户端能够成功收到有效响应的比例。有效响应指的是该响应是正确的且能够在一定时间内返回。从这个角度来说，可用性是系统运行过程中通过人为观测得出的一个指标，因此，不能简单地说某种共识算法是“可用的”还是“不可用的”，只能说系统在一个运行时段内的观测结果是可用的还是不可用的。

### 3．分区容错性

分区容错性（Partition tolerance）指就算节点之间出现了网络分区问题，系统仍然能够对外提供服务。如果一个共识算法是在假设没有网络分区的情况下设计的，那么一旦出现网络分区，整个系统可能会出现任意错误，违背一致性或失去可用性。例如，RabbitMQ 在出现网络分区后，不同的网络分区内可能出现各自的 master 进行各自独立的读写，此时就算恢复网络，整个系统也将进入不一致的状态。

CAP 理论告诉人们，在设计一个分布式系统时，不必奢求同时满足上述三种特性，在实际的工程实践中，必须选择性地做出取舍，才能设计出一个实际可用的、高效的系统。

在分布式系统尤其是区块链系统中，营造一个高可用甚至永远不会出错的网络环境需要付出高昂的代价。因此，区块链系统必须满足分区容错性这一特性。那么对于区块链系统来说，就只能在一致性与可用性之间做出权衡与让步了。例如，比特币系统中有成千上万的节点运行在世界的各个角落，几乎不可能设计出一个强一致性的共识算法保证所有节点同时对外提供一致的读写服务。因此，比特币系统选择通过牺牲强一致性来满足最终一致性、可用性与分区容错性。尽管比特币网络随时都有分叉的可能，即已经上链的区块有可能被回退，但是随着时间的推移，靠前的区块得到越来越多的确认，其被回退的可能性越来越低，以至于达到一种几乎不可能被回退的最终一致性。在此期间，每个节点都可以正常地对外提供读写服务。

## 4.1.4　共识算法分类

从传统分布式一致性算法的缓慢发展到现如今区块链共识算法的百花齐放，共识算法的发展已经走过了四十年左右的时光。不同共识算法的侧重点不同，它们所面临的问题、环境也不同。本节将从如下几个角度对共识算法进行分类。

### 1．容错类型

根据是否能够容忍拜占庭错误，可以将共识算法分为两类。

- 拜占庭容错共识算法：PBFT、PoW、PoS、DPoS。

- 非拜占庭容错共识算法：Paxos、RAFT。

是否能够容忍拜占庭错误标志着该算法是否能够应用到低信任的网络。通常来说，在公有链环境中必须使用拜占庭容错算法，而在联盟链中可以根据联盟参与方之间的信任程度进行选择。

### 2. 算法确定性

根据算法确定性，可以将共识算法分为两类。

- 确定性共识算法：Paxos、RAFT、PBFT。
- 概率性共识算法：PoW、部分 PoS。

确定性共识指共识决策一旦达成，就不存在回退的可能，这一类共识算法通常是传统分布式一致性算法及其改进版本；概率性共识指已经达成的共识决策在未来有一定的概率会被回退，这个概率随着时间的推移会趋于 0，这一类共识算法通常是应用在公有链上的区块链共识算法。

### 3. 选主策略

根据选主策略，可以将共识算法分为两类。

- 选举类共识算法：RAFT、PBFT。
- 证明类共识算法：PoW、PoS。

选举类共识指通过投票选择出块节点，同一个节点可以连续多轮作为出块节点存在，这一类共识算法通常是传统分布式一致性算法及其改进版本；证明类共识指出块节点需要通过某种方式证明自己具备某种能力，从而获得出块权，这一类共识算法通常每轮的出块节点都不相同，从而保证出块权的公平性，通常应用在公有链上。

## 4.2 分布式一致性算法

分布式一致性算法主要研究在不考虑拜占庭错误，只假设节点发生宕机、网络故障等错误时，如何让多个节点达成一致。比较著名的分布式一致性算法包括：2PC、3PC、Paxos、ViewStamp Replication、Zab、RAFT 等。本节主要介绍其中的 2PC、3PC、Paxos 及 RAFT。

### 4.2.1 2PC

2PC（Two-phase commit），即两阶段提交，是一种在分布式系统中为了协调所有节点进行统一提交或回滚从而保证所有节点在事务提交过程中能够保证一致性的算法，常用于分布式数据库管理。由于 2PC 能够处理许多临时的系统故障（如进程宕机、网络断开等），因此得到了较为广泛的应用。但是，2PC 并不总能成功地恢复系统的故障，在极少数情况下，还是需要人为手动地干预才能补救。

在传统的数据库管理中，完成数据更改称为提交（Commit）；撤销数据更改称为回滚（undo），用于保证事务的原子性；重新执行数据更改称为重做（redo），用于保证事务的持久性。单个数据库服务器可以通过事务日志实现回滚与重做，从而保证数据库的 ACID 特性。但是，在分布式数据库中，不同节点的服务器部署在不同地点，并且服务器之间只能通过网络进行通信，因此需要通过某种协议来协调不同节点进行统一的提交或回滚，这就是 2PC 设计的初衷。

#### 1. 协议流程

顾名思义，2PC 将分布式事务的提交分为了两个阶段，分别是投票阶段和提交阶段。同时，为了进行分布式事务的统一调度，2PC 中引入了协调者（Coordinator）节点的概念，协调者节点负责向所有参与方（Participants）节点发送统一的决策指令，并收集所有参与方节点的反馈进行下一步决策。2PC 假设每个参与方节点都有一个稳定的、带有预写日志（Write-ahead Log）的存储介质，即所有参与方节点都不会无限宕机，宕机重启之后可以从预写日志中恢复正确的状态。

**1）阶段一：投票阶段（Vote）**

①协调者节点向所有参与方节点发送一个包含最新事务的询问提交请求，询问参与方节点是否可以进行最新事务的提交，并等待所有参与方节点的响应。

②参与方节点在收到询问提交请求后，本地执行最新事务（协调者节点询问是否可以提交的事务），并将 undo 日志与 redo 日志写入本地的稳定存储介质，但不进行真正的提交。

③每个参与方节点都根据自身执行情况反馈给协调者节点同意提交响应 Yes 或终止提交响应 No。具体来说，当参与方节点本地执行成功时，反馈 Yes；当参与方节点本地执行失败时，反馈 No。

投票阶段也称为请求阶段，在该阶段，协调者节点会请求所有参与方节点一致执行最新事务，并同步等待所有参与方节点进行投票表决，协调者节点将根据所有参与方节点的表决结果来决定是否进行后续的提交操作。

2）阶段二：提交阶段（Commit）

在阶段二中，协调者节点会根据所有参与方节点的反馈结果决定进入事务提交流程或事务终止流程。

（1）事务提交流程。

当所有参与方节点的反馈都是 Yes 时，执行事务提交流程。

①协调者节点向所有参与方节点发送提交请求。

②参与方节点在收到提交请求之后，真正完成事务提交，释放事务期间占用的锁资源。

③参与方节点在完成事务提交之后，向协调者节点发送 Ack 响应。

④协调者节点在接收到所有参与方节点的 Ack 响应之后，完成事务提交流程。

（2）事务终止流程。

当有任何一个参与方节点超时未反馈或反馈为 No 时，执行事务终止流程。

①协调者节点向所有参与方节点发送回滚请求。

②参与方节点在收到回滚请求之后，根据阶段一中记录的 undo 日志进行本地事务的回滚，释放事务期间占用的锁资源。

③参与方节点在完成事务回滚之后，向协调者节点发送 Ack 响应。

④协调者节点在接收到所有参与方节点的 Ack 响应之后，完成事务终止流程。

提交阶段也称为执行阶段，在该阶段，协调者节点会根据阶段一中参与方节点的表决结果进行下一步决策。需要注意的是，2PC 中并没有假定节点间的消息通信是同步通信，因此，阶段一中有可能出现某些参与方节点反馈超时的情况，而反馈超时不一定表明反馈的参与方节点执行失败，也有可能该参与方节点在本地执行成功了但是在反馈过程中消息传递失败了，而协调者节点为了尽量保证不被一个节点阻塞住，只能假定该参与方节点“执行出错”，从而进入事务终止流程。这是一种比较保守的应对策略，但是也是一种比较安全的策略，因为让执行正确的节点因为某些可能出错的节点进行一次回滚是没有问题的，但是让执行失败的节点因为某些可能成功的节点进行一次提交则是会出错的。

### 2. 优缺点

2PC 的优点在于易于理解、实现简单，可以在最优情况下以最小的成本保证数据的一致性，即要么所有节点一起提交，要么所有节点一起回滚。

2PC 的缺点也非常明显，具体如下。

**1）同步阻塞**

在整个事务提交过程中，所有节点都处于阻塞状态，每个阶段都需要等待所有节点的响应，这是 2PC 的实际效率低的原因。同时，在整个事务提交过程中，所有节点持有的公共资源（如数据库资源）都处于抢占状态，第三方应用想要访问公共资源时会陷入阻塞状态。

**2）单点故障**

在整个事务提交过程中，协调者节点都是至关重要的，它负责向所有节点统一发送决策指令并收集所有节点的反馈消息，从而推进整个流程的前进。一旦协调者节点不可用，则整个集群将会一直处于阻塞状态，必须等到协调者节点恢复或选举出新的协调者节点才能继续推进。

**3）数据不一致**

在阶段二中，如果协调者节点因为宕机或网络断开不能够将“提交”请求成功地发送给所有参与方节点，则会导致部分节点在收到提交请求后完成最终提交，而其他节点无法提交的情况。整个系统陷入不一致的状态，必须等到协调者节点恢复或选举出新的协调者节点才有可能重新进入一致的状态。

更致命的是，阶段二中出现协调者节点与参与方节点同时不可用的情况。例如，最先收到提交请求的参与方节点在完成提交之后宕机了，那么此时就算协调者节点恢复了或选举出了一个新的协调者节点，协调者节点也无法确定事务提交的状态。系统将进入一个“不确定状态”，必须等待所有的参与方节点都恢复之后，才能确定事务是否真正被提交了。

### 4.2.2　3PC

2PC 的优势在于在最优情况下（没有节点宕机或断网）的系统延迟是非常小的，但是任何一个节点不可用，会导致整个系统超时，从而导致延迟大大增加。

3PC（Three-phase commit），即三阶段提交，通过引入一个新的阶段消除 2PC 中因为某些节点故障导致的“不确定状态”，因此，3PC 是非阻塞的。

#### 1. 协议流程

3PC 是对 2PC 的扩展。3PC 同样假设每个参与方节点都有一个稳定的、

带有预写日志的存储介质，从而保证节点在宕机重启之后可以从预写日志中恢复出正确的状态。相比 2PC，3PC 主要有以下两个改进点。

（1）引入超时机制。在 3PC 中，协调者节点与参与方节点都有各自的超时器。

（2）增加“准备提交”阶段。3PC 将 2PC 的阶段二（提交阶段）分为两个阶段，预提交阶段（PreCommit）与最终提交阶段（DoCommit）。

**1）阶段一：询问提交阶段**

3PC 的询问提交阶段（CanCommit）与 2PC 的投票阶段类似，参与方节点根据自身情况反馈 Yes 或 No，但是该阶段参与方节点不执行事务。

①协调者节点向所有参与方节点发送一个包含最新事务的CanCommit请求，询问参与方节点是否可以进行最新事务的提交，并等待所有参与方节点的响应。

②参与方节点在收到 CanCommit 请求后，判断自身是否准备好了进行最新事务的提交，如果准备好了，则反馈 Yes；否则反馈 No。

③参与方节点在反馈响应之后，本地启动超时器等待协调者节点的阶段二请求（预提交或回滚）。

在阶段一中，协调者节点会询问所有参与方节点当前是否可以进行最新事务的提交，并同步等待所有参与方节点进行投票表决，协调者节点将根据所有参与方节点的表决结果来决定是否进行后续的提交操作。

**2）阶段二：预提交阶段（PreCommit）**

在阶段二中，协调者节点会根据所有参与方节点的反馈结果决定进入事务预提交流程或事务终止流程。需要注意的是，参与方节点在阶段二的事务预提交流程中才会开始真正地执行事务。

（1）事务预提交流程。

当所有参与方节点在阶段一的反馈都是 Yes 时，执行事务预提交流程。

①协调者节点向所有参与方节点发送 PreCommit 请求。

②参与方节点在收到 PreCommit 请求之后，本地执行最新事务，并将 undo 日志与 redo 日志写入本地的稳定存储介质，但不进行真正的提交。

③每个参与方节点都根据自身执行情况反馈给协调者节点，同意提交响应 Yes 或终止提交响应 No。具体来说，当参与方节点本地执行成功时，反馈 Yes；当参与方节点本地执行失败时，反馈 No。

④参与方节点在反馈响应之后，本地启动超时器等待协调者节点的阶段三请求（提交或回滚）。

（2）事务终止流程。

当有任何一个参与方节点在阶段一超时、未反馈或反馈为 No 时，执行事务终止流程。

①协调者节点向所有参与方节点发送回滚请求。

②参与方节点在收到回滚请求或等待协调者节点阶段二请求超时之后，根据阶段一中记录的 undo 日志进行本地事务的回滚，释放事务期间占用的锁资源，完成事务终止。

与 2PC 的不同点在于，3PC 的阶段二中每个参与方节点不是同步阻塞式地等待协调者节点的请求，而是主动地根据自身超时器的情况做出下一个决策。如果按时收到协调者节点的请求，则根据协调者节点的请求进行后续操作；如果超时还未收到协调者节点的请求，则直接终止事务。

**3）阶段三：最终提交阶段（DoCommit）**

在阶段三中，协调者节点会根据所有参与方节点的反馈结果决定进入事务最终提交流程或事务终止流程。只有在事务最终提交流程中，节点才会进行真正地提交。

（1）事务最终提交流程。

当所有参与方节点在阶段二的反馈都是 Yes 时，执行事务最终提交流程。

①协调者节点向所有参与方节点发送 DoCommit 请求。

②参与方节点在收到 DoCommit 请求之后，真正完成事务的提交，释放事务期间占用的锁资源。

③参与方节点在完成事务提交之后，向协调者节点发送 Ack 响应。

④协调者节点在接收到所有参与方节点的 Ack 响应之后，完成事务。

（2）事务终止流程。

当有任何一个参与方节点在阶段二超时、未反馈或反馈为 No 时，执行事务终止流程。

①协调者节点向所有参与方节点发送回滚请求。

②参与方节点在收到回滚请求之后，根据阶段二中记录的 undo 日志进行本地事务的回滚，释放事务期间占用的锁资源。

③参与方节点在完成事务回滚之后，向协调者节点发送 Ack 响应。

④协调者节点在接收到所有参与方节点的 Ack 响应之后，完成事务终止。

需要注意的是，在阶段三中，协调者节点有可能出现宕机或网络不可用的情况，从而导致某些参与方节点收到了 DoCommit 请求，某些没有收到 DoCommit 请求。对于收到 DoCommit 请求的参与方节点，可以直接进行本地提交，而对于超时未收到 DoCommit 请求的参与方节点，也可以继续进行事务的提交。

#### 2. 优缺点

3PC 的优点在于引入了 PreCommit 阶段，解决了 2PC 的阻塞问题，即协调者节点可以在任意时刻发生异常。系统可以选出一个新协调者节点，而新协调者节点总是可以通过询问参与方节点的方式来获知当前系统的状态。

（1）若事务在旧协调者节点发生异常之前就已经达到最终提交状态，那么所有参与方节点必然已经接收到 PreCommit 请求（否则旧协调者节点不可能进入最终提交状态），因此，新协调者节点可以获知当前所有节点已经发送过 PreCommit 请求，从而继续事务的提交。

（2）若事务在旧协调者节点发生异常之前还没有达到最终提交状态，那么某些参与方节点必然还没有接收到 PreCommit 请求，从而新协调者节点也可以获知当前系统还未达到最终提交状态，可以选择终止提交或重新运行一遍完整的 3PC。

但是，在上述场景中，所有参与方节点必须运行正常才能保证新协调者节点可以获知正确的状态。如果出现网络分区，则 3PC 仍然有可能出现数据不一致的问题。例如，在阶段二中发生了网络分区，所有接收到 PreCommit 请求的参与方节点处在网络分区 1 中，所有未接收到 PreCommit 请求的参与方节点处在网络分区 2 中，那么网络分区 1 中的参与方节点最终会因为超时自行进行最终提交，而网络分区 2 中的参与方节点在阶段二中会因为超时终止事务提交，从而导致整个系统不一致，此时就算网络恢复，新协调者节点也无法确定应该进行事务的提交还是回滚。

### 4.2.3 Paxos

3PC 解决了 2PC 的主要问题——单点阻塞问题，但是无法解决网络分区带来的数据不一致问题，即 3PC 保证了系统的活性，但是却牺牲了系统的安全性。与此不同的是，2PC 虽然存在阻塞问题，但是在阻塞结束之后，总能恢复系统的一致性，即 2PC 保证了系统的安全性，但是却牺牲了系统的活性。

那么是否存在一个算法能够同时保证系统的安全性与活性呢？答案是肯定的，它就是 Paxos。

Paxos 是第一个在异步模型下能够保证正确性且容错的共识算法。在此之前，FLP 不可能定理明确指出，在异步模型中，只要存在节点故障，就不可能存在一个可终止的共识算法。因此，Paxos 也做出了一定的牺牲：Paxos 牺牲了一定的活性从而保证了系统的安全性，即在系统处于异步状态时暂停共识的推进，只要有半数以上的节点恢复至同步状态，就可以推进共识，完成终止。总的来说，Paxos 有如下三点特性。

1）安全性（Safety）

（1）如果决策已经达成，那么所有节点都会同意相同的决策。

（2）最终的决策值必须是由某些节点提出的。

2）无保证的终止性（No Guaranteed Termination）

Paxos 不保证收敛到一个最终决策，但只有在非常极端的场景下才会出现。

3）容错性（Fault Tolerance）

可以容忍系统中少于半数的节点宕机，此时其他节点也可以达成一致。

### 1. 协议流程

Paxos 代表了一类分布式一致性协议，包括 Basic Paxos、Multi Paxos、Cheap Paxos、Fast Paxos 等协议及其变体。其中，Basic Paxos 主要描述了如何就一个值达成一致的决策，而 Multi Paxos 则针对分布式系统中如何就一系列的值达成一致的决策，RAFT 其实是 Multi Paxos 的一种变体。本节主要介绍 Basic Paxos 的协议流程。以下若无特殊说明，Paxos 代指 Basic Paxos。

Paxos 协议流程类似于 2PC，但是又存在一些不同点。在 Paxos 中，存在一个或多个节点同时想要竞选成为协调者节点（也叫作提案者，Proposer）的情况，而每轮共识最终只会选出一个 Proposer 进行最终提案值的选择。Proposer 提出一个决策值，并收集其他参与方节点（也叫作接受者，Acceptor）的投票。最终，Proposer 会宣布选定的最终决策值。如果能够达成一个最终决策，则该决策值会被传递到对此感兴趣的节点（也叫作学习者，Learner）中。可以看出，Paxos 是一个保证公平性的协议，即所有节点都可以竞选成为 Proposer，没有哪个节点拥有特殊的权利。

为了便于读者理解，本节忽略 Learner 的存在，仅通过参与共识的 Proposer 与 Acceptor 的视角来描述 Paxos 的共识流程。Paxos 分为两阶段共识，如图 4-5 所示，分别是准备阶段（Prepare）与接受阶段（Accept）。所有的参与方节点在运行时都必须持久化如下几个值，以保证算法的安全性。

（1）$N_a$，$V_a$：本节点接受的最大提案号及其对应的值。

（2）$N_h$：本节点响应过的最大提案号。

（3）$MY_n$：本轮共识中本节点提出的提案号。

**1）阶段一：准备阶段**

（1）如果某节点想要发起提案，则直接选定一个提案号 $MY_n$（$MY_n > N_h$），并向集群中的大部分节点发送包含 $MY_n$ 的 Prepare(*N*)请求，其中 $N$=$MY_n$。

（2）每个 Acceptor 在收到一条 Prepare(*N*)请求后，首先判断其中的提案号 $N$ 是否大于本节点响应过的 Prepare 请求中的 $N_h$。

①如果 $N \leqslant N_h$，则直接发送 Propose-Reject 拒绝消息给 Proposer。

②否则，发送一个承诺响应 Promise($N_a$,$V_a$)给 Proposer，并更新 $N_h$=$N$，承诺本节点不会再接受任何提案号小于 $N$ 的提案。其中，($N_a$,$V_a$)是本节点接受的最大提案号及其对应的值，如果本节点未接受过任何提案，则 $N_a$ 与 $V_a$ 均为空值 NULL。

**2）阶段二：接受阶段**

（1）如果 Proposer 收到了大部分（超过半数）节点关于 Prepare(*N*)请求的响应，则 Proposer 找出这些响应中提案号最大的 Promise($N_n$,$V_n$)，并向这些 Acceptors 发送 Accept($N$,$V_n$)请求；如果所有节点的响应都是 NULL，那么 Proposer 就任意选择一个本地想要提出的提案值 $V$，向这些 Acceptors 发送 Accept($N$,$V$)请求。

（2）当 Acceptor 接收到一条 Accept($N$,$V$)请求时，判断 $N_h$ 是否大于当前 Accept 请求的 $N$。

①如果 $N<N_h$，则直接发送 Accept-Reject 拒绝消息给 Proposer。

②否则，发送一个同意响应给 Proposer，并更新 $N_a$=$N_h$=$N$，$V_a$=$V$。

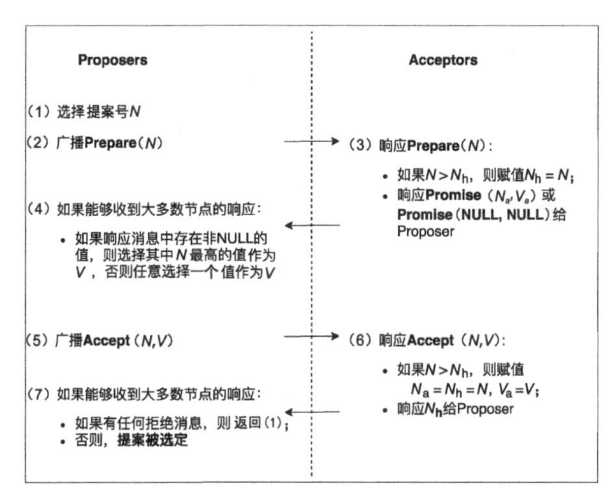


图 4-5　Paxos 的共识流程

### 2. 活锁

Paxos 看似实现了一个完美的异步共识算法，但是它无法逃脱 FLP 不可能定理的限制。在若干个 Proposer 相继提出包含更大提案值的提案时，Paxos 有一定的可能性进入活锁（Live Lock）状态，从而无法达成共识。例如，在一个由 2 个 Proposers 及 3 个 Acceptors 组成的共识网络中。

（1）Proposer1 提出 Prepare($N$)请求。

（2）3 个 Acceptors 都能接收到 Prepare($N$)请求，从而响应 Promise($N$)请求并更新本地的 $N_h=N$。

（3）Proposer1 陆续收到来自 3 个 Acceptors 的 Promise($N$)请求并发出 Accept($N$)请求。

（4）但是，3 个 Acceptors 在接收到 Proposer1 的 Accept($N$)请求之前先接收到了来自 Proposer2 提出的 Prepare($N$+1)请求，从而先响应 Promise($N$+1)请求并更新本地的 $N_h=N+1$。

（5）随后，3 个 Acceptors 才接收到 Proposer1 的 Accept($N$)请求，此时本地的 $N_h$ 已经变成 $N$+1，大于 Proposer1 请求的 $N$，因此拒绝 Proposer1 的 Accept($N$)请求。

（6）随后，Proposer1 立马提出 Prepare($N$+2)请求。

（7）同样地，3 个 Acceptors 在接收到 Proposer2 的 Accept($N$+1)请求之前先接收到了来自 Proposer1 提出的 Prepare($N$+2)请求，从而先响应 Promise($N$+2)请求并更新本地的 $N_h=N+2$。

（8）随后，3 个 Acceptors 才接收到 Proposer2 的 Accept($N$+1)请求，此时本地的 $N_h$ 已经变成 $N$+2，大于 Proposer2 请求的 $N$+1，因此拒绝 Proposer2 的 Accept($N$+1)请求。

（9）如此往复，可能永远处在这种交替发出提案的循环中无法终止。

由此可见，Paxos 仍然无法避开 FLP 不可能定理的限制，在一定条件下有可能进入无法达成共识的死循环。常见的解决思路是选择一个固定的 Proposer，或者给不同的 Proposer 设置不同的超时时间（如设置为一个随机数）来尽可能减小上述情况出现的可能性，但是在异步网络中依旧无法避免上述情况的出现。

### 3. 优缺点

Paxos 相比 2PC 与 3PC 的最大优点就在于其同时保证了系统的安全性与一定的活性（最终一致性），Paxos 能够达成最终一致性的原因在于其实现了如下两个机制。

（1）平等共识与特殊的排序规则：在 Paxos 中，没有一个节点拥有特权，任何节点都可以主动发起提案，因此一旦 Proposer 发生故障，另外的节点可以立马接管 Proposer 的角色。同时，Paxos 中特殊的排序规则保证了就算存在多个 Proposer 同时提出不同的提案值，最后也能收敛到一个最终值。Prepare 阶段仅用来确认“提案权”，Accept 阶段才确认“最终值”，而这个最终值是目前为止第一个收到大多数节点投票的提案值，不一定是当前 Proposer 提出的提案值。

（2）绝大多数（Majority）共识：Paxos 中不再要求每轮共识都等待所有节点的一致投票，而仅需要半数以上的节点投票，因此 Paxos 也是一个容错的共识算法。同时，由于任意两个“绝大多数共识”之间必然存在交集，因此在不考虑节点作恶的情况下，Paxos 在出现网络分区之后依然能够保证系统的安全性。

Paxos 在一定程度上给出了一种在异步网络下分布式一致性问题的解决范式，但是其本身的算法过于晦涩难懂，以至于 Lamport 本人也在 Paxos 发表之后又写了一篇论文[10]来重新解释 Paxos 的共识流程。同时，一个 Paxos 的正确实现被证实是非常有难度的挑战，有兴趣的读者可以阅读 Chandra、Griesemer、Redstone 的实践论文[11]来理解实现过程中的一些权衡与考量。

### 4.2.4 RAFT

Paxos诚然是一个非常有影响力的共识算法，可以说奠定了分布式一致性算法的基础，但是由于其难以理解且实现难度大，沉寂了很长一段时间。直到后来Chandra、Griesmer、Redstone将其用到Chubby中实现了一种分布式锁服务，Paxos才渐渐为人所知并名声大噪。直到今天，想要实现一个完整的Paxos依旧非常困难。因此，出现了非常多的Paxos变体，其中最著名的当属RAFT。

RAFT是一种用来管理日志复制的一致性算法，旨在易于理解。它具备Paxos的容错性和性能，不同之处在于它将一致性问题分解为相对独立的三个问题，分别是领导选取（Leader Election）、日志复制（Log Replication）和安全性（Safety）。这使得RAFT更好理解，并且更容易应用到实际系统的建立中。此外，RAFT还推出了一种新的机制以支持动态改变集群成员。相比Paxos，RAFT有如下几个特性。

（1）强领导者：RAFT使用一种比其他算法更强的领导形式。例如，日志条目只从领导者（Leader）发送给其他服务器，从而简化对日志复制的管理。此外，RAFT对Leader（主节点）选举的条件做了限制，只有拥有最新、最全日志的节点才能够当选Leader，这减少了Leader数据同步的时间。

（2）领导选取：RAFT使用随机定时器来选取Leader。这种方式仅在所有算法都需要实现的心跳机制上增加了一点变化，使得解决选举冲突更加简单和快速。

（3）成员变化（Membership Change）：RAFT为了调整集群中的成员关系，使用了新的联合一致性（Joint Consensus）方法，让大多数不同配置的机器在转换关系时进行交叠（Overlap）。这使得在配置改变时，集群能够继续运转。

由于篇幅限制，本节只着重讲解RAFT的主节点选举流程与日志复制流程，如果读者有兴趣，可以参阅相关文献[8]。

#### 1．基本概念

在RAFT中，每个节点一定会处于以下三种状态中的一种：Leader（主节点）、Candidate（候选节点）、Follower（从节点）。在正常情况下，只有一个节点是Leader，剩下的节点都是Follower。Leader负责处理所有来自客户端的请求（如果一个客户端与Follower进行通信，那么Follower会将信息转发给Leader），生成日志数据（对应在区块链中即负责打包）并广播给Follower。

Follower 是被动的，它们不会主动发送任何请求，只能单向接收从 Leader 发来的日志数据。Candidate 是在选举下一任 Leader 的过程中出现的过渡状态，任何一个节点在发现主节点故障之后都可以成为 Candidate，并竞选成为 Leader。

RAFT 将时间划分为任意不同长度的 term（任期）。任期用连续的数字表示。每个任期的开始都是一次选举。如果一个 Candidate 赢得了选举，那么它就会在该任期的剩余时间内担任 Leader。如果选票被瓜分，没有选出 Leader，那么另一个任期将会开始，并且立刻开始下一次选举。

每台服务器都存储着一个数字作为当前任期的编号，这个数字单调递增。当节点之间进行通信时，会互相交换当前任期号，若一个节点的当前任期号比其他节点小，则更新为较大的任期号。如果一个 Candidate 或 Leader 的任期号过时了，则会立刻转换为 Follower。当一个节点收到过时任期号的请求时，会直接拒绝这次请求。

### 2. 主节点选举（Leader Election）

RAFT 使用一种心跳机制（Heartbeat）来触发 Leader 的选举。当节点启动时，它们会初始化为 Follower。若节点能够收到来自 Leader 或 Candidate 的有效消息，则它会一直保持 Follower 的状态。Leader 会向所有 Follower 周期性地发送心跳信息来保证其 Leader 地位。如果一个 Follower 在一个周期内没有收到心跳信息，那么它会开始选举，以选出一个新的 Leader。

在开始选举之前，一个 Follower 会自增它的当前任期号，并转换为 Candidate。随后，Candidate 会给自己投票并向集群中的其他节点发送 RequestVote 请求。一个节点会一直处于 Candidate 状态，直到发生下列三种情况之一。

（1）它赢得了选举。

（2）另一个节点赢得了选举。

（3）一段时间后没有任何一个节点赢得选举。

情况 1：一个 Candidate 如果在一个任期内收到了来自集群中大多数（超过一半）节点的投票就会赢得选举。在一个任期内，按照先到先服务原则（First-Come-First-Served），一个节点将选票投给它收到的第一个 RequestVote 请求相对应的 Candidate。大多数原则使得在一个任期内最多有一个 Candidate 能赢得选举。如果有一个 Candidate 赢得了选举，则它会成为 Leader。然后向其他节点发送心跳信息，从而建立自己的领导地位，并阻止新的选举。

情况 2：当一个 Candidate 等待其他节点的选票时，它有可能会收到来自其他节点发来的声明其为 Leader 的心跳信息。如果这个 Leader 的任期号比当前 Candidate 的任期号大，则 Candidate 认为该 Leader 合法，并转换自己的状态为 Follower。如果在这个 Leader 的任期号小于 Candidate 的当前任期号，则 Candidate 会拒绝该心跳信息，并继续保持 Candidate 状态。

情况 3：一个 Candidate 既没有赢得选举也没有输掉选举。如果许多 Follower 在同一时刻成为了 Candidate，则选票会被分散，可能没有 Candidate 获得大多数选票。当这种情况发生时，每个 Candidate 都会超时，并且通过自增任期号和发起另一轮选票请求来开始新的选举。然而，如果没有其他方式分配选票，那么这种情况可能会无限地重复下去。

RAFT 采用随机选举超时时间来尽可能地避免情况 3 的发生。为了防止在一开始选票就被瓜分，选举超时时间是在一个固定的间隔内随机选出来的（如 150～300ms）。这种机制使得在大多数情况下只有一个节点会率先超时，它会在其他节点超时之前赢得选举，并向其他节点发送心跳信息。每个 Candidate 在开始一次选举时都会重置一个随机的选举超时时间，在进行下一次选举之前一直等待。这能够减小在新的选举一开始选票就被瓜分的可能性。

### 3. 日志复制（Log Replication）

Leader 一旦被选出，它就开始接收客户端请求。每个客户端请求都包含一条需要被复制状态机执行的命令。Leader 把这条命令作为新的日志条目加入日志记录，然后向其他节点广播 AppendEntries 请求，要求其他节点复制这个日志条目。当这个日志条目被安全复制之后，Leader 会将这个日志条目应用到它的状态机中，并向客户端返回执行结果。如果 Follower 崩溃了或运行缓慢，或者网络丢包了，那么 Leader 将会无限重发 AppendEntrie 请求（甚至在它向客户端响应之后），直到所有的 Follower 最终都存储了所有的日志条目。

在 RAFT 中，日志如图 4-6 所示进行组织。每个日志条目都存储着一条被状态机执行的命令和这条日志条目被 Leader 接收时的任期号。日志条目中的任期号用来检测不同节点上的日志的不一致性。每个日志条目也包含一个整数索引，来表示它在日志中的位置。

当 Leader 创建的日志条目已经复制到大多数服务器上时，这个日志条目就称为可被提交的 Committed 状态（见图 4-6 中的 7 号日志条目）。RAFT 保证已被提交的日志条目是持久化的，且最终会被所有可用的状态机执行。Leader 跟踪记录它所知道的被提交日志条目的最大索引值，然后将这个索引值添加在之后的 AppendEntries 请求中（包括心跳信息），从而让其他服务器知道这个日志条目已被提交。一旦一个 Follower 知道了一个日志条目已被提交，就会将该日志条目应用至本地的状态机（按照日志顺序）。

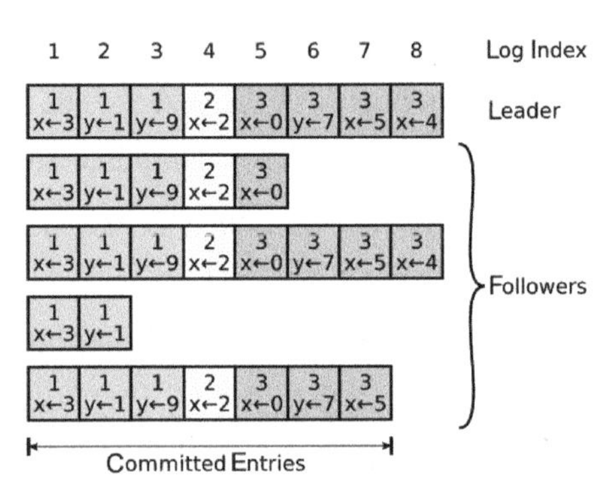


图 4-6　日志由有序编号的日志条目组成

## 4.3　典型共识算法

前文描述的分布式一致性算法通常基于如下假设：分布式系统中不存在拜占庭节点，即只考虑节点出现宕机、网络故障等问题，不考虑节点篡改数据、向不同节点发送不一致消息等恶意情况。因此，分布式一致性算法通常被应用在数据库管理中实现多机备份。在实际应用中，这些备份机器往往分布在一家机构的不同机房中，即备份机器之间是相互信任的，不会出现节点作恶的情况。

但是，区块链系统上承载的是价值传输，且参与方的身份多变。在联盟链中可能是多个利益参与方，而在公有链中，则是任意一个可以连入区块链网络的个体，区块链节点完全有可能为了自身利益而发送错误的信息。因此，在设计区块链共识算法的时候，不可避免地要考虑节点作恶的情况，如双花攻击、51%算力攻击等，这种由节点主动发起的恶意行为是典型的拜占庭行为。在区块链共识算法中，为了应对拜占庭行为，有如下两种不同的解决思路：一种是通过设计在理论上容忍拜占庭错误的共识算法来解决，如经典的 PBFT 共识算法、新型的 HotStuff 等；另一种则是通过增加作恶成本来尽可能避免拜占庭行为。例如，比特币系统中使用的 PoW 共识算法需要 51%及以上的算力才能作恶。拥有 51%及以上的算力是很难达到的，并且相比作恶，每个区块的区块奖励也是不菲的，因此绝大多数节点不会想要浪费巨大的资源去作恶，最终保证比特币系统几乎能够完全避免拜占庭行为。

在将共识算法应用到区块链系统中时，通常需要考虑算法实现的复杂度与实用度。在公有链与联盟链的设计中，考虑的侧重点不同，最终的算法选择也有所差异。公有链侧重节点规模与安全性，因此考虑使用证明类共识算法来提升系统的规模，使用经济激励机制来保证系统的安全性；联盟链/私有链侧重高性能和低延迟，因此考虑使用确定性共识算法来快速达成最终一致性，并根据需求选择拜占庭容错或非拜占庭容错算法。

### 4.3.1　PoW 共识算法

PoW 最早在 1993 年由 Cynthia Dwork 与 Moni Naor 在学术论文[12]中提及，并于同年由 Markus Jakobsson 与 Ari Juels 正式提出[13]。起初，PoW 主要用于防止垃圾邮件的产生。2008 年，PoW 作为共识算法应用在比特币系统中。

#### 1．基本概念

**1）数学难题**

PoW 共识算法设计了一个**数学难题（Mathematical Puzzle）**，要求节点在生成新区块之前，需要消耗一定的计算资源才能获得难题的解，从而将区块广播到网络，并且其他节点可以轻易验证这个解的有效性。

**2）哈希算法**

**哈希算法（Hash Algorithm）**是一种能够把任意长度的输入变换成固定长度的输出的算法，记为 $y = \text{Hash}(x)$，不同的输入 $x$ 得到的输出 $y$ 各不相同。除此之外，在已知 $x$ 时可以快速计算得到 $y$，但是在已知 $y$ 的情况下，通常只能通过穷举法才能逆推出 $x$。由于哈希算法具有正向快速、逆向困难的特性，因此常使用哈希算法来设计 PoW 共识算法的数学难题。

**3）挖矿与矿工**

在一轮区块生成中，系统通过对输出值设定条件来调整数学难题的难度，节点在成功解出难题且通过验证上链后，将会获得相应的比特币奖励。这个过程被形象地称为**“挖矿”（Mining）**，而参与挖矿的节点被称为**“矿工”（Miner）**。

#### 2．共识流程

在生成新的区块之前，PoW 共识算法会预设目标值 $h_{\text{target}}$，要求矿工计算出的哈希值小于该目标值，以此来表示 PoW 共识算法的难度。为了生成区块并获得比特币奖励，矿工首先收集一组交易打包成一个**区块**，并尝试解决数学难题进行挖矿。

在此期间，矿工需要生成随机数 nonce，同当前区块数据 $\text{data}_{\text{current}}$ 与上个区块的哈希值 $h_{\text{prev}}$ 进行多轮哈希计算，当前区块的哈希值 $h_{\text{current}}$ 为

$$h_{\text{current}} = \text{Hash}\left(<\text{nonce}, \text{data}_{\text{current}}, h_{\text{prev}}>\right)$$

直到当前区块哈希值 $h_{\text{current}}$ 满足条件

$$h_{\text{current}} < h_{\text{target}}$$

此时的 nonce 为本次数学难题的解，矿工将 $\{h_{\text{current}}, \text{nonce}, h_{\text{prev}}\}$ 作为区块头数据加入当前区块，如图 4-7 所示。然后将该区块广播到区块链网络，等待验证通过后，矿工就可得到相应的比特币奖励。

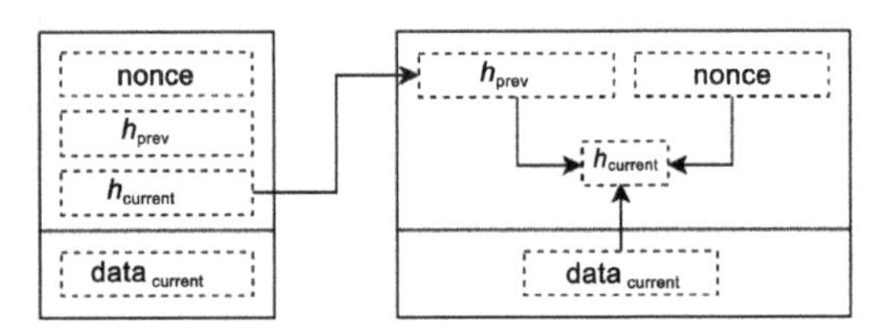


**图 4-7 区块结构表示**

$h_{\text{target}}$ 越小，PoW 共识算法的难度越大，生成满足要求的区块难度越高。通过调整区块难度，可以控制节点生成区块的大致时间，从而要求节点达到一定的工作量。

在比特币系统中，所有节点同时挖矿，最先计算出有效区块的节点将获取记账权，可以将区块加入网络。但是，系统内存在传播延迟，如果生成区块的速率过快，可能会使部分节点在没有收到最新区块消息的情况下，同时完成区块计算，生成多个有效区块，从而导致区块链产生**分叉（Fork）**，如图 4-8 所示。

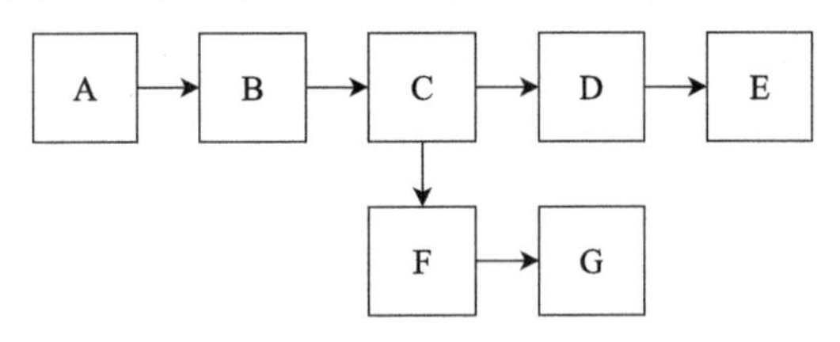


**图 4-8 分叉现象示意图**

网络传输存在延迟，区块的生成速度越快，在同一时刻生成多个有效区块的概率越大，区块链产生分叉的可能性越高。这不但浪费计算资源，还使系统更容易被攻击。在最初的设计中，为了在保障一定交易吞吐量的同时降低分叉的概率，

比特币限制矿工生成区块的平均时间在 10 分钟左右[15]。PoW 共识算法的难度会根据当前区块的生成情况进行调整，将生成区块的平均时间控制在 10 分钟左右。

### 3. 最长链原则

上文提到，当有多个矿工同时生成新区块，并在网络中广播时，区块链会产生分叉。如果发生了这种情况，通常以**最长链原则**来应对，即选择一条最长的链作为主链，矿工挖矿与数据同步都以最长链为标准。如果存在长度相同的链，那么就从中随机选取一条进行挖矿。

如图 4-9 所示，当区块链产生分叉时，逻辑上会形成两条子链：A—B—C—D1—E，A—B—C—D2。矿工在生成新区块时将选取其中一条进行挖矿，在完成挖矿后会产生一条最长链。此时，A—B—C—D1—E 将作为主链，A—B—C—D2 会被舍弃，D2 中的交易将被回滚，重新放回交易池，等待重新被打包。

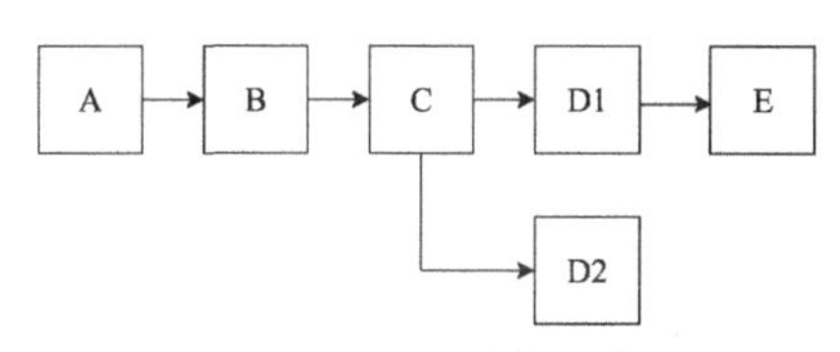


图 4-9　最长链原则

最长链原则作为识别主链的方式，被大部分共识算法采用，如 PoW、PoS、DPoS 等，都将最长链作为主链，信任其中记录的数据。

在比特币系统中，交易即使被打包进一个区块，也有可能产生分叉，导致交易被回滚，因此通常需要等待额外几个区块生成以后，才可以认为当前交易已经不可回滚，进入相对确定的状态。一般来说，在连续生成六个区块后，第一个区块里的交易就很难被篡改，可以被认为完成确认，所以一笔交易在比特币系统中的确认时间大约为 1 小时。

### 4. 算法应用问题

#### 1）51%攻击问题

在比特币最初的设计思路中，中本聪计划使用一 CPU 一票的机制[14]实现公平的去中心化决策。对于使用 PoW 共识算法的区块链系统来说，保证去中心化的方式就是将算力分散到所有参与方手中，每个参与的矿工都有生成新区块的机会。而单个节点的算力有限，其生成区块的速度无法超越整体，也就无法破坏区块链系统，攻击者也就无法通过注册多个账号来提高自己完成挖矿的效率，从而有效地抵抗女巫攻击，保证去中心化决策的正常进行。

但是，如果攻击者掌握的算力超过系统整体的一半，就可能垄断区块的生产，从而掌握整个系统，这就是**51%攻击（51% Attack，Majority Attack）**。攻击者可以主动对区块链进行分叉，并忽略其他矿工生成的新区块。由于其算力占系统的绝大部分，因此攻击者生成区块的速率更快，最终攻击者生成的区块链长度会超过正确的主链长度。按照最长链原则，攻击者生成的区块链会作为主链，而真正的主链会被拒绝。

不过，51%攻击并不是一种经济的做法，它需要攻击者付出大量的算力成本，并且在51%攻击行为被发现后，有可能会引发整体币值下降，从而导致财产缩水，增高发起攻击的代价。

**2）算力集中问题**

随着计算机技术的进步，挖矿手段也产生了很大的变化，大致经历了CPU挖矿、GPU挖矿、GPU集群挖矿、FPGA矿机、ASIC矿机、矿池（ASIC集群）阶段，GPU运算能力是CPU的几百倍，FPGA是GPU的数十倍，ASIC是FPGA的数千倍，多个ASIC矿机又可以组成矿池[16]。

单个节点的算力飞速提升，需要使用更加专业化的设备才能有效参与挖矿竞争。这使得挖矿的成本提高且难以控制，只有计算资源高度集中的矿池才能负担得起这种成本投入。如图4-10所示，世界上规模排名前五的矿池掌握的计算资源占据全部比特币网络计算资源的一半以上。计算资源的集中，导致理想状态下的去中心化形式越来越难以满足，PoW共识的公平性、去中心化程度开始被破坏。

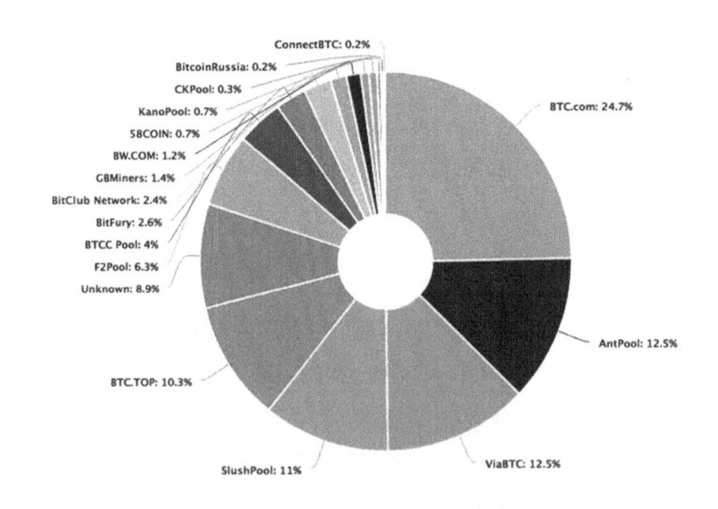


图4-10　计算资源集中

**3）资源消耗问题**

在一轮挖矿过程中，矿工需要消耗大量的资源来解决数学难题，但是，这些数学难题除了满足 PoW 共识算法的要求，对于其他领域没有太多价值。加密货币信息网站 Digiconomist 的数据显示，截至 2017 年，我国投入到比特币和以太坊挖矿的电力已经超过约旦、冰岛、利比亚等国家，在所有国家和地区电力消耗中排名第 71 位，造成了巨大的资源浪费。

**4）吞吐量问题**

使用 PoW 共识算法的系统，为了尽可能降低分叉概率，区块生成速率相对较慢，交易确认时间较长。在比特币系统中，平均需要 10 分钟才能完成出块，并经过约 1 小时才能完成交易确认，交易吞吐量非常低，很难满足实际应用需求。

### 4.3.2　PoS 共识算法

区块链共识算法可以被看作一种选举机制，通过集体参与的方式选出领导者，由领导者进行本轮区块的生成，从而避免单个用户或集团长期控制账本，并维持区块链系统整体的一致性。

前面提到的 PoW 共识算法是通过算力来争夺领导者资格的，但是 PoW 过程中的大量资源浪费，导致其很难被更大规模的应用接受。对此，有人开始尝试直接使用“股份”（Stake）作为标准进行领导者资格的竞选，并随之产生了**权益证明（Proof of Stake，PoS）**共识算法。

PoS 的思想起源于企业的股份制：一个人拥有的股份越多，其获得的股息和分红就会越高。如果区块链系统也采用这种方法进行维护，则不需要过多的资源消耗，也能够使区块链资产有自然的通胀。节点通过投入一定量的虚拟货币参与共识，根据持币情况获得打包新区块的权利，并获得奖励。

#### 1．基本概念

**1）验证者**

在 PoS 共识算法中，将参与共识的节点称为**验证者节点（Validator）**。任何拥有虚拟货币的节点都可以通过发送特殊交易的方式，将部分虚拟货币转为“股份”，从而成为验证者节点。完整的验证者节点集合（Validator Set）由区块链系统负责维护[17]。

2）币龄

为了描述持币情况，PoS 共识算法引入了“币龄”的概念。**币龄（Coinage）**表示节点持有部分虚拟货币的时长，当节点将虚拟货币作为股份投入后，这部分虚拟货币就开始积累币龄，币龄的计算方式如下[18]

$$\text{Coinage} = k \times \text{balance} \times \text{age}$$

在使用了这部分虚拟货币后，无论是用来进行区块生成还是简单的交易，这部分虚拟货币对应的币龄都将被销毁。在最初的 PoS 共识算法中，币龄是进行评判的重要标准，节点在区块生成时所使用的币龄越大就越容易生成区块，如**点点币（Peercoin）**[18]，这可以在一定程度上制约短期投机行为。

### 2. 共识流程

PoS 共识算法在进行区块生成时，将同时考虑币龄与哈希计算难度，使得节点只需要消耗很少的计算资源就可以完成区块生成，流程如下[18]。

与 PoW 共识算法类似的是，PoS 共识算法同样需要生成随机数 nonce，同当前区块数据 $\text{data}_{\text{current}}$ 与上个区块的哈希值 $h_{\text{prev}}$ 进行多轮哈希计算，得到当前区块哈希值 $h_{\text{current}}$，使计算的结果满足难度要求。

与 PoW 共识算法不同的是，PoS 共识算法的难度要求加入币龄的影响，只要计算得到的结果满足如下条件，就可以完成区块生成

$$h_{\text{current}} < (h_{\text{target}} \times \text{Coinage})$$

在这种情况下，节点更容易获得满足需求的哈希值，拥有币龄越高的节点越容易获得区块，从而节省这部分计算资源的支出。在区块生成时，这部分币龄对应的货币会随之广播到全网进行验证。在通过验证后，这部分货币将被赎回，同时对应的币龄归零，出块者也会获得一定的奖励。

### 3. 与 PoW 共识算法相比的优势

PoW 共识算法需要消耗大量的资源进行算力认证，以此来保证区块链系统的安全性，以太坊与比特币作为 PoW 共识算法最常见的应用，每天需要消耗大量电力用于完成共识，这部分资源除了完成共识任务，并没有其他贡献，无疑是巨大的资源浪费。而 PoS 共识算法的出块权取决于验证者节点拥有的股份，并不需要节点支付过多的算力，更加经济。

### 4．实际应用问题

**1）Nothing at Stake**

**Nothing at Stake（无利害关系，N@S）**问题[17]，本质为“无成本作恶”问题。在 PoW 共识算法中，节点需要花费算力来争取出块机会，如果产生了分叉，则无法分出多余的计算资源在多个链上出块，只能选择自己认可的链进行挖矿，也就能够在有限时间内决出最长链，从而达成区块链节点之间的共识。而在 PoS 共识算法中，如果产生了分叉，则节点可以在无任何损失的情况下同时为多条链出块，从而获得所有收益，整个系统可能无法达成共识。

由于无法对分叉进行有效制约，因此无利害关系问题会让双花攻击变得更加容易。在 PoW 共识算法中，节点需要获取 51%及以上的算力才有可能对系统发起攻击。而在 PoS 共识算法中，攻击者只需要支付很少的算力就可以生成区块，轻易地对区块链进行分叉，并利用无利害关系问题达成双花攻击的目的。

**2）Long Range Attack**

**Long Range Attack（长程攻击）**[19]指的是从创世区块开始，创建一条比当前主链还要长的区块链，并篡改交易历史，用它来代替当前主链。因此，长程攻击也被称为**历史覆盖攻击**。

新节点或长期离线的节点在同步新的区块数据时，并不能清楚地分辨出主链。而且在 PoS 共识算法中，区块的生成与计算资源关系不大，节点可以通过某种方式篡改历史区块，私自制作一条最长链。根据最长链原则，很有可能出现真正的主链被替代的情况，典型的长程攻击共有三种。

（1）简单攻击（Simple Attack），指的是攻击者通过缩短区块生成时间，从而在单位时间内尽可能多地在分叉链上生成区块，以此超过原主链长度发起攻击。这种攻击行为相对简陋，可以通过查询异常时间戳进行过滤。

（2）变节攻击（Posterior Corruption），指的是分叉链验证人通过获得旧验证人的私钥，在分叉链上加速完成超过主链长度的一种攻击方式。发展较长的区块链项目，可能已经更换了几轮验证人，旧验证人的私钥依旧可以签署以前的旧区块，分叉链验证人通过购买、行贿或破解的方式获得旧验证人的私钥，从而签署合理的区块，达到加速的目的。

（3）权益流损（Stake Bleeding），指的是分叉链验证人通过延长在主链的区块生成时间，同时通过累计分叉链权益，以加快分叉链出块速度的攻击方式。一般分叉链上的验证人也是原主链上的验证人，当验证人在原主链上获得

出块机会时，验证人会通过某种方式延迟出块或不出块，为分叉链争取出块时间，从而逐渐超过主链长度。

**3）冷启动问题**

由于 PoS 共识算法中币龄越大的节点越容易获得记账权，所以参与方节点更希望囤积更多的代币，而很少进行交易，这就造成了纯粹的 PoS 公有链系统无法进行冷启动。因此，在实际运行时，一般采用 PoW 共识算法启动整个区块链系统，再切换到 PoW+PoS 方式，最后才使用纯粹的 PoS 共识算法运行系统。目前，以太坊正处于由 PoW 共识算法向 PoS 共识算法转型的阶段。

### 4.3.3 DPoS 共识算法

**在委托权益证明（Delegated Proof of Stake，DPoS）**共识算法[20]中，持币者通过选举产生代表，由代表进行直接的区块生成，持币者通过选举代表间接行使竞争出块的权利。DPoS 共识算法实际上通过一系列选拔规则对候选人进行制约，并制定一套投票规则。普通参与方节点通过投票的方式从候选人中选举见证人，并由见证人进行出块，不满足要求的见证人将被取消权限，并重新选举产生新的见证人。

DPoS 共识算法保留了一定的中心化特性，因此能够保证高效率的交易吞吐，速率可以比肩常见的中心化机构，如 Visa、Mastercard 等。在该共识算法中，去中心化特性主要体现在对于生成区块的权利可控方面，即股东通过投票，选择自己信任的代表节点，并由代表节点进行区块链数据的维护。下面将详细说明过程。

#### 1. 基本概念

**1）候选人**

只要满足了基本条件，就可以成为**候选人**，参与见证人竞选，申请成为候选人需要遵循一定的规则[21]。在竞选见证人之前，候选人需要注册独有的身份，这个身份将被用于节点选举。在与身份信息相关的结构中，将保留个人的状态信息及详细介绍，以供投票人参考。

**2）投票人**

只要节点持有货币，就可以作为**投票人**根据自身设置的条件向自己认可的候选人投票。

**3）见证人**

**见证人（Witness）**为直接负责区块链维护的节点，通常具有以下特征：能够直接生成和广播区块；能够收集网络中的交易并打包；能够对区块进行签名。见证人的位置由上个区块的最后部分随机指定。

**4）受托人**

在早期的DPoS项目BitShares中，还有**受托人（Delegates）**，其主要功能为维护系统各项参数，如打包区块的时间间隔等。在后期的DPoS项目EOS.io中，只保留了能够生成区块的见证人。无论是见证人还是受托人，都是由投票人投票产生的，而系统的去中心化，也是由这种投票机制进行体现的。

### 2. 共识流程

DPoS共识算法的共识流程，实际上就是选举出见证人，并由见证人轮流进行区块生成的循环流程。投票人可以适时更新自己的选票，然后在每轮循环中，区块链系统都会重新统计候选人得票，并选择出$N$个见证人。把见证人的排序打乱后，见证人轮流生成区块，在一个生产周期结束后，进入下一个生产周期，重新进行见证人选举。DPoS共识算法不同，实现方式的详细流程也不同，本节将对候选人注册、投票、区块生成的大致方式进行讲解。

**1）候选人注册**

候选人注册时，需要提供必要的信息标识。信息标识是否在线，如果已经下线，则不再计算票数，在这种状态下即使收到选票，在重新登入时也不会被统计在内；提供接口，使得外界可以获取到当前候选人的状态。其中，候选人需要提供个人介绍、网站等额外信息，以供投票人参考。

此外，候选人在注册时，需要支付一定的注册费用，一般这笔费用为生成单个区块平均奖励的上百倍。由于需要支付高额的注册费用，因此候选人在成为见证人后，通常需要生成上千个区块才能达到收支平衡，这防止候选人不认真履行维护区块链数据的责任。

**2）投票**

为了对候选人进行投票，每个投票人都会记录部分必要的信息，包括可信代表、非可信代表等。可信代表（Trusted Delegates）用于记录投票人信任的代表节点；非可信代表（Distrusted Delegates）用于记录投票人不信任的代表节点。投票人在进行投票时，会从尚未成为见证人的可信代表中，选择最有可能成为见证人的投出支持票；或者从已经成为见证人的非可信代表中，选择其中一个进行反对。此外，投票人还会根据候选人成为见证人后的表现对其评分，维护可见代表（Observed Delegates）列表，统计分数进行排名。对于一个 DPoS 区块链系统，由系统负责记录当前见证人的顺序，后续每轮区块产生的顺序都与此相关。同时，社区会维护当前候选人的排名（Ranked Delegates），这个排名根据每个候选人收到的投票情况产生。

**3）区块生成**

区块链系统的所有参与方都可以查询到当前的见证人顺序，每当候选人的排名更新时，见证人列表也会随之更新，并在更新后进行乱序。根据当前的见证人顺序及当前时间，可以计算每个见证人生成下一个区块的时间表。当达到某个时刻时，对应的见证人进行区块签发，其他节点也可以根据这个时间表进行验证，区块生成时间的计算过程大致如下[21]。

根据 UTC 时间与区块生成间隔，计算当前时间

$$\text{CURRENT\_TIME} = \text{UTC\_SEC} / \text{BLOCK\_INTERVAL}$$

根据当前时间，计算当前轮次

$$\text{ROUND\_TIME} = \left(\text{CURRENT\_TIME} / 100\right) \times 100$$

根据当前轮次、当前代表的位置（RANK）、区块生成间隔，计算区块生成时间

$$\text{PRODUCE\_TIME} = \left(\text{ROUND\_TIME} + \text{RANK}\right) \times \text{BLOCK\_INTERVAL}$$

如果计算得到的区块生成时间小于当前时间，那么通过再增加一轮时间间隔，计算区块生成时间

$$\text{PRODUCE\_TIME} += 100 \times \text{BLOCK\_INTERVAL}$$

当区块有效性验证通过后，该区块将加入区块链，代表节点将获取相应的手续费。

### 3. 同 PoW 共识算法和 PoS 共识算法的关系

由于挖矿对于算力的要求，因此以 PoW 共识算法运行的系统，加入矿池才是普通用户参与挖矿最保险的方式。在这种运行方式中，散户矿工类似 DPoS 共识算法中的投票人，矿池的运营者类似见证人，通过这种方式组织起来的区块链维护模式，就是一种类似 **DPoW** 共识算法的共识形式。在当前的运营模式下，如果存在系统的管理者，其更希望用户能够在矿池间切换以保证系统不过度中心化，这种方式类似选票的切换。然而，较大的矿池已经拥有了超过 10%的算力，前五名的矿池已经控制了整个网络。如果其中任何一个矿池出现

问题，区块生成效率就会瞬间下降，并且需要手动干预对其中的用户进行切换或恢复，系统维护相对困难。

而在 PoS 系统中，如果希望更高效率地进行区块维护，参与挖矿的节点可以选择委托制的方式，集合更多的股份来争取打包区块的机会，从而共同获取更多的手续费。

因此，DPoS 共识算法的设计者认为，从规模化角度看，PoW 共识算法与 PoS 共识算法都有走向委托制的倾向，存在中心化风险。因此，在系统建设初期就设计好如何进行权益分配与权利制约，有利于用户更好地控制系统，从而避免被动演化导致的不可预期的结果。

#### 4. 实际运行时的问题

采用 DPoS 共识算法的区块链系统，如 EOS.io、BitShares，能够达到上千级甚至上万级的交易吞吐量，满足绝大部分日常应用的需求。但是，这种运行方式在诞生之初就在一定程度上削减了去中心化程度。在实际运行过程中，许多投票人并没有履行投票的职责，从而造成这种运行方式的中空。

### 4.3.4 PBFT 共识算法

上述提到的共识算法大多用于公有链场景。例如，应用了 PoW、PoS 共识算法的系统，其由于交易吞吐量普遍较低及交易确认延迟较高等问题，无法在实时性要求较高的场景中使用。在企业级场景下，节点数量不会非常多，但是对于交易吞吐量及最终确定性要求较高，因此常用联盟链来进行建设，从而满足企业级需求。在实际应用场景中，根据不同的需要可以选择不同的共识模型。在拜占庭的联盟链环境下，可以优先考虑使用 PBFT 共识算法及其变体；在信任程度比较高的环境下，如果不考虑拜占庭容错，则优先考虑 RAFT、PBFT 等确定性共识算法，其优势在于在算法层面保证了交易的最终确定性，即已经提交的交易不存在回退的可能。此外，PBFT 等确定性共识算法的交易交易吞吐量通常远高于证明类共识算法，因此非常符合联盟链高交易吞吐量、低延迟的需求。

**实用性拜占庭容错（Practical Byzantine Fault Tolerance，PBFT）共识算法**是一种在信道可靠的情况下解决拜占庭将军问题的实用算法。拜占庭将军问题最早由 Leslie Lamport 等在 1982 年发表的论文[5]中提出，论文中证明了在将军总数 $n$ 大于 $3f$，叛徒为 $f$ 或更少时，忠诚的将军可以达成命令上的一

致，即$n \geqslant 3f+1$，算法复杂度为$O\left(n^{f+1}\right)$。随后，Miguel Castro 和 Barbara Liskov 在 1999 年发表的论文[22]中首次提出了 PBFT 共识算法，该共识算法的容错数量也满足$n \geqslant 3f+1$，算法复杂度降低至$O\left(n^2\right)$。

### 1. 基本概念

#### 1）最大容错节点数

在 4.1.1 节中，我们已经对拜占庭将军问题进行了讲解。PBFT 共识算法同样需要遵循这个基本要求：在节点总数为$n$的集群中，为了保证在有最多$f$个拜占庭节点时共识算法的活性与安全性，需要满足关系$n \geqslant 3f+1$。

在一轮共识过程中，可能会有$f$个拜占庭节点故意不响应，为了满足算法活性的要求，我们需要在收到最多来自$n-f$个节点的响应后做出判断。不过，当我们收到$n-f$条响应时，实际上无法判断其他$f$个节点是否为拜占庭节点，因此在收到的响应中，依然可能包含最多$f$个拜占庭节点的响应。为了满足算法安全性的要求，我们需要保证：在收到的响应中正确节点响应的数目应当高于拜占庭节点，即$n-2f \geqslant f$。综上所述，我们可以获得节点总数与拜占庭节点数目上限的关系：$n>3f$，即$n \geqslant 3f+1$。

#### 2）quorum 机制

在明确最大容错节点数与节点总数的关系后，我们需要关注 PBFT 共识算法中另外一个重要的概念——quorum 机制。这是一种在分布式系统中常用的，用于保证数据冗余和最终一致性的投票机制，其主要数学思想源于鸽巢原理。

为了更好地理解 quorum 机制，我们先来了解一种与之类似，但是更加极端的投票机制——WARO（Write All Read One）机制。在使用 WARO 机制维护节点总数为$n$的集群时，节点执行写操作时的 quorum 值应当为$n$，而执行读操作时的 quorum 值可以设置为 1。也就是说，在执行写操作时，需要保证全部节点完成写操作才可视该操作为完成，否则写入失败；相应地，在执行读操作时，只需要读取一个节点的状态，就可以对该系统状态进行确认。

我们可以看到，使用 WARO 机制的集群在执行写操作时非常脆弱：只要有一个节点写入失败，这次操作就无法完成。不过，WARO 机制牺牲了写操作的可用性，使读操作变得简单。

quorum 机制就是对读写操作的折中考虑。在有冗余数据的分布式存储系统中，冗余数据对象会在不同的机器之间存放多份副件。但是在同一时刻，一个冗余数据对象的多份副件只能用于读或写操作。quorum 机制可以保证，同一份冗余数据对象的每份副件都不会被超过两个访问对象读写，具体读写策略如下。

分布式存储系统中的每份冗余副件都被赋予了一票，假设系统中有$V$票，也就意味着一个冗余数据对象有$V$份冗余副件，每个读操作获得的票数必须大于最小读票数$V_r$（read quorum）才可以成功读取，每个写操作获得的票数必须大于最小写票数$V_w$（write quorum）才可以成功写入。那么，最小读写票数应满足如下限制

$$V_r + V_w > V,\ V_w > V/2$$

$V_r + V_w > V$保证了一个冗余数据不会被多个访问对象同时读或写。当一个写操作请求传入时，它必须获得$V_w$个冗余副件的许可，而剩下的数量是$V - V_w$，小于$V_r$，因此不会再处理读操作请求。同理，当读操作请求已经获得了$V_r$个冗余副件的许可时，写操作请求就无法获得许可了。$V_w > V/2$保证了数据的串行化修改，一份冗余副件不可能同时被两个写操作请求修改。

通过上面描述的两种最小票数关系，我们可以计算出系统正确完成某项工作时所需节点数目的最小值，也可以称为 quorum 值，从而让分布式存储系统能够正确运行。那么，在 PBFT 这类拜占庭容错共识算法集群中，要怎样确定 quorum 值的大小呢？

PBFT 共识算法所要做的就是在容纳一定拜占庭节点的同时，对分布式集群进行写操作，因此，这里主要考虑的是最小写票数的计算，PBFT 共识算法中的 quorum 值通常也指最小写票数。

假设，集群中有$n$个节点，其中有$f$个错误节点，写票数设置为$m$。在进行共识时，我们能够保证，在全部节点中，一共有$n-f$个节点的行为正常；同样地，当节点收到$m$条响应时，我们只能够保证其中有$m-f$条响应来自正常节点。将前面最小写票数的限制$V_w > V/2$类比到 PBFT 共识算法集群中，为了保证正确节点的写操作串行，可以求出写票数的要求

$$m - f > (n - f)/2,\ 即\ m > (n + f)/2$$

在实际进行共识时，为了进一步提高共识效率，加快写操作执行速率，可以取用最小值$m_{\min} = \lceil (n + f + 1)/2 \rceil$作为写票数，可以更快地完成写票数的共识。

当然，为了集群不会因为节点拒绝响应而不能运行，保证系统的活性，写票数还需要满足一定的上限要求：$m \leqslant n - f$。可以验证，当节点总数满足拜

占庭容错的条件$n \geqslant 3f+1$时，最小写票数的取值$\lceil (n+f+1)/2 \rceil$也能满足这一上限要求。

在一些场景下，根据实际需要，我们也可以牺牲一些共识的性能，取其他满足上下限要求的数值作为写票数，如直接使用$n-f$。

为了表达简洁，后文将直接以节点总数为$3f+1$的场景对 PBFT 共识算法进行描述，在该场景下，quorum 值取$2f+1$即可满足最小写票数的要求。

**3）节点角色与视图**

在 PBFT 共识算法中，主要存在两种节点角色，分别为**主节点**与**从节点**。在每轮共识过程中，主节点将起引导作用，并在从节点的共同参与下完成三阶段的共识流程。

主节点不是一成不变的，集群整体会在一系列的主从配置中进行连续切换，其中，每轮主从配置都被称为**视图（view）**[22]，并对应一个视图编号，通常记为$v$。

在 PBFT 共识算法中，每个节点都会被分配一个序号，如果系统一共由$m$个节点组成，系统整体从 0 开始编号，那么集群编号可以记为

$$N=\{0,1,2,\cdots,m-1\}$$

当处于视图$v$时，主节点编号的计算方式为

$$\mathrm{id}_{\mathrm{primary}}=v \bmod |N|,|N|=m$$

例如，当前一共有 4 个节点，序号分别记为 0、1、2、3，当视图 $v$=31 时，主节点序号为 3，也就是第四个节点。

**4）共识通信**

在 PBFT 共识算法集群中，节点在发送消息时会附加自身的签名，保证该消息的来源可信。在进行点对点消息传递时，双方会进行会话密钥协商，保证点对点通信的安全性。

## 2．共识流程

PBFT 共识算法的共识流程主要有以下三步。

**Step1**：请求阶段。客户端发送请求到主节点，或者通过从节点转发到主节点。

**Step2**：共识阶段。集群执行 PBFT 共识算法的核心共识流程。

**Step3**：执行阶段。节点确认共识完成并执行请求，将执行结果反馈给客户端。对客户端来说，在收到来自$f+1$个不同节点的相同执行结果后，确认共

识已经正确完成，并将该执行结果确认为操作结果。

**1）核心共识流程**

下面介绍 PBFT 共识算法的核心共识流程[23]，如图 4-11 所示。

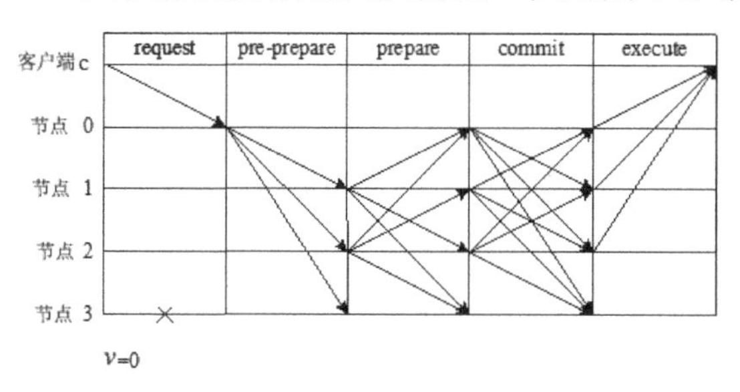


**图 4-11 PBFT 共识算法的核心共识流程**

在请求阶段，客户端发起请求，主节点在收到客户端的请求后，触发核心共识流程。PBFT 共识算法的核心共识流程分为三个阶段：pre-prepare 阶段、prepare 阶段、commit 阶段。其中，节点在 prepare 阶段和 commit 阶段各进行了一轮投票，分别对消息的合法性与待执行进行了确认。在图 4-11 中，c 代表客户端，0、1、2、3 代表节点的编号，在视图为 0（$v$=0）的情况下，节点 0 是主节点，节点 1、2、3 为从节点。打叉的节点 3 代表拜占庭节点，这里表现的恶意行为就是对其他节点的请求无响应。

核心共识流程如下。

pre-prepare 阶段：主节点在收到客户端的请求后，主动向其他节点广播 pre-prepare 消息 $<\text{pre-prepare},v,n,D(m)>$，其中，$v$ 为当前视图编号，$n$ 为主节点分配的请求序号，$D(m)$ 为消息摘要，$m$ 为消息。在主节点完成 pre-prepare 消息的广播后，主节点对于该请求进入 pre-prepared 状态，表示该请求已经在主节点处通过合法性验证。

从节点在收到 pre-prepare 消息之后，对该消息进行合法性验证，若通过验证，则该节点对于该请求进入 pre-prepared 状态，表示该请求在从节点处通过合法性验证。否则，从节点拒绝该请求，并触发视图切换流程（视图切换流程会在后文进行说明）。一种典型的从节点拒绝的情况是，$v$ 和 $n$ 曾经出现在之前收到的消息中，但是对应的消息摘要 $D(m)$ 却和之前的不一致，或者请求编号不在高低水位之间（高低水位的概念会在后文进行解释），这时候从节点就会拒绝该请求。

prepare 阶段：当从节点对于该请求进入 pre-prepared 状态后，向其他节点广播 prepare 消息 $<\text{prepare},v,n,D(m),i>$，其中，$v$ 为当前视图编号，$n$ 为主节

点分配的请求序号，$D(m)$为消息摘要，$i$为当前节点的标识。如果节点对于该请求进入 pre-prepared 状态，并且收到$2f$条来自不同节点对应的 prepare 消息（包含自身发出的），那么该节点就对于该请求进入 prepared 状态。其中，pre-prepared 状态对应的 pre-prepare 消息可以视为主节点对该请求的合法性验证，它与另外$2f$条 prepare 消息一同构成了大小为$2f+1$的合法性验证集合，表示该请求已经在全网通过合法性验证。

commit 阶段：实际上，如果不考虑视图变更的问题，当请求在全网通过合法性验证，即该节点对于该请求进入 prepared 状态后，该请求就在当前视图中确定了执行顺序，可以执行。但是，如果发生视图变更，则只通过 pre-prepare、prepare 阶段不足以对视图变更过程中的交易进行定序（在视图变更时，节点有可能会获取到来自不同视图但拥有相同序号的不同消息）。因此，PBFT 共识算法中额外增加了 commit 阶段对请求的执行进行验证，确保已经执行的请求在发生视图变更时能够在新视图中被正确保留。

在当前节点对于该请求进入 prepared 状态后，当前节点会向其他节点广播 commit 消息$<\text{commit}, v, n, i>$，其中，$v$为当前视图编号，$n$为当前请求序号，$i$为当前节点标识。如果当前节点对于该请求进入 prepared 状态，并且收到$2f+1$条来自不同节点对应的 commit 消息（包含自身发出的），那么当前节点就会对于该请求进入 committed 状态，并执行。执行完毕后，节点会将执行结果反馈给客户端进行后续判断。上述就是 PBFT 共识算法的核心共识流程。

**2）checkpoint 机制**

PBFT 共识算法在运行过程中会产生大量的共识数据，因此需要执行合理的垃圾回收机制，及时清理多余的共识数据。为了达成这个目的，PBFT 共识算法设计了 **checkpoint 流程**，用于进行垃圾回收。

checkpoint 即检查点，是检查集群是否进入稳定状态的流程。在进行检查时，节点广播 checkpoint 消息$<\text{checkpoint}, n, d, i>$，$n$为当前请求序号，$d$为消息执行后获得的摘要，$i$为当前节点标识。

当节点收到来自不同节点的$2f+1$条有相同$<n, d>$的 checkpoint 消息时，认为当前系统对于序号$n$进入了**稳定检查点（stable checkpoint）**[23]。此时，将不再需要 stable checkpoint 之前的共识数据，可以对其进行清理。

不过，如果为了进行垃圾回收而频繁执行 checkpoint，那么将会对系统运行带来明显负担。所以，PBFT 共识算法为 checkpoint 流程设计了执行间隔，每执行$K$个请求，节点就主动发起一次 checkpoint，来获取最新的 stable checkpoint。

除此之外，PBFT 共识算法引入了**高低水位（High-Low Watermarks）**的概念[23]，用于辅助进行垃圾回收。在进行共识的过程中，由于节点之间的性能差距，可能会出现节点间运行速率差异过大的情况。部分节点执行的序号可能会领先其他节点，导致领先节点的共识数据长时间得不到清理，造成内存占用过大的问题，而高低水位的作用就是对集群整体的运行速率进行限制，从而限制节点的共识数据大小。

在高低水位系统中，低水位记为 $h$，通常指的是最近一次的 stable checkpoint 对应的高度。高水位记为 $H$，计算方式为 $H=h+L$，其中，$L$ 代表共识缓存数据的最大限度，通常为 checkpoint 间隔 $K$ 的整数倍。当节点产生的 checkpoint 进入 stable checkpoint 状态时，节点将更新 $h$。当执行到 $H$ 时，如果 $h$ 没有被更新，则节点会暂停执行更大序号的请求，等待其他节点的执行，待 $h$ 更新后重新开始执行更大序号的请求。

如图 4-12 所示，设置 checkpoint 间隔 $K$ 为 10，系统每执行 10 个请求，就进行一次 checkpoint；设置 $L$ 为 30，即允许节点最多缓存 30 次请求的共识数据。节点 1、2、3 的当前请求编号是 109，而节点 0 的当前请求编号为 130。那么，此时系统的 stable checkpoint 为 100，对应的 $h$ 也为 100。计算可得，$H=h+L=130$。此时，节点 0 已经执行到了最高水位 130，那么它将暂停并等待其他节点执行。当其他节点执行完 110 号请求后，系统将进行一次 checkpoint，从而将 stable checkpoint 更新到 110，高/低水位随之更新为 $H=140/h=110$。此时，110 号请求之前的共识数据就可以回收了。

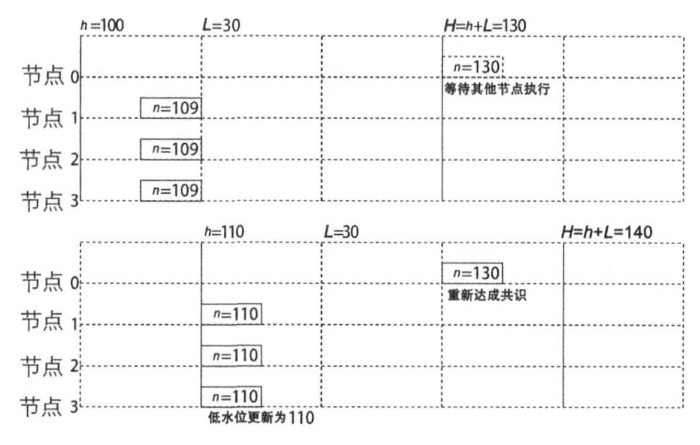


图 4-12　checkpoint 示例

3）视图变更流程

当主节点超时无响应或从节点集体认为主节点是问题节点时，就会触发**视图变更（view-change）**[23]。视图变更完成后，视图编号将加 1，主节点也会切换到下一个节点。如图 4-13 所示，节点 0 发生异常，触发视图变更流程，变更完成后，节点 1 成为新的主节点

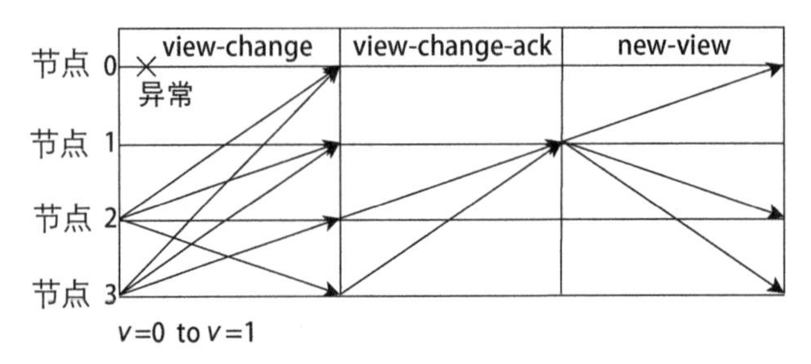


图 4-13　视图变更流程

当发生视图变更时，节点会主动进入新视图 $v+1$，并广播 view-change 消息，请求进行主节点切换。此时，集群需要保证在旧视图中已经完成共识的请求能够在新视图中得到保留。因此，在视图变更请求中，一般需要附加部分旧视图中的共识日志，节点广播的请求为 $<\text{view-change}, v+1, h, C, P, Q, i>$。其中，$i$ 为发送方节点的身份标识，$v+1$ 表示请求进入的新视图编号，$h$ 为当前节点最近一次的 stable checkpoint 的高度。此外，$C$、$P$、$Q$ 分别对应三类共识数据的集合，用于帮助集群在进入新视图后保留必要的共识结果。

$C$：当前节点已经执行过的 checkpoint 的集合，在该集合中，数据按照 $<n,d>$ 的方式进行存储，表示当前节点已经执行过序号为 $n$、摘要为 $d$ 的 checkpoint，并发送过相应的共识消息。

$P$：当前节点已经进入 prepared 状态的请求的集合，即当前节点已经针对该请求收到了 1 条 pre-prepare 消息与 $2f$ 条 prepare 消息。在集合 $P$ 中，数据按照 $<n,d,v>$ 的方式进行存储，表示在视图 $v$ 中，摘要为 $d$、序号为 $n$ 的请求已经进入 prepared 状态，说明至少有 $2f+1$ 个节点拥有并认可该请求，只差 commit 阶段即可完成一致性确认。因此，在新的视图中，这一部分消息可以直接使用原本的序号，无须分配新序号。

$Q$：当前节点已经进入 pre-prepared 状态的请求的集合，即当前节点已经针对该请求发送过对应的 pre-prepare 或 prepare 消息。在集合 $Q$ 中，数据同样按照 $<n,d,v>$ 的方式进行存储。由于请求已经进入 pre-prepared 状态，所以该

请求已经被当前节点认可。

集合 $P$、$Q$ 中的请求都在高低水位之间，在没有发生视图变更时，集合 $P$、$Q$ 均为空，也就是说，不包含已经进入 commit 状态并执行的请求。

但是，视图 $v+1$ 对应的新主节点 $p_{new}$ 在收到其他节点发送的 view-change 消息后，无法确认 view-change 消息是否是拜占庭节点发出的，也就无法保证一定可以使用正确的消息进行决策。PBFT 共识算法通过 view-change-ack 消息让所有节点对它收到的所有 view-change 消息进行检查和确认，然后将确认的结果发送给 $p_{new}$。$p_{new}$ 统计 view-change-ack 消息，辨别哪些 view-change 消息是正确的，哪些是拜占庭节点发出的。

节点在对 view-change 消息进行确认时，会对其中的集合 $P$、$Q$ 进行检查，要求集合中的请求消息小于或等于视图编号 $v$，若满足要求，则发送 view-change-ack 消息 $< \text{view-change-ack}, v+1, i, j, d >$。其中，$v+1$ 表示请求进入的新视图编号，$i$ 为发送 view-change-ack 消息的节点标识，$j$ 为要确认的 view-change 消息的发送方标识，$d$ 为要确认的 view-change 消息的摘要。不同于一般消息的广播，这里不再使用数字签名标识消息的发送方，而采用会话密钥保证当前节点与主节点通信的可信度，从而帮助主节点判定 view-change 消息的可信性。

$p_{new}$ 维护了一个集合 $S$，用于存放验证正确的 view-change 消息。当 $p_{new}$ 获取到一条 view-change 消息及合计 $2f-1$ 条对应的 view-change-ack 消息时，就会将这条 view-change 消息加入集合 $S$。当集合 $S$ 的大小达到 $2f+1$ 时，证明有足够多的非拜占庭节点发起视图变更。$p_{new}$ 会按照收到的 view-change 消息，产生 new-view 消息并进行广播，$< \text{view-change}, v+1, V, X >$，其中，$v+1$ 为新的视图编号，$V$ 为视图变更验证集合，按照 $< i, d >$ 方式进行存储，表示节点 $i$ 发送的 view-change 消息摘要为 $d$，均与集合 $S$ 中的消息相对应，其他节点可以使用该集合中的摘要及节点标识，确认本次视图变更的合法性，$X$ 为包含 stable checkpoint 及选入新视图的请求。新主节点 $p_{new}$ 会按照集合 $S$ 中的 view-change 消息进行计算，根据其中的集合 $C$、$P$、$Q$，确定最大 stable checkpoint 及需要保留到新视图中的请求，并将其写入集合 $X$，具体选定过程相对烦琐，有兴趣的读者可以参阅原始论文[23]。

从节点会持续接收 view-change 消息及 new-view 消息，并根据 new-view 中的集合 $V$ 与自身收到的消息进行对比，如果发现自身缺少某条 view-change 消息，则主动向 $p_{new}$ 请求 view-change 消息与 view-change-ack 的集合，以证明

至少有 $f+1$ 个非拜占庭节点对该 view-change 消息进行过判定。否则，判定 $p_{new}$ 为拜占庭节点，当前节点进入视图 $v+2$，并发送 view-change 消息，进入新一轮的视图变更。

从节点在进行 new-view 验证后，会和主节点一起进入集合 $X$ 的处理流程。先根据集合 $X$ 中的 checkpoint 数据，恢复到其中标定的最大的 stable checkpoint，然后将其中包含的请求设置为 pre-prepared 状态，按照核心共识流程在新视图中恢复必要的共识数据，从而完成视图变更流程，进入正常的共识过程。

### 3. 算法复杂度

PBFT 共识算法的核心过程有三个阶段，分别是 pre-prepare、prepare 和 commit 阶段。pre-prepare 阶段，主节点广播 pre-prepare 消息给其他节点，因此总通信次数为 $n-1$；prepare 阶段，每个节点在同意请求后，都需要向其他节点广播 prepare 消息，所以总通信次数为 $(n-1)(n-1)$；commit 阶段，每个节点在进入 prepared 状态后，都需要向其他节点广播 commit 消息，所以总通信次数为 $n(n-1)$，即 $n^2-n$。因此，PBFT 共识算法的核心共识流程算法复杂度为 $O(n^2)$ [23]。通过类似的方式，我们可以计算 PBFT 共识算法的视图切换流程的算法复杂度为 $O(n^3)$。

### 4. 实际应用

PBFT 共识算法能够在抵抗拜占庭行为的同时，以高交易吞吐量进行出块，并且不可能出现分叉，因此非常适用于区块链系统的架构。但是，PBFT 共识算法本身并不能防止身份伪造问题，即无法抵抗女巫攻击，因此需要其他模块协助进行身份过滤。所以，PBFT 共识算法最常见的应用范围在于联盟链。目前，大部分联盟链项目的共识算法都是在 PBFT 共识算法的基础上进行优化的，应用范围广阔。不过，相较于前面的共识算法，PBFT 共识算法的实现难度相对较高，且对于主节点有较高的负载压力，如果不考虑拜占庭行为，则可以优先考虑使用 RAFT 等轻量级的共识算法。

随着区块链技术的不断发展及愈加复杂的应用场景的出现，共识算法迎来了新的需求和挑战，包括更高的安全性和可用性，更好的共识效率，更大的节点规模（可扩展性）等。为了解决这些问题，业界进行了一系列探索和尝试，一些新型共识算法也随之扩展而出。

## 4.4 新型共识算法

最早的公有链（如比特币和以太坊）一般采用 PoW 共识算法。众所周知，PoW 共识算法存在以下几个主要缺陷。

（1）严重的资源浪费：针对不同的区块链平台，矿工需要购买专用的挖矿硬件，还需要不定期地对这些硬件进行更新换代，以保持良好的算力竞争能力。此外，大量的哈希计算还会消耗海量的电力。

（2）共识效率不高：确认时间长（需要等待多个区块确认），容易产生分叉。

（3）网络呈中心化趋势：大部分算力掌握在大矿池手中。

2011 年 7 月，Bitcointalk 论坛首次提出了 PoS（Proof of Stake）共识算法。发展至今，PoS 共识算法大致分为两类。

（1）基于链的权益证明（Chain-Based Proof of Stake，Chain-Based PoS）共识算法，在每个时间段（如每 10 秒）都通过伪随机的方式选取区块提议者来生成区块，该区块必须指向链上已有的区块（通常指向最长链的尾块），随着时间的推移，区块会收敛到单个不断增长的链中。采用这种模拟采矿的方式可以避免资源的浪费，同时可以提高共识的效率。这类 PoS 共识算法的代表包括 Peercoin[18]、Blackcoin[24]和 Iddo Bentov[25]等。

（2）Tendermint 团队在 2014 年首次提出了一种基于拜占庭容错的权益证明（Byzantine Fault Tolerant Based Proof of Stake，BFT-Based PoS）共识算法——Tendermint[26，27]。该 PoS 共识算法保留了 PBFT 算法共识的核心特性，包括如下内容。

（1）极短的最终确定（Finality）时间，延续了经典的 PBFT 共识算法的两轮共识投票机制来达成最终共识。一旦完成共识，新区块立即获得最终确定性，这意味着该区块将不可逆转地安全上链。

（2）可以从数学上证明，只要有 2/3 的资产掌握在诚实的协议参与方手中，那么不论网络延迟如何，该算法都能保证最终确定的区块没有冲突[28]。

随后一系列 BFT-Based PoS 共识算法被提出，包括 Casper[28，29]、Ouroboros[30]和 Algorand[31]等知名公有链的共识算法。

### 4.4.1 Casper 共识算法

随着 PoS 共识算法的出现，以太坊逐渐将目光转向该类共识算法。Casper

共识算法最早由以太坊核心研究员 Vlad Zamfir 提出，该名字源于 20 世纪 90 年代的一部喜剧电影 *Casper*。2017 年 10 月，以太坊创始人 Vitalik Buterin 提出了另一种 Casper 共识算法。为了区分二者，前者被称为 Casper the Friendly GHOST: Correct-by-Construction（CBC），后者被称为 Casper the Friendly Finality Gadget（FFG），在以太坊内部有两个团队分别研究这两种 Casper 共识算法。

Casper CBC 是一个共识协议族（Consensus Protocols Family），其目标在于构建一个抽象但足够灵活的框架，以支持在它的基础上逐步增加和构建协议框架的定义，并无缝继承所有理论证明和保证（如安全性和活性）。Vlad 称这种方式为“建构中修正”（Correct-by-Construction），新协议的正确性由其建构过程来保证。

除了浪费资源和共识效率不高的问题，PoW 共识算法还存在一个隐含的问题，即不存在明确的最终确定时间。具体地说，PoW 共识算法并不能为任何非创世区块提供严格的数学证明以论证其正确性，只能提供一定的概率保证已经上链的交易不会发生双花问题。为了解决这个问题，Vitalik 提出了 Casper FFG，它是一种 BFT-Based PoS 共识算法。Casper FFG 可与任一具有树形结构的区块链协议一起使用[29]，后者充当共识出块的基础协议，前者用来完成显式的区块最终确定工作，那些被最终确定的区块将不可逆转地上链且保证没有冲突。

为了更加安全和平稳地切换共识算法，以太坊 2.0 初期采用了更加温和的 Casper FFG 方案，由 PoW 共识算法逐步过渡到完全的 PoS 共识算法。下文将介绍 Casper FFG 的具体设计。

### 1. 基本概念

本节将预先介绍若干与 Casper FFG 相关的概念，以帮助读者理解后续协议内容。

- 验证者（Validator）：Casper FFG 引入了一种新的节点角色，即验证者。要成为验证者必须通过智能合约在系统中存入最低限度的保证金，在目前的测试网络中为 1500ETH（以太坊 1.0 代币）。活跃的验证者不能将这笔存款用于其他目的，要想拿回保证金，必须通过智能合约发出注销命令。验证者参与共识，系统会增加其存款作为奖励，同样，如果被系统发现有恶意行为，打破了 Casper FFG 规定的惩罚条件（Slashing Conditions），那么系统将通过减少其存款来对其进行惩罚。

- 最终确定性（Finality）：达到最终确定性的交易或区块都将不可逆转地上链，不存在回滚（Rollback）和冲突的可能。
- 世代（Epoch）：为了降低 PoS 共识算法的 checkpoint 数量，Casper FFG 将若干区块划分成一个 Epoch（一个 Epoch 由 100 个区块组成[28]），验证者就 Epoch 边界的区块进行投票验证。
- checkpoint：在 PBFT 共识算法中，为了节省内存，系统需要一种将日志中无异议的消息删除的机制。然而在每个日志执行后都做垃圾回收是非常消耗资源的，因此在 PBFT 共识算法中只会周期性（如每执行 100 条日志进行一次）地进行该操作，称为 checkpoint。在 Casper FFG 中，checkpoint 具有不同以往的含义。具体地说，验证者会定期地就 Epoch 边界的区块进行投票，最终确定的区块将被虚拟机执行并写入账本，这些被选中的区块就称作 checkpoint，由这些 checkpoint 构建的树被称为 checkpoint tree（检查点树）。

## 2. 共识流程

图 4-14 是 Casper FFG 架构图，虚线代表中间隔了若干区块或 checkpoint。

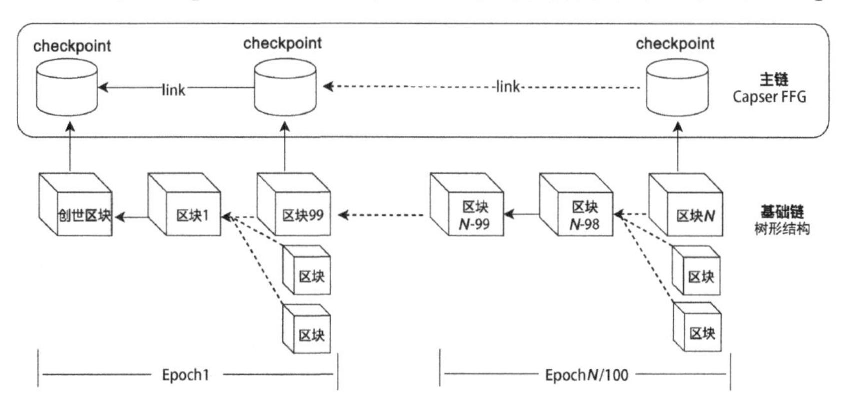


图 4-14　Casper FFG 架构图

Casper FFG 可与任一具有树形结构的区块链协议一起使用，如图 4-14 所示，基础链呈树形结构，每 100 个区块组成一个 Epoch。Casper FFG 的验证者节点负责在 Epoch 边界构造和共识 checkpoint，以达到显式的最终确定作用。

值得一提的是，在网络延迟或攻击的情况下，基础链可能会产生分叉，即一个父区块同时对应多个子区块。Casper FFG 假定基础链的共识协议具有自己的分叉选择规则（Fork-Choice Rule），所有验证者节点在每个 Epoch

边界都会运行一次分叉选择规则，以确定 checkpoint 该构建在哪个区块之上。如图 4-14 所示，区块 99 有 2 个兄弟区块，验证者节点最终选择了区块 99 来构建 checkpoint。

由于网络延迟、攻击甚至恶意验证者节点等问题，不同验证者节点运行基础链的分叉选择规则结果可能不同，造成同一高度的基础链具有多个不同的 checkpoint。如图 4-15 所示，创世区块对应一个 checkpoint，此后高度是 100 的倍数的区块也对应一个 checkpoint。验证者节点 A 和验证者节点 B 分别就第 100 个区块发布不同的 checkpoint：checkpoint A 和 checkpoint B。显而易见，这些 checkpoint 最终可以构成一棵 checkpoint tree。

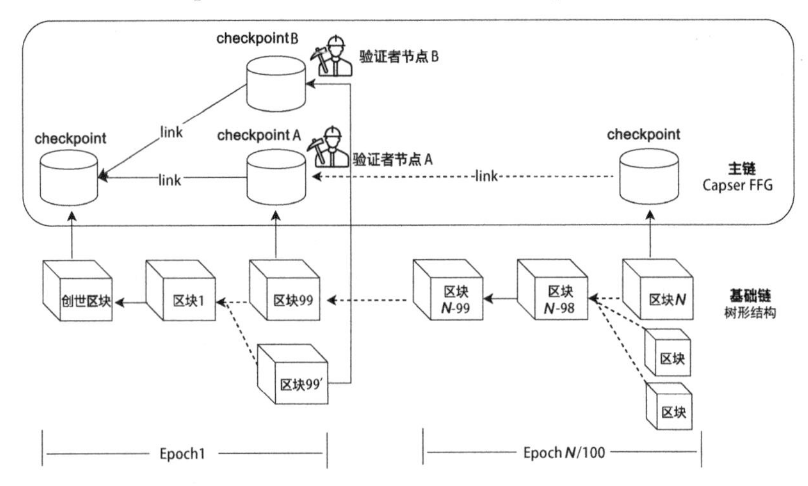


图 4-15　验证者节点 A 和验证者节点 B 就同一高度的区块发布不同的 checkpoint

需要注意的是，为了提高效率，Casper FFG 并不是针对每个区块都达成 PoS 共识，而是每隔固定长度的区块来生成 checkpoint。拉长 checkpoint 之间的距离可以减少 PoS 的开销，但也增加了达成一致的时间，即区块最终确定的时间会变长。

上文提到的 Casper FFG 是一个 BFT-Based PoS 共识算法，它延续了 PBFT 共识算法的核心特性，围绕其两阶段范式构建了 Casper FFG 的解决方案。具体来说，每个 checkpoint 都必须经历两轮投票共识才能进入最终确定状态，在 Casper FFG 中，这两个阶段为合理化（justified）阶段和最终确定（finality）阶段，完成 finality 阶段的 checkpoint 指向的区块及其父区块都将进入最终确定状态。

为了成为验证者节点，节点必须通过智能合约存入一笔大于最低限度的保证金，每个验证者节点的存款都会随着奖励和罚款而变化。PoS 安全性的保证源于诚实验证者节点存款的规模，而不是验证者节点的数量。下文出现的"2/3 个验证者节点"指的是存款加权分数，即一组验证者节点的总存款数等于整个验证者节点集合的总存款数的 2/3。

验证者节点根据基础链提供的分叉选择规则定期地选择和构建自己的 checkpoint，并广播投票消息 vote <*V*,*s*,*t*,*h*(*s*),*h*(*t*)> [28]。如表 4-1 所示，Casper FFG 的投票消息包含两个 checkpoint 的哈希值 *s* 和 *t*，该投票生成时，*s* 和 *t* 在 checkpoint tree 中的高度为 *h*(*s*)和 *h*(*t*)，*V* 是验证者节点用私钥对上述四个信息的签名。投票消息由验证者节点广播给其他所有验证者节点。

**表 4-1　一条 vote 消息的组成**

| 标　记 | 描　述 |
| --- | --- |
| *s* | 任一 justified 阶段的 checkpoint 的哈希值（源） |
| *t* | *s* 任一后代的哈希值（目标） |
| *h*(*s*) | *s* 在 checkpoint tree 中的高度 |
| *h*(*t*) | *t* 在 checkpoint tree 中的高度 |
| *V* | 验证者节点 *v* 的私钥对< *s*, *t* , *h*(*s*), *h*(*t*)>的签名 |

Casper FFG 要求 *s* 是 *t* 在 checkpoint tree 中的祖先，否则该投票将视为无效。如果验证者节点 *v* 的公钥不在验证者节点集合中，则也认为该投票无效。合法的 *s* 和 *t* 可以构成一个连接（link），记为一对有序的 checkpoint(*s*, *t*)。

下面将介绍几个 Casper FFG 的核心定义[28]。

（1）绝对多数连接（Supermajority link）：在 Casper FFG 中，绝对多数连接指一对有序的 checkpoint$(a,b)$（也可以写成 $a \to b$）取得了超过 2/3 验证者节点的投票和同意。绝对多数连接可以跳过中间的 checkpoint，即 $h(b)>h(a)+1$ 是合法的。图 4-16 显示了三个不同的绝对多数连接：$r \to$ checkpoint1、checkpoint1 $\to$ checkpoint2 和 checkpoint2 $\to$ checkpoint3。其中，虚线代表 checkpoint 中间隔了 99 个区块，圆角矩形代表一个 checkpoint，*h* 表示 checkpoint 在 checkpoint tree 中的高度，根节点记为 *r*。

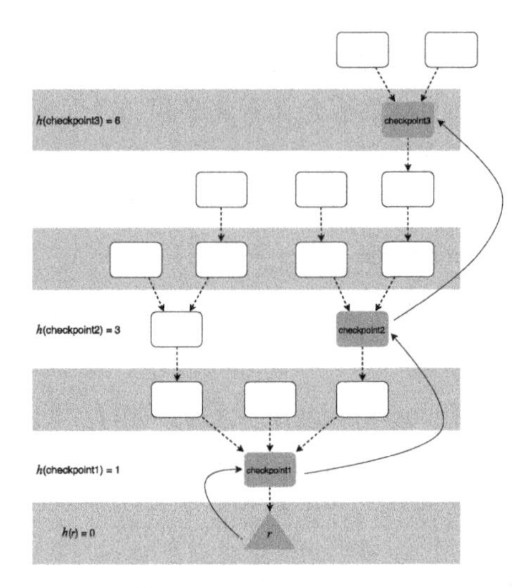


图 4-16 checkpoint tree

（2）当且仅当两个 checkpoint $a$ 和 $b$ 是不同分支中的节点，即它们都不是彼此的祖先或后代时，才称为冲突（Conflict）的 checkpoint。

（3）一个 checkpoint $c$ 进入 justified 状态必须满足以下条件之一：①它是 checkpoint tree 的根节点；②存在一个绝对多数连接 $c' \to c$，其中，$c'$ 已经进入 justified 状态。图 4-16 显示了由 4 个已进入 justified 状态的 checkpoint 组成的链，$r \to \text{checkpoint1} \to \text{checkpoint2} \to \text{checkpoint3}$。

（4）一个 checkpoint $c$ 进入 finality 状态必须满足以下条件之一：①它是 checkpoint tree 的根节点；②该 checkpeint 已经进入 justified 状态，并且存在一个绝对多数连接 $c \to c'$，其中，$c'$ 是 $c$ 的直系子代，即 $h(c') = h(c) + 1$。

**安全性原则：**CasperFFG 能保证两个冲突的 checkpoint 不会同时进入 finality 状态，除非系统存在超过 1/3 的验证者节点是拜占庭节点。限于篇幅，本文不再赘述，具体证明细节可查阅论文[28]。

上文提到，如果验证者节点被发现有恶意行为，则系统将通过减少其存款来对其进行惩罚。Casper FFG 存在以下两种惩罚条件（Slashing Conditions）。

（1）验证者节点不能同时广播两个投票 $<V,s1,t1,h(s1),h(t1)>$ 和 $<V,s2,t2,h(s2),h(t2)>$，其中，$h(t1)=h(t2)$，即验证者节点不得就相同高度的区块广播两个不同的投票。

（2）验证者节点不能同时广播两个投票 $<N,s1,t1,h(s1),h(t1)>$ 和 $<N,s2,t2,h(s2),h(t2)>$，其中 $h(s1)<h(s2)<h(t2)<h(t1)$，即验证者节点不得在一条连接范围 $s1 \to t1$ 内投票另一条连接 $s2 \to t2$。

如果发现验证者节点违反了其中任何一种惩罚条件，则可以将违反证据作为交易提交到网络中。此时，将罚完有恶意行为的验证者节点的全部存款，而提交证据的一方会收获少量的奖励。

由图 4-15 可知，不同验证者节点在同一区块高度可能会发布不同的 checkpoint，造成 Casper FFG 链分叉。由于长程攻击（见 4.3.2 节）等问题的存在，传统的最长链原则不再适用于 PoS 共识，Casper FFG 引入了 GHOST[32] 协议来解决 checkpoint 的分叉。

Casper FFG 的验证者节点将遵循 LMD GHOST（Latest Message Driven Greediest Heaviest Observed SubTree）分叉选择规则来选取主链。具体来说，在每个 Epoch 结束后，验证者节点都将基于自己观察到的区块采用贪心算法选取最重（指资产权重）的子树作为主链。LMD GHOST 具体流程如下伪代码所示。

```
procedure LMD-GHOST(G)
    B ← B_genesis                                  //将 B 赋值为创世区块
    M ← the most recent votes of the validators   //M 为一个验证者节点收到的投票集合
    while B is not a leaf block in G do           //如果 B 不是 Epoch G 的叶子区块则继续
        B ← argmax w(G, B′, M)                     //B 赋值为其权重最大的孩子区块 B′
return B
```

结合上述 LMD GHOST 具体流程和图 4-17 可知，假设每个投票（vote）的权重均为 1，运行该协议后，阴影 checkpoint 所构成的链将成为验证者节点选择的主链，左侧权重为 3 的阴影 checkpoint 将成为 Casper FFG 的链头区块（圆角矩形中的数字代表该 checkpoint 的权重）。

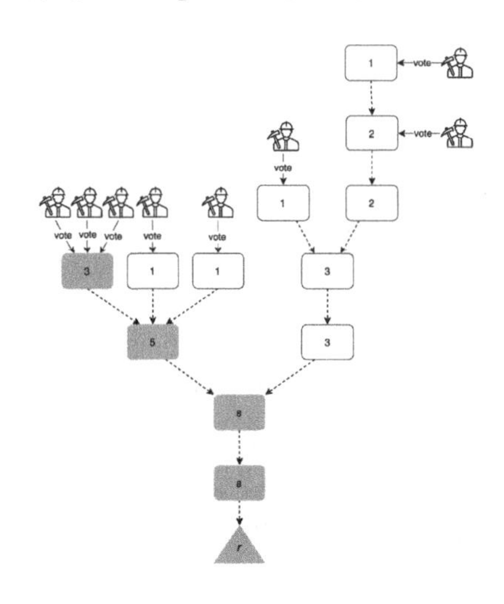


图 4-17 LMD GHOST 分叉选择规则示例

### 3．实际应用

Casper FFG 在尽可能提供一致性的同时保证系统的活性，目前已在以太坊 2.0 中上线[33, 34]，其最终目标是过渡到完全的 PoS 共识算法。

## 4.4.2 Algorand 共识算法

Algorand[31]是图灵奖得主 Silvio Micali 及其团队在 2017 年提出的一种新型公有链共识算法。

Algorand 是一种 BFT-Based PoS 共识算法。每个用户对出块选择的影响与其持有的资产呈正比。Algorand 会随机选择用户来提议区块和投票共识。所有在线用户都有机会被选择为区块提议者和共识节点。用户被选择的概率及其提议的区块和投票的权重与用户所持有的资产呈正比。

Algorand 将整个系统的安全性与大多数诚实用户联系在一起，它将 PBFT 共识算法至少 2/3 的诚实节点的前提条件转化为至少 2/3 的资产掌握在诚实用户手中，从而避免分叉和双花问题的产生。一小部分资产的持有者不能损害整个系统的安全，而大多数资产的持有者也不会发生作弊行为，因为这会削弱系统的可信度，最终使自己的资产贬值。故当大多数资产都由诚实用户掌握时，系统是安全的。

Algorand 的核心在于其使用了一种称为快速拜占庭协议（Fast Byzantine Agreement Protocol，BA*）的共识协议，这使得 Algorand 能够在低延迟内达成共识，并且不会产生分叉。BA* 适用于 Algorand 的一种关键技术——可验证随机函数（Verifiable Random Function，VRF），VRF 以私有和非交互的方式随机选择区块提议者和共识节点。

### 1．基本概念和假设前提

在开始介绍 Algorand 的具体协议内容之前，本节将介绍若干与之相关的基本概念和假设前提。

**1）基本概念**

- 轮次（Round）：Algorand 按照时间顺序将共识划分为不同轮次，每轮都会有唯一一个区块达成共识。
- 区块提议者（Block Proposer）：每轮共识都会随机选出若干区块提议者，负责打包交易、生成区块，并广播给其他共识节点。

- 委员会成员（Committee Member）：通过选取委员会节点来达成共识，减少共识节点的数量，从而加强共识的可拓展性。委员会成员是在全体用户中随机挑选出的具有代表性的小集体，由他们来达成每轮共识。
- 可验证随机函数：$\text{vrf}, \text{proof} = \text{VRF}(\text{sk}, \text{seed})$，其中，sk 为用户私钥，seed 为随机种子。随机函数的输出由两部分组成：随机结果 vrf（通常是一个哈希值）和证明信息 proof。通过 $\text{Verify}(\text{proof}, \text{pk}, \text{seed})$ 可验证 vrf 的合法性，其中，pk 是对应用户的公钥。

**2）基本假设**

（1）所有诚实用户运行的软件都是没有错误的（bug-free），并且他们持有的资产占比高于某个阈值 $h$（$h$ 大于平台资产总量的 2/3）。

（2）攻击者可以腐蚀（Corrupt）和破坏部分诚实用户，但不能同时破坏拥有大部分资产的大量用户，即诚实用户所拥有的资产必须保持在阈值 $h$ 之上。

（3）为了保证系统活性（Liveness），Algorand 必须满足强同步假设（Strong Synchrony），即大多数（如 95%）诚实用户发送的信息会在一个已知的时间范围内被大多数诚实用户接收。

（4）为了保证协议的安全性（Safety），Algorand 必须满足弱同步假设（Weak Synchrony），即允许网络在一个定长时间内（如一天或一周）是异步的（如完全被恶意节点控制），但在异步阶段后，网络会有一段时长合理的强同步阶段（如几小时或一天），以保证协议的安全性。

（5）为了在弱同步假设下恢复共识，节点需要进行本地时钟同步（如使用 NTP），即各节点的本地时钟应当足够接近，以便大多数诚实用户可以在同一时间恢复共识。

## 2. 共识流程

Algorand 的核心算法包括两个：加密抽签算法（Cryptographic Sortition）和 BA*。前者用于保证每轮的区块提议者和共识节点几乎是完全随机的，后者是区块共识的核心协议。

为了防止攻击者定位到区块提议者或委员会成员，Algorand 采用一种私密的和非交互的方式来选取目标节点。具体地说，每个节点在提议区块和运行 BA*之前都需要进行一次加密抽签运算，以确定自己是否被选为区块提议者或委员会成员。如果被选中则提议自己的区块或参与 BA*共识，否则等待并收集网络中的共识消息，以跟进共识进度。

加密抽签算法主要包括种子选取和选举验证两个过程。

**1）种子选取**

抽签需要一个公开的随机种子（seed），为了限制攻击者操控选举，Algorand每轮都会公布一批随机种子，第$r$轮的随机种子由第$r-1$轮区块的随机种子决定，其计算方式如下

$$<\text{seed}_r,\pi> \leftarrow \text{VRF}_{\text{sk}_u}(\text{seed}_{r-1} \| r)$$

种子$\text{seed}_r$和证明信息$\pi$被保存在用户提议的区块中。其中，$\text{sk}_u$是用户$u$提前选好的私钥。若第$r-1$轮的提议区块无效（可能是恶意节点提议的区块或包含无效交易），则使用密码哈希函数（Cryptographic Hash Function）重新计算该轮种子节点$<\text{seed}_r,\pi> \leftarrow H(\text{seed}_{r-1} \| r)$。在同一轮中，需要保证$\text{seed}_r$的一致性，即所有用户在选取区块提议者或委员会成员时，所用的$\text{seed}_r$完全一致。

**2）节点选举和验证**

**Step1**：首先使用VRF $<\text{hash},\pi> \leftarrow \text{VRF}_{\text{sk}_u}(\text{seed} \| \text{role})$计算种子节点的哈希值（hash）和相关证明信息$\pi$。其中，role是本次想要选举的角色类型（区块提议者或委员会成员），seed是本轮的种子。

**Step2**：将用户的资产根据资产的最小单位进行划分，从而生成若干子用户（sub-users）。当用户拥有$i$单位的资产时，该用户会被划分为$i$个子用户，每个子用户被选中的概率都为$\tau / w$。其中，$\tau$代表系统期望选举的子用户数量，$w$代表全网资产总额所对应的子用户数量。

为了防止女巫攻击，即恶意节点无法通过拆分资产来提高子用户被选中的概率，用户的子用户被选中$k$个的概率应服从二项式分布，$\text{B}(k1+k2;w1+w2,p)=\text{B}(k1;w1,p)+\text{B}(k2;w2,p)$。

为了确定用户的$i$个子用户有多少个被选中，加密抽签算法将区间$[0,1)$划分为连续的区间$I^j=\left[\sum_{k=0}^{j}\text{B}(k;w,p),\sum_{k=0}^{j+1}\text{B}(k;w,p)\right]$，其中，$j \in \{0,1,2,\cdots,w\}$。当用户的$\text{hash}/2^{\text{hashlen}}$落在第$j$个区间时，证明该用户的子用户被选中了$j$次，当$j$大于0时，表示该用户已被选为区块提议者或委员会成员。

**Step3**：其他节点在收到区块提议者或委员会成员的身份信息后，可通过该节点公开的公钥、hash、$\pi$、seed等信息验证其身份的真伪。

Algorand 共识具体分为两个步骤：区块提议和 BA*，图 4-18 是 Algorand 第 $r$ 轮共识流程图。

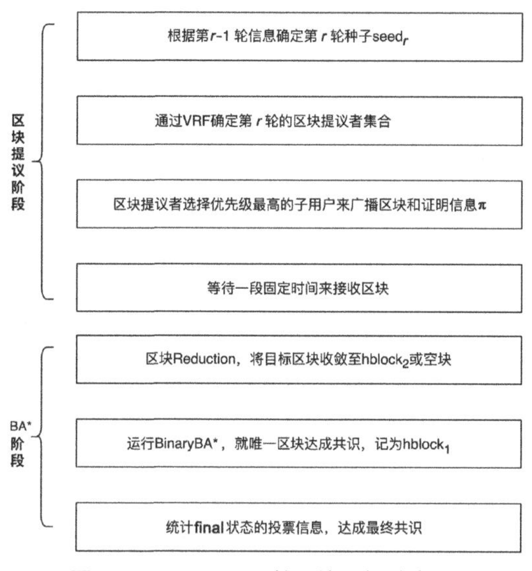


图 4-18　Algorand 第 $r$ 轮共识流程图

下面将介绍 Algorand 共识的核心流程，可结合图 4-18 的共识流程图来理解。

**1）区块提议阶段**

（1）选取区块提议者和广播区块。

为了确保每轮都有区块被提议，Algorand 设定每轮区块提议者的数量都大于 1，并且保证最多就一个区块达成共识。Algorand 利用 VRF 选出 $\tau_{proposer}$ 个区块提议者（$\tau_{proposer}$ 的范围被限制在区间[1,70]中，实验证明，$\tau_{proposer}=26$ 是一个比较合理的数值）。

在本阶段开始时，每个节点都会遍历该节点所管理的每个账户，每个在线账户都运行 VRF，以确定该账户是否被选为区块提议者。若节点发现该账户有若干子用户被选为本轮的区块提议者，则可自行选择优先级最高的子用户向全网广播提议的区块信息及 VRF 输出的证明信息 $\pi$，$\pi$ 可用于证明该账户是有效的区块提议者。用户的优先级越高，其提议的区块的优先级就越高，该区块被共识出块的概率就越高。

（2）等待区块提议。

网络中的每个用户都会等待一段固定时间来收集区块提议，当节点收到区块提议消息时，会先验证证明信息π的合法性，随后再比较区块提议者的优先级，丢弃优先级较低的节点传来的区块。若超时未收到任何区块，则将本轮的区块提议置为空块。

**2）BA*阶段**

BA*包括两个阶段，分别是区块 Reduction 和二元拜占庭协议（BinaryBA*）。在第一个阶段，BA*将每轮有且仅有一个区块达成共识的问题简化为二选一问题；在第二个阶段，BA*就以下选项之一达成协议（提议的区块或空块）。

为了加强共识的可拓展性，Algorand 通过 VRF 随机选取$\tau_{step}$个委员会成员（Committee Member）来达成每轮共识，以减少共识节点的数量。

（1）区块 Reduction。

在区块提议阶段，不同的节点因为网络延迟等因素，会收集到不同优先级的区块，其所观察到的最高优先级区块可能不同。因此，在进入BinaryBA*共识之前，应先对区块的优先级进行投票并达成共识，选出优先级最高的区块，将若干个潜在的区块收敛为至多一个非空块或一个空块。具体分为 4 步。

**Step1**：每个节点都运行 VRF，检查自己是否为委员会成员，若是则广播投票消息，包括 VRF 输出的证明信息π和本地优先级最高的区块信息。

**Step2**：等待一段固定的超时时间，收集全网用户的投票。一旦某区块的投票数超过$T\tau_{step}$的阈值，则认为全网大部分诚实节点在该区块达成共识，为了方便，下文将该区块记为 $hblock_1$。节点再次发起投票，消息中附带 $hblock_1$信息。值得一提的是，为了避免女巫攻击和双花攻击，必须保证全网至少有 2/3的用户是诚实的，故此处的$T\geqslant 2/3$。

**Step3**：若 **Step2** 超时，则对空块投票。

**Step4**：等待一段固定的超时时间，收集全网用户投票。同 **Step2**，一旦某区块的投票数超过 $T\tau_{step}$的阈值，则认为全网大部分诚实节点在该区块达成共识，记为 $hblock_2$。若超时未达成共识，则本次区块 Reduction 的结果为空块。

第一次投票就优先级最高的区块达成共识。第二次投票对第一次投票的结果进行共识，以确保大多数委员会成员已知晓该区块的存在。细心的读者可能已经发现，此处遵循的是 PBFT 共识算法的两轮共识投票规则。

（2）BinaryBA*。

经过区块 Reduction 阶段，目标区块已经收敛为 $hblock_2$ 或一个空块，将该目标区块的哈希值记为 block_hash。BinaryBA*将对目标区块进行多次投票。BinaryBA*将重复以下几个基本步骤（见图 4-19），直到达成共识。

在本阶段开始时，每个节点都运行 VRF，若发现自己是委员会成员，则初始化三个参数：step 置为 1；共识目标哈希值 $r$ 置为 block_hash；利用密码哈希算法重新计算一个空块哈希值，记为 empty_hash。随后进入 **Step1**。

**Step1**：对 $r$ 进行投票并收集投票结果。若超时，则 step 加一后进入 **Step2**。若在规定时间内对 $r$ 达成了共识且 $r \neq$ empty_hash，则进行如下操作。

①另外发送三次对 $r$ 的投票。考虑以下问题：部分诚实节点由于网络延迟，在给定的时间内没有收到 2/3 以上的票数，从而超时进入下一轮。在接下来的 step 中可能没有足够的委员会成员进行投票（大部分节点已经完成本轮共识），导致这些延迟节点始终无法对区块达成共识。达成共识的节点在退出共识之前对 $r$ 进行三次投票，这一行为对延迟节点来说，相当于继续参与了后三个 step 的投票。

②若 step=1，则投出 final 状态的票，随后返回 $r$（共识结束）。

**Step2**：继续对 $r$ 进行投票并收集票数。若在规定时间内达成了共识且 $r$= empty_hash，则另外发送三次投票（原因同上）并返回 $r$；若超时，则将 $r$ 置为 empty_hash，step 加一后进入 **Step3**。

**Step3**：对 $r$ 进行投票，若在规定的时间内达成共识，则 step 加一后进入 **Step1**。若超时，则运行 CommonCoin 算法（抛硬币算法），随机将 $r$ 置为 block_hash 或 empty_hash，使得攻击者只有 1/2 的概率命中该目标，随后 step 加一进入 **Step1**。

综上所述，一次 BinaryBA*共识有且仅有一个区块会被最终确定上链。限于篇幅，本文不再赘述，更多细节可参看论文[31]。

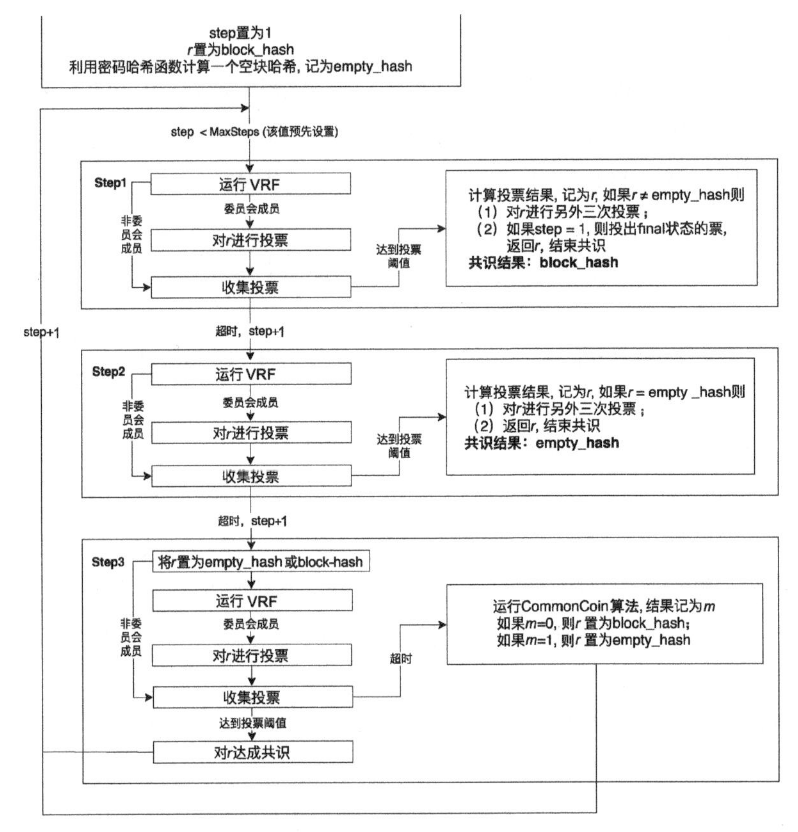


图 4-19　BinaryBA*共识流程

结束 BinaryBA*共识后（将其共识结果记为 hblock），节点会等待一段固定的超时时间，收集全网用户对 final 状态的投票信息。若在规定时间内达成共识（记为 $r$）且 $r$=hblock，则结束本轮共识并将该区块写入账本，即最终上链。若在规定时间内未收到足够针对区块 final 状态的投票，则将其标记为 tentative 状态，标记为 tentative 状态的区块需要等待后续区块的共识结果才能最终确定是否上链，本文不再赘述。

### 3．实际应用

通过上一章节的分析可知，Algorand 的主要突破点在以下三个方面。

（1）具备抵抗女巫攻击的能力。Algorand 不是纯粹的 PBFT 共识算法，攻击者可以控制的有效节点数量与其拥有的资产息息相关。Algorand 通过赋予用户资产不同权重的方式，避免攻击者伪造多个身份，以试图增加其被选中的概率。

（2）具备抵抗拒绝服务攻击（DoS）的能力。每轮共识 Algorand 都会通过加密抽签算法随机选择区块提议者和共识节点，使个人身份得到隐藏，让攻击者无从下手。

（3）可拓展性较好。因为加密抽签算法的 VRF 具有较高的效率，并且通过加密抽签算法选取委员会成员达成共识可以缩小共识节点的数量，在一定程度上解决过去拜占庭容错算法无法拓展至大规模节点场景的问题。

目前联盟链系统对共识节点的数量、交易吞吐量和网络带宽消耗提出了更高的要求，业界纷纷探索新的 PBFT 共识算法。近年来，出现了包括 HotStuff[35]、MirBFT [36]、BFT-SMART [37-39]等新型联盟链共识算法。其中，HotStuff 被 Facebook 推出的加密货币项目 Libra 采用。

### 4.4.3 HotStuff 共识算法

HotStuff 是一个建立在部分同步模型（Partial Synchrony Model）上的拜占庭容错算法。HotStuff 具有线性视图变更（Linear View Change）特性，把切换主节点融入常规共识流程，切换主节点无须增加其他协议和代价，并且系统在此期间还能继续对外提供服务。该特性解决了 PBFT 共识算法最棘手的视图变更问题，如实现复杂度高、完成时间不确定，以及整个过程系统不能正常对外提供服务等[40]。此外，HotStuff 还将共识流程的算法复杂度降低至 $O(n)$。

#### 1. 基本概念

本节将介绍几个与 HotStuff 共识流程息息相关的概念。

（1）门限签名（Threshold Signatures）：一个$(k,n)$门限签名方案指由 $n$ 个成员组成一个签名群体，所有成员共同拥有一个公钥，每个成员都拥有一把独一无二的私钥。只要其中至少 $k$ 个成员为一条消息提供签名，这 $k$ 个成员的签名就可以生成一个完整的签名，该签名可以通过公钥进行验证。

（2）节点角色：在 HotStuff 中，节点分为两种角色（主节点和从节点）。在每个视图内，有且仅有一个主节点负责打包交易、收集和转发消息。从节点是普通的共识节点，负责接收来自主节点的提案消息并投票。

（3）积极响应（Optimistic Responsiveness）：HotStuff 具有积极响应的特性，具体地说，在全局稳定时间（Global Stabilization Time，GST）之后，任何正确的主节点一旦被指定，只需要等待最早的 $n-f$ 个节点返回投票消息就可以发起有效的提案和主节点变更。在 HotStuff 中，一个节点不需要等待足够多的节点发起视图变更，便可以直接切换到新视图。

（4）证书（Quorum Certificate，QC）：主节点在收到 $n-f$ 个节点对同一个提案的投票消息（带节点签名）后，利用门限签名将其合成一个 QC，其结构如下，QC {type,viewNumber,node}。其中，type 代表证书所处的阶段，viewNumber 代表视图编号，node 代表一个提案消息，其格式为 node { parent,cmds,qc}，其中，parent 为父节点，其类型同为 node，cmds 表示来自客户端的交易请求列表，qc 为本提案对应的 QC。

### 2．共识流程

HotStuff 的基础共识流程围绕一个核心的三轮共识投票展开。

**1）基础共识流程**

基本共识协议（Basic HotStuff）是 HotStuff 的基本过程，在该过程中，视图以单调递增的方式不断切换。在每个视图内，都有唯一一个主节点负责打包区块、收集和转发消息并生成 QC。整个过程包括 5 个阶段，准备（prepare）阶段、预提交（pre-commit）阶段、提交（commit）阶段、决定（decide）阶段和最终（finally）阶段（见图 4-20）。主节点想要提交（达成最终共识）某个分支，需要在准备、预提交、提交三个阶段收集 $n-f$ 个共识节点的带签名的投票消息，并利用门限签名算法将其合成一个 QC，随后广播给从节点。

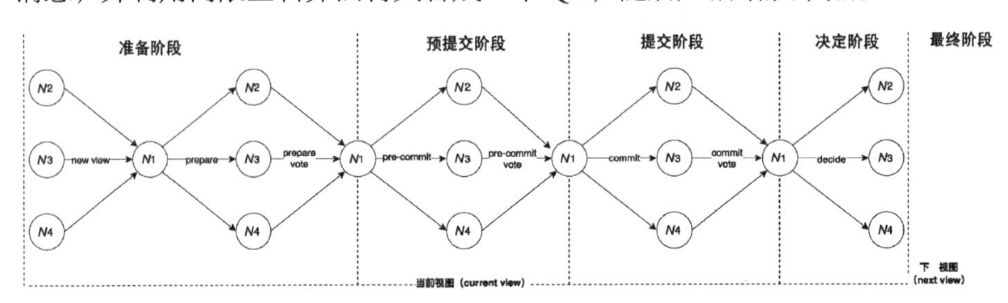


图 4-20　Basic HotStuff 共识流程

由图 4-20 可知，从节点之间不再相互广播共识消息，而经由主节点进行处理、合并和转发，因此其算法复杂度由 PBFT 共识算法的 $O(n^2)$降至 $O(n)$。

（1）准备阶段。

①主节点。

**Step1**：主节点在收到 $n-f$ 条 new-view 消息后，根据 new-view 消息计算出 highQC。在计算 highQC 时，主节点会选择视图编号最大的 prepareQC（new-view 消息中附带了每个节点当前的 prepareQC）作为 highQC。

**Step2**：主节点使用 createLeaf 方法（见下伪代码）创建一个新的提案（以下表示为 node），该 node 将扩展由 highQC.node 引导的分支，即最新创建的 node，其父节点是 highQC.node。

```
Procedure createLeaf(parent, cmd)
  b.parent ← parent        //highQC.node 为最新 node 的父节点
  b.cmd ← cmd              //选择若干来自客户端的请求作为最新 node 待共识的交易
  return b
```

**Step3**：主节点将一条 prepare 消息(PREPARE, qc, node)广播给其他从节点，其中，PREPARE 表示消息类型，qc 赋值为 highQC，node 赋值为新创建的提案。

②从节点。

**Step1:** 收到主节点发来的 prepare 消息 *m* 后，检查消息的合法性（包括 qc 中的签名是否合法，消息中的视图编号是否等于本地视图编号，消息类型是否为 PREPARE），若合法则进入 **Step2**。

**Step2:** 如果 *m*.node 是一个安全节点（由 safeNode 方法进行判断，见下伪代码），则向主节点发送投票信息。

```
Function safeNode(node,qc)
  return (node extends from lockedQC.node) ||          //安全性条件
      (qc.viewNumber > lockedQC.viewNumber)            //活性条件
```

安全节点的判断指标有两个，满足其一即可：*m*.node 是本地 lockedQC.node 的扩展节点（孩子节点）；*m*.qc 的视图编号大于本地 lockedQC 的视图编号。从节点只会对满足安全性条件的提案进行投票，其中，lockedQC 将在提交阶段投票决定，并由主节点合成。

**Step3:** 将带有签名的投票消息 vote(PREPARE, *m*.node)发送给主节点。

（2）预提交阶段。

①主节点。

**Step1:** 主节点在收到 $n-f$ 个合法的 vote 消息后，根据投票消息生成一个 prepareQC。QC 合成方法如下伪代码所示（其中，V 为合法投票信息集合）。

```
Function QC(V)
  // type 为消息类型：PREPARE、PRE-COMMIT、COMMIT、DECIDE 和 NEW-VIEW
  qc.type ← m.type : m ∈ V
  qc.viewNumber ← m.viewNumber : m ∈ V
  //本 QC 所对应的提案 node
  qc.node ← m.node : m ∈ V
```

```
//合并 n-f 个节点的签名
qc.sig ←tcombine(<qc.type, qc.viewNumber, qc.node>,{m.partialSig |m∈V})
return qc
```

**Step2:** 将节点当前的 prepareQC 更新为最新生成的 prepareQC。

**Step3:** 主节点广播 pre-commit(PRE-COMMIT, qc)消息给从节点，其中，PRE-COMMIT 为消息类型，qc 赋值为 prepareQC。

②从节点。

**Step1:** 收到主节点发来的 pre-commit 消息 *m*，通过合法性检查后进入 **Step2**。

**Step2:** 将本地的 prepareQC 更新为 *m*.qc 消息。

**Step3:** 将带有签名的投票消息 vote(PRE-COMMIT, *m*.qc.node)发送给主节点。

（3）提交阶段。

①主节点。

**Step1:** 主节点在收到 *n*-*f* 个合法的 vote 消息后，合成一个 pre-commitQC（合成方法同预提交阶段），并将本地的 lockedQC 更新为 pre-commitQC。

**Step2:** 主节点广播 commit(COMMIT, qc)消息给所有从节点，其中，COMMIT 为消息类型，qc 赋值为 pre-commitQC。

②从节点：

**Step1**：收到主节点发来的 commit 消息 *m*，通过合法性检查后进入 **Step2**。

**Step2**：将节点本地的 lockedQC 更新为 *m*.qc。

**Step3**：将带签名的投票消息 vote(COMMIT, *m*.qc.node)发送给主节点。

（4）决定阶段。

①主节点。

**Step1**：主节点在收到 *n*-*f* 个合法的 vote 消息后，合成一个 commitQC。

**Step2**：主节点广播 decide(DECIDE, qc)消息给其他从节点，其中，DECIDE 为消息类型，qc 赋值为 commitQC。

**Step3**：执行 commitQC.node.cmd（客户端请求），将执行结果返回给客户端。

②从节点。

**Step1**：收到主节点发来的 decide 消息 *m*，通过检查后进入 **Step2**。

**Step2**：执行 commitQC.node.cmd，返回执行结果给客户端。

（5）最终阶段。

任何一个进入下个视图的节点，都会发送一个 NEW-VIEW 消息给下个视图的主节点，该消息会附带节点本地的 prepareQC。下个视图的主节点可根据这些 prepareQC 计算出 highQC，至此形成一个闭环。

为了加入线性视图变更特性，HotStuff 由 PBFT 共识算法的核心三阶段两轮共识拓展为五阶段三轮共识，新加入的一轮共识可保障系统加入该特性后的活性。具体证明过程可查阅论文[35]，本文不再详细说明。

**2）Chained HotStuff**

由上文可知，Basic HotStuff 各阶段的流程高度相似，HotStuff 作者便提出用 Chained HotStuff 来简化 Basic HotStuff 的消息类型，并允许 Basic HotStuff 的各阶段进行流水线（Pipelining）处理。

Chained HotStuff 流程如图 4-21 所示。其中，$v$ 表示视图 view，一个圆角矩阵表示一个 node。

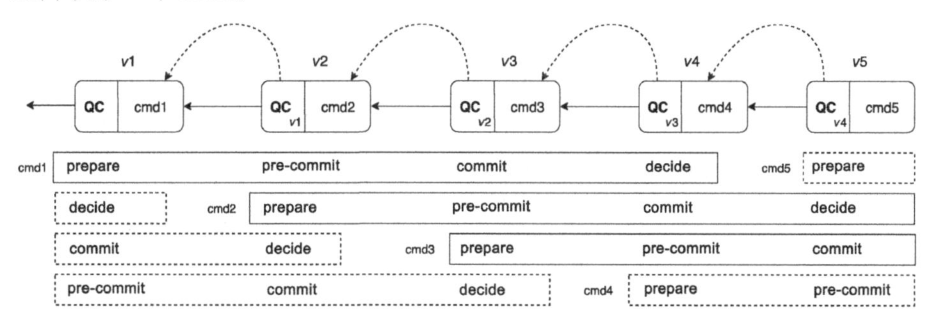


图 4-21　Chained HotStuff 流程

由图 4-21 可知，在每个 prepare 阶段都会更改视图，因此每个提案都有自己的视图。一个节点可以同时处于不同的视图中，prepare 阶段的投票被当前视图的主节点合成一个 QC，并转发给下个视图的主节点，即将自己下个阶段的责任委托给下个视图的主节点。下个视图的主节点在启动新的 prepare 阶段（提议自己的提案）时，也在进行上个视图的 pre-commit 阶段。

以此类推，因为所有阶段都具有类似的结构，所以视图 $v+1$ 的 prepare 阶段同时用作视图 $v$ 的 pre-commit 阶段；视图 $v+2$ 的 prepare 阶段同时用作视图 $v+1$ 的 pre-commit 阶段和视图 $v$ 的 commit 阶段。视图 $v1$ 中提出的提案 cmd1 的 prepare、pre-commit 和 commit 阶段分别在视图 $v1$、$v2$、$v3$ 中进行，提案 cmd1 将在视图 $v4$ 结束时被提交，即达成最终确定性。视图 $v2$ 中提出的提案 cmd2 将在视图 $v5$ 结束时被提交并执行。

图 4-21 的虚线箭头表示本轮合成的 QC 指向的祖先提案。例如，视图 $v5$ 合成的 QC 是针对视图 $v4$ 提议的提案 cmd4；实线箭头表示本轮 node 指向的父节点。例如，视图 $v5$ 中的 node 的父节点是视图 $v4$ 中的 node。

如图 4-22 所示，当一个共识节点收到视图 $v7$ 的提案后，视图 $v4$、$v5$、$v6$ 中的 node 就会形成一个连续的 3-chain，视图 $v4$ 中的 node 便进入最终确定状态，该共识节点可执行 node 中的 cmd 请求。

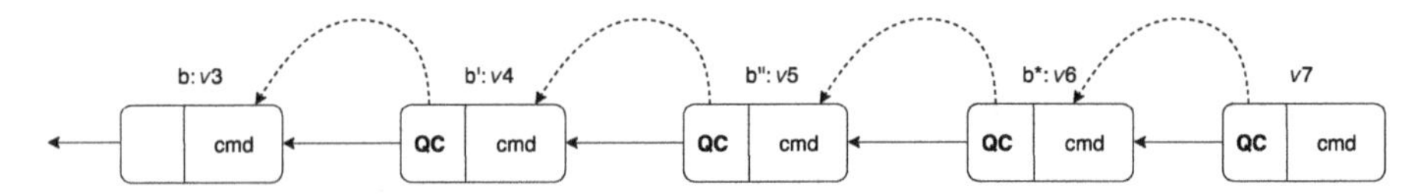


图 4-22　视图 $v4$、$v5$、$v6$ 中的 node 形成一个连续的 3-chain

**3）Pacemaker**

活性是保证系统在给定的 GST 内能够一直向前运转的关键，也是所有共识算法在设计之初必须考虑的关键因素。HotStuff 的活性组件称为 Pacemaker，它主要负责以下两件事情。

（1）选择及校验每个视图的主节点。

（2）帮助主节点生成提案。

每次节点在进入一个新的视图后，都会判断自己是否为当前视图的主节点，如果是，则调用 createLeaf 方法创建提案，并广播给其他从节点。从节点只需要等待来自主节点的提案消息。主节点的切换机制可根据需求自定义，最简单的策略是根据节点编号进行轮换。

在 HotStuff 中，每个共识节点都拥有一个 Pacemaker，负责定期选举主节点和打包交易，以推动共识进程，从而保障系统活性。

### 3. 实际应用

LibraBFT 以 HotStuff 为基础协议，并在 HotStuff 上做了若干工程上的优化，具体如下。

（1）更加完备的活性机制：LibraBFT 共识算法为共识中每个步骤的处理时间都加了一个上限值，并允许对实际交易确认进行活性分析。原生 HotStuff 的 Pacemaker 作为一个工作模块，独立于共识协议的安全模块，这极大地降低了 LibraBFT 系统根据自身应用场景来定制活性机制的难度，无须修改协议安全性保证的内容便可获取更多活性保障。

（2）预执行：共识节点不仅对交易序列签名，还对整个区块的状态进行签名，更能抵抗非确定性错误。

（3）不可预测的领导选举机制：由于 HotStuff 线性视图变更的特性，即切换主节点无须花费更多代价，因此 LibraBFT 加入 VRF 成为可能，进一步限制了攻击者针对主节点发起的拒绝服务攻击（DoS）的时间窗口。

（4）经济激励机制：为共识节点加入了激励和惩罚机制。

本章从共识算法的概述谈起，介绍了共识问题的定义、共识算法的定义、共识算法中的通信模型等，随后简要概述了共识算法的发展历史，以及其中最重要的 3 个问题/理论：拜占庭将军问题、FLP 不可能定理与 CAP 理论。拜占庭将军问题对共识算法的研究内容进行了扩充，将其从简单的容忍宕机错误扩展到容忍任意恶意行为的拜占庭错误，使得共识算法更加适用于现实的拜占庭容错系统，尤其是区块链系统。传统分布式一致性算法只能容忍宕机等良性错误，通常适用于内部系统（私有链）或信任度较高的系统（联盟链）；而区块链共识更加注重拜占庭错误的处理，通常适用于信任度较低的系统（联盟链）或公开网络的系统（公有链）。近年来出现的若干新型共识算法通常在容错能力、交易吞吐量、复杂度、延迟等方面做出了一定的权衡，从而设计出符合特定需求的定制化共识算法。纵观共识算法的发展历史，区块链系统的出现无疑极大地促进了共识算法的应用与发展，我们相信，未来一定还会有更多和“更好”的共识算法出现，让我们一起期待吧！

## 参考文献

[1] DWORK C, LYNCH N, STOCKMEYER L. Consensus in the presence of partial synchrony[J]. Journal of the ACM, 1988, 35(2): 288－323.

[2] LAMPORT L. Time, clocks, and the ordering of events in a distributed system[C]// Concurrency and Computation：Practice and Experience, 2019:179－196.

[3] GRAY J N. Notes on data base operating systems[M]. Berlin: Springer, 1978: 393－481.

[4] SKEEN D. Nonblocking commit protocols[C]//Proceedings of the 1981 ACM SIGMOD international conference on Management of data, 1981: 133－142.

[5] LAMPORT L, SHOSTAK R, PEASE M. The Byzantine generals problem[J]. Concurrency and Computation: Practice and Experience, 2019: 203－226.

[6] FISCHER M J, LYNCH N A, PATERSON M S. Impossibility of distributed consensus with one faulty process[J]. Journal of the ACM, 1985, 32(2): 374－382.

[7] LAMPORT L. The part-time parliament[J]. ACM Tansactions on Computer System, 1998,16(2): 133-169.

[8] ONGARO D, OUSTERHOUT J. In search of an understandable consensus algorithm[C]// 2014Annual Technical Conference, 2014: 305－319.

[9] CASTRO M，LISKOV B. Practical Byzantine fault tolerance[C]//OSDI, 1999, 99: 173－186.

[10] LAMPORT L. Paxos made simple[J]. ACM Sigact News, 2001, 32(4): 18－25.

[11] CHANDRA T D, GRIESEMER R, REDSTONE J. Paxos made live:an engineering perspective[C]//Proceedings of the twenty-sixth annual ACM symposium on Principles of distributed computing, 2007: 398－407.

[12] DWORK C, NAOR M. Pricing via processing or combatting junk mail[C]//Annual International Cryptology Conference. Berlin: Springer, 1992: 139－147.

[13] JAKOBSSON M, JUELS A. Proofs of work and bread pudding protocols[M]//Secure Information Networks. Boston: Springer, 1999: 258－272.

[14] NAKAMOTO S. Bitcoin: a peer-to-peer electronic cash system[EB/OL]. [2020-12-09]. https://bitcoin.org/bitcoin.pdf.

[15] GERVAIS A, KARAME G O, WÜST K, et al. On the security and performance of proof of work blockchains[C]//Proceedings of the 2016 ACM SIGSAC conference on computer and communications security, 2016: 3－16.

[16] 武岳，李军祥. 区块链共识算法演进过程[J]. 计算机应用研究，2020(7)：1－9.

[17] Ethereum Wiki. Proof of Stake FAQ[EB/OL]. [2021-03-18]. https:// github.com/ethereum/wiki/wiki/Proof-of-Stake-FAQ.

[18] KING S, NADAL S. Ppcoin: Peer-to-peer crypto-currency with proof-of-stake[J]. self-published paper,August, 2012, 19: 1.

[19] Evangelos Deirmentzoglou. Rewriting History: A Brief Introduction to Long Range Attacks[EB/OL]. [2021-04-12]https://blog.positive.com/rewriting-history-a-brief-introduction-to-long-range-attacks-54e473acdba9.

[20] BitShares. BitShares Documentation[EB/OL]. [2021-04-10]. https://how. bitshares. works/en/master/index.html.

[21] DAC PLAY. Delegated Proof of Stake[EB/OL]. [2021-04-13]. https://github. com/dacplayproject/cpp-play/wiki/Delegated-Proof-of-Stake.

[22] CASTRO M，LISKOV B. Practical Byzantine fault tolerance[C]//OSDI. 1999, 99: 173－186.

[23] CASTRO M，LISKOV B. Practical Byzantine fault tolerance and proactive recovery[J]. ACM Transactions on Computer Systems, 2002, 20(4): 398－461.

[24] VASIN P. Blackcoin ' s proof-of-stake protocol v2 (2014) [EB/OL]. [2021-03-20]. http://blackcoin.co/blackcoin-pos-protocol-v2-whitepaper.pdf.

[25] Bentov I，Gabizon A，Mizrahi A. Cryptocurrencies without proof of work[C]//International conference on financial cryptography and data security. Berlin: Springer, 2016: 142－157.

[26] Kwon J. Tendermint: Consensus without mining[EB/OL]. [2020-11-09]. https://tendermint.com/static/docs/tendermint.pdf.

[27] BUCHMAN E，KWON J，MILOSEVIC Z. The latest gossip on BFT consensus[J]. arXiv preprint arXiv:1807.04938, 2018.

[28] BUTERIN V, GRIFFITH V. Casper the friendly finality gadget[J]. arXiv preprint arXiv: 1710.09437,2017.

[29] BUTERIN V, HERNANDEZ D, KAMPHEFNER T, et al. Combining GHOST and Casper[J]. arXiv preprint arXiv:2003.03052, 2020.

[30] KIAYIAS A, RUSSELL A, DAVID B, et al. Ouroboros: A provably secure proof-of-stake blockchain protocol[C]//Annual International Cryptology Conference, 2017: 357－388.

[31] GILAD Y, HEMO R, MICALI S, et al. Algorand:Scaling byzantine agreements for cryptocurrencies[C]//Proceedings of the 26th Symposium on Operating Systems Principles, 2017: 51－68.

[32] Y SOMPOLINSKY, A ZOHAR. Secure high-rate transaction processing in bitcoin[M]. International Conference on Financial Cryptography and Data Security,Berlin: Springer, 2015: 507－527.

[33] Online Ethereum 2.0 Specifications. Ethereum 2.0 Phase 0：Honest Validator[EB/OL]. [2020-10-25]. https://github.com/ethereum/eth2.0-specs/ blob/dev/specs/phase0/validator.md#ffg-vote.

[34] Online Documentation for ETH 2.0. Ethereum 2.0 Educational Resurces[EB/OL]. [2020-10-25]. https://github.com/protolambda/eth2-docs.

[35] YIN M, MALKHI D, REITER M K, et al. Hotstuff：BFT consensus in the lens of blockchain[J]. arXiv preprint arXiv:1803.05069,2018.

[36] STATHAKOPOULOU C, DAVID T, VUKOLIĆ M. Mir-BFT: High-Throughput BFT for Blockchains[J]. arXiv preprint arXiv:1906.05552, 2019.

[37] BESSANI A, SOUSA J, ALCHIERI E E P. State machine replication for the masses with BFT-SMART[C]//2014 44th Annual IEEE/IFIP International Conference on Dependable Systems and Networks. IEEE, 2014: 355－362.

[38] SOUSA J, BESSANI A. From Byzantine consensus to BFT state machine Replication: A latency-optimal transformation[C]//2012 Ninth European Dependable Computing Conference, 2012: 37－48.

[39] SOUSA J, BESSANI A, VUKOLIC M. A byzantine fault-tolerant ordering service for the hyperledger fabric blockchain platform[C]//2018 48th annual IEEE/IFIP international conference on dependable systems and networks, 2018: 51－58.

[40] Abraham I, Gueta G, Malkhi D, et al. Revisiting fast practical byzantine fault tolerance[J]. arXiv preprint arXiv:1712.01367, 2017.

第5章

# 区块链安全

## 5.1 区块链安全体系

区块链应用是为某种应用目的编写的软硬件系统，可以分为区块链部分和非区块链部分，区块链部分是指应用在区块链节点或网络上执行的部分，如为本应用编写的一系列智能合约、区块链本身的共识模块、存储模块等；非区块链部分指本应用其他部分，可能是为了处理和外部数据的交互、用户友好的人机接口及其他不适合或不能在区块链上处理的业务逻辑。

图5-1是区块链安全架构图，主要可以分为五部分，分别是数据安全、网络安全、共识安全、合约安全和应用安全。数据安全主要是指区块链数据的存储安全，包括隐私保护等方面；网络安全是指区块链网络的安全，包括通信安全和节点准入等内容；共识安全是指共识算法本身的安全；合约安全是指执行引擎和智能合约本身设计的安全；应用安全是指区块链DApp设计和实现时需要考虑的安全。

| 应用层 | 应用安全 | DApp安全 | |
|---|---|---|---|
| 合约层 | 合约安全 | 执行引擎 | 智能合约 |
| 共识层 | 共识安全 | 共识算法 | |
| 网络层 | 网络安全 | 通信安全 | 节点准入 |
| 数据层 | 数据安全 | 存储安全 | 隐私保护 |

图5-1　区块链安全架构图

### 5.1.1 数据层安全

2015 年我国首次提出推行国家大数据战略，数据作为重要的信息资源之一，其重要性首次上升到国家战略层面。在这样的背景下，数据安全的重要性不言而喻。

区块链是一种分布式数据库，和传统数据库相比，区块链在数据存储的定位和实现上有所不同，最大的差异在于区块链对数据多备份的特性。区块链的特点要求每个节点都应该存有全量的数据，并且数据被组成区块，区块通过消息摘要组成链式结构。每个区块的摘要值都存于下个区块中，想要修改本区块就必须修改本区块后面全部的区块，这样的链式结构可以防止历史数据被篡改。传统数据库为了解决数据的不可篡改往往只能通过口令认证和权限约束，而区块链从根本上解决了数据可能被篡改的问题。

区块链节点存储全量数据的特点也导致了一些副作用，如数据的隐私保护问题。交易的信息完全保存在链上，这意味着任何区块链节点都可以查看历史交易内容，严重影响了一部分区块链应用场景的实际落地。

设想一个供应链场景，供货商可能同时给多家下游企业供货，但是各种商业原因很有可能导致不同企业的价格是不同的。供货商给下游企业的供货价格本身就是相关企业间的商业秘密，发生在区块链上的交易会暴露供货价格，这是区块链在这类场景中进一步应用的一个重要阻碍。这里的问题在于如果要求用户把全部的数据明文放置于交易中并最后写入账本，那么虽然不可篡改性可以得到最大保证——用户无法对含义准确的明文数据抵赖，但是用户的隐私完全没有受到保护。如果对用户的数据进行隐藏、混淆、加密等处理，那么如何防抵赖又是一大问题。

在这样的问题背景下，既能保证用户数据隐私性，又能保证用户数据不可篡改成为区块链技术领域重要的研究课题之一。目前，已有的解决方案主要可以分成两类：第一类，借助密码学手段完成隐私数据保护和上链数据的防抵赖；第二类，借助硬件的 TEE 使链成为可信的第三方，区块链网络在 TEE 的加持下可以保证诚实地执行和处理用户数据，从而协助用户完成隐私保护。

基于密码学手段的方案，主要使用同态加密算法。经过同态加密的数据进行处理得到的输出结果与用同一种方法处理未加密的原始数据得到的输出结果是一致的。简单来说就是对数据的加解密操作和对数据的部分运算顺序可以交换但结果不变。同态加密算法按照对密文的运算类型分为加法同态算法、乘法同态算法和全同态算法。同态加密算法的详细内容会在后续章节介绍，本节主要介绍同态加密算法如何保护关键数据。

如果要考虑充分的安全性，对全部的数据都进行同态加密处理，那么节点的计算能力将不堪重负，因此一般选择对关键数据进行保护，如账户余额和交易的转账金额。账户 A 给账户 B 转账并使用同态加密算法保护账户余额的具体步骤如下。

（1）账户 A 的所有者生成交易，将交易内容中本来应该放置转账金额 $v$ 的位置替换为对 $v$ 进行加密的结果 $c$。

（2）发送交易给区块链节点，区块链节点验证交易格式和签名是否合法，如果合法，则执行交易。交易双方账户余额的计算直接在加密状态下通过 $b_A+c$ 和 $b_B-c$ 完成，这里的运算由于整个状态加密存储，并且状态变更运算过程均为密文，因此账户余额这个关键数据不会泄露。

TEE 方案借助 TEE，和基于密码学手段的方案不同，该方案主要着眼于软硬件机制上的保护。目前，TEE 通常将硬件作为安全的根基。例如，Intel 的 SGX 技术将 CPU 作为可信根基，数据只有在 CPU 中为明文，在内存或硬盘中均为密文，这样可以抵御除 CPU 外的攻击，来自操作系统或虚拟机的攻击都不能触动该机制的安全性，图 5-2 展示了 Intel 的 SGX 技术的安全计算环境。

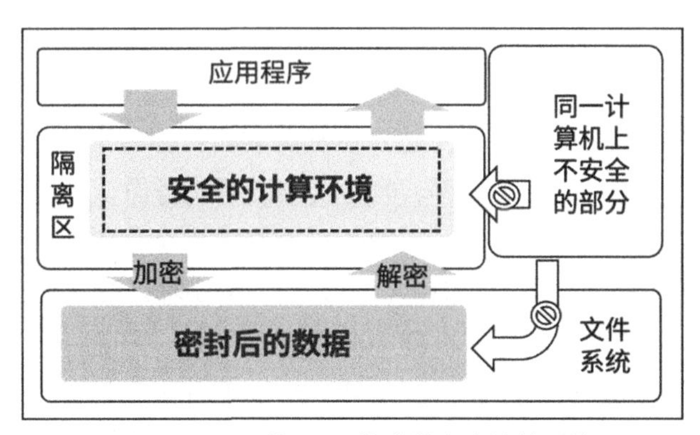


图 5-2　Intel 的 SGX 技术的安全计算环境

Intel 的 SGX 技术通过安全区的概念将安全计算环境和不安全计算环境区分开，安全计算环境中的数据和代码均不会泄露或被篡改，这些数据或代码只有在 CPU 中执行时才被还原为明文，执行后需要写入内存或硬盘中时又会加

密为密文。ARM 的 TrustZone 技术也属于 TEE 的范畴，通过 CPU 的状态区分安全计算环境和不安全计算环境，该技术广泛应用在移动端的指纹识别等功能上。后续章节会详细介绍安全计算环境的机制和内容，本节仅简单介绍如何在区块链中使用安全计算环境保护隐私数据。

TEE 的存在使我们可以认为区块链运行在安全计算环境中的数据和代码都是安全的。如果节点之间的互相认证、通信，以及对数据的加解密都是在 TEE 中完成的，那么数据进入区块链系统后的整个生命周期都在安全计算环境中。例如，我们在节点互相认证阶段就验证对方是否使用了 TEE，并且将之后的数据加密、执行和共识等环节都在安全计算环境中进行，就能保证数据始终处于 TEE 的保护之中。

### 5.1.2 网络层安全

网络层安全是区块链网络安全的关键之一，如果没有安全可信的传输信道，那么区块链节点和节点之间任何通信的信任都无从谈起。特别是在有准入要求的联盟链和私有链网络中，身份鉴定和链接建立是一个整体，因此节点准入机制也依赖网络层安全。部分共识算法依赖节点数量，如果不能保证网络中的节点都是合法节点，那么共识算法的安全也不能保证。总而言之，网络层安全在区块链安全架构中占据重要的地位。

网络层安全的重点在于区块链节点和节点之间能够通过某种网络握手协议认证对方的身份，并且建立加密安全的信道，保证传输数据的完整性、机密性和防抵赖性。

安全信道的建立和通信往往是公钥密码学和对称加密算法的综合应用。对称加密算法有较高的加密效率，但是其难以解决身份认证和密钥协商的难题。双方为了拥有相同的密钥，不得不提前在不安全信道上传输对称密钥，或者提前线下分发对称密钥。但是，一方面，密钥在不安全信道上传输容易受到拦截，导致在之后的通信过程中泄露数据；另一方面，线下分发对称密钥效率低下、成本高昂。因此，这两种方法都不可行。公钥密码学的加密密钥和解密密钥有不同的特点，可以很好地解决分发对称密钥的问题，但是公钥密码学的实现包含广泛针对大特征有限域上元素的运算，其加密效率远不及对称加密算法。综合二者的长处，使用公钥密码学完成身份认证和密钥协商后，再使用协商的会话密钥保护上层应用数据安全的方案是极为推荐的。

关于对称加密和不对称加密（也就是公钥密码学），在第 6 章会有更为详细的介绍，此处不再赘述。接下来，本节将介绍在建立安全信道过程中常用的 DH 类算法之一的 ECDH 算法，以及在通信安全方面使用最多的 TLS 协议。

带有证书验证身份的 ECDH 算法流程如下。图 5-3 为节点 A 和节点 B 的 ECDH 算法流程。总流程可以分为 4 部分（虚线框标识）。以下叙述中用 A 代指节点 A，用 B 代指节点 B。

（1）A 准备阶段。A 首先读取自己的节点数字证书（ECC 证书，关于数字证书的内容可以参考本章关于 PKI 的介绍）的私钥，记为 $a$。然后采用公钥密码学安全的随机数发生器产生一个 256 位的随机数 $r_1$，利用 $a$ 采用相应数字签名算法（如 ECDSA 等）对 $r_1$ 进行签名，得到签名 S1。A 向 B 发送上述证书、随机数、随机数的签名。

（2）B 验证阶段。B 在接到上述消息后，首先通过预置的可信 CA 验证 A 发送过来证书的合法性，然后验证签名 S1 的有效性，并且从 A 的证书中解析出 A 的公钥 $P_A$，这是一个椭圆曲线点，可以表示为$(X_A,Y_A)$。完成这些步骤之后，B 可以相信 A 是合法证书的持有者，且 B 拥有 A 的公钥和随机数 $r_1$。接着 B 产生另一个 256 位的随机数 $r_2$，和 A 准备阶段一样，B 用自己的私钥 $b$ 对 $r_2$ 签名，签名记为 S2。B 将 S2、$r_2$ 和自己的证书发送给 A。

（3）计算阶段。A 在收到 B 的消息后，验证 B 证书的合法性及签名 S2 的有效性，并从 B 的证书中解析出 B 的公钥 $P_B$。A 和 B 都要完成相似的计算过程，以得到最终的会话密钥。以 B 为例，B 首先计算 $b \times P_A$，得到中间结果 $M_B$，然后计算散列值 $h_1=\text{Hash}(M_B \| r_1 \| r_2)$。同样的方法，A 可以得到 $M_A$ 和 $h_2$，因为二者采用相同的曲线参数，根据 ECC 的相关知识（见第 2 章），易得 $M_A$ 和 $M_B$ 完全相同，所以 $h_1$ 和 $h_2$ 完全相同，可将 $h_1(h_2)$作为会话密钥。

至此，密钥协商已经完成，剩余的流程是使用密钥协商完成通信。

（4）通信阶段。双方通过上述流程协商出会话密钥，之后利用该会话密钥完成通信消息的加解密。

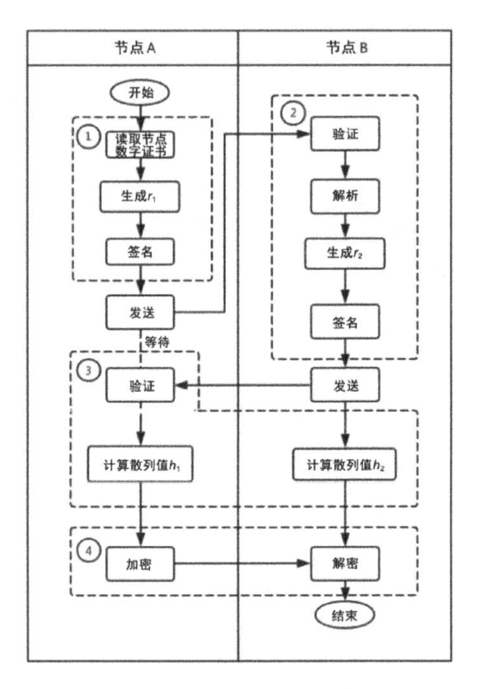


图 5-3　ECDH 算法流程

密码学算法或通信协议的实现需要较多的工作量和较高的编程要求，在实际开发中，我们有成熟的、更强大的安全协议来保证网络通信的安全，TLS（Transport Layer Security，传输安全层）协议是保证网络通信安全的代表。TLS 协议目前已升级到 1.3 版本。我们经常听说的另一个词 SSL（Secure Sockets Layer）是 TLS 协议的淘汰版本。TLS 协议能够完成可选的双向身份认证、安全信道建立等功能。作为使用最为广泛的传输安全协议，TLS 协议能够很好地保证网络通信的安全性。因此，直接使用最新版本的 TLS 协议来保护网络通信的安全是一个高效、安全的选择。

### 5.1.3　共识层安全

区块链使用共识算法来维护自身的有序运行。相互间未建立信任关系的区块链节点可共同对数据写入等行为进行验证，以大多数节点达成一致的信任构建方式，摆脱对传统中心化网络中信任中心的依赖[6]。这里要强调的是，即便是成熟完备的共识算法，其安全也不是无条件的，而是有严格的条件要求，只有遵守这些条件，共识算法才能正确工作，从而避免恶意节点控制整个网络。

区块链应用场景可以分为公有链场景和联盟链场景，从这个角度来看，目前，共识算法可以分为基于激励机制的共识算法和拜占庭容错类算法，前者多用于公有链场景，后者多用于联盟链场景。共识算法将在本书的相关章节进行详细分析，本节仅从安全的角度分析这些共识算法的注意事项。

基于激励机制的共识算法通过对正确执行协议者进行奖励和对作恶者进行惩罚来保证共识安全。例如，PoW 共识算法通过对各个节点进行打包交易并提供 PoW 来完成记账，算力竞赛下个区块的记账权，诚实节点在正确生成区块后可以得到一定的奖励，而作恶节点会白白损失自己挖矿所得的算力。

典型的拜占庭容错类算法如实用拜占庭容错算法，通过交互式的协议来保证共识安全。将共识协议划分为 request、pre-prepare、prepare 和 commit 四个阶段，保证在大于或等于 $3f+1$ 个节点组成的网络中有对 $f$ 个节点的容错能力，从而保证共识安全。

### 5.1.4　合约层安全

智能合约是和业务逻辑紧密相关的链上代码，智能合约参与方将约定好的协议写入智能合约，然后部署到区块链上自动执行。所谓在链上执行，就是智能合约运行于区块链节点之上，不同的节点为了验证交易的正确性都会执行一次智能合约代码。为了保证在不同的节点上仍然能得到相同的运算结果，智能合约必须运行于一个隔离外部因素的沙箱环境下。也就是说，智能合约既不能随意获取外部数据，也不能拥有一般意义上的随机数模块。合约层安全主要指在编写智能合约过程中需要注意的安全。

任何稍微复杂的代码中都可能有缺陷，这些缺陷需要在之后的测试、使用和不断迭代中才能逐渐减少。即便是看似逻辑较为简单的智能合约，也可能因为设计问题或开发者缺少对智能合约执行引擎的了解而编写出会被攻击者攻击的代码。这里我们以以太坊为例，分析最典型的智能合约漏洞，旨在说明编写智能合约代码时特别需要注意的关键点。图 5-4 为对大量智能合约进行分析、统计后得到的智能合约常见缺陷类型及其占比，占比较高的有无限制写入（45%）、错误使用随机数（17%）、缺少输入验证（15%）、触发不安全地调用（10%）、条件竞争（4%）和除法精度类（3%），这几种类型占了样本总数的 90% 以上。

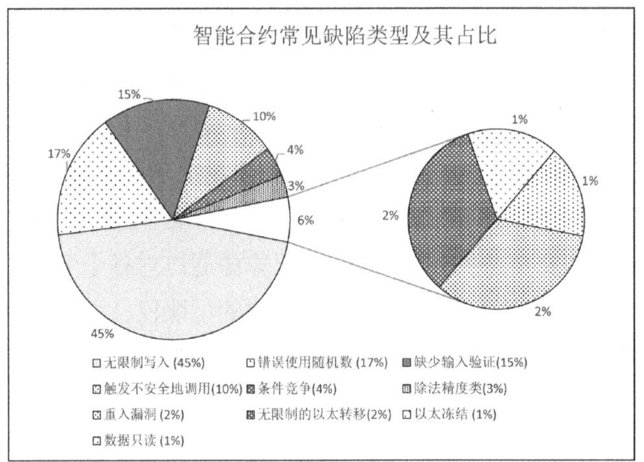


**图 5-4　智能合约常见缺陷类型及其占比**

## 1．权限验证类缺陷

无限制写入（45%）和缺少输入验证（15%）可以分类到权限验证类缺陷，总占比高达 60%，是最为常见的智能合约漏洞。该类漏洞可以归因于智能合约逻辑的缺陷。开发者在刚开始接触智能合约开发时，因为没有意识到以太坊等公有链的开放性（任何人都可以调用该智能合约），往往容易出现此类漏洞。

在对智能合约字段可以无限制写入的这种情况下，对字段的修改不做限制意味着任何人都可以更改智能合约状态，几乎没有攻击成本。一般来说，至少应该检查调用者的地址，设定只有特定地址的账户才能调用，或者根据账户地址对权限进行分级管理。

对输入缺少进行必要的验证非常危险，对输入不加检查至少在两方面可能出现问题：第一，大大增加测试的难度和攻击者的攻击面，而这在很多时候根本没有必要；第二，在不同的执行引擎上执行智能合约时，对极端值的处理依赖执行引擎的具体实现，其表现可能未经定义。

## 2．错误使用随机数

当以太坊将智能合约这一区块链划时代的特性引入后，涌现出大量的博彩智能合约。其原因不难分析，首先，智能合约的自动化和区块链的透明不可篡改性十分适合开发博彩游戏；其次，以太币本身拥有一定的价值，价值转移可以随着博彩游戏的进行顺畅地完成，游戏结果能够立即自动结算，不会有人抵赖；最后，以太坊公有链的匿名性使得这样的博彩游戏很容易规避各国对博彩行业的法律规定。这里我们不讨论这种场景的社会价值和意义，只关注这里面对的技术问题，博彩游戏或多或少都借助于随机性，那么如何在智能合约中获取到随机数呢?

这并不是一个简单的问题，为了让智能合约在不同节点执行后结果一致，其设计时主要考虑的就是消除不确定因素对执行结果的影响。例如，不能在智能合约中直接访问外部网络，或者获取当前的精确时间，但是仍然有一些上下文能够提供帮助。在智能合约中能够访问上个区块的区块哈希值、出块时间等。这些值在智能合约执行之前是难以预测的，很适合作为随机数种子，而且引入这些值仍能够保证智能合约在不同节点执行后结果一致。

当前，在计算机系统中生成随机数一般都依赖硬件的随机数源，如采集热噪声或环境噪声等。在一个完全确定的系统中是无法生成真正的随机数的。那么在智能合约执行引擎这样的沙箱环境中，能够依赖的不确定因素有两个，一个是当前的执行上下文，也就是一些链上信息，如区块哈希值等，另一个是用户输入的参数。利用区块哈希值看似是一个不错的主意，密码学安全的哈希函数输出基本很均匀，这里所谓的均匀，我们使用图 5-5 直观地呈现。可以看到 sha3 这种密码学安全算法的图像基本上和二维的随机噪声类似。但是现实是，同一个区块中的交易在执行时，能获取上个区块的区块哈希值。使用区块哈希值作为随机数的关键之一就是区块哈希值难以预测，但在这里，攻击者不需要预测就能获取这个随机数。

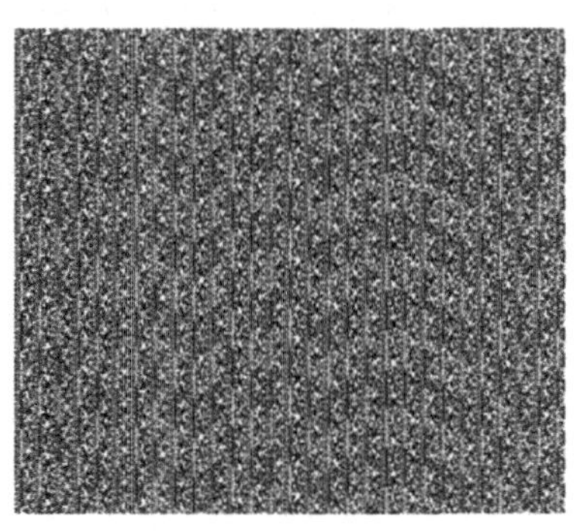

伪随机数生成的雪花图，可以看出里面有些纹路，代表生成的随机数存在一定规律，有一定周期性

真随机数生成的雪花图，可以看出里面完全一片混乱，毫无规律

图 5-5　随机数质量的可视化

在智能合约中获取随机数比较好的方法是调用一些专门为生成随机数编写的智能合约，如开源项目 RANDAO。这些智能合约基本上让全部有利益关

系的或有其他必要原因的参与方在随机数生成前提供输入，收集完成后，根据这些输入通过 sha3 等算法计算出一个最终结果。

### 3. 除法精度类

以太坊虚拟机中数字的表示都是 256 位的整数，计算除法时结果会被舍入成为整数，如果不加注意难免产生精度问题。特别是在计算除法之后紧跟乘法，结果有时会出乎意料。计算除法之后的结果直接作为金额进行代币转账，也可能会造成损失。因此，在计算除法之前应该进行算数逻辑的仔细检查，确保不会出现类似的问题。

减少智能合约漏洞不是仅依赖智能合约编写者就能完成的，经验丰富的开发者能够避免很多漏洞的产生，对编码规范的尊重和遵循，以及对语言本身和计算机系统的充分理解都能避免漏洞产生。但是一栋房屋的质量不能仅依赖某个施工工人的高超技巧——那将迟早导致灾难，更应该依赖前期成熟的建筑设计、高质量的原材料保障、科学合理的施工工期、后期测试和质量检测人员及伴随项目整个生命周期的成熟的项目管理方法。减少智能合约漏洞更应该有工程级别的保障。探讨如何与测试人员密切配合及如何进行项目管理不是本章的话题范围，但这里需要强调它们的重要性。

这里我们仅简单探讨减少智能合约漏洞的技术手段。对于技术人员来说，学习智能合约执行引擎的相关设计细节或博览常见的漏洞清单都能避免在自己编写的智能合约中发生低级错误。除此之外，形式化验证也是保证智能合约代码安全的重要手段。形式化验证利用数学建模的方法，对智能合约内容逻辑的安全性进行证明。相比白盒或黑盒测试，形式化验证更能完整和系统地保障智能合约代码安全。在后面章节会详细介绍形式化验证。

## 5.1.5 应用层安全

应用层位于一个区块链应用的顶层，一般是和业务逻辑紧密相关的代码模块。应用层代码处理和用户交互的人机界面，以及一些不适合放于链上执行的逻辑代码。这里需要注意的是，其安全问题和传统的应用开发需要处理的安全问题大同小异，拥有一些传统的安全实践经验对这一部分开发是有利的。因为应用层的复杂多样，本节不能奢求涵盖全部内容，仅探讨应用程序开发中需要注意的一些关键点。例如，介绍一些曾经安全但是目前已经不安全的加密算法，一些和密码学相关的典型不安全做法，用简单易懂的方式描述随机数的重要性等。

### 1. 密码的安全性应该仅依赖密钥

列奥纳多·达·芬奇是极负盛名的画家和发明家之一，他生前留下了大批手稿，难以解读，仿佛使用了特殊的语言书写，以至于这样的特殊手稿一度被人们认为是达·芬奇使用了特殊的密码写成。

实际上，达·芬奇在他的手稿中使用了左手镜像反写的方法记录信息，再加上手稿本身就是手写体，当解读者不知道这种镜像反写方法时，就对手稿内容无从下手。显而易见，这种手稿的安全性完全取决于解密者是否知晓其书写方法，倘若我们知道书写方法，那么阅读将非常简单，只需要使用一块镜子，然后阅读镜子中的成像。因此，如果这真的是为了隐藏信息而设计的密码，那么这个加密方案也不甚高明。在现代密码学发展的前期，关于一个加密方案的安全性已经有了指导性的原则，称为科克霍夫原则，由科克霍夫在 1881 年提出。

科克霍夫认为一个加密方案的安全性不应该依赖对加密方案本身的保密，而应该依赖对密钥的保密。对此，香农将其概括得通俗易懂：任何时候都应该假定"敌人知道我们的方案"。

现代密码学的加密算法基本都是公开的，加密方案的安全性仅依赖密钥的保密，选择一个安全的密钥至关重要。密钥长度一直是重要的安全参数，一般来说，密钥越长，安全性越高。但这种说法也不完全正确，因为这是在我们假定攻击者想要找到密钥就只能穷举全部密钥的前提下得出的，而事实上不安全的加密方案根本不需要遍历密钥空间就能破解，因此，对一个本身就有局限性的密码来说，更长的密钥长度也不过徒劳。相反，如果加密方案本身就非常优秀，那么较短的密钥也能有足够的安全性。例如，使用安全的椭圆曲线的 ECC 算法，160 位密钥长度的安全性和 RSA 算法的 1024 位密钥长度相当。

因此，一个加密方案的安全性依赖算法本身的严谨性，也依赖合适的安全参数和密钥的保密。首先，我们应该选择经过广泛检验的加密算法，而非自己随便设计的加密算法，特别是企图通过对该算法的保密来保证其安全。其次，使用长度足够应对当前算力的密钥。计算技术日新月异，20 年前被认为安全的 512 位密钥长度的 RSA 算法，如今已不再安全，因此，系统选择的加密方案是否依旧安全，这是一个需要持续关注的话题。

## 2. 避免使用已经不安全的加密算法

在对称加密算法领域，有些曾经安全的加密算法随着算力的提高已经不再安全，如数据加密算法（Data Encryption Standard，DES）。从算法的名称和算法曾经的标准规格来看，这是一个在密码学发展历史上影响深远的算法。DES 是美国国家安全局（NSA）资助 IBM 公司开发的算法标准，1977 年被美国联邦政府的国家标准局确定为联邦资料处理标准（FIPS）之一，并授权在非密级政府通信中使用。但是，DES 的安全性在之后的多个方面受到质疑。最重要的一点，该算法存在对密钥空间的限制，因而随着算力的提升，暴力枚举该算法成为对该算法安全性最大的威胁。

DES 可以说是影响深远的分组加密算法之一，它是世界上第一个数据加密标准，使得算法公开但是加密算法依然安全的加密算法设计原则被广泛传播和接受，而且实践表明，通过分组加密算法将加密算法标准化的做法是可行的。

关于哈希算法的安全性，这里主要强调密码学安全的哈希算法相对于一般的加密算法来说更严格。密码学安全的哈希算法具有足够的单向性、抗碰撞性和输入敏感性（雪崩特性）。2004 年我国学者王小云做了关于破解 MD5 和 SHA1 算法的报告，这标志着 MD5 和 SHA1 算法已经不再拥有足够的安全性，在今后的实际应用中应该避免使用。MD5 和 SHA1 算法在较低版本的 SSL 和 TLS 协议中有大量应用，之后的加密算法标准应更加注重哈希算法，一些国家和机构也开始加紧研制新一代的哈希算法。

公钥加密算法往往基于较完善的数学理论，算法的设计难度较大，被广泛使用的公钥加密算法种类较少，因而算法设计本身的问题比较少见。基于大质因数分解难题或离散对数难题的公钥加密算法总体是安全的，但是密码学参数选择不当可能存在潜在问题。首先，对于 RSA 算法，公开的资料显示低于 1024 位密钥长度的 RSA 算法已经不再安全，目前主流 CA 都使用 2048 位及以上的密钥长度参数，因此在设备计算资源足够的情况下应适当增大安全参数。其次，对于 ECC 算法，应该使用更安全且没有隐患的曲线参数，2013 年“棱镜事件”披露的文件显示 SECP256r1（也称 NIST P256）等曲线参数的选择可能是被刻意设计而留有后门的。NIST 对其 r 系列曲线参数的选择缺乏令人信服的理由，因而使用比特币选择的 k 系列曲线参数可以避免潜在的安全隐患（k 系列曲线参数是从计算高效的角度选择出来的，r 系列曲线参数宣称是以一种随机方式选择出来的）。

### 3．注意随机数的安全

随机数在现代密码学和 App 开发安全中有广泛的应用。密码学中如 ECDSA、SM2 签名算法、分组加密的初始向量和计数器初值、零知识证明中的随机数挑战等，App 开发安全中如身份 token 的生成、UUID 的生成等。

对随机数发生器的质量至少可以从两个方面做判断，首先，从随机性的衡量标准考虑，随机数中某一个长度的任何序列出现的可能性应该是相同的；其次，从随机数发生器使用的安全性考虑，随机数应该是难以预测的。这两点暂且可以称为随机性和不可预测性，但是我们还要考虑随机数的产生原理。从原理上区分，随机数可以分为真随机数和伪随机数，前者指随机数是通过物理的随机过程产生的，如热噪声或量子的测不准原理等；后者指通过确定性函数产生的随机数。虽然理论上只有量子过程才是真正不可预测的，但是过分强调这一点没有意义，除非增加严苛的实验环境限制，否则现实中的抛硬币和热噪声等也应该被认为是不可预测的。真随机数相对伪随机数来说最大的不同是真随机数是不能够重复出现的，而伪随机数是周期性的。

一个达不到密码学安全要求的伪随机数发生器的代表是 C 语言标准库中的 rand 函数。该函数通过线性同余的方法产生周期性的伪随机数，但是因为伪随机数的周期过小导致随机性不够高，伪随机数发生器的状态量又太少以至于太容易预测。如下是 glibc 库中相关的源代码，该函数库作为基础的组件之一应用于大部分操作系统。

```
kc = buf->rand_deg;
for (i = 1; i < kc; ++i)
{
  /* This does:
  state[i] = (16807 * state[i - 1]) % 2147483647;
  but avoids overflowing 31 bits.  */
  long int hi = word / 127773;
  long int lo = word % 127773;
  word = 16807 * lo - 2836 * hi;
  if (word < 0) word += 2147483647;
  *++dst = word;
}
```

源代码中加下划线的部分描述了核心的递推公式，可以看到该算法是一个完全确定性的过程，伪随机数周期性出现。可以相信该源代码的编写者已经慎重选择这些参数使得循环周期尽量长，但是也只有 2147483647 这么大。可以断言，如果当前伪随机数是 999，那么未来一个周期内都不会出现 999 这个数。因为该伪随机数发生器的状态很简单，根据上一位完全可以预测下一位。例如，如果当前伪随机数为 1，则可以断言下一个伪随机数为 16807。

我们建议使用更安全的伪随机数发生器，如 Java 中的 SecureRandom()、Go 语言中的 crypto.rand 包中的方法等。在高安全要求的场合使用基于安全硬件生成的真随机数。索尼 SP3 平台曾经因为忽视随机数而导致安全事故，该平台在 ECDSA 算法中完全没有引入随机成分。如图 5-6 所示，随机函数返回确定常数，导致私钥泄露，攻击者可以不经授权地创建对二进制的签名。

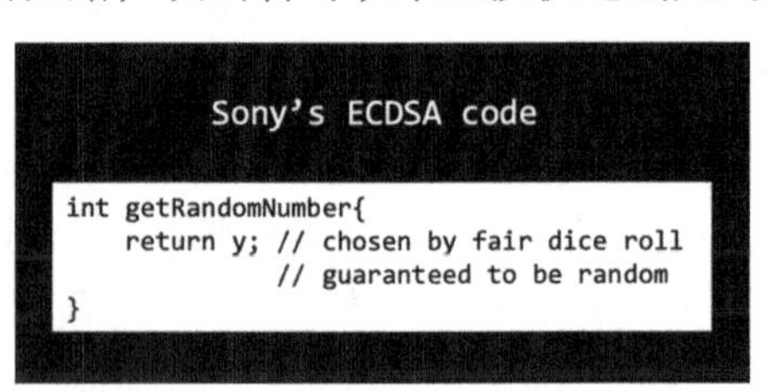


图 5-6　索尼 PS3 的随机数发生器

目前在随机数发生器方面我国已经形成了相关的国家标准[7]，提出了 15 种用于检测二元序列随机性的方法，如扑克检测方法、单比特频数检测方法、矩阵秩检测方法等。一般的方法采集足够量的随机数样本进行检测，根据 15 项检测结果判断随机数是否达到质量要求。例如，密码行业标准对密码产品随机数检测要求[8]中规定随机数发生芯片出厂检测时应该采集 1000 组样本，每组 $10^6$ 比特随机数进行全部 15 项检测，如果每项检测中都有 20 组及以上的不通过，则认为该产品不合格。

## 5.2　核心安全技术

密码学①是一个既古老又新兴的学科，密码学一词源自希腊文“krypto's”“logos”，直译为“隐藏”“讯息”。密码学的研究目标是如何安全地进行信息传输，因此密码学是研究编制密码和破解密码的学科。密码学通常被认为是数学和计算机科学的分支，和信息论也密切相关，密码是通信双方按约定的法则进行信息特殊变换的一种重要保密手段。依照这些法则，变明文为密文，称为加密变换；变密文为明文，称为脱密变换。

密码学拥有几千年历史，其发展过程大概经历了三个阶段：古典密码阶段、近代密码阶段、现代密码阶段。古典密码阶段，加密方式比较简单，一

① RIVEST，RONALD L.（1990）. Cryptography. In J. Van Leeuwen (ed). Handbook of Theoretical Computer Science. 1. Elsevier.

般采用对称加密方式且加密方式不公开，如著名的凯撒密码、维吉尼亚密码等，这些加密方式的安全性较低，在有足够多密文的情况下容易被破译，其安全性依赖加密方式的保密。近代密码阶段的研究主要服务于近代战争中的军事领域，尚且缺乏完整的理论基础。1949 年，以香农的信息论诞生为标志，密码学步入基于复杂计算的现代密码阶段，出现了对称加密算法；1976 年，Whitfield Diffie 和 Martin Hellman 提出公钥密码机制，可以在不直接传递密钥的情况下，完成密文的解密；1978 年，RSA 公钥密码机制出现，开启了一个新的里程碑——非对称加密体系，之后又出现了基于离散对数和椭圆曲线的非对称加密算法。

现代密码学普遍认为，密码学算法在应用到实际消息传递过程中时必须满足以下几个性质。

- 机密性：除了消息的发送方和接收方，其他人无法获知信息的内容。
- 完整性：消息在传递过程中不可篡改。
- 不可否认性：接收方在收到消息之后可以验证是否是发送方发送的消息，并且发送方无法否认。
- 可认证性：接收方可以对发送方的身份进行认证。

现代密码学体系不仅包括数据加密，还包括数字签名技术、消息摘要技术、密码协议、密码破译、密码分析等。现代密码学体系大致可以分为对称加密体系、非对称加密体系、杂凑加密算法。对称加密体系主要包括古典密码、分组密码、流密码；非对称加密体系根据不同的数学难题分出很多种类，下文主要介绍基于大质因数分解问题和椭圆曲线上的离散对数问题的几个典型密码学算法。

### 5.2.1 密码学算法

#### 1. 对称加密体系

对称加密体系是指加密和解密使用相同密钥的加密体系，也是最古老的加解密方式。其加密方式主要有古典密码、分组密码、流密码。古典密码的加密方式简单、安全性低，在实际系统中已经不再使用，流密码在区块链系统中并无应用，因此这两种加密方式在这里都不做介绍。

分组密码又称分块加密或块密码，是一种对称加密算法，它将明文分成多个等长的模块，使用确定的算法和密钥对每个模块分别进行加密和解密。AES

（Advanced Encryption Standard，高级加密标准）和 DES（Data Encryption Standard，数据加密标准）①是应用领域十分广泛的分组密码代表。分组密码使用迭代的思想产生密文，每次迭代都使用不同的子密钥，子密钥由原始密钥生成。每次迭代都要进行扩散和混淆，扩散的目的是让明文中的单个元素影响更多的密文，从而使明文的统计特征在密文中消失；混淆是让密钥与密文之间的统计关系变得复杂，增加通过数学统计方法破解的难度。目前分组加密的整体结构有 Feistel 结构、代换—置换（S-P）网络及其他结构。这两种结构各有其优缺点，加解密过程相似使得 Feistel 结构的实现更容易，但它的扩散过程有些缓慢，每两轮才能改变输入的每比特；S-P 网络的结构非常清晰，S 称为混淆层，P 称为扩散层。S-P 网络和 Feistel 结构相比，扩散速度更快，但是其加解密过程通常不相似。

DES 是 1977 年由美国前国家标准局颁布的对称加密算法，是现代密码学体系的基础思想。DES 首次使用了 Feistel 结构，如图 5-7 所示。

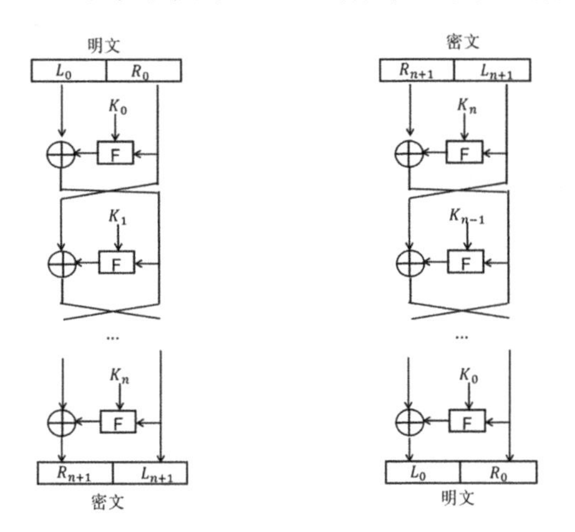


**图 5-7 Feistel 结构**

图 5-7 中的⊕代表异或（XOR）操作。$(L_0,R_0)$是 DES 的一个明文分组，也可称为块，其长度为 64 比特，$K_0,K_1,\cdots,K_n$是每轮使用的子密钥，通过子密钥产生函数生成，长度为 48 比特。DES 的主密钥（用户设定的加密密钥）长度为 64 比特，但是其中只有 56 比特用于产生每轮使用的子密钥，其余 8 比特用于奇偶校验或丢弃。F 代表一个对子密钥和明文部分的处理过程。

---

① American National Standards Institute, ANSI X3.92-1981 (now known as ANSI INCITS 92-1981) American National Standard, Data Encryption Algorithm.

Feistel 结构保证了加密和解密过程足够相似，唯一的区别在于子密钥在解密时是以反向顺序应用的。这样的设计简化了算法的实现，尤其是硬件实现，不需要区分加密和解密算法。

DES 实际的密钥长度只有 56 比特，在 1997 年被公开破解，随后具有更高安全性的 AES（高级加密标准）取代了 DES。AES 是一套加密标准，通常指的是 Rijndael 加密算法。高级加密标准由美国国家标准与技术研究院（NIST）于 2001 年 11 月 26 日发布于 FIPS PUB 197，并在 2002 年 5 月 26 日成为有效的标准。现在，高级加密标准已成为对称加密体系中最流行的算法。AES 使用 S-P 网络，分组长度是 128 比特，密钥长度可以是 128 比特、192 比特或 256 比特，密钥长度不同，推荐的加密轮数也不同，每轮使用的子密钥都由 Rijndael 密钥生成方案产生。

AES 加密过程是在一个 4×4 的字节矩阵上进行的，其初值就是一个明文分组。加密时，各轮 AES 加密循环（除了最后一轮）均包含以下四个步骤，如图 5-8 所示。

- 字节代换：利用 S 盒提供的非线性置换，将每字节都进行代换。
- 行移位：将矩阵中的每个横列都进行循环式移位。
- 列混合：将行移位之后的矩阵与一个固定的矩阵相乘。
- 轮密钥加：矩阵中的每字节都与该轮次的子密钥做异或运算。

在最后一轮中不进行列混合，而是直接进行轮密钥加。

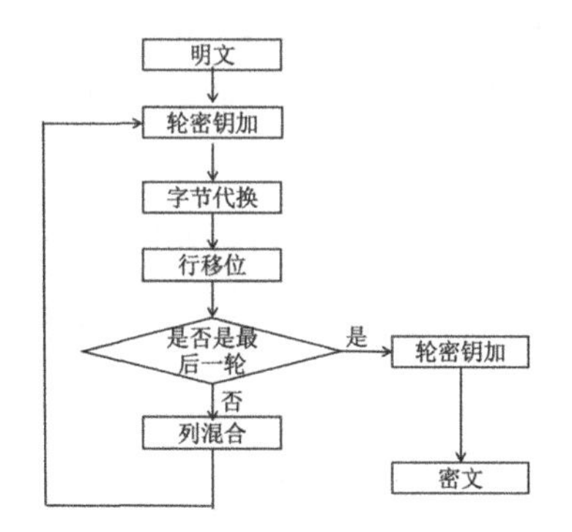


图 5-8 AES 加密过程

AES 和 DES 描述了如何加密一个数据块，而分组密码工作模式描述了如何重复加密较长的多个数据块。常见的分组密码工作模式有 ECB（Electronic codebook，电子密码本）模式、CBC（Cipher-block chaining，密码块链）模式、

CFB（Cipher feedback，密码反馈）模式、OFB（Output feedback，输出反馈）模式、CTR（Counter，计数器）模式五种，在加密前明文需要填充到分组长度的整数倍。

对称加密与非对称加密相比，计算速度更快，加密效率更高，但是由于加解密使用相同的密码，所以在一个分布式系统中，想要实现每两个客户端使用不同的密钥进行加密通信的功能，就需要管理数量庞大的密钥，因此，对称加密在区块链中的应用范围相对较小，下文以两个例子来说明其在区块链中可能的应用场景。

加密货币钱包又称为区块链钱包，可以进行资产的管理，不过这个钱包中存储的不是用户的资产，而是资产所有者在该区块链系统的私钥、公钥和账户地址，这三个名词之间的关系将在下一节详细介绍。区块链钱包根据去中心化程度可以分为全节点钱包、轻节点钱包和中心化钱包。全节点钱包存储区块链上的所有数据，一般是区块链系统开发者提供的钱包；轻节点钱包只存储区块链上的部分数据，这两种钱包中的私钥掌握在用户手中；中心化钱包指用户将自己的私钥导入一个第三方提供的钱包中进行管理，其安全性依赖第三方的信用。这三种钱包一般都会提供密钥存储功能，即将用户私钥、公钥和账户地址存放在一个加密文件中，供用户下载和存储。加密方式一般为对称加密，用户设置一个对称加密密钥，对存放用户私钥、公钥和地址的文件进行加密，这样就算该文件泄露，用户私钥在一段时间内还是安全的。考虑到安全性和用户操作方便性，一般由用户设置一个简单密码，然后区块链钱包使用密钥派生的方式，产生一个安全性更高的密钥，并使用该密钥进行加密。当用户需要管理自己的资产时，可以提供自己设置的密码，区块链钱包对该文件进行解密，并将其中的私钥等信息导入。例如，比特币官方使用 AES 加密用户的文件。

区块链系统在网络层需要进行加密通信时，通常使用非对称加密进行密钥协商，通信双方确定一个相同的密钥，然后利用对称加密方式使用该密钥对通信内容进行加密。在通信过程中使用对称加密方式是因为相比非对称加密，对称加密的加密速度更快、效率更高。TLS 协议中规定了多个加密套件，用于指定通信过程中使用的非对称加密的密钥协商方案和对称加密方案，通信的服务器端通常会提供多个加密套件，客户端可根据支持的方案进行选择，如加密套件 TLS_ECDHE_RSA_WITH_AES_128_GSM_SHA256，其中，AES 表示使用 AES 加密通信内容。

## 2. 非对称加密体系

非对称加密体系也称为公钥加密体系，不同于对称加密体系，其加密和解密的密钥是不同的。一般来说，用于加密的密钥称为公钥，用于解密的密钥称为私钥，公钥可以公开，而私钥需要保密。

由于公钥可以公开，私钥无法伪造，因此非对称加密体系的重要应用之一就是数字签名技术，使用私钥进行签名，公钥验证签名，利用数字签名技术可以实现身份认证。数字签名一般需要对消息摘要进行签名，消息摘要由杂凑加密算法生成，杂凑加密算法将在之后进行介绍，这里先理解为对消息进行压缩，将消息压缩为一个固定长度的值，这个值就是消息摘要，下文用 $H(m)$表示。数字签名技术是区块链系统安全的重要基石。

非对称加密算法一般基于某个数学难题，这个难题无法在多项式时间内解决。常见的公钥加密算法有 RSA、ElGamal、ECDSA，这三个算法分别对应三个数学难题：大质因数分解难题、离散对数难题、椭圆曲线上的离散对数难题。下文仅介绍与区块链相关的 RSA 和 ECDSA。

RSA 是由罗纳德·李维斯特（Ron Rivest）、阿迪·萨莫尔（Adi Shamir）和伦纳德·阿德曼（Leonard Adleman）在 1977 年提出的，RSA 这个名称由他们三人姓氏首字母组成。

**1）RSA 的密钥产生过程**[①]

（1）随机选择两个不相等的质数 $p$ 和 $q$，这两个数字要尽可能大。

（2）计算 $p$ 与 $q$ 的乘积 $n$。

（3）计算 $n$ 的欧拉函数 $\varphi(n)=(p-1)(q-1)$。

（4）随机选择一个整数 $e$，满足 $1<e<\varphi(n)$，$e$ 与 $\varphi(n)$ 互质。

（5）计算 $e$ 对于 $\varphi(n)$ 的逆元 $d$，即 $ed=1\bmod(\varphi(n))$，$(n,e)$为公钥，$(n,d)$为私钥。

由上述过程可知，$e$ 公开，私钥 $d$ 是 $e$ 关于 $\varphi(n)$ 的逆元，因此若 $\varphi(n)$ 可知，则可求出私钥。想要求出 $\varphi(n)$ 需要对 $n$ 做因数分解，一个合数可以分解为两个质数的乘积，当这个合数比较小的时候，分解是容易的。例如，21 可以分解为 3 和 7。但是，当这个合数很大时，分解是很困难的。例如，给一个 1024 比特的数字做因数分解几乎是不可能的，RSA 的可靠性取决于大质因数

① RIVEST R, SHAMIR A, ADLEMAN L. A Method for Obtaining Digital Signatures and Public-Key Cryptosystems[J]. Communications of the ACM. 1978, 21 (2): 120–126.

做因数分解的难易程度，数字越大做因数分解越困难，因此选择更长密钥能够提高 RSA 的安全性。

**2）RSA 加解密步骤**

（1）Alice 要向 Bob 发送消息 $m$，首先，Alice 使用 Bob 的公钥计算 $c=(m^e)\bmod(n)$。其中，$c$ 为密文，$n$、$e$ 是 Bob 的公钥。

（2）Bob 在收到 $c$ 之后，使用自己的私钥 $d$ 计算 $m=(c^d)\bmod(n)$。

**3）RSA 的数字签名与验证步骤**

（1）Bob 首先计算消息 $m$ 的摘要 $H(m)$，然后对消息摘要使用私钥进行加密，即计算 $s=(H(m)^d)\bmod(n)$，然后将 $(s,m)$ 发送给 Alice。

（2）Alice 使用 Bob 的公钥对 $s$ 进行解密，即计算 $x=(s^e)\bmod(n)$，然后计算消息摘要 $H(m)$，并判断 $H(m)$ 与 $x$ 是否相等，若相等则验证通过，这是 Bob 的签名，否则验证失败，这不是 Bob 的签名。

椭圆曲线在数学上的定义是：一条椭圆曲线就是一组被 $y^2=x^3+ax+b$ 定义的满足 $4a^3+27b^2\neq0$ 的点集，$y^2=x^3+ax+b$ 是椭圆曲线的威尔斯特拉斯标准形式。不同的 $a$ 和 $b$ 对应不同的椭圆曲线。例如，比特币系统使用的 secp256k1 曲线 $y^2=x^3+7$，对应的 $a=0$，$b=7$。国密算法中的椭圆曲线加密算法 SM2，选择的曲线对应的 $a=-3$，$b=28E9FA9E9D9F5E344D5A9E4BCF6509A7F39789F515AB8F92DDBCBD414D940E93$。还需要一个无穷远点作为曲线的一部分，无穷远点用 0 表示，那么一条椭圆曲线可以表示为

$$\{(x,y)\in R^2 \mid y^2=x^3+ax+b,\ \ 4a^3+27b^2\neq0\}\cup\{0\}$$

如图 5-9 所示，椭圆曲线上的点 $P$、$Q$ 的加法可以定义为：连接 $P$、$Q$ 作一条直线，这条直线交椭圆曲线于第三个点 $R$。定义 $P+Q+R=0$，0 是无穷远点，那么可以得到 $P+Q=-R$，即 $R$ 点关于 $x$ 轴对称的点。当 $P$、$Q$ 相同时，这条直线指的是椭圆曲线在 $P$ 点的切线。椭圆曲线加密算法中通常需要对同一个点进行多次加法，对一个点 $P$ 进行 $n$ 次加法可以表示为 $nP$，又称为标量乘法。在实际使用中，为了避免对浮点数的运算，以及提高椭圆曲线的安全性，通常将椭圆曲线上点的坐标限定在一个特殊的整数集合中，这个集合称为有限域，因此在密码学中使用的椭圆曲线并不是图 5-9 中连续的曲线，而是离散的点。

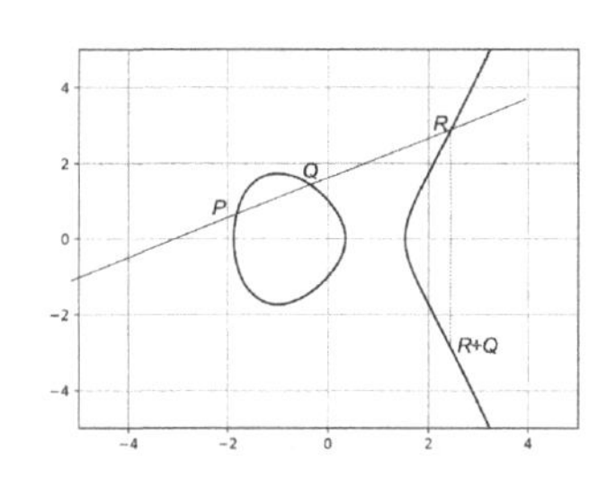


图 5-9　椭圆曲线加法的集合表示

椭圆曲线生成密钥的步骤如下。

（1）选择合适的椭圆曲线参数：$G$ 作为生成元，$G$ 的阶 $N$，有限域的阶 $q$。其中，阶是离散数学中群的性质之一，$G$ 的阶可以理解为计算 $G$ 点的标量乘法时产生的不同结果的个数，有限域的阶可以理解为整数集合的大小。

（2）选择一个有限域上的数 $k$，计算 $P=kG$，$0<k<N$，其中，$P$ 是公钥，$k$ 是私钥。

已知公钥破解私钥的过程对应椭圆曲线上的离散对数难题，这是一个无法在多项式时间内找到有效解的数学难题，目前也没有亚指数级别的算法，它保证了基于椭圆曲线的密码学算法的安全。与 RSA 相比，在相同的密钥长度下椭圆曲线加密算法的安全性更高，目前应用更为广泛。

ECDSA（Elliptic Curve Digital Signature Algorithm，椭圆曲线签名算法）是 DSA（Digital Signature Algorithm，数字签名算法）基于椭圆曲线的版本，也是目前众多区块链系统采用的数字签名算法，其签名和验证过程如下。

假设 Alice 已经按照上述方法生成了一对密钥，私钥 $d$、公钥 $P$、生成元 $G$、$G$ 的阶 $N$、有限域的阶 $q$ 都已公开。

Alice 签名过程如下。

（1）Alice 选择一个随机整数 $k$，$0<k<N$，计算 $(x,y)=kG$。其中，$x$ 和 $y$ 为横纵坐标。

（2）计算 $r=x\bmod(N)$，如果 $r$ 为 0，则返回上一步重新计算。

（3）计算 $s=k^{-1}\left[H(m)+dr\right]\bmod(N)$，$H(m)$ 是消息 $m$ 的消息摘要，$d$ 为私钥，$(r,s)$ 为签名，Alice 将 $(r,s,m)$ 发送给 Bob 进行验证。

Bob 验证过程如下。

（1）计算 $w=(s^{-1})\bmod(q)$。

（2）计算 $u_1=\left[H(m)w\right]\bmod(q)$，$u_2=rw\bmod(q)$。其中，$H(m)$ 是消息 $m$

的消息摘要。

（3）计算$(x,y)=u_1G+u_2P$，判断$x$与$r$是否相等，若相等则验证通过，否则验证失败。

非对称加密算法是区块链安全的重要组成部分，其中的数字签名算法在实现身份认证、保证用户资产的安全方面发挥了重要作用。

区块链系统中的账户不再与真实的人相关联，而是与密钥相关联，拥有账户对应私钥的人就是账户的主人，正确的数字签名是拥有私钥的证明。区块链系统中的资产变动都是通过执行交易实现的，因此对交易的发送方进行身份认证尤为重要，非对称加密中的数字签名技术可以实现身份认证，因此区块链系统中的交易通常都有一个“签名值”字段。用户使用私钥对交易进行签名，区块链系统对交易进行验证时，首先使用用户的公钥对交易签名进行验证，若验证通过，则表明这笔交易确实是公钥的拥有者产生的交易，但是如果用户的私钥已经泄露，那么区块链系统是无法分辨的。

基于椭圆曲线的加密方案与 RSA 相比，其密钥长度更短，安全性更高，因此区块链系统中一般使用基于椭圆曲线的数字签名技术，如上文中的 ECDSA、国密算法的基于 SM2 的数字签名技术等，不同的区块链系统可能会选择不同的椭圆曲线。

除了数字签名技术，非对称加密算法在区块链系统中的另一个应用是密钥协商。上文提到的 TLS 协议最重要的过程就是通信双方进行密钥协商，以确定一个共同的加密密钥。例如，上文的 TLS_ECDHE_RSA_WITH_AES_128_GSM_SHA256，ECDHE 表示使用基于椭圆曲线的 Diffie–Hellman 密钥交换协议，在这个过程中使用 RSA。RSA 在前文有详细介绍，下面将介绍 ECDHE 算法。

ECDHE[①]（Elliptic-curve Diffie–Hellman Ephemeral，椭圆曲线 DH 密钥交换）算法是基于椭圆曲线的用于建立会话密钥的密钥交换算法。假设 Alice 和 Bob 使用同一条椭圆曲线，生成元为$G$，其通过协商建立相同密钥的过程如下。

（1）Alice 选择一个秘密的数$a$，计算$A=aG$，将$A$发送给 Bob。

（2）Bob 选择一个秘密的数$b$，计算$B=bG$，将$B$发送给 Alice。

（3）Alice 在收到$B$之后计算$K=aB=abG$。

---

① NIST，Special Publication 800-56A，Recommendation for Pair-Wise Key Establishment Schemes Using Discrete Logarithm Cryptography，2006.

（4）Bob 在收到 $A$ 之后计算 $K = bA = baG$ 。

这样双方就建立了相同的密钥，基于椭圆曲线的安全性，他人无法得知这个密钥。在之后的通信过程中，双方使用这个密钥对通信内容进行加密，即可实现加密通信。

### 3. 杂凑加密算法

杂凑加密算法又称为密码散列函数、哈希函数，是一种可以从任何数据中创建小数字“指纹”的方法。密码散列函数将不同长度的输入进行压缩使得数据量变小，数据长度固定，最终的结果称为散列值或哈希值。这个过程是单向的，逆向操作难以完成，而且容易发生碰撞，即不同输入产生相同输出的概率非常小。

一个安全的杂凑加密算法应至少满足以下几个条件。

（1）任意输入长度。

（2）输出长度固定，至少为 128 比特。

（3）对每个输入，都容易计算其杂凑值。

（4）找到两个不同的输入，产生相同的杂凑值在计算上不可行。

（5）输入的微小变化，应该产生截然不同的输出[①]。

杂凑加密算法对数据分组后进行处理，每种不同的杂凑函数都有不同的分组长度，整个过程一般需要经过以下两步。

- 数据填充：将数据填充到分组长度的整数倍。
- 数据压缩：对每个分组的数据根据压缩函数进行移位、异或等操作，产生固定长度的输出。

杂凑加密算法可以用于对数据进行初步处理以便后续计算，如生成消息的数。

数字签名时可以先计算消息的散列值，然后对散列值进行签名或生成消息验证。当输入有变化时，杂凑值会产生明显的变化，所以消息的杂凑值还可以用于完整性校验。

目前常见的杂凑加密算法有 SHA（Secure Hash Algorithms，安全哈希算法）系列、md 系列、国密算法的 SM3，其输入及输出长度如表 5-1 所示。

---

① AL-KUWARI SAIF, DAVENPORT JAMES H, BRADFORD RUSSELL J. (2011). Cryptographic Hash Functions: Recent Design Trends and Security Notions.

表 5-1　常见的杂凑加密算法

| 算法名称 | 输出长度（比特） | 最大输入长度（比特） | 分组长度（比特） | 发现一次碰撞的计算复杂度 |
| --- | --- | --- | --- | --- |
| md5 | 128 | 无限 | 512 | $<2^{18}$ |
| SHA-0 | 160 | $2^{64}-1$ | 512 | $<2^{34}$ |
| SHA-1 | 160 | $2^{64}-1$ | 512 | $<2^{63}$ |
| SHA2-256 | 256 | $2^{64}-1$ | 512 | $2^{128}$ |
| SHA3-512 | 512 | 无限 | 576 | $2^{256}$ |
| SM3 | 256 | $2^{64}-1$ | 512 | $2^{128}$ |

从表 5-1 中我们可以发现，md 系列、SHA-0、SHA-1 在 $2^{63}$ 的计算复杂度内就可发现一次碰撞，安全性较低，因此目前已经不推荐使用。SHA-2、SHA-3 系列除表中列举的 SHA2-256 和 SHA3-512 以外还有其他算法，发现一次碰撞的计算复杂度都在 $2^{128}$ 及以上，所以都是较为安全的。

杂凑加密算法在区块链系统中的应用十分广泛，由上文可知，交易的数字签名对象是交易杂凑值，签名验证时也需要计算交易杂凑值。

杂凑加密算法在区块链系统中的另一个重要应用是产生账户地址。公钥和私钥都是密码学中的概念，但是账户地址是区块链产生的概念。区块链系统中的账户地址通常由公钥产生，要求不能通过账户地址反推出用户公钥，所以使用具有单向性的杂凑加密算法再合适不过。例如，以太坊中账户地址产生的过程如下。

（1）产生 secp256k1 曲线上的密钥。

（2）计算公钥杂凑值，以太坊使用 SHA3-256 算法。

（3）取杂凑值后 20 字节作为账户地址。

杂凑加密算法在区块链系统中还有一个重要的应用，那就是默克尔树，其作用主要是快速归纳和校验数据完整性，它的形成过程是将区块中的数据分组之后，进行哈希计算，每两个哈希计算的结果进行拼接，继续进行哈希计算，向上递归最终形成一棵二叉树，最后一次哈希计算的结果（树根）存放在区块头中。当其他节点同步这个区块时，可使用同样的方法计算一个默克尔树根与区块头的数据进行对比，以验证数据的完整性。

比特币系统的 PoW 共识算法中“挖矿”的最终目的是计算一个小于规定难度的哈希值，挖矿就是一个不断进行哈希计算的过程。区块形成后对这个区块的合法性进行验证时，也需要计算这个哈希值是否小于其对应的难度。

杂凑加密算法是区块链系统中十分常见的加密算法，它能校验数据的完整性，节约存储成本，还能用于数据索引。例如，利用交易哈希值可以查找交易回执，MPT 树中也有它的身影。杂凑加密算法提高了区块链的运行效率，节约了数据的存储成本。

### 5.2.2 PKI

PKI（Public Key Infrastructure，公钥基础设施）是一个包括硬件、软件、人员、策略和规程的集合，用来实现基于公钥加密体制的密钥和数字证书的产生、管理、存储、分发和撤销等功能，使在网络世界中的用户可以通过数字证书进行身份认证，从而进行安全的通信。

#### 1. PKI 组成

一个典型的 PKI 包括 PKI 策略、软硬件系统、CA（Certificate Authority, 证书机构）、RA（Registration Authority, 注册机构）、证书发布系统和 PKI 应用等[①]。

PKI 策略建立和定义了一个组织信息安全方面的指导方针，同时定义了密码系统的使用方法和原则。在一般情况下，PKI 中有两种类型的策略：一种是证书策略，用于管理证书的使用，另一种是 CPS（Certificate Practice Statement，证书操作声明），包含 CA 怎样运作，证书怎样签发、吊销，用户密钥怎样生成、存储、传递给用户。外界可以通过 CPS 分析 PKI 的可信度。

软硬件系统的范围比较广泛，包括实现 PKI 功能的整个软硬件系统。

CA 是整个 PKI 的信任基础，它可以发放证书、设置证书的有效期、掌管证书吊销列表（CRL）实现证书的吊销、管理用户密钥等。

RA 是用户和 CA 之间的桥梁，它可以获取、认证用户的身份，然后向 CA 发送申请证书的请求。对于规模较小的 PKI 来说，RA 的功能可以整合到 CA 中，以节约成本，但是 PKI 国际标准建议使用独立的 RA 来实现用户注册功能，以提高 PKI 系统的安全性。

证书发布系统实现证书的发放，可以通过 LDAP 服务器供用户进行证书及 CRL 的下载。

PKI 应用是基于 PKI 的证书和密钥使用特定功能的一些系统，如 VPN（Virtual Private Network，虚拟专用网络）、TLS（Transport Layer Security，传输层安全）协议等，它们的实现原理都是基于 PKI 的数字证书实现身份认证，

① An Overview of Public Key Infrastructures (PKI). Techotopia. 2015.

利用非对称加密实现信息的安全传输。

下面对系统中的重要组成部分进行详细说明。

**1）CA**

CA 掌管着公钥的整个生命周期，用于签发、吊销、更新数字证书等。

数字证书是一个用来证明公钥拥有者身份的电子文件，这个文件包含公钥信息、拥有者的身份信息，以及证书签发机构对这份证书的签名等。图 5-10 是百度网站证书的部分内容，从中我们可以发现前文提及的信息都存于该证书中。

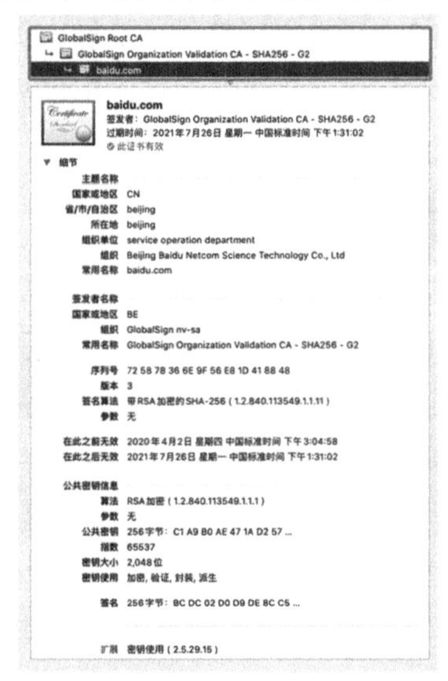


图 5-10　百度网站证书的部分内容

为了方便数字证书的验证，需要一个统一的格式，X.509 标准是 ITU-T（Telecommunication Standardization Sector，国际电信联盟电信标准化部门）制定的基于 ASN.1 的一套证书标准。X.509 标准的组成部分如下。

- 版本号：数字 0、1、2，指明 X.509 标准的版本。
- 序列号：证书的唯一数字标识。
- 签名算法：CA 对证书签名时使用的签名算法和哈希函数类型。
- 颁发者：证书颁发机构的信息，如国家、组织机构、单位和通用名等。
- 证书有效期：证书开始生效的时间和过期的时间。
- 证书拥有者：证书拥有者的信息，如国家、省市、地区、组织机构、单位和通用名等。
- 公钥信息：证书拥有者的公钥。
- 证书签名算法：证书使用的数字签名算法的标识。

- 数字签名：证书颁发机构对证书的数字签名。

X.509 标准目前有 V1、V2、V3 三个标准，它们对证书内容的规定有些许差别，但是上述组成部分均存在，下文提到的证书均指符合 X.509 标准的证书。

CRL 用于验证证书的有效性。证书吊销之后，CA 通过发布 CRL 来通知各相关方哪些证书失效了。X.509 标准规定了 CRL 的格式。

- CRL 版本号：数字 0、1、2，指明该证书满足的 X.509 标准的版本。
- 签名算法：CA 对 CRL 的数字签名。
- 颁发机构名：CRL 颁发机构的信息，如国家、组织机构、单位部门和通用名等。
- 此次签发时间：此次 CRL 签发的时间。
- 下次签发时间：下次 CRL 签发的时间。
- 公钥信息：吊销证书的序列号及吊销时间。
- 签名值：CRL 颁发机构对 CRL 的数字签名。

以上所说的证书都是签名证书，签名证书将用户用于签名的私钥对应的公钥与用户的身份信息绑定在一起。许多 CA 提供双证书服务，也就是在为用户产生签名证书的同时为用户生成一张加密证书，加密证书包含一个可用于对称加密的密钥，这个密钥通常由用户签名证书中的公钥派生而来。加密证书产生之后使用用户签名证书的公钥进行加密，与签名证书一起颁发给用户，用户可以使用自己的私钥对加密证书进行解密，从而获得加密密钥。双证书服务给无法自己产生密钥的用户提供了便利，而且 CA 产生的密钥强度更高、安全性更强，加密密钥与用户公钥存在一定的关系，当用户加密密钥丢失时，可以由 CA 进行恢复，而且使用 CA 备份过的加密密钥也有利于政府的监管，一些政府机构必须使用 CA 备份过的加密密钥。在 CA 中进行密钥生成、管理和恢复的机构称为 KMC（Key Management Center，密钥管理中心）

**2）证书申请与吊销流程**

下面以 SSL 证书为例，说明证书申请和吊销的流程。

在申请 SSL 证书时，一般需要发送一个 CSR（Cerificate Signing Request，证书申请文件）到 CA，根据 PKCS（Public Key Cryptography Standards，公钥加密标准）中的 PKCS#10 关于 CSR 格式的规定，CSR 应包含以下几个内容。

（1）证书中需要的用户身份信息：国家、省市、地区、组织机构、单位部门和通用名等。

（2）用户公钥。

（3）用户使用私钥对上述内容的签名。

其中，用户的密钥要自己提前生成。例如，使用 OpenSSL 或一些在线网站可以生成密钥，目前很多在线生成 CSR 的工具也提供密钥生成功能。

SSL 证书按照认证等级的不同可以分为三种：DV（Domain Validation，域名验证），只需要对网站域名所有权进行简单认证，一般用于个人网站；OV（Organization Validation，组织验证），需要验证证书使用方的真实身份，一般用于游戏、教育等领域；EV（Extended Validation，扩展验证），按照全球统一的严格身份认证标准进行认证的 SSL 证书，一般用于金融、网上银行等领域。为了更全面地展示整个过程，本节以申请 EV 等级的 SSL 证书为例，说明证书申请的流程。

申请者首先需要选择一家权威 CA 购买证书，若该机构属于海外，或者由于用户个人原因无法直接申请，则申请者可以通过一些证书代理机构代为购买。

将 CSR 和 EV 等级的证书需要的用户身份信息提交到 CA 指定的位置，或者让证书代理机构代为提交。

CA 根据证书认证等级对证书申请者的信息进行验证，不同等级的证书的验证流程有所不同，EV 等级的证书需要进行最严格的验证，有人工验证流程，若验证通过，则向申请者邮箱发送验证邮件及证书序列号。

用户验证通过后，CA 将证书发送到申请者验证过的邮箱供用户进行下载和使用，或者通知用户使用证书序列号到指定网址进行下载。

SSL 证书吊销的流程如下。

当用户发现已经不需要证书或目前的证书存在安全问题时，可以向 CA 提出申请，吊销已经申请的证书。

用户申请：向 CA 发送邮件或使用 CA 提供的其他接收用户吊销证书请求的途径，将自己要吊销的证书的序列号、相关信息，以及自己的私钥对上述内容的签名发送给 CA

CA 对用户的吊销请求进行审核，主要是验证用户的签名，若审核通过，则将证书序列号加入自己的 CRL。

用户可以通过查看 CA 定时发布的 CRL，查看自己的证书是否吊销成功。

CRL 是 CA 定时发布的已吊销证书的列表，当用户想要查看证书是否被吊销时，需要下载整个 CRL，随着证书的使用越来越普遍，CRL 也在不断增大，而且其定时发布的规则，让用户不能及时得知证书的状态，因此目前大多使用 OCSP（Online Certificate Status Protocol，在线证书状态协议）来更新证书的状态。支持 OCSP 的 CA 在颁发证书时，会将自己的 OCSP 服务器的地址写在证书的扩展字段中，用户访问 OCSP 服务器便可获得证书的最新状态。

### 2. 证书链与证书的验证

互联网世界有数以亿计的证书需要颁发，如果这个过程全部由一个 CA 来完成，那么这个工作量过于庞大，如果这个 CA 受到攻击出现了安全问题，那么所有的证书都会受到影响。实际上，我们有两种 CA：根 CA 和中间 CA。中间 CA 证书由根 CA 颁发，中间 CA 可以颁发证书给用户或其他中间 CA，一个值得信任的根 CA 可以将“信任”传递给中间 CA，若中间 CA 是可信的，那么最终颁发给用户的证书就是可信的。由此从根 CA 到用户证书，形成了一条“信任链”，并且把根 CA 和用户证书隔离，提高了根 CA 的安全性。

根 CA 证书一般是根 CA 自己颁发的，这种证书也称为自签证书，操作系统或浏览器会将自己信任的根 CA 证书内置于系统中，这些根 CA 证书被系统无条件信任，因此当我们需要验证一条“证书链”[①]最末端的用户证书时，如图 5-11 所示，需要不断地向上回溯，验证证书颁发者的签名，直到找到可以信任的根 CA 证书，实际的中间 CA 证书可能有多个。

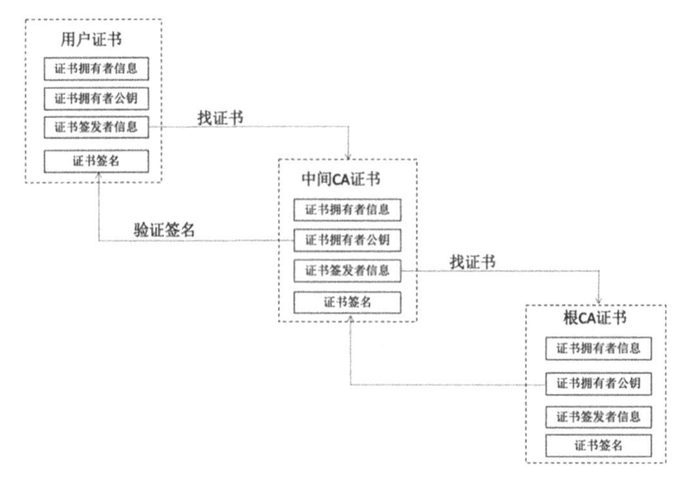


图 5-11 “证书链”验证过程

证书的作用是进行身份认证，验证证书的合法性就是确认证书拥有者的身份，证书的验证过程如下。

① Certification Path Validation. Internet X.509 Public Key Infrastructure Certificate and Certificate Revocation List (CRL) Profile. Network Working Group. 2008.

- 完整性验证：利用证书上的公钥，验证证书的签名是否正确。
- 有效性验证：查看证书的有效期是否包含当前时间。
- 证书吊销状态检测：根据证书中证书颁发机构指明的 CRL 或 OCSP 服务器地址，查看证书是否被吊销。
- 证书颁发者验证：不断向上回溯验证证书颁发者签名的正确性。
- 检查域名规范：检查证书可使用的域名、IP 与当前使用环境是否对应。

### 3. PKI 与区块链

在公有链中，节点可以自由加入或退出，没有准入准出门槛，并且公有链的匿名性也要求密钥拥有者的身份信息不能与密钥绑定，所以使用基于非对称加密的数字签名技术时，仅对密钥的匹配性进行验证，十分符合公有链的特点。但是在联盟链中，只有经过授权的节点才能加入网络，并且不同节点的权限可能不同，链上数据和功能只有经过授权的节点才能使用，因此需要对节点进行访问控制。仅使用数字签名技术无法实现访问控制，需要一个可以把密钥和密钥拥有者身份信息联系起来的纽带，数字证书就是这样一条纽带，它把密钥拥有者身份信息和公钥放在一起，实现对公钥拥有者的身份认证。

联盟链中的节点主要与链内节点进行通信，所以节点证书不一定由外部的第三方可信 CA 产生，区块链内部被大多数节点信任的一个或多个 CA 就能满足联盟链网络中各节点间身份认证的需求。除了 CA，区块链还需要实现密钥的生成与管理等功能，因此，可以将密钥的生成与管理、证书的生成、管理与验证整合为一个模块，在联盟链中这个模块通常称为 MSP（Member Service Provider，用户服务提供者），这个模块的功能与传统意义上的 PKI 不尽相同，但就其在区块链系统中的作用而言，可以算作区块链系统的 PKI。

MSP 是区块链上一个身份认证和权限管理的抽象逻辑组件，认证的范围是所有可能与本网络建立联系的节点，只有经过授权的节点才能通过验证。区块链上证书的验证过程，依然是“证书链”的验证过程，即直到找到一个颁发者是区块链上的可信 CA，证书验证才能完成，所以 MSP 还要维护一份 CRL，以及自己可信的 CA 列表（其内容是可信的 CA 证书），这两份列表可以在验证节点身份时发挥重要作用。MSP 的配置文件可以配置相应的安全策略，如是否对 RPC 请求来源进行验证、是否验证对等节点身份、是否采用分布式 CA 等。MSP 使用配置文件初始化后，可以实现签名、验签、密钥生成等具体功能。

区块链系统中的 CA 大体可以分为两种，一种为本地 CA，本地系统掌控私钥；另一种为远程 CA，远程系统掌控私钥，如 CFCA（China Financial Certification Authority，中国金融认证中心）；根据是否需要配置相同的可信 CA 列表，区块链系统的 CA 可分为两种：中心式 CA 和分布式 CA，趣链区块链平台支持这两种 CA。

在中心式 CA 中，所有节点都需要配置一个 CRL 及一个相同的可信 CA 列表，其内容为可信 CA 证书，这些证书可以是本地 CA 或远程 CA 证书。中心式 CA 节点配置如图 5-12 所示，假设银行 A 使用 CA1 颁发的证书，银行 B 使用 CA2 颁发的证书，银行 C、D 使用 CA3 颁发的证书，那么它们需要配置的可信 CA 列表如图 5-12 所示，各节点均需要配置该可信 CA 列表。

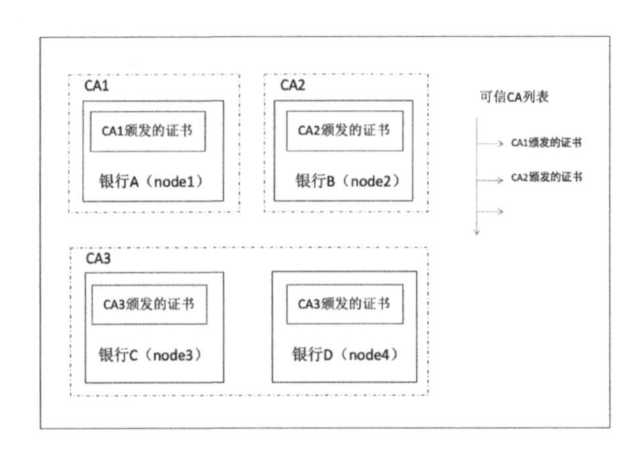


**图 5-12 中心式 CA 节点配置**

在分布式 CA 中，所有节点依然需要配置一个 CRL，但是不需要为节点配置相同的可信 CA 列表，需要配置网络内所有 CA 对本节点颁发的证书，在与不同的节点进行通信时，只需要使用该节点支持的 CA 颁发的证书。同样，以前文银行的例子为例，在分布式 CA 中，各节点需要的证书如图 5-13 所示。为了实现节点的动态添加，在分布式 CA 中，仅支持本地 CA，不支持远程 CA，因此每个节点本质上都是一个 CA。新节点在加入后，需要向本网络中的所有 CA 申请证书，并记录在指定文件中，这样节点在重启之后可以顺利地与其他节点进行通信。

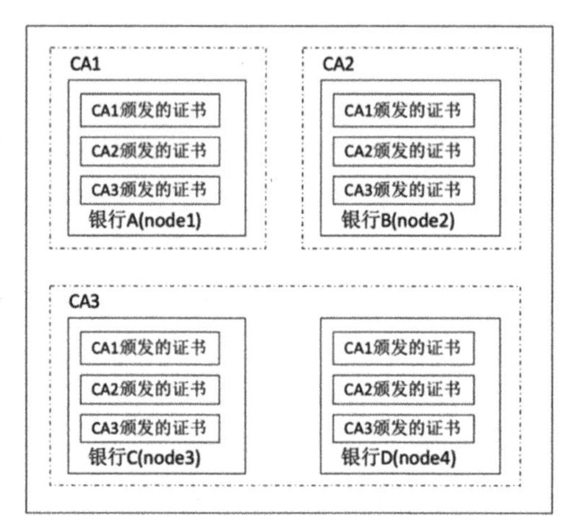


图 5-13　分布式 CA 节点配置

为了实现对节点和其他外部连接的访问控制，通常需要设计多种证书类型，节点持有不同类型的证书，代表拥有不同的权限。目前趣链区块链平台主要有三种证书类型：SDK 证书、节点准入证书、CA 证书。使用 SDK 访问链上数据时，需要提供 SDK 证书，否则不能顺利建立连接；普通节点在加入区块链网络时，需要提供节点准入证书，才能加入区块链网络；验证这些证书时需要 CA 证书的支持。趣链区块链平台同时提供在线和离线的工具，以产生各种类型的密钥和证书。

Fabric 仅支持中心式 CA，Fabric 的区块链网络中有多个不同的 MSP，以实现对不同组织成员的管理，每个 MSP 都需要配置唯一的 ID，以区分不同的组织，重复的 ID 会使 Fabric 初始化失败。Fabric 中的可信 CA 分为根 CA 和中间 CA，根 CA 证书为自签证书，中间 CA 证书由根 CA 颁发，中间 CA 不是必须存在的。Fabric 区块链网络中可以存在多个组织，它们可以通过 channel（通道）进行消息分发，为了实现对不同组织、不同成员的管理，同一个 channel 里可以有多个 MSP，利用 MSP 进行身份认证，以确保不同组织的数据在传递时不会发生混乱，其 MSP 的配置与内容如下。

- 可信根 CA 证书列表：可信根 CA 证书。
- 可信中间 CA 证书列表（可选）：根 CA 或其他中间 CA 颁发的可信中间 CA 证书。
- 一个组织单位列表（可选）：当不同组织使用同一个可信根 CA 或中间 CA 时，指明组织标识符。
- CRL（可选）：已经吊销的证书列表。

- TLS 协议的根 CA 证书列表(可选)：用于验证 TLS 证书的根 CA 证书。
- TLS 协议的中间 CA 证书列表（可选）：用于验证 TLS 证书的中间 CA 证书。

同时，每个节点可以配置本地 MSP 来实现交易和消息签名，以及验证其他节点的证书等，其配置比前文提到的 channel 的 MSP 要多两项，分别为本节点管理员的证书及本节点可使用的私钥列表，channel 上的 MSP 只需要认证功能，无须对内容签名，所以无须配置私钥。

### 5.2.3　形式化验证

形式化方法在计算工程领域，指的是根据某些形式或规范，在数学上验证系统或工程正确性的方法。形式化方法主要包括形式化规约和形式化验证。形式化规约使用精确的数学模型来描述系统的行为模式，以实现对系统性质的刻画；形式化验证则在形式化规约的基础上，验证系统的行为模式和性质是否符合预期。

在软件开发过程中，开发完成之后一般会进行软件测试，软件测试通常分为黑盒测试和白盒测试，这两种测试只能确定系统是否能正确处理测试用例，但是由于开发者编写的测试用例存在一定的局限性，无法覆盖所有可能出现的情况，因此无法保证整个软件系统设计在逻辑上的正确性。而形式化验证能够通过数学方式证明系统逻辑的正确性，从而保证系统实现的功能与设计的初衷相匹配。

形式化方法对系统安全极为重要，但是由于其对专业素养的要求极高，并且在系统开发过程中投入的成本较高，因此经常用于军工、航天等对安全性有极高要求的领域。区块链和智能合约的快速发展，以及智能合约与现实资产的密切关系，特别是“The DAO”等由于智能合约缺陷导致经济损失的事件，使得人们希望将形式化验证用于智能合约，以保证智能合约的安全。在部署智能合约前通过形式化验证对其代码进行建模，然后利用数学方式对代码的安全性和正确性进行证明，可以发现代码的逻辑问题，避免出现问题后的经济损失。

形式化验证主要有两种方法：定理证明和模型检测。定理证明将智能合约转化为一系列公式；模型检测则使用某些建模工具为智能合约建立状态模型，然后将系统具有的属性转化为一系列规则，验证这一系列公式或模型是否满足这些规则。定理证明需要较多的人工参与，自动化程度较低，适合对安全性要求十分严格的系统；而模型检测自动化程度较高，但是其对安全性检测的程度略逊色于定理证明，适合规模较小的系统。目前，对于智能合约的形式化验证主要采用模型检测，模型检测的工具[①]有 Securify、Mythril、Oyente、ZEUS、ECF、Maian 等，定理证明的工具有，K、Lem、Coq、F*等，其支持的语言及开源情况如表 5-2 所示，其中，EVM 表示以太坊字节码。

表 5-2　形式化验证工具对比

| 工 具 名 | 方 式 | 支 持 语 言 | 是 否 开 源 |
|---|---|---|---|
| Securify | 模型检测 | Solidity、EVM | 是 |
| Mythril | 模型检测 | EVM | 是 |
| Oyente | 模型检测 | Solidity、EVM | 是 |
| ZEUS | 模型检测 | Solidity、Go、Java | 否 |
| ECF | 模型检测 | EVM | 是 |
| Maian | 模型检测 | EVM | 是 |
| K | 定理证明 | EVM、IELE | 是 |
| Lem | 定理证明 | EVM | 是 |
| Coq | 定理证明 | Scilla、Michelson | 是 |
| F* | 定理证明 | EVM | 是 |

除上述几个工具之外，还有一些公有链自带的形式化验证功能，如 The Matrix 和 Tezos 等。其中，The Matrix 利用 AI 技术辅助进行形式化验证。还有一些提供形式化验证功能的平台，例如，CertiK 和链安科技提供的针对不同区块链平台的形式化验证，CertiK 为形式化验证打造了一个去中心化的系统，并有自己的代币，在系统中设置了“赏金猎人”和“检察官”等角色，将人工验证和机器自动验证相结合，对于小规模的智能合约可以进行自动验证，对于规模较大的智能合约，系统利用 AI 技术将其分解，由赏金猎人或检察官对其进行验证，并获得一定的奖励。区块链的发展促进了形式化验证工具的发展，同时这些工具的进步保证了区块链的安全。

## 5.3　身份隐私保护技术

在区块链应用中，大部分隐私数据和用户身份信息有关，因此在账户设计层面应该考虑隐私保护的必要性。隐私保护面临的难题是，一方面希望尽量减

① DOMINIK HARZ, WILLIAM KNOTTENBELT. Towards Safer Smart Contracts: A Survey of Languages and Verification Methods. https://arxiv.org/pdf/1809.09805.pdf.

少用户身份信息的泄露；另一方面为了服务的便利性，需要记录一部分用户身份信息，账号的关键操作必须确认确实是用户本人操作的，因此针对这些隐私数据的保护也需要技术等方面的创新。目前，大部分区块链采用的身份模型主要是以下两种，一种是公有链普遍采用的基于签名验签的身份模型，另一种是联盟链采用的基于 PKI 的身份模型。

第一种是基于签名验签的身份模型，比特币最开始设计和使用了基于签名验签的身份模型。得益于公钥加密算法巨大的密钥空间，任何人都可以离线生成账户。账号暗含于巨大的密钥空间中，因而区块链系统中的节点不需要记录用户的账号信息。这些特点使得该身份模型不需要中心化的注册机构，适用于公有链场景。

在这里，我们应该辨析隐私保护和监管的关系。在比特币这样的公有链上，用户是“匿名的”，任何一对 ECDSA 密钥对都潜在一个比特币账号，生成账户的过程中没有任何的身份认证等流程，看似完全的匿名能保护用户的隐私。其实，认为完全匿名等价于隐私保护是片面的看法，主要原因有二：第一，隐私保护不应该是完全的匿名，网络甚至任何的应用系统如果完全匿名，缺乏法律约束造成的混乱将是必然的结果。第二，完全匿名不能达到完全保护隐私的目的，在大数据发展日益成熟的背景下，匿名账号之间的交互操作完全能够暴露用户相当一部分的身份信息，在有目的的攻击中往往还会结合社会工程学手段，通过追溯账本上的交易和分析多个账户之间的交易行为，能够大致刻画用户的身份，甚至查找到对应具体的参与方。因此，隐私保护必须借助特殊创新性的设计来避免交易的可追溯性，同时兼顾监管的需求。

相比公有链，联盟链更着重于监管、权限和准入的场景。因此大部分联盟链基本上选择了传统但是非常成熟的 PKI 作为身份认证的基础。用户和节点都持有相应的证书来表示身份，完成准入或权限认证。例如，用户的 SDK 应该配置 SDK 证书，每次调用都需要在请求报文中携带该 SDK 证书。为了证明对 SDK 证书的所有权，还应该附带 SDK 证书对请求内容的签名，这样一来，既可以证明发送方就是 SDK 证书拥有者，还可以通过这个签名保证请求的完整性和防抵赖性。节点在收到用户证书后首先通过权威机构验证证书的合法性（可能包含一系列中间证书）；然后验证用户签名的正确性，如果不正确，则可能是攻击者冒充用户身份，或者交易内容已经被篡改，那么这笔交易应该被丢弃。完成上述两步就能确定交易来源和用户身份，如果需要权限判断，那么应该进行相应的权限判断，如果该用户身份拥有足够的权限则通过，否则返回权限不足错误。

使用 PKI 完成身份认证和准入的优点是该体系已经被充分证明成熟可行，并且还能使用已有的 TLS 协议等完成信息的保密和完整性校验。但是，在证书中会完全暴露用户的身份，用户的隐私几乎得不到保证。

在 PKI 下，一种弥补的方法是使用临时证书，也就是用户在第一次链接到系统的时候使用 SDK 证书来请求多个临时证书，之后的请求随机使用这些临时证书替代 SDK 证书。每次的请求并不是固定携带某个证书，临时证书中也可能没有用户的真正身份信息，这样可以在一定程度上保护用户隐私。但是也只是在一定程度上增加了攻击者的工作量而已，暂且不考虑每次都请求临时证书对区块链节点造成的签名和证书管理的压力，因为申请临时证书操作的存在，攻击者总是可以跟踪这些证书的使用，并综合这些信息将不同的临时证书联系到一起。

因此，隐私保护应该更多地使用密码学手段进行，并且兼顾监管的需要，从而避免陷入混乱。目前区块链产品较多采用的密码学手段有盲签名技术、群签名技术、环签名技术、直接匿名证明技术等，下面我们将逐一对这些技术进行分析。

### 5.3.1 盲签名

#### 1. 盲签名技术介绍

盲签名是一种具有盲性和不可追溯性的签名算法。盲性指的是签名者看不到被签名数据的具体内容。用一个现实的例子类比就是签名者的签名对象是一个信封，信封中有待签署的文件和一张复写纸，签名者在签名的时候只能看到信封，看不到信封中的具体内容，而签名的时候写在信封上的内容会通过复写纸写入被签署的文件完成签名。签名者不知道被签署的文件的具体内容，因而称为盲性。不可追溯性指的是签名者事后只知道某个文件的签名是否是自己签署的，而不知道哪个文件是自己什么时候签署的。

盲签名常用于无记名投票场景。投票者现场选定候选人，并将所选候选人的名称写入选票，装入信封密封，投票站工作人员对投票者身份验证后对信封追加签名来标识其合法性，这样因为盲性和不可追溯性，既能保证投票者的身份合法，又能保证投票的匿名。在实际算法上，对签署信息进行处理使签名者不能得知具体内容的过程称为盲化，对应上述将文件和复写纸装入信封的过程。对签名进行处理得到原始信息签名的过程称为去盲化，对应将信封打开得到最终带签名文件的内容。

这里可以看到盲签名往往意味着代理签名，在上例中，投票者最终并不能签署投票，只能交由相关工作人员完成签名，换言之，工作人员代理投票者进行签名，但是工作人员无法得知投票的具体内容。盲签名流程如图5-14所示，T代表盲化，称为盲变换，T'代表去盲化，称为逆盲变换。

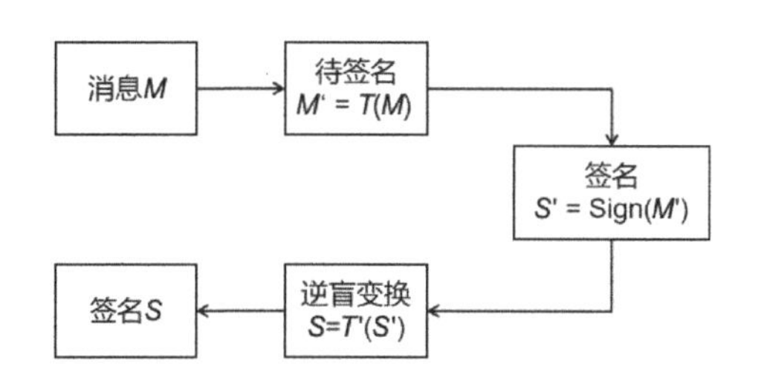


**图5-14　盲签名流程**

下面介绍基于RSA算法的盲签名算法，该算法是盲签名的提出者Chaum举出的一个算法例子，应用于电子现金的隐私保护。

（1）选定两个大素数$p$和$q$，计算$n=p\times q$。计算$n$的欧拉函数$\varphi(n)=(p-1)(q-1)$。随机选择与$\varphi(n)$互质的$e$，并计算$d$满足$e\times d\equiv 1 \bmod \varphi(n)$。

（2）委托者选择一个单向陷门函数$f$，计算$M'$。$M' = f(M) \times k \times e \bmod (n)$。其中，$k$是随机数。

（3）实际签名者计算签名$S'$，$S'=M' \times d \bmod (n)$。

（4）委托者去盲化，计算$S$，$S=S' \times k^{-1} \bmod (n)$。

显然$S' \times k^{-1} \equiv f(M) \bmod (n)$，因而委托者可以验证实际签名者是不是为自己生成了正确的签名。另外，因为委托者选择的单向陷门函数及其参数只有委托者知道，根据单向陷门函数的性质，正向计算很容易，而逆向计算几乎不可能，因此委托者不必担心实际签名者能够从$f(M)$中推知$M$的内容。

总的来说，上述算法可以看作RSA算法结合单向陷门函数的综合使用。RSA算法在此不过多介绍，这里主要说明单向陷门函数的选择。单向陷门函数从计算可行性上来说是单向函数，但是在已知陷门的时候逆向计算也是可行的。现代公钥密码学依赖的单向陷门函数应该是基于某个数学难题的，一个典型的例子是大质因数分解问题，已知两个大质因数，求其乘积是比较容易的，但是已知这个乘积，想要分解出两个大质因数是很困难的。但是，如果已

知其中一个，那么这个难题仅通过一次除法运算就可以解决。

### 2. 盲签名在区块链中的应用

盲签名的提出最早是为了构造拥有实体货币一样不可追溯性的电子货币，用来隐藏交易者的资金流向。常见的主要基于盲签名进行隐私保护的方案是设立一个密钥托管机构，密钥托管机构对上链数据进行签名。这里需要考虑托管方作恶的情况。因为托管方能够得知交易的具体内容和用户身份，所以需要采用盲签名规避托管方作恶的风险。具体方法是用户在交给托管方交易信息前先对信息进行盲化处理，从而避免托管方接触用户的隐私信息。

## 5.3.2 群签名和环签名

### 1. 群签名和环签名技术介绍

群签名也是一类特殊的签名算法。首先，它拥有一般签名算法的可信性、不可伪造、不可篡改、防抵赖等特点；其次，它拥有一般签名算法不具备的特点。群签名允许群体中的成员以群成员之一的身份完成签名，其他人只能得知是群体中的某个成员的签名，而不能具体得知是哪个成员的签名。在验证该签名时使用群公钥而不是某个群成员的公钥。群成员虽然持有的都是不同的私钥，但是任何群成员都可以完成签名，又不泄露自己的具体身份，简单来说，一个群体中的任何一个成员都可以以匿名的方式代表整个群体对消息进行签名，仅用单个群公钥就能完成对签名的公开验证，因而群签名在隐私保护方面有天然的优势。但是群签名也有一定的缺点，在必要时群管理员可以打开签名判断具体的签名是哪个群成员生成的，这通常被认为群管理员的权限过大。

环签名可以被看作一种特殊的群签名，从门限群签名发展而来，主要解决群管理员权限过大的问题，能够更好地适用于隐私保护的场景。环签名不需要设置可信中心，也不需要一个专门的过程来完成群组建立。环签名继承了群签名匿名信的特点，对于验证者来说无法确定签名者的具体身份。下面介绍环签名的基本原理。

（1）所有的环成员都拥有自己的密钥对，签名者是其中的一员。假设全部的公钥是$\{P_1,P_2,\cdots,P_n\}$，签名者在其中的位置为 $s$。

（2）签名者选择一个对称加密算法 $E$ 和密钥 $k$，对称加密记为 $E_k$。

（3）签名者选择初始值 $V$，签名者为其他环成员选择随机数 $x_i$（$i\neq s$），利用单向陷门函数 $f$ 计算 $y_i=f(x_i)$。

（4）从环方程 $C_{k,V}(y_1,y_2,\cdots,y_n)=V$ 中计算出自己的 $y_s$，并利用自己的陷门知识逆向计算出 $y_s$ 对应的 $x_s$。

（5）环签名是$(P_1,P_2,\cdots,P_n,V,x_1,x_2,\cdots,x_n)$。

在验证时，验证者计算 $y_i=f(x_i)$，然后验证环方程是否成立，如果成立则验证通过，否则验证失败。环签名的得名来自环方程 $C_{k,V}(y_1,y_2,\cdots,y_n)=V$，其环式结构如图 5-15 所示，解环方程的过程就是求 $y_s$ 满足 $Z=V$ 的过程。

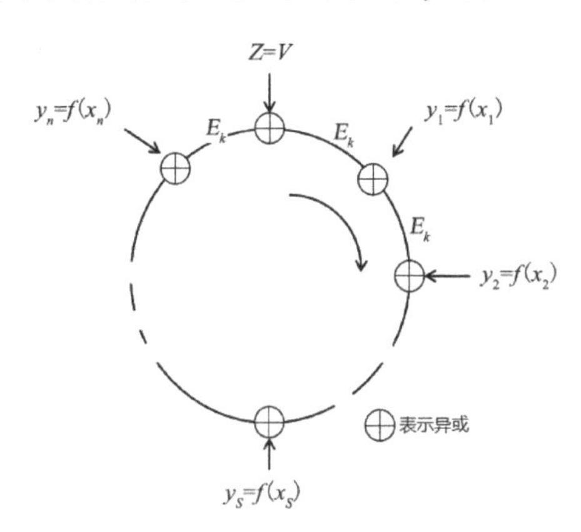


图 5-15 环签名中环方程的环式结构

### 3. 群签名和环签名在区块链中的应用

环签名在区块链的身份隐私保护中使用较多，目前较为典型的是在门罗币中的应用，当发送方要创建一笔交易时，使用自己的私钥和随机选择的其他用户的公钥来完成对交易内容的环签名；在验证一笔交易时，使用其他用户的公钥及交易签名中的参数进行验证。

值得一提的是，环签名不仅在用户交易数据的隐私保护方面有所应用，在部分依赖签名算法完成投票的共识算法中也有尝试。例如，运用环签名改进 PBFT 共识算法的签名和验证过程，从而解决区块链网络中节点的动态加入或退出问题。

## 5.3.3 直接匿名证明

### 1. 直接匿名证明技术介绍

直接匿名证明是一种典型的有利于隐私保护的密码学手段，或者融合了零知识证明和多种签名体制的密码学手段的综合应用。首先我们先介绍下面的一个场景，引出直接匿名证明的必要性。

在设备制造过程中，生产厂家往往有动机在自己生产的设备中植入一个设备证书来避免造假者模仿并生产假冒伪劣产品。其原理是设备在使用过程中将设备证书发送到指定服务器，即生产厂家的验证服务器。服务器在收到设备证书后验证其是否是正版，然后返回一些指令告诉设备结果，设备根据这些结果做出不同的响应。

由于每个设备都有唯一的设备证书，生产厂家能够根据设备证书区分出不同的设备，从而对用户行为进行跟踪，因此，用户隐私无从保障。设想因为我们都使用了某款芯片，所以我们的所有信息都可能被绑定到该设备证书中，从而被生产厂家识别，这是我们不能接受的。用户不希望自己买到的设备跟踪自己的使用习惯，因此需要一种新的正版验证方式，在这种方式下生产厂家仅可以知道该设备是否为正版，但是不能从全部的设备中区分是哪个设备。

生产厂家可以通过为所有的设备植入相同证书的方式说明自己不可能从一批设备中区分出某台设备。但是，这样的隐患在于如果某台设备被破解，那么这个防止盗版的措施就完全失效，之后生产厂家可能也无法区分出哪些是正版、哪些是侵权的盗版。

直接匿名证明能够很好地解决上述问题。在直接匿名证明中，每个用户都有不同的凭证，设备不需要把凭证直接发送给生产厂家，而是仅发送一个能够表明自己拥有正确凭证的证明（签名）。首先，这个证明不会泄露任何用户凭证的信息；其次，来自同一个凭证的证明是无法被区分的，这样生产厂家也不能把某两个证明联系起来推知它们来自同一个凭证。因此，直接匿名证明有不可链接和最小披露的特点。所谓最小披露是指，当需要证明自己是合法设备时，仅证明自己是合法设备就可以了，不需要证明其他内容，这显著地不同于需要用户先披露身份，然后根据用户身份查询是否合法的做法，后者披露的是全部的用户身份信息。

### 2. 直接匿名证明在区块链中的应用

如图 5-16 所示，Hyperledger Fabric 的 IDEMIX 就是直接匿名证明的应用之一，并且定义了基于属性的凭证来进行隐私保护。

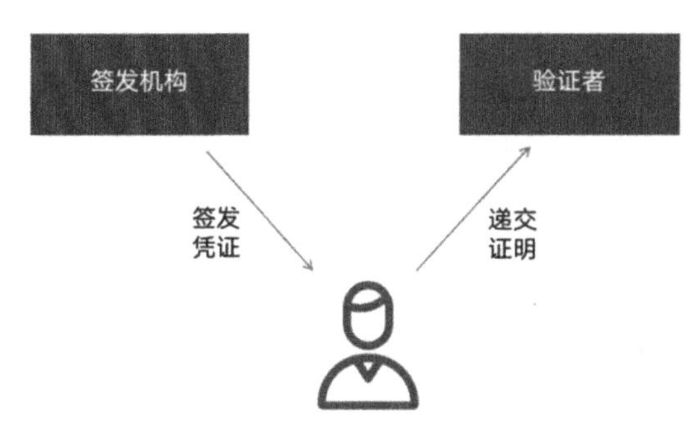


图 5-16　IDEMIX 示意图

签发机构给用户颁发凭证，以证明用户的一组用户属性。当用户需要向验证者证明身份时，可以使用该凭证生成一个自己拥有该凭证的“零知识证明”，在其中可以选择性地仅公开必要的属性。例如，仅证明自己是某组织成员或仅证明自己的年龄大于某值等。除了用户披露的属性信息，验证者不能得到其他信息。

### 5.3.4　技术优劣对比分析

现有的隐私友好认证机制的密码学方案发展迅速，越来越多的更强有力的方案被提出，如匿名凭证（Anonymous Credentials）、最小公开令牌（Minimal Disclosure Tokens）、可自我保护凭证（Selfblindable Credentials）等。这些方案或多或少都结合了几种基本的密码学高级原语的综合性方案。在这些直接匿名证明的方案中，IBM 的 IDEMIX 或 Intel 的 EPID 是相对成熟和可以依赖的设计。但是，这些设计的复杂原理都在某种程度上限制了推广，用户最后可能更倾向于选择稳妥的基于 PKI 的身份认证，而在隐私保护方面倾向于妥协。

对比环签名和群签名，环签名本身是一种特殊的群签名，一般认为在隐私保护方面环签名是比群签名更好的技术。首先，环签名解决了群管理员权限过大的问题，在环签名中没有群管理者，各个参与方都是平等的；其次，环签名中没有复杂的群成员加入或退出机制，相对自由；最后，环签名的匿名性更强，除非签名者自己承认，否则无法确认具体的签名者是谁。表 5-3 为各种身份隐私方案对比。

表 5-3 各种身份隐私方案对比

| 身份隐私方案 | 匿 名 性 | 监管友好 |
| --- | --- | --- |
| PKI | × | √ |
| 环签名 | √ | × |
| 群签名 | √ | √ |
| 直接匿名证明 | √ | √ |

## 5.4 数据隐私保护技术

随着区块链技术的发展，区块链的落地应用越来越多，与区块链相互结合的领域越来越多，区块链技术与生活更加密切相关。尽管区块链技术拥有可追溯、透明、不可篡改等特性，但区块链作为一种公开账本，链上的数据对所有人都是透明可见的，一旦上链，所有的数据都会全部公开，难免涉及隐私数据，如用户身份信息、高安全级别的合规数据检查、资产信息等。因此，传统的区块链系统逐渐不能满足实际应用。对于数据隐私保护，主要有工程上的账本隔离和密码学应用的账本加密。

### 5.4.1 账本隔离

区块链数据隐私保护可以从两个方面来考虑，一方面是做纯理论的数据隐私保护，如同态加密、零知识证明等；另一方面则是做工程上的数据隔离，保证非隐私数据参与方对于隐私数据的不可见性。而在工程上的数据隔离中，又可以分为粗粒度的分区共识与细粒度的隐私账本。

#### 1. 分区共识

分区共识的主要思想是，通过将不同业务的数据进行分流处理、分区存储，实现不同业务之间的隐私机密性保护。早期的区块链系统为了实现多业务同时运行，为每种业务都部署了一套单独的区块链平台，而分区共识在保证隐私性的前提下，提升了多业务流并行的性能。

图 5-17 为分区共识集群架构图，我们将一个业务流网络称为一个分区（Namespace，NS），每个分区都由一组可变的分区参与方节点（Namespace Participants，NSP）共同维护，节点每参与一个新的业务，都需要开辟一个新的分区。如图 5-17 所示，节点 1、2、3、4 参与了分区 1 中，而节点 3、4、5、6 参与了分区 2 中，相应地，节点 1、2、3、4 共享分区 1 的账本数据，而

节点3、4、5、6共享分区2的账本数据。需要注意的是，节点3和节点4虽然参与了 2 个分区中且需要维护两份账本数据，但是这两份账本数据是隔离存储的，即不同分区之间的数据互不交互。

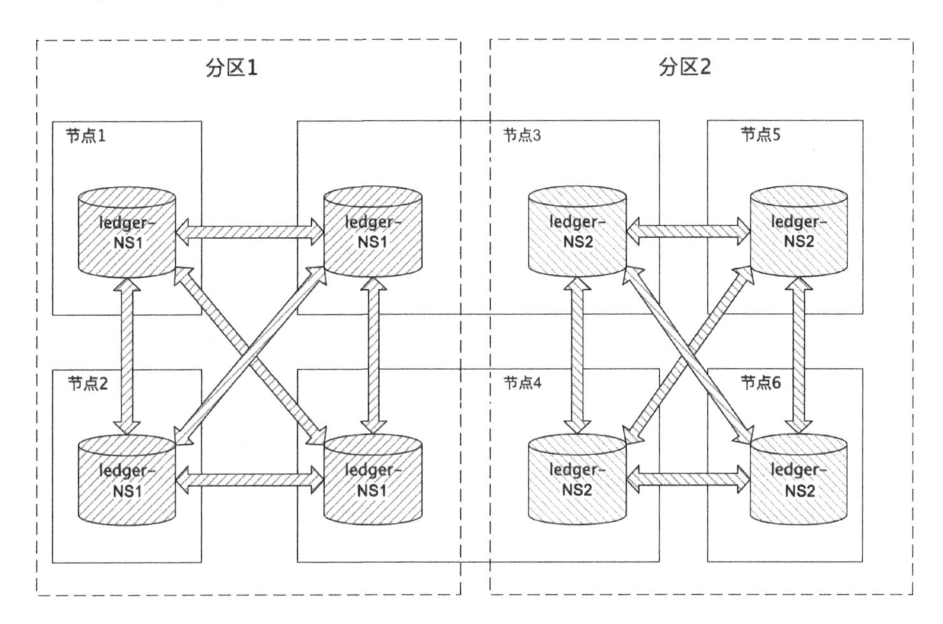


图 5-17 分区共识集群架构图

为了实现一个节点运行多个分区，需要一个分区管理器（NSM）来进行多分区的管理。NSM是链间隐私保护的核心，保证不同分区间数据的分流执行与隔离存储，实现单节点多业务的并行处理。图 5-18 展示了单节点架构图。一个区块链节点内部通常由逻辑网络层、共识层、执行层与存储层四个模块构成，在引入NSM之前，由于单节点只需要处理一个分区的交易请求，因此各模块之间相互耦合度较高，不影响交易的分发与处理，而在引入NSM之后，为了实现交易的分流处理，需要将各个模块进行拆分解耦，将主要模块由节点级别转化为分区级别。一个分区可以理解为一个虚拟的区块链网络，所有分区都可以单独处理各自分区内部的交易请求，有各自的交易定序机制和执行引擎，并统一由NSM进行交易请求的分发。同时，为了提高底层网络的复用，不同分区之间共用同一个物理网络层。

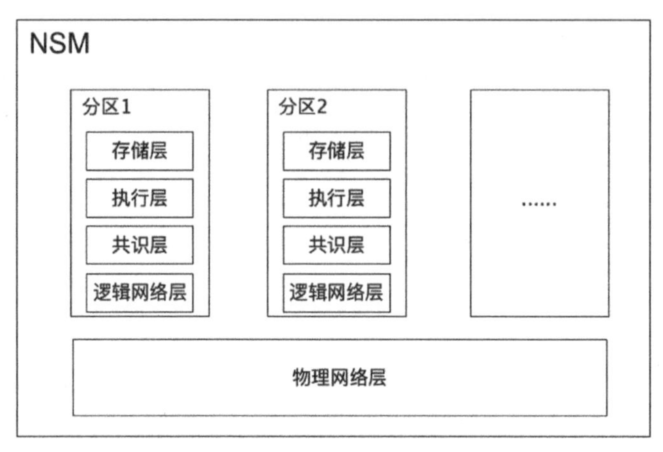


图 5-18 单节点架构图

由于所有分区的物理网络层都是共用的，因此 RPC 接口层需要承担起交易分流的作用，客户端在向节点发送交易请求时需要附带该交易所处分区的唯一 ID（NS_ID），RPC 接口层解析请求中的 NS_ID，将交易转发给 NSM，由 NSM 进行交易的分发。图 5-19 为多分区交易处理流程图，客户端向节点发送 3 笔交易，分别是分区 1 内的请求 3（点线表示）、分区 2 内的请求 2（虚线表示）、分区 3 内的请求 1（实线表示），节点在接收到交易请求后，需要在 RPC 接口层进行一次交易解析，读取出交易所属的 NS_ID，并将 NS_ID 连同交易请求一起转发到 NSM 中，随后 NSM 根据给定的 NS_ID 将交易请求分发到相应的分区处理模块中，实现交易的分流处理。

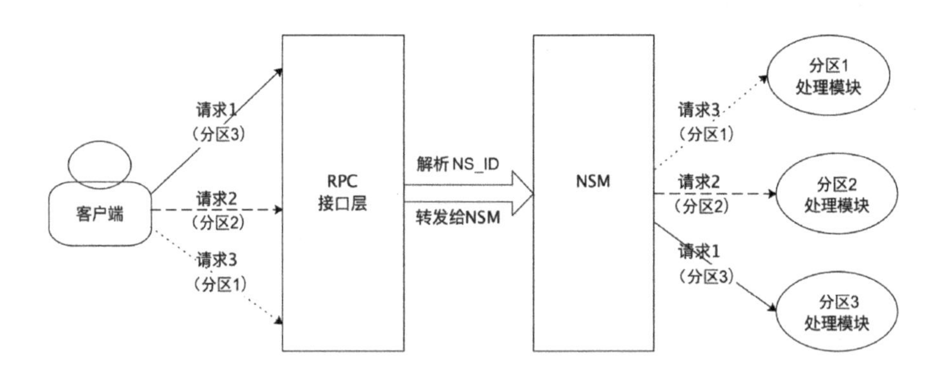


图 5-19 多分区交易处理流程图

分区共识的策略满足了业务级别、大数据量下隐私保护的需求。但是，并不是所有的隐私数据请求都需要通过新建分区的方式来完成。一方面，简单的隐私数据请求如多方隐私存证等，仅需要一条或若干条隐私交易请求就能完成，为每个数据量较小、交易频次也较小的隐私数据请求单独新建一个分区是一种较为耗费资源的方式；另一方面，一个业务分区内部往往存在许多隐私数据请求。例如，在医患系统中，患者的处方历史往往只对特定的医生可见，不希望暴露给其他医生，但是，患者每次预约的医生可能不同。在这种需求下，如果能够做到某些特定的隐私数据只对分区内部分可变的参与方节点可见，那么会大大提升数据隐私保护的灵活性。

### 2. 隐私账本

通过链内“双账本”的方式达到交易级别的隐私保护，可以解决上述分区共识面临的问题，即同一个分区内存在公开账本与隐私账本，隐私账本仅由隐私参与方节点共同维护。该方案实现了分区内部交易级别、智能合约级别的隐私保护，通过在交易内部指定隐私交易的参与方节点信息，用户可以选择分区参与方节点的任意合法子集作为本次隐私存证或隐私智能合约的参与方。接收隐私交易的区块链节点作为中转节点将隐私数据同步至所有隐私参与方节点之后，构造公开交易并进行分区内部的全网共识，最终将公开交易同步至分区参与方节点后，隐私参与方节点单独进行隐私账本的更新。该方案通过中转节点来保证隐私数据的同步，防止隐私数据的泄露，实现较为灵活的交易级别隐私保护。

链内双账本架构图如图 5-20 所示，所有区块链节点需要在每个分区下维护两份账本信息，分别是公开账本与隐私账本，公开账本记录所有的公开交易信息，包括普通的公开交易（普通转账或公开智能合约请求等）及由中转节点构造的公开交易（作为隐私交易的存证信息存储在公开账本中），公开区块以块链式结构相连，所有节点的公开账本一致且同步进行账本的更新；而隐私账本则记录各节点参与的所有隐私交易信息，由于不同节点在特定分区下参与的隐私交易不同，因此隐私账本也不同，隐私区块之间也无须通过块链式结构相连以保证数据的一致性，每次隐私账本的更新都只在隐私参与方节点内部进行同步更新。

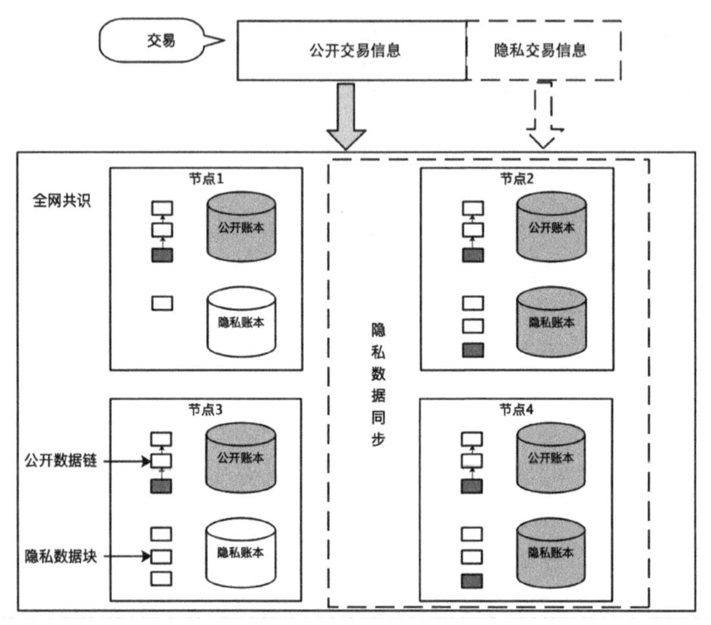


图 5-20　链内双账本架构图

链内双账本架构的整体工作流程如图 5-21 所示，具体流程如下。

（1）客户端构造隐私交易，并在交易中指定隐私参与方节点列表信息，将构造完成的隐私交易发向任一可连接的隐私参与方节点。

（2）接收隐私交易的节点作为中转节点检查隐私交易与自身权限的合法性，确认合法后，将隐私交易交给隐私交易管理器，由隐私交易管理器负责缓存至本地的隐私交易缓存区，并将隐私交易同步存储到其他隐私参与方节点

（3）其他隐私参与方节点在接收到隐私交易时，检查自身权限的合法性，确认合法后，将隐私交易交给隐私交易管理器，由隐私交易管理器负责缓存至本地的隐私交易缓存区，随后向中转节点返回确认信息。

（4）中转节点在接收到所有隐私参与方节点的确认信息后，将需要保护的隐私数据替换成哈希值，构造公开交易，进行正常的公开交易上链流程。

（5）待公开交易通过正常的共识流程同步至所有分区参与方节点之后，所有分区参与方节点同步更新各自的公开账本，检查自身是否存在对应的隐私交易，如果存在，则从隐私交易管理器中取出隐私交易并执行，最后进行隐私账本的更新。

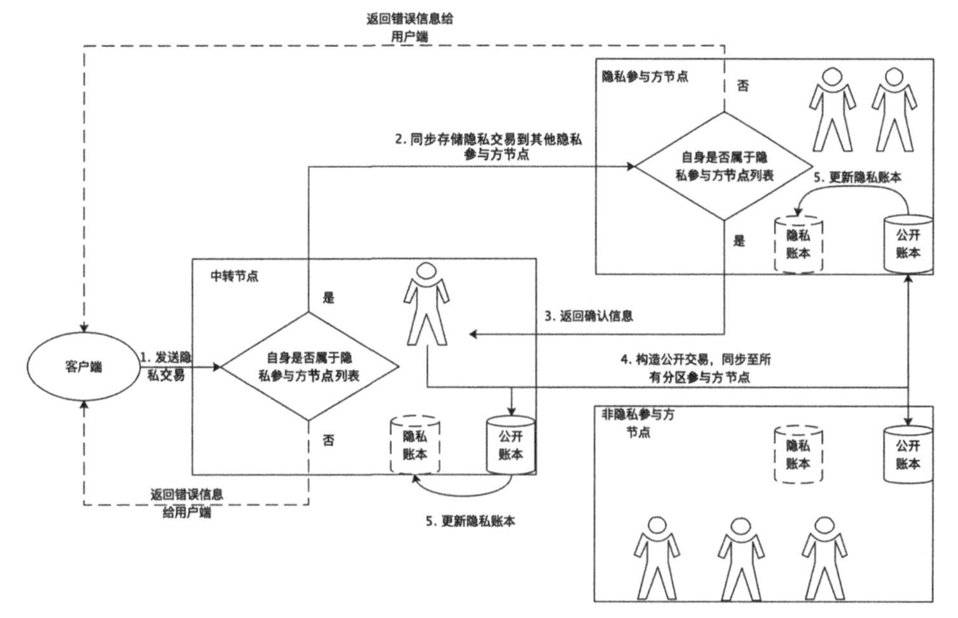


图 5-21　链内双账本架构的整体工作流程

链内双账本架构解决了分区共识开销较大、不够灵活的问题，目前 Fabric 与 QuorumChain 中均有类似的实现，但是其实现较为复杂，并且依旧存在一定的账本泄露风险，因此它与分区共识一样，本质上都是通过数据隔离的方式提供一种隐私保护的工程上的数据隔离。如果想彻底地解决隐私保护问题，最根本的方法还是通过密码学进行数据源的加密保护。

## 5.4.2　账本加密

5.4.1 节介绍了数据隐私保护在工程上的实现，本节主要介绍关于密码学应用的账本加密。密码学的基本加密方式有对称加密、非对称加密、哈希算法等，但是基本加密方式应用场景有限，而且对于私钥的管理也十分麻烦，一旦私钥丢失或泄露，账本数据将面临威胁，因此要根据不同的场景选择不同灵活度的加密方式。随着区块链和密码学的发展，目前区块链上的数据隐私保护主要分为两个方向，基于软件的隐私数据保护和基于硬件的隐私数据保护。软件实现中目前比较流行的几个方法分别为同态加密、零知识证明和安全多方计算；硬件实现主要利用 TEE 来完成对数据的隐私保护。

### 1. 账本加密的软件实现

账本加密的软件实现主要采用密码学手段进行隐私数据保护，近几年与区块链相互结合的技术主要有同态加密、零知识证明和安全多方计算，通过这些技术来达到保护账本数据不被泄露，并且能够完成一些相应的计算来满足实际场景的需求。

### 2. 账本加密的硬件实现

账本加密的硬件实现是通过 TEE 来完成的，TEE 的详细介绍会在后面章节有所体现，这里主要提到使用 TEE 进行账本加密的核心思想。首先将需要隐私保护的数据采用密码学手段进行加密，然后通过硬件环境，在 TEE 中进行解密后再处理，明文只在 TEE 中出现，外部只能够看到加密后的数据，以此来达到账本加密的目的。

## 5.4.3 密态计算与验证

### 1. 同态加密

#### 1）概述

同态加密是一种加密形式。普通加密（如对称加密）对一个数据进行加密后，数据不仅不具备可读性，而且无法对加密后的数据进行操作；而同态加密可以对加密后的数据进行操作，如简单的加法、乘法操作，并且操作后的数据在解密后，与原本数据进行相应操作后的结果相同。

同态加密的思路是，将原文加密，在密文上进行运算，形式化表示为

$$x_1, x_2, \cdots, x_n \to [x_1], [x_2], \cdots, [x_n]$$

$$f([x_1], [x_2], \cdots, [x_n]) \to \left[ f\left(x_1, x_2, \cdots, x_n\right) \right]$$

同态加密虽然思路简单，但是并没有想象中那么容易实现。许多众所周知的非对称加密算法也可以实现同态加密，但是只能够实现部分同态，部分同态指密文能够做加法操作或乘法操作，但不能既做加法操作又做乘法操作，部分同态的应用场景较为狭窄，如 RSA 加密方案，其支持的就是乘法同态。

$$[x] := x^e$$

$$[x] \cdot [y] = (xy)^e$$

加法同态如 1999 年提出的 Paillier 加密方案

$$[x] := g^x r^n$$

$$[x] \cdot [y] = g^{x+y} \left(r_x r_y\right)^n$$

全同态加密指在不泄露密钥的情况下，其密文能够进行任意计算，2009 年

Gentry 创造出第一个全同态加密方案，至此拉开研究全同态加密的序幕。

全同态加密的基础方案其实并不复杂，无非是在密文上做加法操作和乘法操作，但是密文中的错误（也称为噪声）会随着密文计算次数的增加而增大，乘法操作的噪声增大更为明显。如果噪声增大到一定程度，那么计算得到的密文就无法被破解，全同态加密也就失去了意义。因此噪声的控制成为全同态加密过程中一个至关重要的问题。Gentry 针对上面的问题提出了一个解决方案，也是第一代全同态加密，叫作 Bootstrapping，通俗的理解就是当密文计算达到一定次数后，将密文进行解密，然后重新计算密文，解密本身也在密文情况下进行，也可以叫作同态解密，以此来达到噪声控制的目的。

使用形式化的符号来描述 Bootstrapping 过程：假设明文 $b$ 被密钥对 $(pk_1,sk_1)$ 的公钥 $pk_1$ 加密为 $[b]_1$，此时 $[b]_1$ 的噪声含量极低。当 $[b]_1$ 经过若干次运算后变成 $[b]'_1$，此时 $[b]'_1$ 的噪声含量无法允许进行下一次乘法操作，这时候就需要启动 Bootstrapping，首先生成一对新的密钥对 $(pk_2,sk_2)$，使用 $pk_2$ 分别加密 $sk_1$ 和 $[b]'_1$，得到 $[sk_1]_2$ 和 $[[b]'_1]_2$，然后使用同态计算电路 D 作用于 $[sk_1]_2$ 和 $[[b]'_1]_2$，得到 $\left[D\left(sk_1,[[b]'_1]\right)\right]_2$，为 $[b]_2$，这样就在未解密的状态下得到了新的密文，虽然在全同态加密的过程中会引入新的噪声，但是只要引入的新噪声能够允许进行一次乘法操作，同态解密的目的就达到了。

但是 Gentry 提出的这个原始方案并不像理想中那样尽善尽美，由于同态解密计算量很大，而且随着密文大小的膨胀，算会越来越慢，因此全同态加密方案的效率很低，并且同态解密依赖循环安全的假设，导致该方案基本没有应用在实际中。第二代全同态加密提出了基于环-LWE 的假设，安全性可归约到格论（Lattice Theory）上的标准难题，打破了 Gentry 原先构建的全同态加密方案。第二代全同态加密首先构建一个部分同态加密（Somewhat Homomorphic Encryption）方案，在密文计算后，为了控制密文向量的维数膨胀，采用密钥交换技术，然后使用模交换技术控制密文计算的噪声增长，不需要同态解密的过程，从而获得一个层次性的全同态加密方案，该方案可以满足大多数应用。在第三代全同态加密，即 2013 年 Gentry 等提出的基于近似特征向量的全同态加密方案中，该方案的安全性基于环-LWE，不需要密钥交换和模交换技术实现一个层次性的全同态加密方案。

2009 年至今，全同态加密发展的典型代表为环-LWE 上的 BGV 方案，它是目前效率最高的全同态加密方案。环-LWE 上的 BGV 方案是由 Brakerski

等人提出的，由于环-LWE 上的全同态加密方案没有环结构，因此无法提供密文向量的乘法操作，后来 Brakerski 引入了再线性化技术与维数模约减技术，解决了没有环结构时无法进行密文向量乘法操作的问题，并且在后来的 BGV 方案中进行了改进，形成了密钥交换和模交换技术，这比 Gentry 的第一代全同态加密方案的效率要高许多，然而，密钥交换技术在公钥中添加了许多用于密钥交换的矩阵，增大了公钥尺寸，也影响了方案的效率[1]。基于这个问题，Gentry 提出了基于近似特征向量的全同态加密方案，但是效率依旧不如环-LWE 上的 BGV 方案。因此如何改进密钥交换技术，也是一个值得研究的问题。

总结来看，目前的全同态加密方案主要有以上三种方案：2009 年 Gentry 提出的基于同态解密的方案[2,3]；Brakerski 等人提出的环-LWE 上的 BGV 方案[4]；Gentry 等人提出的基于近似特征向量的全同态加密方案[5]。目前全同态加密方案的构造方式都是通过类似“拼凑”的方法实现的，其中噪声的处理方式尤为关键，也是目前的技术难题，尽管 2009 年以后全同态加密发展迅速，但是其本质上并没有重大突破，虽然环-LWE 上的 BGV 方案效率比之前提高了很多，但是仍然难以应用到实践中。

**2）应用**

同态加密在实际中的应用比较少，主要原因是效率低下，但是随着同态加密的发展，其在实际中的应用越来越多，同态加密主要适用于分布式计算，也有一些潜在的应用场景。

同态加密在基因、国家关键基础设施、健康保健等方面有很多潜在的应用。在基因方面，基因数据都是一些比较珍贵且隐私的数据，这些数据不能随意共享，一旦被泄露，可能会造成严重的影响。但是为了能够预测未来的数据发展或针对某一问题进行研究，这些数据必须进行充分利用和共享，这里就可以使用同态加密，但是实际中的计算并不完全依赖同态加密，也需要其他协议的相辅相成。例如，在零知识证明、安全多方计算中都有基于同态加密衍生出的方案，当与其他工具相结合时，同态加密的应用场景就变得更加广泛。

如图 5-22 所示，客户端将想要计算的明文加密，将加密后的密文发送至云端，云端按照指定的运算规则对密文进行计算然后返回给客户端，客户端进行解密就能够得到计算后的明文结果。同态加密能够充分利用云端的算力，实现对明文的计算且不会暴露隐私数据。例如，医疗机构对数据的处理能力比较弱，如果想要对医疗数据进行分析，则必须依赖算力强的第三方机构，如果想要尽可能地减少数据的泄露，则只能选择自己信任的第三方机构，但是通过同态加密，医疗机构可以将加密后的数据发送至任意的第三方机构，计算完成后再返回医疗机构，这样就完成了对数据的隐私保护和计算。

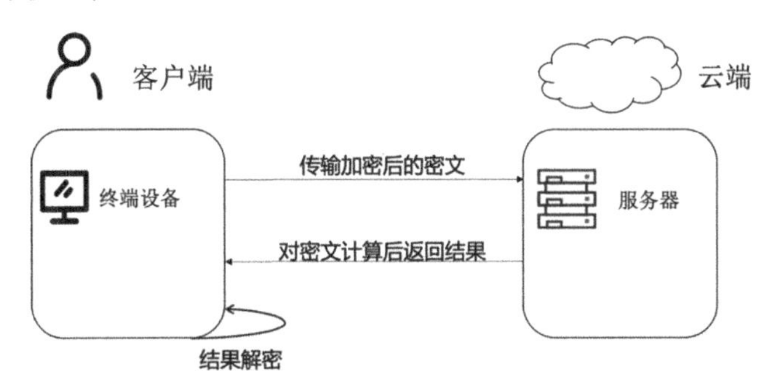


图 5-22　同态加密在云端的应用

同态加密在区块链上的应用一般都是通过与其他协议相结合来完成某一操作的，其他协议可以分担同态加密的计算量，从而使计算效率高的技术完成计算量更大的操作，而利用同态加密完成核心操作可以达成更高的效率和更好的效果。例如，下文提到的 Zk-SNARK 就应用了同态加密，并与区块链系统相结合，形成了我们所熟知的匿名加密货币 ZCash。

### 2. 零知识证明

#### 1）概述

零知识证明（Zero Knowledge Proof）是一种密码学技术，利用密码学手段，达到不泄露机密但是又可以得到结论的目的。一个零知识证明必须满足以下三个性质。

- 正确性：如果证明者的陈述是假的，那么任何一个作弊的证明者都不可能使一个诚实的验证者相信他的陈述。
- 完备性：如果证明者的陈述是真的，那么该陈述一定可以被验证者接收。
- 零知识：证明执行完成后，验证者仅能知道陈述是否为真，而获取不到任何其他信息。

虽然零知识证明的出现早于区块链，但是其真正被关注却是因为在区块链上的广泛应用。零知识证明的思想其实早在 16 世纪文艺复兴时期就出现过，意大利有两位数学家声称自己是一元三次方程求根公式的发现者，他们为了证明自己没有说谎但又不想把公式的具体内容泄露出来，就互相给对方出题，看谁能够全部解出来，由此来证明哪一位数学家的话是真的，在这个

过程中，求根公式就是零知识证明中不想被泄露的机密，而哪位数学家说的话是真的就是零知识证明中的结论。但零知识证明这个概念是在 20 世纪 80 年代中期，由 S. Goldwasser、S. Micali 及 C. Rackoff 在论文中提出的。随后的十几年里，密码学家们提出了一系列概念，也为后来的零知识证明发展奠定了基础。

ZCash 就利用零知识证明实现了交易信息的匿名化，ZCash 是基于一项名为 Zk-SNARK（Zero-knowledge Succinct Non-interactive Argument of Knowledge）的理论实现的。Zk-SNARK 的含义：Zero-knowledge 就是上面提到的零知识证明；Succinct 意为简洁的，表示验证过程中数据量小，验证算法简单；Non-interactive 意为无交互，表示证明者只需要提交证明，而验证者只需要执行验证，不需要提供给证明者任何反馈信息；Argument 意为争议，这里是指 Zk-SNARK 是有被攻击的争议，只有当证明者有足够强的算力时，才有可能伪造证据来欺骗验证者，但是这种概率极低；of Knowledge 表示在证明者不知道特定证明（Witness）的前提下，构造出一组有效的参数和证明几乎是不可能的。

Zk-SNARK 由四部分组成：多项式问题的转化、随机挑选验证、同态隐藏及零知识。

（1）多项式问题的转化。

在理解多项式问题的转化之前，需要先理解什么是 NP 问题。如果解决一个问题所需要的时间与问题的规模之间是多项式关系，那么称该问题具有多项式复杂度，一般问题可以分为 P 问题（Polynomial Problem）和 NP 问题（Non-Deterministic Polynomial Problem）。P 问题指在多项式时间内可解，NP 问题指在多项式时间内不可解，但是可以在多项式时间内验证。可以明显地看出，P 问题也是 NP 问题，但是 NP 问题不一定是 P 问题。

QAP 问题是一个 NP 问题：给定一系列的多项式及一个目标多项式，找出多项式的组合能够整除目标多项式。使用 Zk-SNARK 解决问题的第一步就是将一个问题转化成多项式的验证，也是 QAP 问题的转化。

对于一个简单的多项式方程 $x^3+x+5=35$。

①算术电路拍平。

首先将该方程转化为若干个简单算式，形如 $x=y$ 或 $x=y(\mathrm{op})z$，操作符 $(\mathrm{op})$ 代表加（+）、减（-）、乘（*）、除（/），这些简单算式可视为数字电路中的逻辑门。方程 $x^3+x+5=35$ 的算术电路如图 5-23 所示，可以转化为以下四

个算式

$$\mathrm{sym\_1} = x*x \tag{5-1}$$

$$\mathrm{sym\_2} = \mathrm{sym\_1}*x \tag{5-2}$$

$$\mathrm{sym\_3} = \mathrm{sym\_2} + x \tag{5-3}$$

$$\mathrm{out} = \mathrm{sym\_3} + 5 \tag{5-4}$$

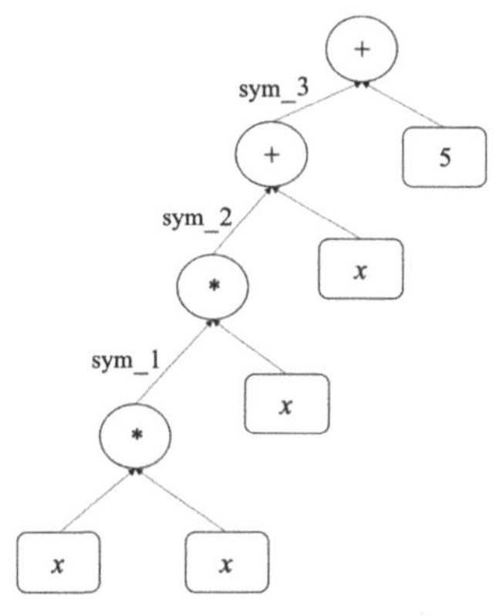


图 5-23　算术电路

算术电路拍平指用一组向量来定义算术电路中的所有变量（这其中包括一个常量变量，为了方便做加法操作），拍平之后向量表示为 $\boldsymbol{s} = [\mathrm{one}, x, \mathrm{out}, \mathrm{sym\_1}, \mathrm{sym\_2}, \mathrm{sym\_3}]$，其中，one 代表常数 1，$x$ 代表输入，out 代表输出。

②门描述。

对每个电路中的门进行描述，表明输入与输出，采用 $\boldsymbol{s}\cdot\boldsymbol{a} * \boldsymbol{s}\cdot\boldsymbol{b} - \boldsymbol{s}\cdot\boldsymbol{c} = 0$ 的形式，其中 $\boldsymbol{a}$、$\boldsymbol{b}$、$\boldsymbol{c}$ 是和电路向量长度一致的向量值，$\boldsymbol{s}\cdot\boldsymbol{a}$ 、$\boldsymbol{s}\cdot\boldsymbol{b}$ 、$\boldsymbol{s}\cdot\boldsymbol{c}$ 都是点乘。向量 $\boldsymbol{a}$、$\boldsymbol{b}$、$\boldsymbol{c}$ 的向量值如下。

门①：

$\boldsymbol{a} = [0, 1, 0, 0, 0, 0]$

$\boldsymbol{b} = [0, 1, 0, 0, 0, 0]$

$\boldsymbol{c} = [0, 0, 0, 1, 0, 0]$

将 $\boldsymbol{a}$、$\boldsymbol{b}$、$\boldsymbol{c}$ 代入 $\boldsymbol{s}\cdot\boldsymbol{a} * \boldsymbol{s}\cdot\boldsymbol{b} - \boldsymbol{s}\cdot\boldsymbol{c} = 0$，即可得到式（5-1）。

同理，门②：

$\boldsymbol{a} = [0, 0, 0, 1, 0, 0]$

$\boldsymbol{b} = [0, 1, 0, 0, 0, 0]$

$\boldsymbol{c} = [0, 0, 0, 0, 1, 0]$

门③：

$\boldsymbol{a} = [0, 1, 0, 0, 1, 0]$

$\boldsymbol{b} = [1, 0, 0, 0, 0, 0]$

$\boldsymbol{c} = [0, 0, 0, 0, 0, 1]$

门④：

$\boldsymbol{a} = [5, 0, 0, 0, 0, 1]$

$\boldsymbol{b} = [1, 0, 0, 0, 0, 0]$

$\boldsymbol{c} = [0, 0, 1, 0, 0, 0]$

③多项式表达。

在门电路基础上，将所有的门电路都转化为多项式。将向量 $\boldsymbol{a}$、$\boldsymbol{b}$、$\boldsymbol{c}$ 中的系数看作一个多项式结果，如 $\boldsymbol{a} = \left[f_0(x), f_1(x), f_2(x), f_3(x), f_4(x), f_5(x)\right]$，此时对于门①、门②、门③、门④来说，$f_0(x)$、$f_1(x)$、$f_2(x)$、$f_3(x)$、$f_4(x)$、$f_5(x)$ 的取值各不相同。假设门①中的 $x$ 值为 1，门②中的 $x$ 值为 2，门③中的 $x$ 值为 3，门④中的 $x$ 值为 4，对于 $f_0(x)$ 来说，将得到如下 4 个等式：$f_0(1)=0$，$f_0(2)=0$，$f_0(3)=0$，$f_0(4)=5$。也就是说，函数 $f_0(x)$ 经过点(1,0)、(2,0)、(3,0)、(4,5)，通过拉格朗日插值能够算出函数 $f_0(x)$ 的表达式，同理可算出其他多项式的表达式。把这些多项式的表达式代入 $\boldsymbol{s}\cdot\boldsymbol{a}*\boldsymbol{s}\cdot\boldsymbol{b}-\boldsymbol{s}\cdot\boldsymbol{c}=0$ 可得，多项式 $\boldsymbol{s}\cdot\boldsymbol{a}\times\boldsymbol{s}\cdot\boldsymbol{b}-\boldsymbol{s}\cdot\boldsymbol{c}$ 能够整除 $(x-1)(x-2)(x-3)(x-4)$，至此，就将一个算术电路转化为了 QAP 问题。

（2）QAP 问题的 Zk-SNARK 证明。

QAP 问题在 Zk-SNARK 中的证明过程和 QSP 问题类似，QSP 是基于布尔电路的 NP 问题的证明，其思路与 QAP 问题的思路相同，给定一系列的多项式 $v_0,\cdots,v_m,w_0,\cdots,w_m,y_0,\cdots,y_m$ 及目标多项式 $t$，找出能够整除 $t$ 的多项式组合。

如图 5-24 所示，QAP 问题的 Zk-SNARK 证明分为两个阶段：Setup 阶段和证明阶段。

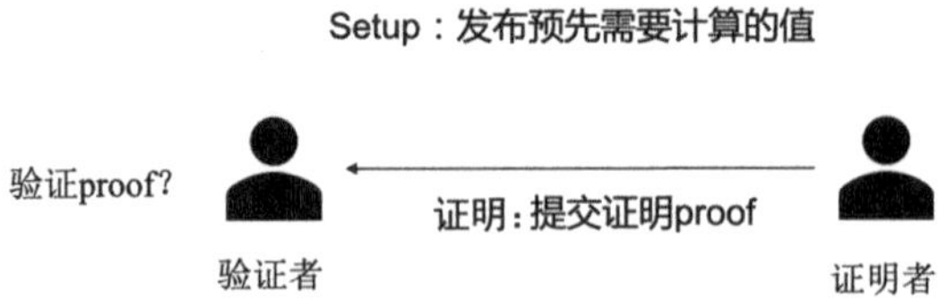

Setup：发布预先需要计算的值

验证proof?

证明：提交证明proof

验证者

证明者

图 5-24　QAP 问题的 Zk-SNARK 证明

①Setup 阶段。

- 设置参数并计算 CRS。

CRS（Common Reference String）指预先公开的信息，在选定$s$和$\alpha$的情况下，公布如下信息。

$s$和$\alpha$的计算结果

$$\left(s^0\right),E\left(s^1\right),\cdots,E\left(s^d\right)$$

$$E\left(\alpha s^0\right),E\left(\alpha s^1\right),\cdots,E\left(\alpha s^d\right)$$

多项式的$\alpha$对的计算结果

$$E\left(t(s)\right),E\left(\alpha t(s)\right)$$

$$E\left(v_0(s)\right),\cdots,E\left(v_m(s)\right),\ E\left(\alpha v_0(s)\right),\cdots,E\left(\alpha v_m(s)\right)$$

$$E\left(w_0(s)\right),\cdots,E\left(w_m(s)\right),\ E\left(\alpha w_0(s)\right),\cdots,E\left(\alpha w_m(s)\right)$$

$$E\left(y_0(s)\right),\cdots,E\left(y_m(s)\right),\ E\left(\alpha y_0(s)\right),\cdots,E\left(\alpha y_m(s)\right)$$

多项式的$\beta_v$、$\beta_w$、$\beta_y$、$\gamma$参数的计算结果

$$E(\gamma),E(\beta_v\gamma),E(\beta_w\gamma),E(\beta_y\gamma)$$

$$E\left(\beta_v v_0(s)\right),\cdots,E\left(\beta_v v_m(s)\right)$$

$$E\left(\beta_w w_0(s)\right),\cdots,E\left(\beta_w w_m(s)\right)$$

$$E\left(\beta_y y_0(s)\right),\cdots,E\left(\beta_y y_m(s)\right)$$

$$E\left(\beta_v t(s)\right),E\left(\beta_w t(s)\right),E\left(\beta_y t(s)\right)$$

②证明阶段。

- 证明者提供证据。

在 QAP 问题的映射函数中，如果 $2n < m$（$n$ 指 $n$ 位的 QAP 问题），则说明在 1～$m$ 中有数字没有被映射到，这些没被映射到的数字组成$v_{\text{free}}$，并定义：$v_{\text{free}}(x)=\sum_k a_k v_k(x)$（$k$ 为没被映射到的数字）。

证明者提供证据如下

$$V_{\text{free}}:=E\left(v_{\text{free}}(s)\right),\ W:=E\left(w(s)\right),\ Y:=E\left(y(s)\right),\ H:=E\left(h(s)\right)$$

$$V'_{\text{free}}:=E\left(\alpha v_{\text{free}}(s)\right),\ W':=E\left(\alpha w(s)\right),\ Y':=E\left(\alpha y(s)\right),\ H':=E\left(\alpha h(s)\right)$$

$$P:=E\left(\beta_v v_{\text{free}}(s)\right)+\beta_w w(s)+\beta_y y(s)$$

- 验证者验证。

在 QAP 问题的映射函数中，所有被映射的数字定义为

$$v_{\text{in}}(x)=\sum_k a_k v_k(x)$$

验证者验证等式是否成立

$$\begin{gathered}e\left(V'_{\text{free}},g\right)=e\left(V_{\text{free}},g^{\alpha}\right),\ e\left(W',E(1)\right)=e\left(W,E(\alpha)\right),\\ e\left(Y',E(1)\right)=e\left(Y,E(\alpha)\right),\ e\left(H',E(1)\right)=e\left(H,E(\alpha)\right)\end{gathered} \tag{5-5}$$

$$e\left(E(\gamma),P\right)=e\left(E(\beta_v\gamma),V_{\text{free}}\right)e\left(E(\beta_w\gamma),W\right)e\left(E(\beta_y\gamma),Y\right) \tag{5-6}$$

$$e\left(E\left(v_0(s)\right)E\left(v_{\text{in}}(s)\right)V_{\text{free}},E\left(w_0(s)\right)W\right)=e\left(H,E\left(t(s)\right)\right)e\left(y_0(s)Y,E(1)\right) \tag{5-7}$$

式（5-5）验证 $V_{\text{free}}/V'_{\text{free}}$、$W/W'$、$Y/Y'$、$H/H'$ 是否是 $\alpha$ 对。

式（5-6）验证 $V_{\text{free}}$、$W$、$Y$ 的计算是否采用了一致的参数。因为 $v_{\text{free}}$、$w$、$y$ 都是多项式，它们的和也是一个多项式，因此采用 $\gamma$ 参数进行确认。

式（5-7）验证 $v(s)w(s)-y(s)=h(s)t(s)$，其中，$v_0(s)+v_{\text{in}}(s)+v_{\text{free}}(s)=v(s)$。

根据以上等式可以得出，验证者验证的逻辑就是确认 $v$、$w$、$y$、$h$ 是否为多项式，并且 $v$、$w$、$y$ 是否采用同样的参数，满足 $v(s)w(s)-y(s)=h(s)t(s)$，其思路与 QAP 问题的验证一致。

- 加密变量。

为了能够更好地隐藏 $V_{\text{free}}$、$W$、$Y$，需要额外采用偏移量 $\delta_{\text{free}}$、$\delta_w$、$\delta_y$。然后将 $v_{\text{free}}(s)$、$w(s)$、$y(s)$、$h(s)$ 进行如下变形，验证者用同样的逻辑进行验证。

$$v_{\text{free}}(s)\to v_{\text{free}}(s)+\delta_{\text{free}}t(s)$$

$$w(s)\to w(s)+\delta_w t(s)$$

$$y(s)\to y(s)+\delta_y t(s)$$

$$h(s)\to h(s)+\delta_{\text{free}}\left(w_0(s)+w(s)\right)+\delta_w\left(v_0(s)+v_{\text{in}}(s)+v_{\text{free}}(s)\right)+\left(\delta_{\text{free}}\ \delta_w\right)t(s)-\delta_y$$

通过以上方法，基本实现 Zk-SNARK 的推导逻辑。

**2）应用前景**

零知识证明在区块链中的领域主要有两大方向：隐私保护和扩容。零知识证明之所以能够在区块链领域获得应用主要是因为其能够在不泄露数据的条件下完成证明，而且仅需要生成很小数据量的证明就能够完成对大量数据的证明。

- 隐私保护。

区块链有一个重要特征就是透明性，这里指的是账本的透明性，因此所有

交易信息都是公开可追溯的，虽然这在一定程度上解决了信息不对称和欺诈问题，但是对账户的资产隐私造成了很大的危害，资产信息是一个人或一个机构非常重要的隐私信息，当账户的资产信息被暴露在公开场合时，对资产管理来说无疑是一个巨大的风险和威胁，如果用户与区块链上的钱包地址相关联，那么这个用户的资产信息和账户信息就会暴露。

在这个方面，零知识证明能够达到隐私保护的目的，如 ZCash 中的解决方案，它能够通过提交完全不泄露任何信息的证明来完成交易，实现交易信息的匿名化，同时支持大规模的交易。不仅是货币，以智能合约为基础的 Token 资产（如 ERC20 Token、ERC721 Token）的转移也可以使用零知识证明来保护隐私。

随着区块链技术的发展，区块链落地应用越来越多，区块链与实际生活的联系越密切，与个人身份的联系也就越密切。现在互联网应用逐步走向实名化，传统的身份认证手段，即将用户个人身份信息完成认证后保存在服务器后端，在这种情况下，服务器一旦被入侵，将泄露所有用户的个人身份信息。最初在区块链上，用户与现实中的个人身份并没有直接联系，因此不存在泄露的问题，随着区块链应用的发展，这个问题逐渐成为发展的弊端。零知识证明能够在完成身份认证的交互过程中保护用户的隐私和确保认证结果的正确性。

除了用户的个人身份信息、资产信息等，生活中有些信息虽然不能公之于众但是又必须接受相关部门的监管，如金融、保险等领域，当这些领域与区块链结合时，如何在保护数据隐私的同时接受数据监管是非常重要的一个方面。应用零知识证明，隐私数据通过加密计算生成证据后上链，监管方只需要验证链上的证据完成数据监管。

- 扩容。

在区块链中，网络传输和节点同步，区块大小非常有限，每个区块能够容纳的交易数量也有限。另外，由于区块同步，交易不能够被及时处理，严重阻碍了对响应速度有极高要求的应用向区块链迁移。零知识证明具有仅需要生成很小数据量的证明就可以完成对大量数据证明的优点，因此针对这个问题有良好的解决方案。早在 2018 年 10 月，以太坊创始人 Vitalik 就表示，使用 Zk-SNARK 大规模验证交易，可以在以太坊上扩展资产交易规模。利用 Zk-SNARK，以太坊每秒可处理的交易数量达到 500 笔。这是当时以太坊网络每秒所能处理的交易数量的 30 倍以上。目前基于零知识证明的扩容解决方案有很多，主要以链下扩容、链上区块压缩和轻量级客户端为主。

### 3. 安全多方计算

#### 1）概述

安全多方计算指每个参与方都拥有自己的私有数据，参与方共同参与一个计算，能且仅能获取自己期望得到的数据，而不会获取额外的数据。

安全多方计最早由华裔计算机科学家、图灵奖获得者姚期智教授于 1982 年提出，也就是为人熟知的百万富翁问题：两个争强好胜的富翁在街头相遇，如何在不暴露各自财富的前提下比较出谁更富有？这个问题在经过 Oded Goldreich、Silvio Micali、Avi Wigderson 等人的发展后，成为现代密码学中非常活跃的研究领域，即安全多方计算，其数学描述如下。

存在 $n$ 个参与方 $P_1,P_2,\cdots,P_n$，每个参与方 $P_i$ 都拥有其私有数据 $x_i$，参与方希望计算 $(y_1,y_2,\cdots,y_n)=f(x_1,x_2,\cdots,x_n)$，使得任何一个参与方 $P_i$ 仅可以得到其期望的输出 $y_i$，而不获知任何额外的信息（参与方人数除外）。

安全多方计算要满足的安全条件如下。

- 正确性：通过在某个协议下进行计算一定可以得到正确的结果。
- 隐私性：只能够获取预期的输出而不能得到额外的信息。
- 公平性：各参与方要么一起得到预期的输出，要么都得不到。
- 独立性：参与方的输入都是独立的。

在安全多方计算中，根据参与方的可信度分为以下几个安全模型。

- **Real-Ideal Paradigm（理想模型）**：在理想模型中，每个参与方都是可信的，一方将其信息发送给另一方，另一方不会查看这份信息，只会根据规定计算出结果，并发送给下一方或所有参与方。
- **Semi-Honest Security（半诚实模型）**：半诚实模型指参与方会诚实地运行协议，但是也会根据其他参与方的输入或计算的中间结果来推导额外的信息。
- **Malicious Security（恶意模型）**：恶意模型指参与方可能不会诚实地运行协议，甚至还会搞破坏。

在联盟链应用场景中，理想模型和恶意模型属于两个极端，但这种情况几乎是不存在的，多数为半诚实模型。根据计算参与方个数的不同，可分为只有两个参与方的 2PC（安全多方计算）和多个参与方（≥3）的 MPC（安全多方计算）。安全两方计算采用的协议是不经意传输（Oblivious Transfer，OT）和混淆电路（Garbled Circuit，GC），而安全多方计算采用的协议主要为 OT、同态加密、密钥共享、零知识证明、承诺方案等。

OT 是一种具有隐私保护功能的通信协议，使通信双方能以一种选择模糊化的方式在彼此之间传送消息。OT 是密码学的一个基本协议，这个协议使服务的接收方能以不经意的方式接收到发送方的某些消息，由此保护接收方的隐私不被发送方知道，同时接收方不知道发送方具体发送了什么消息。以 2 取 1 位 OT 协议来说，A 的输入位为 $b_0,b_1\in\{0,1\}$，B 的输入位为 $c\in\{0,1\}$，A 和 B 通过一定的方式进行交互后，B 可以得到 $b_c$，但 A 无法得知 B 的选择 $c$，B 无法同时得到 $b_0$、$b_1$。

GC 是一种安全两方计算协议，由姚期智教授提出并为百万富翁问题提出了解决方案。GC 中两个参与方分别是电路生成者和电路执行者，双方首先达成一致，然后将要执行的联合函数转化为布尔电路。电路生成者使用对称加密算法对每个门电路进行加密，选取对等个数的随机数，对电路上每条线路可能的输入值、输出值分别进行替换，这些随机数也称为混淆密钥。以与门（AND）电路为主，假设输入为 $x$、$y$，输出为 $z$，则其真值表如表 5-4 所示。

**表 5-4　真值表**

| $x$ | $y$ | $z$ |
|---|---|---|
| 0 | 0 | 0 |
| 0 | 1 | 0 |
| 1 | 0 | 0 |
| 1 | 1 | 1 |

首先，$x$ 和 $y$ 的值不能公开，也不能全部发给电路执行者，可以使用随机数表示，电路执行者拿到的是与输出 $z$ 相关的信息。$z$ 的信息也不能完全暴露，因此 $z$ 也可以使用随机数表示，并且 $z$ 的四个结果均不相同，$z$ 的值能够由某一组的 $x$、$y$ 解出，因此可以使用 $x$、$y$ 对 $z$ 进行加密，得到加密后的真值表，如表 5-5 所示。

**表 5-5　加密后的真值表**

| $x$ | $y$ | $z$ |
|---|---|---|
| $k_x^0$ | $k_y^0$ | $E_{k_x^0}E_{k_x^0}(k_z^0)$ |
| $k_x^0$ | $k_y^1$ | $E_{k_x^0}E_{k_y^1}(k_z^0)$ |
| $k_x^1$ | $k_y^0$ | $E_{k_x^1}E_{k_y^0}\left(k_z^0\right)$ |
| $k_x^1$ | $k_y^1$ | $E_{k_x^1}E_{k_y^1}\left(k_z^1\right)$ |

电路生成者将加密后的真值表的 $z$ 打乱顺序后连同 $x$、$y$ 的随机数发送给电路执行者，电路执行者在接收到消息后执行电路。电路生成者提供自己的输入，电路执行者只需要选择对应的值解出 $z$，但是为了使电路执行者不知道电路生成者的全部输入，同时使电路生成者不知道电路执行者到底选择了哪个 $z$，需要用到 OT，通过 OT 完成双方 GC 的计算。

GC 起初是基于半诚实模型完成的，后来经过一系列的优化，也可对抗恶意模型，但是在实际应用中，还需要考虑性能问题。

**2）应用**

目前安全多方计算的应用主要集中在电子选举、电子拍卖、健康医疗记录、联合数据查询、私有信息安全查询等领域。电子选举是典型的安全多方计算应用，通过安全多方计算，能够实现计票完整性、投票过程的鲁棒性，以及选举内容的保密性、不可复用性和可证实性；电子拍卖的大部分方案都采用安全多方计算的密钥共享；在健康医疗记录方面不仅能够保证患者的医疗数据不被泄露，而且输出的结果真实可信，通过对协议的双盲设计确保医学研究的合法性。

安全多方计算应用于区块链，也具备一定的优势。麻省理工学院媒体实验室旗下的项目 Enigma 就是一个典型的应用，基于安全多方计算，整个平台类似于一个“黑匣子”，节点可以上传任何信息，这些数据被处理后返回结果，并且数据不会被公开。安链云的“数据开放计算平台”基于安链云区块链网络，能够实现机构之间的数据安全共享和联合计算，通过点对点的分布式传输构建去中心化的“云”服务，将每次安全多方计算的关键步骤通过区块链进行上链记录，做到关键步骤可查询。安链云多方计算平台基于 SPDZ 协议进行开发，SPDZ 协议的实现分为线上和线下两个部分。其中，线下部分生成线上部分需要的参数，保障线上计算的安全性和效率，计算量较大；线上部分由参与方输入数据，各参与方通过协同计算获取结果。线下部分的计算可以由可信中心节点事先完成，也可由参与方协同完成。

总之，在数据发展的时代，数据的隐私保护变得越来越重要，区块链能够保证数据真实、不被篡改，但同时数据需要公开透明。安全多方计算能够保护输入的隐私性和计算结果的真实性，二者相互结合，将有更加通用的区块链平台。

### 4．基于 TEE 的可信计算

#### 1）概述

TEE（Trusted Execution Environments，可信执行环境），与之相关联的概念是可信计算（Trusted Computing，TC），可信计算在计算机和通信系统中广泛使用基于硬件安全模块支持下的可信计算平台，用于提高系统整体的安全性。

2006 年，Open Mobile Terminal Platform（OMTP）提出了一种双系统解决方案，即在同一个智能终端下，除多媒体操作系统外，额外提供一个独立的隔离安全操作系统，这一运行在同一硬件之上的隔离安全操作系统专门用于处理敏感信息，从而保证信息的安全，该系统其实就是 TEE 的前身。2009 年，OMTP 提出了 TEE 标准 *Advanced Trusted Environment: OMTP TR1*，在该标准中指出了 TEE 同时包含硬件和软件，TEE 的目的是为应用程序提供必要的安全性支持。其中对安全定义了两个级别，第一个级别是可以应对软件方面的攻击，第二个级别是能够同时防御软件和硬件方面的攻击。随着可信计算的发展，可信计算的研究方向逐渐由传统硬件芯片模式转向 TEE，其中被大家广泛认知且应用的主要有基于 Intel 芯片的 SGX、基于 ARM 开源框架的 TrustZone。

Intel SGX（Intel Software Guard Extensions，英特尔软件保护扩展），用于增强软件的安全性。SGX 通过将合法软件安全地封装在 Enclave（安全区）内部，保护软件不被恶意软件攻击，即使操作系统或 VMM（Hypervisor）被破坏，也无法影响 Enclave 里的代码和数据。Intel SGX 只信任自己和 Intel CPU，这个机制将 SGX 可信级别提升到硬件级别，软件方面的攻击无法威胁到 SGX 的 TEE，目前 Intel 在酷睿 6 代之后的 CPU 中都配备了 SGX TEE。

相比 Intel SGX，TrustZone 是 ARM 处理器特有的安全可信计算环境，TrustZone 将一个 CPU 划分为两个平行且相互隔离的处理环境，一个为普通运行环境，另一个为 TEE。因为两个环境相互隔离，所以很难进行跨环境操作代码及相应资源。同时，程序如果想要进入 TEE，需要先执行安全监控中断指令，让操作系统检查其安全性，当检测通过时才可以进入 Enclave。此机制确保了 TrustZone 的安全性，但也意味着整个系统的安全性将由底层操作系统全权负责。随着 ARM 芯片的普及，TrustZone 也有了更加广泛的应用，目前主要集中在机顶盒、车载设备及最常见的智能手机中，如高通的 Qcomsee、三星的 Trustonic 及 Google 的 Trusty。苹果手机虽然也使用 ARM 处理器，但是其使用的是自己研发的类似 Intel SGX 的 TEE。

SGX 和 TrustZone 相比是有些不同的：处理器不同，SGX 是 Intel 处理器下的 TEE，TrustZone 是 ARM 处理器下的 TEE；场景不同，SGX 服务于 PC 端，TrustZone 服务于移动端；安全程度不同，SGX 是硬件级别，理论安全性更高；使用方式也不同，在一个 Intel SGX 中可以创建多个 Enclave，但是 TrustZone 只有两个环境。

**2）应用**

TEE 和区块链能够相互结合，是因为在某些方面二者具有互补的属性。一方面，区块链能够保证其状态强大的可用性和持久性，而 TEE 无法保证可用性，因为客户端可以自行决定终止 TEE，而且 TEE 也无法可靠地访问网络并持久化存储；另一方面，区块链的算力非常有限，必须公开区块链的世界状态以供公共验证，而 TEE 在本地计算只需要很小的开销，并且可以通过远程认证来提供具有机密状态的可验证计算。

蚂蚁区块链应用 TEE 实现了硬件隐私智能合约链，使用 Intel SGX 实现了一定的隐私保护功能。TEE 智能合约链架构在蚂蚁区块链智能合约平台之上，作为核心组件提供通用高效的隐私保护功能，TEE 智能合约链利用 TEE 将智能合约引擎、必要的交易处理，以及密码学运算单元集成封装在“TEE 安全区”内，配合一系列严谨的安全协议流程达到隐私保护的目的。蚂蚁区块链智能合约平台利用其已有的功能特性，最大限度地增加 TEE 智能合约链与该平台的兼容性，使用户能够更加方便地利用隐私保护功能。在蚂蚁区块链的 TEE 智能合约链中，交易分为明文交易和隐私交易，智能合约分为明文智能合约和隐私智能合约。明文交易的执行过程与普通交易相同，隐私交易则采用密码学算法对交易内容进行加密，交易只能够在 TEE 内部进行解密，因此交易内容无法被外界查看，其执行过程中产生的状态数据及交易回执均采用密码学算法进行加密保护；明文智能合约通过明文交易部署，智能合约执行过程中的全局状态均明文存储于区块链节点本地数据库，调用接口完全开放，而隐私智能合约通过隐私交易发起部署，智能合约执行在 TEE 中，所有的全局状态均加密存储，调用接口有限开放。

目前基于 TEE 的可信计算在非区块链领域也有很多应用，如移动端的金融服务、生物 ID 应用等，随着区块链技术的发展，TEE 也能够在区块链领域大放光彩。TEE 不仅可以像蚂蚁区块链那样实现隐私交易、隐私智能合约，而且在任何有加密需求的地方都可以采用，TEE 提供的可信计算，能够保证在机器中运行的代码不被篡改，从而按照区块链协议指定的方式运行，为整个区块链网络提供安全。

### 5.4.4 技术优劣对比分析

#### 1. 同态加密

同态加密（HE）将明文加密后，对密文进行计算，生成加密结果，加密后的结果与对明文进行实际操作的结果相匹配，就好像是在明文上执行的一样。使用这种加密方式，能够在不泄露数据隐私的情况下外包存储和计算。因为同态加密具有这种特性，所以目前同态加密被学者们广泛研究，作为安全多方计算的候选者。然而，即使最前沿的同态加密方案的效率仍然有待考究。

从上文我们得知，Bootstrapping 过程的开销非常大，目前，同态加密的实际应用主要集中在评估函数的优化上，这主要是为了通过限制电路倍增来避免过高的开销。此外，根据该方案和目标安全级别，使用同态加密方案将导致巨大的密文扩展（从 2000 倍到 500000 倍甚至 1000000 倍的开销），这是因为同态加密方案必须是概率性的，以确保语义安全性和特定的基础数学结构。

#### 2. 零知识证明

零知识证明利用密码学算法，在不向另一方透漏任何明文的情况下能给出正确的结果。

目前越来越多的区块链平台在尝试利用零知识证明作为可信的离线计算解决方案。在这些区块链平台中，程序被编译成电路并传输到第三方执行环境，从而在第三方执行环境中使用该电路进行计算。与同态加密方案类似，零知识证明无法证明在远程环境中完成的实际工作量。除此之外，零知识证明也无法判断计算是否是从恶意方的黑客手中获得的。因此，在远程环境的应用上，零知识证明有一定的局限性。

#### 3. 安全多方计算

安全多方计算虽然能够完成多个参与方共同计算且不泄露隐私的效果，但是应用于现实世界比理想中要复杂很多。

例如，在做乘法操作时，如果没有其他工具帮助，则无法单独地在本地进行安全多方计算，利用同态加密实现更复杂的安全多方计算协议可以实现安全的乘法操作，但是，在效率上也会有所损失。另外，如果恶意节点发布错误

的共享信息，那么将影响其他对等节点计算结果的准确性，在这种情况下可以采用消息认证码（MAC）来完成正确性的认证。

### 4. TEE

TEE 在 CPU 内部划分出一块单独的区域用来执行敏感数据。理想的 TEE 应该保证代码运行时的状态，执行代码时的真实性，寄存器、内存和敏感 I/O 的完整性，以及存储在持久内存中的代码、数据和运行时状态的机密性。此外，TEE 应能够提供远程证明，用来证明其安全性，从而保证对第三方的可信赖性。目前在 TEE 实现中做得比较出色的项目是将其硬件安全模块嵌入到产品中，如 SGX、TrustZone、AMD 安全加密虚拟化（SEV）等。

然而，TEE 并没有想象中那么安全，以与 PC 端结合应用比较广泛的 SGX 来说，一些攻击证明了 SGX 还无法承载协议级别的数据安全保护。例如，SGX 在进行远程认证时，如果一个恶意云服务提供商首先忠实地响应远程证明查询，然后在 Enclave 外部模仿远程鉴定协议，那么 SGX 无法对这种行为进行辨别和阻止。因此，这种看似安全的协议并不像想象中那么安全。这种情况在现实应用中普遍存在，因为 TEE 无法区分使用者，因此可能会出现一种情况，在使用 TEE 时，可以信任硬件的安全性，但无法信任软件的控制者。因此，SGX 最好用于许可网络，其中所有节点都经过预先批准，使用环境经过用户的认证和信任。

因此，虽然某些技术具有计算效率高等优势，但它们无法提供无先验网络（Permissionless Network）所需的安全性和功能。一个好的隐私保护解决方案，应当从以下几个方面进行考虑。

- **效率**：指的是计算的效率。
- **隐私保留**：指的是在不向任何节点透露任何细节的前提下，数据集上的函数算力。这是一个安全计算的核心。
- **证明正确性**：指的是在一个无信任的网络中，能够证明算法以正确的方式执行。
- **安全性证明**：指的是证明计算实际上是在安全环境中进行的。

从上述的描述中，我们可以得到如表 5-6 所示的各隐私方案对比。

表 5-6 各隐私方案对比

| | MPC | HE | ZKP | TEE |
|---|---|---|---|---|
| 效率 | Acceptable to Fast | Relatively Slow | Acceptable | Fast |
| 隐私保留 | YES | YES | NO | NO |
| 无须信任 | YES | YES | NO | NO |
| 正确性证明 | YES | NO | YES | NO |
| 安全性证明 | YES | YES | NO | NO |

## 参考文献


[1] 陈智罡，王箭，宋新霞. 全同态加密研究[J]. 计算机应用研究，2014，31(6)：1624－1630.

[2] GENTRY C. Fully homomorphic encryption using ideal lattices[C]// Proceedings of the forty-first annual ACM symposium on Theory of computing, 2009: 169－178.

[3] GENTRY C, BONEH D. A fully homomorphic encryption scheme[M]. Stanford university, 2009.

[4] ZVIKA BRAKERSKI, CRAIG GENTRY, VINOD VAIKUNTANATHAN. Fully Homomorphic Encryption without Bootstrapping[J]. ACM Transactions on Computational Theory, 2014, 6(3): 13.1－13.36.

[5] GENTRY C, SAHAI A, WATERS B. Homomorphic encryption from learning with errors: Conceptually-simpler, asymptotically-faster, attribute-based[C]//Annual Cryptology Conference. Berlin: Springer, 2013: 75－92.

[6] 中国信通院. 信通院安全白皮书[EB/OL]. [2020-06-12]. http://www.caict.ac.cn/kxyj/qwfb/bps/201809/P020180919411826104153.pdf.

[7] 中华人民共和国国家质量监督检验检疫总局，中国国家标准化管理委员会. 信息安全技术二元序列随机性检测规范[S]. GB/T 32915—2016.

[8] 国家密码管理局. 密码产品随机数检测要求[S]. GM/T 0062—2018.

第6章

# 智能合约

智能合约（Smart Contract）是一套以数字形式定义的承诺，智能合约参与方节点可以在智能合约上执行相应的协议[①]。

智能合约的运行环境是智能合约执行引擎。智能合约执行引擎需要满足两个条件：执行过程可终止；执行过程结果一致性。从智能合约执行引擎架构来看，目前典型的设计包括栈式执行引擎、解释型执行引擎和容器化执行引擎三类，不同的执行引擎具有不同的设计原理、运行机制和应用。

区块链智能合约执行引擎为智能合约的运行提供了一个封闭的、确定性的沙箱环境，在运行智能合约时无法向外界请求获取新数据，所以智能合约需要使用预言机来搭建智能合约运行时的封闭环境与外部数据源之间的桥梁。

## 6.1 智能合约概述

智能合约是一种特殊的计算机协议，其本质是一段存在于区块链网络中的代码。智能合约拥有确定性、有限性、规范性的特点。

智能合约作为区块链中重要的一部分，其核心功能是让用户能够定义对于账本操作的逻辑，提供丰富的数据类型和工具方法，让区块链用户能够灵活多样地对账本数据进行操作。

智能合约的生命周期是一个智能合约在不同阶段的体现，智能合约所有者可对智能合约的生命周期进行管理。智能合约的生命周期从一个智能合约被创建开始，直至该智能合约被销毁结束，主要分为部署、调用、升级、冻结、解冻和销毁等阶段。

---

① THOMAS BOCEK. Digital Marketplaces Unleashed[M]. Springer-Verlag GmbH. 2017: 169-184.

### 6.1.1　概念和定义

#### 1．智能合约定义

智能合约最早是由美国计算机科学家 Nick Szabo 于 1994 年提出的，他在 1998 年发明了一种名叫“Bit Gold”的货币，该货币比比特币早发行了十年。Szabo 将智能合约定义为执行智能合约的计算机化交易协议，他想把电子交易方法的功能扩展到数字领域。区块链智能合约支持创建无须信任关系的协议，这代表智能合约参与方节点可以通过区块链智能合约做出承诺，而无须对其了解或互相信任，从而通过智能合约消除对公证机构的需求，降低运营成本。

从协议上来说，智能合约是一种旨在以信息化方式传播、验证或执行合同的计算机协议。智能合约允许在没有第三方机构的情况下进行可信交易，这些交易可追溯且不可逆[①]。

从本质上来说，智能合约是一段计算机逻辑代码，区块链用户之间的协议条款直接写入代码，这段代码及代码所达成的共识都存在于一个分布式的、去中心化的区块链网络中。当智能合约参与方节点发起对智能合约的调用交易时，智能合约逻辑会被执行引擎执行，最终保存智能合约执行产生的数据和结果，并生成一条可追溯且不可逆的交易记录。

#### 2．智能合约特性

智能合约具有确定性、有限性和规范性，这些特性保证了区块链网络中各个参与方节点执行智能合约的过程是安全的，并且智能合约执行结果是一致的。

**1）确定性**

确定性即执行结果确定，在输入相同的情况下输出一定相同。

对于一段确定的智能合约逻辑，智能合约的确定性需要确保无论什么时候，一个确定的智能合约方法在输入相同参数的情况下，产生的执行结果输出是相同的（不考虑智能合约状态数据对执行结果的影响），此处的执行结果包括智能合约方法执行逻辑、对区块链账本的修改和结果返回值。确定性确保运行在不同区块链节点上的同一个智能合约的执行结果是相同的。假设一个智能合约是非确定性的，不同节点的执行结果有可能不一致，则区块链节点共识不一致。

① Smart Contracts, Explained. Cointelegraph. 2017.

造成一个智能合约是非确定性的因素有很多，如获悉系统时间戳、并发运行程序、生成一个随机数等非确定性执行结果的函数，智能合约在不同的时刻运行这些函数都可能造成执行结果的不一致；对于非确定性数据源，如访问外部 URL 获取查询结果，不同节点 IP 地址访问到的数据可能不同，也会造成执行结果的不一致。类似上述情况，在智能合约中都应该被禁止调用。

**2）有限性**

有限性即执行过程有限，一次智能合约执行占用的资源有限，包括时间和空间资源。

智能合约在设计时就应该考虑其在执行过程中对于资源占用情况的计算，此处资源占用主要从时间和空间两个角度考虑，时间指执行时间，空间指内存或磁盘的占用。智能合约在执行过程中不能让一次执行占用太多的资源，这样会影响整个区块链网络的运行。具体的限制措施在不同的智能合约执行引擎上有所不同。例如，以太坊采用 Gas 计费的方式，对智能合约执行的每条指令和申请的存储空间都进行定量计费，在限制执行 Gas 消耗上限的同时，智能合约执行者需要为产生的 Gas 费用付费；Fabric 使用容器化的执行引擎，模拟执行交易，将空间资源从区块链节点上剥离出去，通过限制执行时间来达到智能合约执行过程的有限性。

如果某次智能合约执行过程占用了大量的资源，那么节点系统资源将被大量消耗，从而导致系统性能下降，甚至整个区块链网络进入停滞状态。

**3）规范性**

规范性即智能合约编写规范，智能合约需要满足一定的编写规范，以满足执行引擎的运行条件，减少智能合约漏洞。

在“The DAO”事件发生后，智能合约的规范性和安全性得到了重视。最著名的规范性检查当属 ERC20 接口[①]标准检查。

ERC20 是以太坊智能合约的标准接口说明，如果智能合约的开发者没有完全按照这个规范来实现，那么将对开发的 DApp 带来不可估量的损失。例如，开发者在使用 transfer 函数的时候未声明返回值，有可能导致智能合约无法完成正常的交易与转账，所以开发者需要在实现转账操作的同时，增加目的地址非零检查等。

HVM 智能合约会通过一系列接口的限定来规范智能合约的编写，否则智

① 可以把 ERC20 简单理解成以太坊上的一个代币协议，所有基于以太坊开发的代币都遵守这个协议。

能合约将无法运行。

### 6.1.2　智能合约架构

如图 6-1 所示，区块链智能合约架构一般包含以下几个部分：共识、执行和存储模块。共识模块主要将交易进行定序后发送给执行模块，存储模块则保存智能合约执行产生的账本数据和区块数据；执行模块不仅需要串联共识模块和存储模块，还需要负责智能合约的执行。通常来说，执行模块包含智能合约执行引擎，为智能合约执行提供上下文环境和账本数据的读写支持。

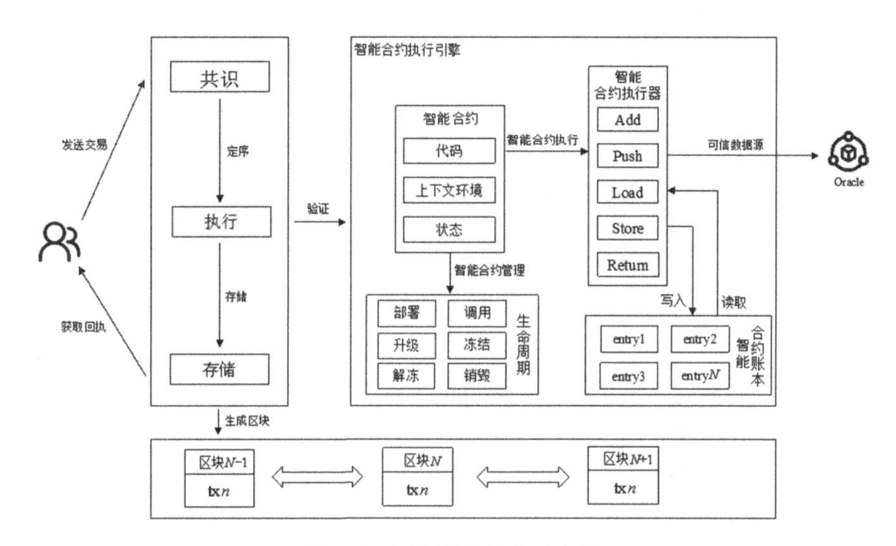


图 6-1　区块链智能合约架构

智能合约需要先部署到区块链平台上，将智能合约和某个账户地址进行绑定，后续对于该智能合约上的数据改动最终都会保存到账本中对应的地址下①。区块链用户可以通过区块链平台的 SDK 发起智能合约交易，指定要调用的智能合约地址和智能合约方法参数，经过 SDK 编码后将交易发送给区块链平台。区块链节点在收到交易以后通过共识模块进行广播和定序，之后交由智能合约执行引擎进行交易验证。智能合约执行引擎为智能合约构造了执行的上下文环境，提供了智能合约执行的参数和账本访问的接口；同时能够让智能合约管理者对智能合约的生命周期进行管理，智能合约的生命周期包括但不

① 区块链账户体系主要可以分为 UTXO 模型和账户余额模型（具体可参考第 2 章账户体系内容），一般地，智能合约使用在账户余额模型下，如没有特殊说明，则后续关于智能合约及执行引擎的介绍均基于账户余额模型。

限于升级、冻结、解冻和销毁。智能合约执行引擎将智能合约逻辑交由智能合约执行器，并输入用户在交易中指定的智能合约方法名和参数。智能合约执行器的实现相对多样，最常见的是栈式虚拟机，通过将智能合约编译为字节码的形式来执行智能合约逻辑。在智能合约执行过程中，可能会产生对区块链账本数据的读取和写入，以及通过 Oracle 预言机服务对外部可信数据源的访问，最终产生智能合约执行结果，进入提交区块阶段。在区块完成提交后，对应的账本数据修改将落盘，此时用户可以通过 SDK 查询智能合约执行结果，智能合约执行结果主要包括智能合约方法的返回值，可能还包括智能合约执行消耗的 Gas、交易的哈希值等数据。

上述描述了智能合约架构的一种常见形式，不同的区块链平台在具体实现上有所出入。例如，智能合约执行引擎可以有多种不同的架构，支持不同的智能合约语言。不同架构的执行引擎和账本的交互也有所不同。例如，EVM 和 HVM[①]是两种支持不同智能合约语言的执行引擎，它们对于指令的定义也是不同的；同样地，智能合约中的执行模块也并非一定要包含智能合约执行引擎。例如，Fabric 将智能合约执行引擎独立为背书节点（Endorser），执行模块只对执行结果的读写集进行冲突检查和合并。

### 6.1.3 智能合约生命周期管理

#### 1. 生命周期概述

智能合约生命周期是从一个智能合约被创建开始，直至该智能合约被销毁结束。在智能合约存活的生命周期期间，智能合约管理者可以对智能合约进行升级、冻结、解冻等操作。

#### 2. 生命周期管理

智能合约生命周期管理需要一定的权限，在智能合约被部署后，一般智能合约所有者才拥有对智能合约生命周期管理的权限。对智能合约生命周期进行不同的管理操作，会对区块链节点产生对应的变更，最终体现在世界状态中，包括但不限于部署、调用、升级、冻结、解冻、销毁等。

**1）部署**

智能合约的部署就是创建一个智能合约账户，并将智能合约保存到区块

---

① EVM 是以太坊上以 Solidity 为智能合约语言的执行引擎，HVM 是趣链区块链平台上以 Java 为智能合约语言的执行引擎。

链账本的智能合约账户中，只有用户将智能合约部署到链上之后，这个智能合约才可以被用户使用或被其他智能合约调用，如图 6-2 所示，在部署智能合约成功之后，智能合约状态将变为初始的正常状态。

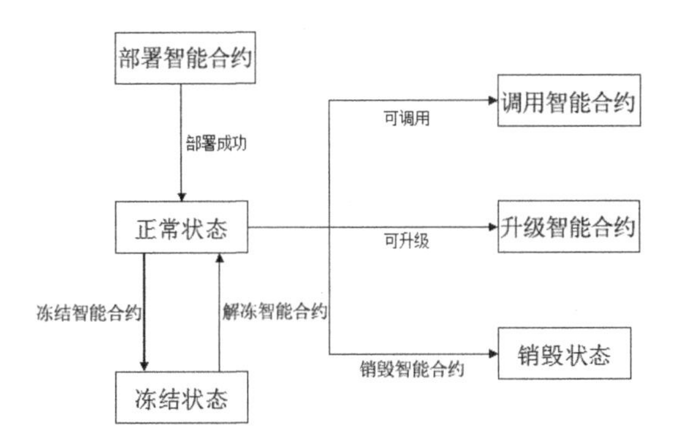


**图 6-2　智能合约生命周期图**

**2）调用**

调用者角度的不同，可以将调用分为以下两种。

（1）调用已经部署的智能合约：本质上就是调用部署在链上智能合约的某个函数。

（2）跨智能合约调用：从一个智能合约中调用另一个智能合约的某个功能。

如图 6-2 所示，调用智能合约需要保证智能合约处于正常状态。

**3）升级**

升级智能合约就是在某一个特定的智能合约地址上，用新的智能合约替换旧的智能合约。如图 6-2 所示，升级智能合约需要保证智能合约处于正常状态，在升级之后，部署地址上的智能合约会被替换为新的智能合约。

在升级过程中也要注意一些问题。开发者在升级智能合约时需要遵循一定的升级规范，确保旧的智能合约的数据在新的智能合约中仍然能被访问到。

**4）冻结**

冻结智能合约后将禁止这个智能合约被调用，该行为一般是智能合约管理者才可以触发的。如图 6-2 所示，当智能合约被冻结之后，智能合约状态将转入冻结状态，无法再进行正常的智能合约调用和升级等操作。

**5）解冻**

解冻智能合约用于恢复冻结智能合约的正常状态，该行为一般是智能合约管理者才可以触发的。如图 6-2 所示，解冻智能合约后，智能合约状态将恢复为正常状态，可以进行正常的智能合约调用和升级等操作。

6）销毁

销毁智能合约即删除某个智能合约，在销毁智能合约之后，用户不能调用智能合约方法，也无法访问在账本中记录的智能合约状态数据，该行为只有智能合约管理者才能触发。如图 6-2 所示，在销毁智能合约后，该智能合约会从区块链中抹去，用户不能访问该智能合约，也不能调用其方法。

## 6.2 典型的智能合约执行引擎

智能合约执行引擎作为智能合约的运行环境，其主要职责是准确地运行用户编写的智能合约逻辑，一般智能合约执行引擎需要满足以下两个条件。

（1）执行过程可终止，智能合约不能无限占用执行引擎资源而不释放。一般会通过智能合约执行的指令来计算 Gas 消耗，或者限制智能合约执行的时间。

（2）安全执行环境。保证智能合约的执行不会导致程序崩溃，屏蔽执行过程中的随机因素，保证相同的输入会有相同的输出。

智能合约执行引擎还为智能合约执行提供上下文环境，包括账本数据的访问、外部数据的获取，最终将执行结果交由区块链共识模块进行全网一致性验证。

从智能合约执行引擎的架构来看，目前典型的智能合约执行引擎主要包括栈式执行引擎、解释型执行引擎和容器化执行引擎三类，不同架构的执行引擎有各自的优缺点，以下将分析不同执行引擎的设计原理、运行机制和典型应用。

### 6.2.1 栈式执行引擎

#### 1. 设计原理

栈式执行引擎顾名思义，其核心概念就是通过栈数据结构来实现智能合约的执行流程。一般来说，栈式执行引擎会将智能合约编译成字节码指令的形式，而字节码指令记录的就是针对栈数据的操作，配合程序计数器，通过不断地操作数据入栈和出栈，最终执行出智能合约方法逻辑所返回的结果。部分栈式执行引擎还会引入局部变量表和栈帧的概念，其目的也是辅助字节码指令的栈式执行过程。局部变量表是一个能暂时存储数据的列表，可以保存智能合约方法参数或栈数据计算的中间结果；栈帧主要用于保存智能合约方法调用的调用栈信息和当前执行智能合约方法的上下文环境，当然这两个结构并不

是必需的，单纯使用栈数据也能实现相应的功能。

### 2. 运行机制

为解释栈式执行引擎的运行机制，我们以一段伪代码来解释字节码指令的运行过程。

```
func int add(int a, int b) {
    int c = a + b;
    return c;
}
```

同时我们定义一系列字节码指令并规定其行为，如表 6-1 所示。

**表 6-1 指令行为表**

| 指 令 | 行 为 |
|---|---|
| load *x* | 表示将局部变量表第 *x* 个位置加载到栈顶 |
| add | 表示将栈顶的两个元素出栈，并将两个元素相加后压入栈顶 |
| store *x* | 表示将栈顶元素出栈，存入第 *x* 个位置的局部变量表 |
| return | 表示将栈顶元素出栈，并作为智能合约方法返回值返回 |

根据表 6-1 中对于指令行为的定义，上述伪代码经过编译器编译后最终会表现为如下指令行为。

load 1　　// 将参数 *a* 加载到栈顶；

load 2　　// 将参数 *b* 加载到栈顶；

add　　　// 将栈顶的 *a* 和 *b* 出栈，*a*+*b* 后将结果存入栈顶；

store 3　 // 将 *a*+*b* 的结果出栈，并将结果赋值给变量 *c*；

load 3　　// 将变量 *c* 加载到栈顶；

return　　// 将栈顶元素 *c* 作为结果返回。

假设执行上述伪代码输入参数为 1 和 2，那么执行 add(1, 2)的过程如图 6-3 所示。

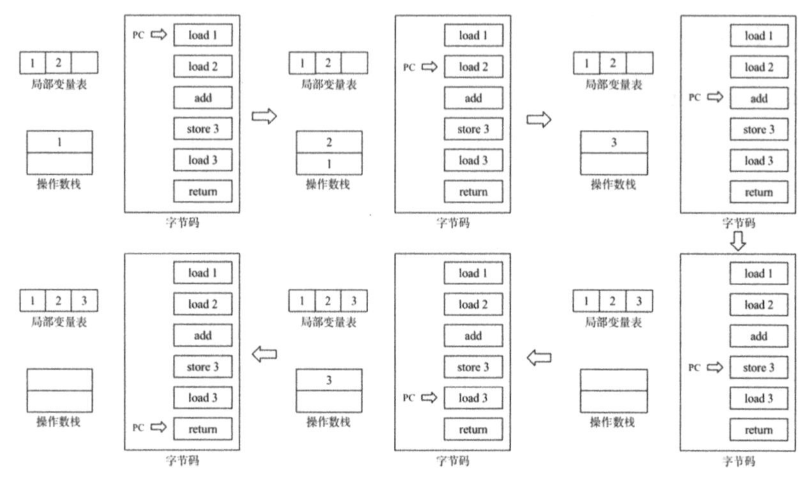


图 6-3　栈式执行引擎流程图

栈式执行引擎通过程序计数器记录当前正在执行的指令，最终根据智能合约编译后的指令做出相应的指令操作。当然，不同的栈式执行引擎会有不同的栈式结构和指令定义，但是基本原理与上述执行过程相同。栈式调用在智能合约停机和安全控制方面比较容易，可以通过指令执行的次数和指令对应的权值计算出智能合约执行的复杂度，定量控制智能合约的执行"时间"，从而保证在多个不同的执行环境下执行相同的智能合约，其执行复杂度一致；安全控制方面则可以通过禁用系统调用指令和方法的形式来控制，包括去除可能造成随机因素的调用，从而保证执行结果的一致性。

### 3. 典型应用

#### 1）EVM

Solidity 是一门图灵完备的智能合约语言，需要被编译器编译成字节码指令，运行在 EVM（以太坊虚拟机）上。Solidity 和 EVM 的出现，使得编写智能合约变得十分容易，让很多基于区块链的 DApp 大放光彩，推动了区块链智能合约的发展。Solidity 通过 solc 编译器可以编译输出两种格式的文件：bin 和 abi。bin 文件为智能合约的字节码文件，用户将智能合约对应的 bin 文件部署到区块链上，通过 abi 文件编码参数进行智能合约的调用。EVM 执行引擎会解析出用户调用的智能合约方法，逐条执行 bin 文件中的指令，整个执行过程基于一个操作数栈进行，同时在 EVM 中采用一个 Memory 结构来存储操作数栈执行过程的中间执行结果，即上述原理描述中的局部变量表的作用。

Solidity 从设计初期就作为智能合约语言来考虑，其在账本操作上有较大优势。智能合约中需要进行的账本操作可以在编译阶段将其翻译为账本操作指令 SSTORE 和 SLOAD，分别存储和读取账本数据。在 EVM 中的最小 slot（数据槽，用来存储数据的字节组合）为 32 字节，因此，对于 Solidity 中的静态类型，如 int、uint 和 byte32 等，其最多只会占用一个数据槽，获取完整数据只需要进行一次账本操作；而对于动态类型，如 string、bytes 和 map 等，其会将数据进行拆分，并依据数据大小建立索引，一次完成的数据读取涉及多次账本操作，需要从多个数据槽中恢复原始数据。

**2）WASM**

WASM（WebAssembly）是一种新的字节码格式，最初是为了解决 JavaScript 在浏览器上复杂逻辑执行效率不高的问题，从而在浏览器变得越来越重要的时代使 WASM 支持更多的功能，如网页端游戏和图像处理。WASM 字节码简短高效，使得主流语言如 C/C++、rust 和 Go 开始支持编译为 WASM 字节码，将原代码编译成 WASM 字节码，并且在 WASM 字节码解释器上执行。WASM 字节码解释器既能做到高效执行，又能支持多种主流语言，越来越受到区块链项目的青睐，拓展区块链使用高效多智能合约语言的可能性。而 WASM 执行引擎本质上还是一个栈式虚拟机，典型实现包括操作数栈、局部变量表和程序计数器。WASM 字节码执行器通过程序计数器获取当前指令，当前指令定义一系列对操作数栈的操作，同时使用局部变量表保存产生的中间数据。

由于 WASM 不像 Solidity 一样能够通过编译器增加账本访问指令，以支持对区块链账本的访问，所以为了能够将 WASM 字节码和区块链系统整合起来，需要为 WASM 编写的智能合约提供能访问区块链网络的账本数据接口。WASM 字节码提供导入模块功能，通过自定义账本访问模块，使用 native 方式实现模块内容，从而将账本接口和 WASM 执行引擎结合起来。在智能合约中引入账本访问模块即可在智能合约执行过程中操作账本数据，具体的智能合约账本模块接口的定义形式可以根据不同的区块链平台进行修改，具有较大的灵活性。

**3）HVM**

HVM（HyperVM 虚拟机）是基于趣链区块链平台开发的智能合约执行引擎，其实现基于《Java 虚拟机标准规范》开发的 JVM 执行引擎，能够运行用 Java 编写的智能合约。Java 智能合约在经过 javac 编译后会形成 class 字节码文件，每个 Java 类文件都将被编译成一个 class 文件，多个 class 文件经过压

缩可形成智能合约 jar 包，智能合约 jar 包通过趣链区块链平台 SDK 部署到链上。当调用智能合约时，HVM 按《Java 虚拟机标准规范》解释执行智能合约方法的字节码，使用栈帧来记录 Java 智能合约方法的调用关系，每个栈帧中都记录局部变量表和操作数栈，局部变量表保存智能合约方法参数和操作数栈执行过程的中间执行结果；操作数栈为智能合约方法指令执行提供必要的场所。

HVM 和 WASM 执行引擎面临一样的问题，需要能够让 Java 编写的智能合约访问区块链账本，依赖 Java 提供的 native 方法机制（JNI 接口），HVM 可以将部分 Java 的智能合约方法通过 JVM 虚拟机底层实现，而不是直接通过 JDK 实现。通过 native 实现的 JVM 虚拟机底层实现方法，实现封装对区块链账本访问的接口。进一步地，HVM 为了让智能合约编写者能够更方便地访问区块链账本，将区块链账本操作封装成 HyperTable、HyperMap 和 HyperList 结构，使智能合约中对于账本的访问方式如同访问 Java 的集合类型。

### 6.2.2 解释型执行引擎

#### 1. 设计原理

基于解释型执行引擎的智能合约区别于传统的区块链智能合约，其最大的特点是每笔交易都包括一个执行脚本，执行脚本内指定了当前交易的账户对象和对应的操作逻辑，而不是在交易结构中指定交易的账户对象。一笔交易的交易脚本每次都可以被修改，并且可以在交易脚本中操作多个账户对象，解释型执行引擎将根据交易脚本中定义的逻辑执行，而不是执行某个智能合约账户下的智能合约逻辑。交易脚本大大增加了交易执行的灵活性，可以为每笔交易自由制定逻辑。

#### 2. 运行机制

解释型执行引擎按照区块链平台要求编写对应的交易脚本后，将其作为 payload（交易执行逻辑），由交易发送方对自定义的交易脚本进行签名，发送至区块链平台，最终解释型执行引擎会依据交易脚本中的逻辑进行交易验证，不同的解释型执行引擎有不同的实现，对应的交易脚本编写也有不同的形式。

#### 3. 典型应用

Move 语言是 Facebook 的区块链平台 Libra 上定义的交易脚本语言，旨在为 Libra 区块链提供安全可编程的基础。Libra 区块链中的账户是一个容器，它包含任意数量的 Move 资源和 Move 模块（Modules）。提交到 Libra 区块链的智能合约执行交易包含用 Move 语言编写的交易脚本，交易脚本可以调用模块声明的过程来更新区块链的全局状态。

对于 Move 语言，其主要特点如下。

（1）Move 交易脚本启用可编程的交易。每笔 Libra 区块链上的交易都包含一个 Move 交易脚本 ，这个脚本用来验证客户端编码的执行逻辑（例如，将 Libra 币从 Alice 的账户转到 Bob 的账户）。

Move 交易脚本通过调用一个或多个 Move 模块与 Libra 区块链全局状态中发布的 Move 资源进行交互。

Move 交易脚本不存储在区块链的全局状态中，其他 Move 交易脚本也无法调用它。这是一次性使用的程序。

（2）Move 模块是可组合的智能合约。Move 模块定义了更新 Libra 区块链全局状态的规则，其等价于其他区块链系统中的智能合约。Move 模块声明可以发布在用户账户下的资源类型。Libra 区块链中的每个账户都是一个容器，可以容纳任意数量的 Move 资源和 Move 模块。

Move 模块同时声明了结构类型（如资源，这是一种特殊的结构）和过程。

Move 模块声明的过程定义了创建、访问和销毁其声明类型的规则。

Move 模块可重复使用。一个 Move 模块中声明的结构类型可以使用另一个 Move 模块中声明的结构类型；一个 Move 模块中声明的过程可以调用另一个 Move 模块中声明的公开过程；Move 模块可以调用其他 Move 模块中声明的公开过程；Move 交易脚本可以调用一个已发布 Move 模块的任何公开过程。

（3）Move 模块有一等资源。Move 模块的关键特性是能够自定义资源类型。资源类型用于对具有丰富可编程性的安全资产进行编码。

资源是 Move 语言中的普通类型值。其可以作为数据结构用于存储、作为参数传递给过程、从过程中返回等。

Move 运行系统为资源提供特殊的安全性保证。Move 资源永远不会被复制、重用或丢弃，资源类型只能由定义类型的模块创建或销毁，这些保证是由 Move 虚拟机通过字节码验证器静态执行的。Move 虚拟机拒绝运行未通过字节码验证的代码。

Libra 货币由名为 Libra::T 的资源类型实现。Libra::T 在语言中没有特殊的地位，每个 Move 资源都享有相同的保护。

总的来说，Move 模块相当于传统区块链上的智能合约，在 Move 模块下可以自定义资源，一个账户可以有多个 Move 模块，Move 虚拟机通过字节码验证器保证 Move 资源的安全性。用户编写 Move 模块后将其编译，再通过交易的形式将其发布到区块链账户地址上。Move 交易脚本可以调用 Move 模块中声明的公开过程。

如图 6-4 所示，Move 交易脚本组合了一个或多个 Move 模块调用的逻辑，经过编译后将逻辑发送到链上虚拟机执行，在 Move 交易脚本中指定要调用的已发布在某个账户下的 Move 模块中的公开过程，而非传统区块链在交易中指定要执行的智能合约地址。执行之前，Move 执行引擎将对 Move 交易脚本进行反序列化，解析为 Move 虚拟机的字节码，Move 虚拟机通过操作数栈 Stack 来完成 Move 交易脚本字节码中定义的数据操作，使用 CallStack（调用栈）来记录 Move 交易脚本的方法调用过程，同时通过计算执行指令的 Gas 定量计算智能合约的复杂度，用户需要为 Move 交易脚本执行过程付费。

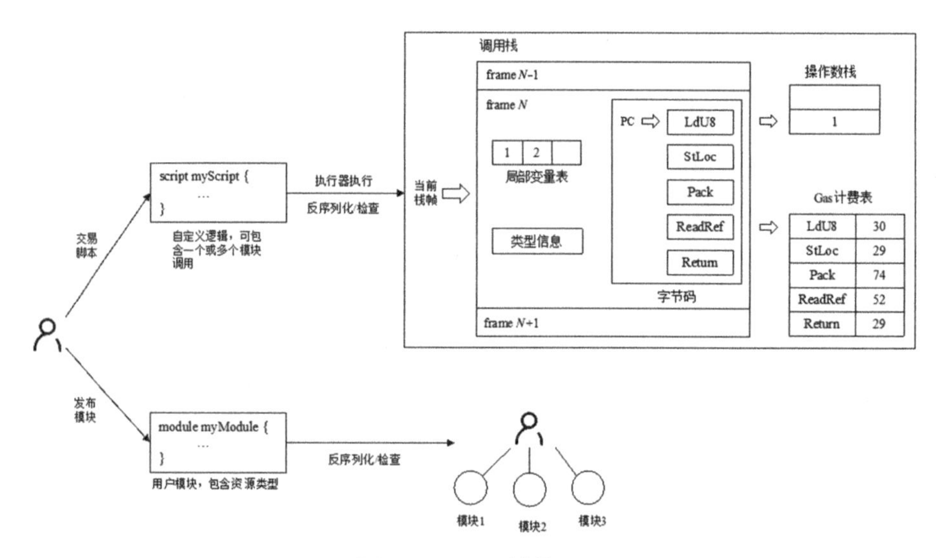


图 6-4　Move 结构图

## 6.2.3　容器化执行引擎

### 1．设计原理

容器化执行引擎最大的特点是逻辑和数据隔离，其实现相对比较简单，不需要实现虚拟机来执行智能合约逻辑，取而代之使用容器作为智能合约执行环境。容器化执行引擎可以提供一个安全的沙箱环境作为容器，直接在容器中运行用户编写的智能合约，而不同的智能合约语言只需要提供不同的容器和对应语言的账本操作 API。由于整个过程在容器中运行，因此执行过程不会影响到区块链网络，用户只需要收集在容器中执行的模拟操作账本读写集。

### 2. 运行机制

容器化执行引擎一般接收客户端发送的智能合约执行请求，通过容器化环境直接将智能合约逻辑放入容器，通过对应语言的账本操作 API 在容器中访问账本，此时一般不会将智能合约执行结果直接写入账本，而是执行模拟操作账本的读写集后将结果返回客户端，客户端需要再次发起将模拟交易产生读写集写入账本的请求。由于容器化执行引擎执行智能合约逻辑一般 native 化，所以不能采用定量分析智能合约复杂度的形式，而是采用超时机制来限制智能合约复杂度。

### 3. 典型应用

容器化执行引擎最具代表的就是 Fabric 链码（Chaincode），如图 6-5 所示，Fabric 的执行引擎核心组成主要包括 SDK（Soft Develop Kit，软件开发工具）、排序节点、背书节点（Endorser）、容器化执行引擎和账本。首先，由客户端（Application）生成一个提案（Proposal），提案指的是一个调用智能合约功能函数的请求，用来确定哪些数据可以读取或写入账本（一般应用程序会借助目前 Hyperledger Fabric 提供的一系列 SDK 生成 Proposal），将提案发送至背书节点进行模拟执行并背书，背书节点会进行相应的校验，然后将提案交由对应的链码进行模拟执行，之后背书节点会对执行结果进行背书，将背书的提案响应（Proposal Response）返回客户端，随后，客户端收集符合背书策略的提案响应，将其封装成一个交易（Transaction），调用排序节点的 Broadcast 接口，发送交易至排序节点。排序节点对交易进行排序后通过主节点将交易转发给其他节点，最终每个提交节点在收到交易之后都会对交易进行校验，包括签名、背书策略及链码模拟执行产生的读写集的校验，在校验无误的情况下将结果提交到账本，同时更新世界状态。

容器化执行引擎虽然能够做到逻辑和账本隔离，并且支持多智能合约语言，但是其缺点也是很明显的。首先，由于容器化执行导致智能合约逻辑的复杂度无法定量控制，依赖超时机制，因此很有可能导致多个背书节点的容器化

执行引擎受到系统环境的影响，出现部分背书节点超时、部分背书节点不超时的情况；其次，采用 Fabric 链码模拟执行产生读写集，通过读写集冲突校验判断，抛弃产生冲突的交易，可能导致用户执行的智能合约结果最终无法生效；最后，对于客户端来说，需要收集多个背书节点的提案响应才能构成交易，导致客户端与服务器端交互逻辑复杂，使用体验不够友好。

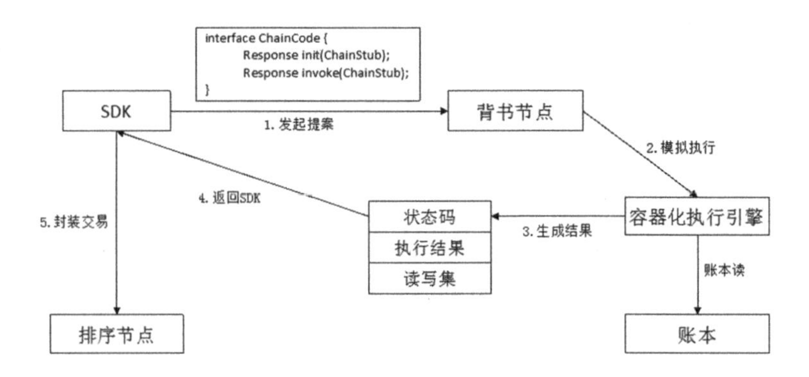


图 6-5　Fabric 链码执行结构图

## 6.3　智能合约与分布式应用

### 6.3.1　DApp

#### 1. DApp 概述

DApp 全称是 Decentralized Application，即去中心化应用。

很多人，包括一些区块链开发者一直以来都对 DApp 有一个误区，那就是认为 DApp 将彻底取代 App，这是对 DApp 从根本上的一个认知错误，没有搞清楚 DApp 与 App 的区别和优劣势。区别于 App，DApp 以区块链为基础设施，不依赖任何中心化服务，其最大优势就是去中心化、完全开源、自由运行。在引入这些优势的同时，DApp 相较于 App 也有一些不可忽视的劣势。例如，基于区块链开发 DApp 需要开源智能合约源码，黑客能够获取 DApp 背后的智能合约的具体逻辑，这加大了 DApp 被攻击的风险，使代码面临更大的安全威胁。同样地，去中心化、自由运行的特点在一定程度上提高了监管、审查的难度，还有许多其他问题。

二者并不是谁替代谁，谁淘汰谁的互斥、取代关系，而是针对不同场景发挥各自优势，共同促进互联网繁荣的并存关系。简单来说，DApp 是对 App 的丰富与完善。

区块链开发者要把握好 DApp 的优势，解决 App 无法解决的市场与技术矛盾。目前，市场高热度的 DApp 主要有去中心化交易所（Exchange）、游戏（Game）等与交易数据、交易资产有直接关联的应用，DApp 本身具有不可篡改、去中心化存储的特性，用户不需要担心交易资产的安全性，可以完全信任 DApp 进行交易。

### 2. DApp 应用

截止到 2020 年第一季度，根据权威网站统计，共有约 3500 款 DApp，Game、High-risk 的 DApp 数量分别以 22%、21%的高占比位列前三。其中，Game 的日活跃 DApp 数量排名第二，High-risk 稍微落后占据第三位。Exchange 和 Finance 的 DApp 虽然在数量上占比只有 4%，但 Finance 的 DApp 日活跃用户量排名第一、日交易量排名第二，而 Exchange 的 DApp 日交易量则排名第一，可以推断，这两类也是 DApp 目前较为活跃的市场领域。根据这份报告我们可以看到，目前 DApp 能够大展身手的领域大部分集中在与交易资产有关联的领域，如上文提到的 High-risk、Exchange、Finance，这几类 DApp 从名字上就能看出涉及交易资产的交换和获取，而 Game 中最为出名的就是 CryptoKitties（以太坊养猫），在保证游戏趣味的基础上，用户通过对猫咪进行短期或长期投资来赚取代币，与交易资产依然有不可分割的联系。

下面简单介绍几款比较知名的 DApp。

**1）CryptoKitties（Game，以太坊）**

CryptoKitties 是一款虚拟养猫游戏，于 2017 年 11 月 28 日正式上线。用户可以通过购买、培育、繁殖，得到并收藏拥有不同特征和属性的猫咪，也可以通过交易卖出猫咪获取以太币，猫咪的价格会随市场需求而变化，当游戏热度高时价格随之升高，当用户流失时价格不断降低。

**2）Oasis（Exchanger，以太坊）**

Oasis 是一款 Exchanger DApp。2019 年下半年，Oasis 正式上线 Oasis Trade 交易所，推出 Dai——和美元保持 1：1 汇率的去中心化的稳定币，Oasis Trade 交易所支持 Dai 和多种数字货币、虚拟货币进行交易，支持去中心化借贷存

款。用户想要使用 Oasis 上的资产，只需要通过以太坊钱包。Dai 的发行由链上资产进行抵押，经过严格的形式化验证和审计，具有非常高的安全标准。

**3）飞洛印（Others，趣链区块链平台）**

飞洛印是一款基于高性能的企业级联盟链——趣链区块链平台开发的可信存证 DApp，其主要目标是做好强司法保障、提高司法效率、构建线上司法生态。从细节功能上划分，飞洛印制定了证据获取、证据固定、证据管理、证据调用一整套证据的生命周期管理方案，提前保护了数据，实现了数据证据确权、不可篡改。此外，飞洛印还支持数据公示，网页、手机取证，确保数据实时有效。

**4）飞洛供应链（Finance，趣链区块链平台）**

中小企业融资贵、融资难已经成为世界性问题。融信链项目团队以区块链技术赋能供应链金融，独创 CreditToken 核心技术，在供应链金融应用场景下，保证多层交易可追溯、交易风险全隔离，实现融资票据可拆分、可验证、可多级转让，大力创建安全、透明、可信的供应链金融生态。融信链项目集企业运营监控和票据融资于一体，普遍降低中小企业 6%的融资成本，开发企业资产，强化社会征信网络，以金融科技赋能实体企业。

## 6.3.2 预言机

### 1. 预言机概述

什么是预言机？预言机是区块链这个封闭环境与外部数据源的纽带，其需要满足两个功能：获取外部数据、确保获取到的数据不被篡改。从不同的角度来看，预言机又有不同的定义，从计算机的角度出发，预言机是一个图灵机，能够解决任何决定性和功能性问题。从区块链的角度来看，预言机是一个数据组件模块，扮演中间件的角色，负责区块链和外部数据源交互。

为什么区块链需要预言机？虽然区块链有去中心化、不可篡改、可追溯等优势，但其有一个本质的缺陷，那就是区块链是一个封闭的、确定性的沙箱环境。在这个环境中，区块链只能获取链上的数据，链上的数据都是被动输入得到的，并且区块链在运行智能合约的过程中无法对外部请求获取新数据，只能基于已有数据以一种确定性方式产生新数据，不能有与网络相关或涉及硬件相关的调用。根据这个描述可以发现，区块链和外部是一种隔绝的状态，然而区块链上的智能合约和 DApp 对外部数据又有强烈的交互需求，这与智能合约的执行环境产生了矛盾。预言机就是为解决这个矛盾所诞生的，通过预言机，智能合约可以主动获取外部数据，如追踪快递信息、获取机票实时价格等，并对此类数据做相应的处理、存储，并且整个过程有可靠保证，无法被篡改。

预言机有何价值？前文提到了预言机的产生背景，粗略介绍了其在区块链中扮演的角色、承担的责任，本节主要讲解预言机的诞生为区块链整个方向带来的巨大价值。

（1）预言机的出现打破了区块链封闭的运行环境，打通了其与外部数据源的交互通道，提高了区块链对于外部数据的感知度，为区块链建立了新的赋能方式。

（2）预言机确保数据不会被篡改，在打通交互通道的基础上维护了区块链的一致性、安全性，真正实现并建立了数据获取、组织、管理、存储与交互这一条完整的生态链。

（3）通过将预言机引入区块链，可以增强区块链应用的可移植性，支持更多、更丰富的业务场景或数据操作，保障区块链应用真正落地，实现智能合约的利益价值最大化。

综上所述，预言机作为一个可信的第三方数据中间件模块，和区块链共同发力，解决了区块链无法与外部数据交互这一发展痛点，提升了区块链的价值转化。我们有理由相信，在未来，预言机将会加速区块链技术的发展，并与区块链技术一同摸索，构建更完善的 DApp 和生态。

### 2．架构模型

区块链的安全性、确定性源于它的封闭环境，而预言机打破了这一封闭环境。在分布式场景下，预言机如何保证获取的外部数据仍是可信且一致的呢？另外，区块链执行引擎如何与预言机交互并对外部数据源进行数据请求？预言机又如何将其获取的数据返回区块链执行引擎？本节先通过一个通用的架构模型图为读者展示预言机和区块链执行引擎的基本交互流程，再分别讲述预言机内部的架构技术。

图 6-6 为预言机架构模型图，以帮助读者理解预言机如何与区块链执行引擎通力合作，打通与外部数据源的交互通道。

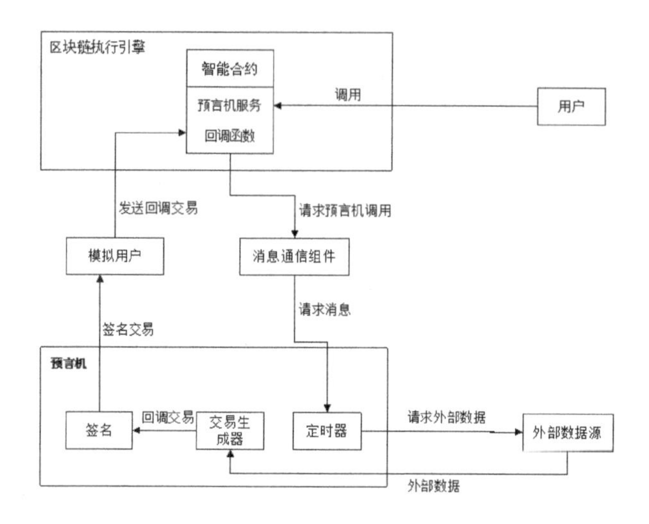


**图 6-6　预言机架构模型图**

如图 6-6 所示，预言机一般会作为区块链的一个独立模块或第三方服务与区块链执行引擎进行交互。预言机只负责数据的可信获取，不直接参与交易的执行。首先，用户通过智能合约调用的形式（也可以通过特殊的 API 服务等其他方式发起预言机服务请求，图 6-6 以智能合约调用为例）发起预言机服务请求，通过调用某个内置智能合约接口（见图 6-6 中的“预言机服务”接口），告知区块链执行引擎，用户想要执行一笔含预言机服务的交易。

区块链执行引擎在执行过程中检测到对预言机的服务请求，通过内部通信组件将该请求转发给预言机，这个请求里会封装请求外部数据源的一些信息，如一个 Web 数据请求、常见的 URL、HTTP Headers 等信息。

预言机在收到服务请求后，向外部数据源发起数据获取请求，获取数据后利用交易生成器生成一笔新的回调交易，并对其进行签名（这一过程使用 TEE 等硬件技术保障安全性及不可篡改）。

最后，预言机将这笔回调交易发向区块链执行引擎，对获取的数据执行组织、管理、存储等一系列操作，至此，一个完整的含预言机服务的区块链交易执行流程结束。

根据上述生命周期流程可以得知，预言机在设计过程中最需要考虑的两个要素分别是数据获取和可靠保证。

**1）数据获取**

预言机需要提供获取外部数据的功能。预言机本身应该拥有能够获取链上和链下（外部）数据的能力，由于预言机的提出就是为了打通区块链与外部数据源的交互通道，因此这里主要阐述预言机对外部数据的获取。

在实际的数据获取过程中，开发者开发预言机时需要满足以下几点。

（1）对外部数据源的选取和可信认证。预言机需要谨慎选择外部数据源，必须保证对每个选取的外部数据源，都可以验证其是可信的，如对于 Web 的数据获取，选取的外部数据源需要持有证书。

（2）制定外部数据获取的标准流程。开发者必须明确执行引擎、用户、外部数据源与预言机的数据交互流程，对于不同的外部数据源类型要能够统一或明确区分数据的交互流程，确保交互方案可执行、可落地。

（3）统一定义数据获取过程中的数据交互格式。不同的外部数据源类型有不同的数据交互格式，以传感器为外部数据源和以 Web 为外部数据源获取的数据交互格式是不一样的，针对这两种情况，预言机需要有明确、统一的数据编解码层，以对不同外部数据源的数据进行请求和解释。

**2）可靠保证**

预言机需要提供一种可靠保证机制保证自己的数据未经过篡改。针对不同的外部数据源，预言机需要提供不同模式的可靠保证机制。例如，网络连接时需要使用 TLS 协议，与安卓应用交互数据需要 SafetyNet 技术提供保障。

预言机需要分别对两个阶段做数据的可靠保证。第一个阶段为数据从网上到本地，普遍采用 HTTPS 协议（底层采用 TLS 协议）保障连接和数据的正确性、完整性；第二个阶段为数据从本地到链上，预言机采用 TEE，TEE 是 CPU 内的一块安全区，它从硬件入手，和操作系统独立运行，同时使用硬件和软件技术确保数据的机密性、可靠性。

### 3. 技术分类

在最底层的技术基础和安全设施上，不同的预言机实现之间比较相似，大多都采用 TEE，但根据区块链应用场景和市场的不同，预言机上层的技术架构和模型也会有非常大的差异，主要分为中心化预言机和去中心化预言机两类。

本节将介绍这两类预言机的设计理念和实现，再进行对比分析。

其中，中心化预言机由于其中心化思想，必须引入第三方机构，如国家或能提供背书的大型企业，验证方式也通过第三方机构独立验证。以 Oraclize 为例，作为一个中心化预言机，Oraclize 通过 TLS 协议实现 Web 数据的可靠传输，并结合 Intel SGX 确保数据在本地不可篡改，Oraclize 给用户提供了 API，用户只需要调用预先设计的智能合约接口，就可以使用预言机服务获取 Web 数据。Oraclize 是中心化预言机，作为一个独立的单点模块，这样的实现具有高性能的优势，但同样有单点故障、难以拓展的风险，并且中心化思想与区块链的去中心化理念背道而驰。

相反地，去中心化预言机秉持着与区块链相同的去中心化理念，使用多重签名或分布式算法保证数据的正确性、一致性，不需要引入第三方机构，但其在实现上更困难，性能也成为瓶颈。以 Chainlink 为例，它是一个去中心化的分布式预言机，建立了一个去中心化的数据网络，每个预言机都是网络中的一个节点，其架构分为链上组件和链下组件。链上组件负责和用户交互，收集、响应用户请求，而链下组件是之前提到的数据网络，用于处理数据获取和传输。在这个架构中，由于 Chainlink 是一个分布式数据网络，所以可以避免单点故障的问题，但同样地，因为增加了分布式的数据一致性需求，所以其性能和实现难度成为了新的难题。

由上面的介绍可以得出，中心化预言机和去中心化预言机最大的差异在于中心化预言机由单机负责数据获取，需要引入第三方机构；而去中心化预言机是多机并行，通过互相验证保证一致性。因此，中心化预言机适用于对实时性要求高、对可用性要求没那么高的场景；而去中心化预言机适用于对实时性要求没那么高、对可用性要求高的场景。

本章介绍了区块链中智能合约的概念，以及不同的智能合约执行引擎之间的差异。智能合约作为区块链账本的表现形式，为区块链用户提供了多样化的账本操作逻辑，让区块链账本的表现形式不再单调，拓展了在区块链上可发展的业务场景。同时，通过接入预言机服务为智能合约提供了获取外部数据的功能，打通了链上和链下的数据交互通道，进一步提升了区块链的应用价值。

# 第7章 区块链扩容协议

区块链扩容问题是当今区块链行业最热门的话题之一，此问题指的是如何在保证区块链去中心化理念的前提下，不损失安全性地进行区块链扩容。本章首先介绍扩容问题的具体定义、发展及其瓶颈；然后以链上扩容与链下扩容为区分，再介绍目前业界提出的各类扩容方案的实现机制与优缺点，全面描述扩容问题的现状。

## 7.1 扩容问题概述及分析

区块链扩容问题一直是近年来区块链领域最热门的问题之一，引起了区块链社区广泛的讨论和研究，目前，区块链业界和学术界都密切关注此问题，从共识算法、系统架构、网络组织形式等多个方向出发，提出了许多解决方案。

一开始，区块链扩容问题指的仅是区块扩容问题。在比特币最初的设计中，并未对区块大小设置上限，而且当时参与挖矿的节点多为个人计算机，网络带宽和机器性能有限，比特币的使用场景与使用人数也有限，实际上并不需要过大的区块容量。当时比特币价格低廉，在不设置区块容量上限的情况下，恶意攻击者只需要付出微不足道的代价，就可以创建大量交易对比特币系统进行 DDOS 攻击。在多方考虑下，中本聪为比特币的区块容量加上了 1MB 的上限。随着比特币用户的增加，交易量不断上升，区块大小不断逼近 1MB 上限。为了让交易能尽快得到确认，用户付给矿工的交易费也日益增加。自然地，使用比特币进行小额交易已经不再合适了，因此，区块链扩容问题被顺势提起。

尽管比特币是一个较为完善的去中心化电子现金系统，但其仍然有很多局限性，无法将区块链与现实生活中复杂的实际业务场景相结合。2014 年，

以太坊的出现改变了这一现状，随着账户结构模型和智能合约的提出，区块链能够执行更为复杂的业务逻辑，大大拓展了区块链的应用场景，使得以去中心化区块链应用为代表的区块链 2.0 阶段正式到来。随着区块链技术的进一步发展，区块链根据开放程度的不同，细分为公有链、联盟链及私有链，而联盟链与私有链对于区块链的应用场景需求比起公有链更加多样化，对区块链系统的整体性能提出了更高的要求。区块链系统也需要从单纯的电子现金系统转变，向成为“去中心化超级计算机”这一目标努力。

目前，区块链系统的性能和容量不足以支撑如此复杂的业务场景。因此，区块链扩容问题的边界越来越大，现在已经成为一个更加广义的问题——如何使区块链系统的性能和容量得到显著提升，从而成为一个大容量、高交易吞吐量的基础设施。通俗地说，就是怎么让区块链系统“跑得更快，存得更多”。具体到区块链系统的实际指标上，最能体现扩容问题的为两项指标——交易吞吐量与存储容量。

### 7.1.1　交易吞吐量

交易吞吐量最主要的性能指标为 TPS（Transactions Per Second，每秒事务处理数量）。TPS 通常用来描述计算机系统每秒钟能够处理的事务或交易的数量，是衡量系统处理能力的重要指标，也是软件性能测试的重要测量单位之一。在区块链场景中，TPS 被用来描述区块链系统的交易处理速率，显而易见，TPS 越高，系统处理交易的能力就越强。

目前，比特币、以太坊这两个最具有代表性的公有链项目的 TPS 仍远低于 100，以 Hyperledger Fabric、趣链区块链平台为代表的联盟链项目，在实际应用场景中也仅有千级 TPS。而在数年前，支付宝、Visa 等成熟的支付工具就已经达到万级甚至十万级 TPS，至于成熟的数据库系统如阿里云自研数据库 POLARDB，更是在 2019 年的“双 11”活动中达到了 8700 万 TPS 的峰值。虽然区块链系统的优势并不在于交易吞吐量，但是过低的交易吞吐量毫无疑问会对区块链应用场景造成非常大的限制。

在公有链场景中，低交易吞吐量的情况实际上是很难改善的。在传统的链式结构区块链系统中，所有节点数据都需要与主链数据保持一致，而公有链目前采用的 PoW 或 PoS 等共识算法，需要由全网的出块节点竞争出块，但由于整个区块链系统内存在网络的传播延迟，区块数据不能及时到达全网。因此，如果共识算法设定的出块速度过快，则可能有部分节点在还未收到主链更新

信息的时候就完成了相同区块号的计算，此时区块链网络便会对同一个区块号生成多个有效区块，从而导致主链分叉。因此，如果出块速度过快，则会增加系统分叉率，直接对系统的安全性造成影响，既浪费了算力，又使系统的安全性受损。因此，通过增大出块速率或区块容量来提高交易吞吐量的区块链扩容方案，通常来说并不能解决根本问题。目前，业界有如以太坊二次方分片等方案对区块链进行架构上的变更，以解决交易吞吐量问题，但如何在交易吞吐量、系统安全性和去中心化之间保持平衡是一个非常重要的课题；也有如 Conflux 等方案，采取完全异构的区块链架构尝试解决这一问题；链下扩容也是近年来许多解决方案尝试的方向，在不改动区块链本身规则的基础上，建立第二层交易网络，对区块链性能与功能进行扩展。

而联盟链或私有链对节点准入进行了限制，节点数量有限，目前普遍采取拜占庭容错类算法。然而传统拜占庭容错算法复杂度极高，在出块的过程中需要经过大量协作，涉及大量数据通信，算法复杂度至少为 $O(n^2)$，限制了此类算法的出块速度。近期提出的 HotStuff 算法将算法复杂度从 $O(n^2)$降至 $O(n)$，但是其每个验证节点都增加了许多签名与验证签名的负载，将网络通信压力转移至单节点性能压力。不过，相对于公有链，联盟链共识算法的效率已大大提升，此时交易吞吐量的瓶颈已从共识算法向单节点性能转移。在目前的系统架构中，所有节点都需要进行全部交易的签名验证、按序执行及存储。为进一步提升交易吞吐量，联盟链/私有链系统需要对这三点进行优化。签名验证的主要瓶颈在于计算资源有限，尝试将签名验证并行化，或者通过硬件进行验签加速都是可行的方案；按序执行为目前区块链系统架构所限制，可以通过交易并行执行、分片执行等方式进行执行加速；存储主要是由目前区块链系统存储结构简单、使用单一数据库造成的，此问题实际上与交易执行架构密切相关，以上两个问题通常要在一起思考。

### 7.1.2　存储容量

目前，存储容量这一问题的社区关注度远远小于交易吞吐量，主要是因为当前主流的公有链系统受限于交易吞吐量，使得存储容量这一问题还未暴露。

在目前的以太坊网络中，一个全节点的整体存储容量根据客户端类型的不同在 270～360GB 之间，而为了保证出块性能，一个需要出块的节点通常需要在内存中存储 5～10GB 的账本数据。一旦以太坊的交易吞吐量问题得以解决，那么全节点存储容量将以极快的速度膨胀，使互联网上大部分服务器无法

部署一个全节点，大大抬高全节点的参与门槛，直接导致去中心化程度的降低，直接影响区块链的根本特性。因此，如何扩展存储容量是未来公有链必须解决的问题。目前，以太坊展开了二次方分片等方案，希望通过状态分片可以同时解决交易吞吐量与存储容量问题。

而联盟链或私有链系统，如趣链区块链平台，在共识算法出块速率得以提升之后，遭遇过存储容量这一问题。现阶段区块链的基础结构较为简单，通常在底层采用单机数据存储引擎，如 LevelDB，进行持久化存储，但是联盟链或私有链通常作为企业级商用系统，整体数据量极大，数据库存储读写性能将随着数据量的膨胀受到严重影响。此外，由于使用单机数据存储引擎，因此，在数据量不断增大的情况下，只能通过机器升级缓解存储压力，无法进行横向分布式扩展。因此，对区块链数据进行一定的分析，将区块链数据分库、分表进行存储并接入分布式数据库势在必行。

## 7.2 链上扩容

链上扩容作为一种技术手段，主要是解决上述区块链交易吞吐量低、存储容量受限的问题。很多区块链系统或产品在“链上扩容”方面进行了积极的尝试。目前，主流的链上扩容设计思路可以归纳为以下三类：区块扩容、并行扩容及架构扩容。其中，区块扩容通过增大区块的交易或系统出块速率提高交易吞吐量，是一种最为直观的链上扩容方案；并行扩容的思路是尽可能使系统中的交易并行执行，打破交易按序串行执行带来的系统性能瓶颈，最终提高系统的交易吞吐量；架构扩容主要指使用有别于主流“单节点执行全量交易、存储全量数据，最终形成一条区块链”的设计思路，设计新型块链架构模型和存储模型，为区块链系统提供较强的横向拓展能力，最终达到扩容的目的。

### 7.2.1 区块扩容

区块扩容是一种最为直观的扩容方案，根据交易吞吐量的计量方式，在相同时间内，区块中的交易量越大，生成的区块越多，交易吞吐量越高。区块扩容就是基于这样的思路产生的一种链上扩容方案。在不更改当前任何架构和逻辑的情况下，通过调整系统的出块速率提高交易吞吐量。

### 1. 增大区块

在目前的区块链系统中，区块的大小由系统内规定的一些协议确定。例如，系统中明确配置指明区块中交易量的大小上限或区块的大小上限，或者通过节点投票等形式决定区块的大小上限等。增大这些“上限值”，可以在一定程度上实现区块扩容。但是这种类似区块大小、区块交易总量等系统级别的限制，是不可能无限增大的，过大的区块会增大参与出块的节点执行、验证交易的压力，当压力增大到一定程度后，交易吞吐量反而呈减小的趋势。此外，数据量越大的区块在网络中的传输延迟越大，当区块数据量增加到一定程度后，网络传输能力会成为新的系统瓶颈。因此，这种方案虽然比较直观，也很方便实践，但其扩容能力有限。

在区块扩容方面，比特币系统做过很多尝试。随着比特币网络的关注量日渐升高，以及矿池技术的发展，比特币网络中逐渐出现了交易拥堵的现象，因此，比特币的扩容需求日渐迫切。比特币网络希望以区块扩容的方式解决该问题。2016 年的“香港共识”会议、2017 年的“纽约共识”会议都提出了将比特币区块容量上限调整至 2MB 的建议，但最终都被 Bitcoin Core 拒绝。

2017 年 8 月 1 日，通过在比特币网络上产生硬分叉，诞生了比特币现金，比特币现金在分叉链上将区块容量上限提升为 8MB；2018 年 5 月，比特币现金又通过硬分叉将区块容量上限提升至 32MB，等等。类似的尝试还有很多，这里不再一一列举。

总体上看，关于比特币网络的区块扩容方案已经有很多提案，如 BIP100-BIP107、BIP109 等。但区块的大小会直接影响矿工的实际利益，同时直接关系网络中全节点的存储资源，各方的利益冲突使得比特币网络的扩容问题至今仍然是一个争论不休的话题。

### 2. 增大出块速率

增大出块速率也是一种直观的链上扩容方案。如果系统在相同时间内可以打包更多的区块，那么交易吞吐量自然可以得到提升。但是这种方案同样存在问题。

首先，对联盟链场景而言，在不考虑区块链分叉的情况下，当出块速率增大到一定程度以后，网络带宽会被区块传输、共识过程中的频繁网络交互占满，网络传输能力会成为新的系统性能瓶颈；同时，增大出块速率，必然会增加区块验证过程的计算资源消耗，交易的执行与验证容易成为系统性能瓶颈。

因此，在联盟链场景下，增大出块速率，实质上是一种将系统性能瓶颈由共识模块向执行或网络模块转移的思路，并不能从根本上解决问题，交易吞吐量最终还是会达到上限。

而在以太坊等公有链场景下，使用降低挖矿难度等手段来增大出块速率，虽然看起来可以提升系统的瞬时交易吞吐量，但是，在网络传输延迟不改变的情况下，降低挖矿难度必然会由于矿工竞争出块，增加系统分叉概率；而分叉概率的增加，又必然会降低最长链的增长速度，因此，区块的最终确认时间会延长。更重要的是，当出块速率增大后，更多的诚实节点会由于网络传输延迟等因素，不能及时发现系统中最新的区块，而继续挖出导致区块链分叉的区块，导致系统的算力并不能有效地向最长链集中，恶意矿工通过构造分叉链来夺取系统的最长链也变得更加容易。考虑一种极端场景，当挖矿难度极低以至于矿工挖矿耗时低于网络传输区块的延迟时，每个矿工都会在自己挖出区块后不断挖出新区块，区块链系统收敛到“最长链”的延迟将极高，此时，恶意矿工夺取最长链将变得十分轻松。因此，在公有链场景下，增大出块速率不是一种合适的扩容方案。

#### 3. 小结

为了从根本上实现区块链系统的扩容，越来越多的系统选择更改执行架构、共识方案、存储模型，甚至整个系统架构的思路，针对自身系统面临的交易吞吐量瓶颈，提出有效的扩容方案。下文将通过一些具体的案例，介绍和分析并行扩容、架构扩容这两种比较主流的链上扩容设计思路。

### 7.2.2 并行扩容

在传统的区块链网络中，交易由共识模块定序，执行模块严格按序执行。因此，执行过程很容易成为整个区块链系统的交易吞吐量瓶颈。

并行扩容是为了解决区块链系统中执行过程耗时长的问题，并提高区块链系统交易吞吐量而提出的方案。其基本思路是保持原有的系统架构，打破交易严格串行的规则，实现交易在一定程度上并行执行，以此来减少执行过程的耗时。在系统资源没有达到瓶颈的情况下，交易的并行程度越高，执行过程的耗时就越少。也就是说，通过分配更多的资源给交易执行过程，可以有效地减少执行过程的耗时，消除执行过程导致的区块链系统的交易吞吐量瓶颈。

本节所讨论的并行扩容设计思路，其根本目的在于解决执行过程导致的区块链系统交易吞吐量瓶颈，而交易执行导致的交易吞吐量瓶颈多出现在联盟链场景中。因此，并行扩容设计思路一般在联盟链场景中更为适用。

### 1. 分片执行

分片执行是一种典型的并行扩容案例，其基本设计思路是，共识定序后的交易列表可以通过依赖性分析等手段划分为多个不相关的交易列表。这些交易列表仍保留原交易列表中的交易顺序，被分发到不同的下层执行器中各自执行，以实现交易并行。具体的架构设计与执行流程将在下文详细介绍。

#### 1）节点架构

系统的架构设计为，区块链上的共识（master）节点由一个 master-slave 模式的集群组成，master 节点参与共识网络，各个 slave（执行）节点只与 master 节点交互，负责接收交易列表，执行并返回执行结果。在各个区块链节点中，各自的 slave 节点数目可以不同。分片执行网络架构图如图 7-1 所示。

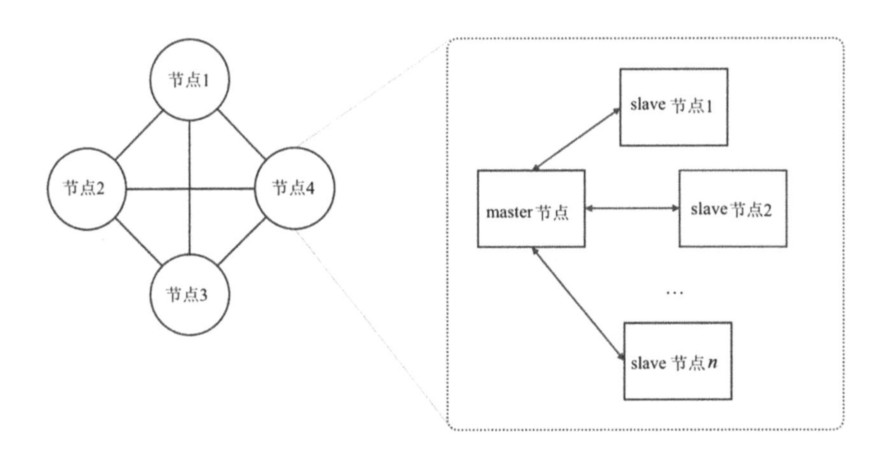


图 7-1　分片执行网络架构图

#### 2）存储架构

在上述架构中，master 节点需要存储区块、回执等数据，这些数据仅由 master 节点进行读写，而 master 节点和 slave 节点都需要访问与世界状态相关的数据。因此，出于性能和简化交互逻辑的角度考虑，这部分数据从 master 节点的存储中拆分出来，独立存储于外部数据库。分片执行节点存储架构图如图 7-2 所示。

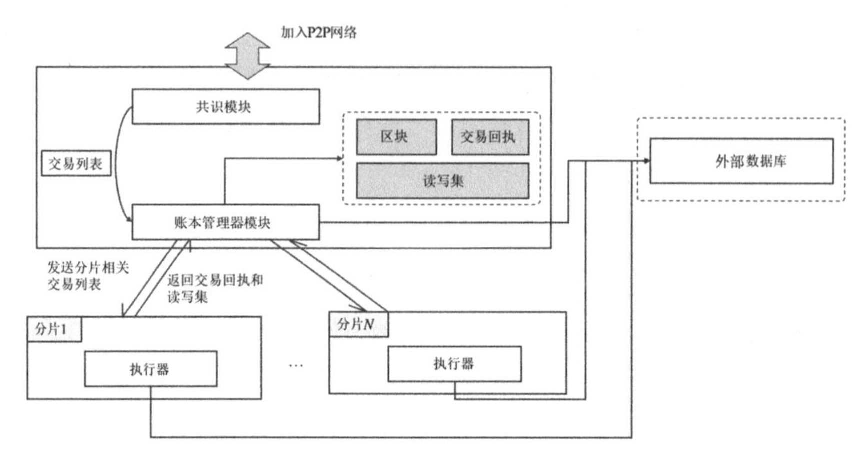


图 7-2 分片执行节点存储架构图

3）执行流程

假设一个区块链节点上有 1 个 master 节点和 $N$ 个 slave 节点，那么典型的区块执行流程如下。

（1）master 节点在拿到共识定序后的交易列表后，进行静态的相关性分析，将其打散成不超过 $N$ 个的不相关交易列表，分发到不同的 slave 节点上执行。

（2）各个 slave 节点首先对交易进行并行验签，然后按序执行交易。

这里介绍账本的“读写集”概念：在交易的执行过程中，可能会涉及账本数据的新增、访问、修改或删除，这些账本数据的操作可以统一抽象为账本数据的读（访问）写（新增、删除或修改）集。

当一笔交易执行完成后，slave 节点会生成一份与该笔交易对应的账本数据的读写集，以及一份执行结果，slave 节点需要缓存读写集数据，等待交易列表中所有交易执行完成后，一同返回给 master 节点。

（3）master 节点在收全各个 slave 节点返回的当前区块的执行结果后，进行读写集冲突检测和合并。如果检测到冲突，则调整交易列表的分发策略，以确保不会冲突的形式，重新分发至 slave 节点，进行重新执行。

（4）完成后，master 节点将读写集合并结果应用到账本数据库，以得到最新的世界状态，并持久化区块、回执等数据。当前区块的执行至此全部完成。并行执行流程图如图 7-3 所示。

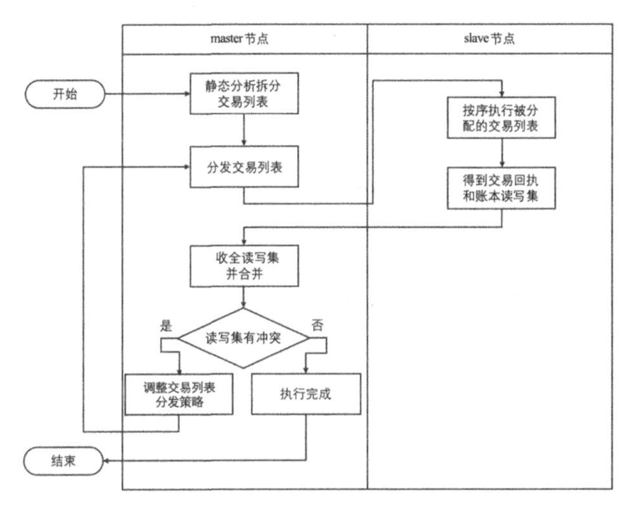


图 7-3　并行执行流程图

根据上述简要步骤概述可以看出，slave 节点是一种无状态节点，负责交易验签、按序执行并返回执行结果。因此，增大交易并行程度，可以通过增加 slave 节点的数量实现。交易并行程度增大后，交易执行流程的耗时会减少。在读写集冲突较少的场景下，系统的横向拓展能力很强，交易吞吐量可以通过增加 slave 节点数量得到提高。

### 2. 预执行

在上述分片执行架构中，交易执行发生在共识定序之后，即执行前，交易顺序就已经确定了。本节所讨论的预执行架构，是在共识定序前，预执行交易得到读写集结果；在共识定序后，将这些交易按照顺序合并读写集；剔除冲突交易后，形成区块并提交。

**1）Hyperledger Fabric 执行架构**

预执行的一种典型案例就是 Hyperledger Fabric。在 Hyperledger Fabric-v2.0 架构中，共识模块和执行模块是完全解耦的，可以各自运行在独立的进程中。一笔交易从发起至最后落盘，至少需要背书节点、排序节点、记账节点、主节点和客户端五种角色参与。

**2）执行流程**

Hyperledger Fabric 中一笔交易从生成到最终上链过程如图 7-4 所示。

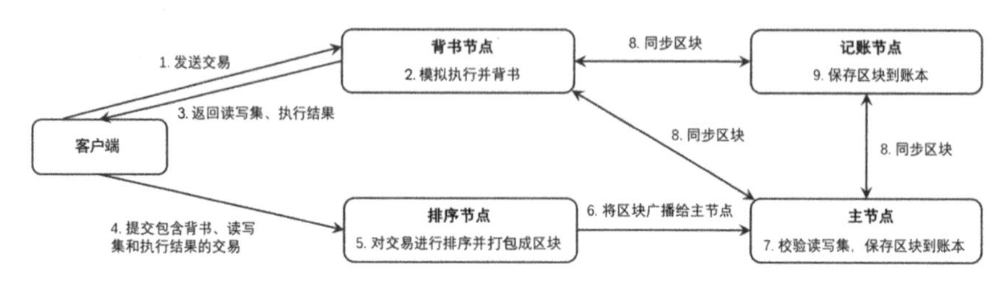


图 7-4　Hyperledger Fabric 交易执行流程图

下文只关注 Hyperledger Fabric 中的交易执行、定序和提交流程，其他流程与执行架构关联不大，这里不详细展开。在一个通道内，一笔交易的上链过程大致如下。

首先，客户端生成一个交易，并将交易发送到背书策略指定的背书节点上。背书节点在收到交易后，基于当前的世界状态，执行其中的链码逻辑，得到读写集和执行结果，附上自己的签名后，返回给客户端。

接着，客户端在收全背书结果后，将装配了背书结果的交易广播给排序节点。排序节点按照时间顺序，将交易信息打包成区块。

在 Hyperledger Fabric 中，存在一个主节点的角色，主节点会持续地从排序节点处拉取区块，并将区块转发到背书节点和记账节点，各个节点验证背书信息、检测读写集冲突、标记区块中的合法和非法交易列表，并将合法交易的“写集”应用到本地存储的世界状态中，至此，可以认为该区块完成了提交上链。区块提交后，客户端将接收到节点推送的最新提交的区块信息。

**3）扩容效果**

在这样的执行架构下，客户端将持续向背书节点发送交易，每笔交易仅在其背书策略指定的背书节点上执行，这就使得在整个背书节点集群上，同一时刻，不同节点间执行的可能是不同的交易，也就意味着，交易在一定程度上是并行的。同时，各个背书节点都基于相同的世界状态执行交易，即同一笔交易只要在一个区块周期内，无论发送到哪一个背书节点，其执行结果都是相同的。因此，增加背书节点的数量，可以有效提高交易的并行程度，进而提高交易吞吐量。

### 3．小结

上述两种并行执行架构最大的区别在于执行的时机和读写集的冲突解决策略，不同的设计思路相应地存在不同的优劣势。

首先，在分片执行设计思路中，执行模块接收共识定序交易列表，交易列

表中的交易一定会被执行，所有合法交易一定会被打包成区块。这种方案的优势在于，进入执行模块时，交易就有了确定的全序，也就意味着，所有被系统接收的交易都会以合法交易或非法交易的形式被最终确认，不存在交易被抛弃的情况。但是，这样的设计需要考虑读写集冲突的情况，一旦发生冲突，则只能将整个交易列表重新分配、执行。这必然会带来额外的资源开销，同时会降低系统的执行效率。

而在预执行设计思路中，执行是先于共识定序的，并且执行结果不会立刻应用于账本数据。同一区块中的每笔交易在执行时的世界状态都是相同的。这会导致在一个区块内交易冲突的概率不可控，被预执行过的交易虽然执行过程正确，但是最终可能因为与前序交易冲突而成为非法交易。虽然这样的设计不会引起上述读写集冲突导致的“重执行”，但在部分业务场景中，可能会导致系统的实际交易吞吐量达不到预期效果。

上述并行扩容的设计思路，希望打破“交易严格按序串行”的限制，尽可能实现执行模块的并行化，以此来提高系统的交易吞吐量。对于交易吞吐量瓶颈处于交易执行阶段的系统，这种设计思路可以很好地解决问题，同时可以使系统具有优秀的横向拓展能力。但是，对于某些交易吞吐量瓶颈不在交易执行阶段的系统，这并不是一种合适的设计思路。

### 7.2.3 架构扩容

如上文所述，目前存在很多区块链系统，其交易吞吐量瓶颈并不在交易执行阶段，而在共识模块达成一轮共识的耗时阶段。这样的问题在公有链场景如以太坊、Harmony 等系统中尤为常见。除系统的交易吞吐量瓶颈之外，传统区块链系统的存储模式存在固有的问题：单节点存储容量上限为整个系统的数据量上限。随着系统的运行，链上数据不断积累，存储容量问题逐渐引起很多成熟区块链系统的重视。

基于上述两点，目前有很多区块链系统尝试提出适合自身的扩容方案，如以太坊 2.0 提出的二次方分片方案、Harmony-one 提出的 beacon/shard chain 架构、Conflux 提出的基于有向无环图（Directed Acyclic Graph，DAG）模型的异构区块链、Trifecta 提出的拆分区块角色形成多链的系统架构等。这些扩容方案都从修改传统“系统运行和维护单条有效的区块链”架构的设计思路出发，寻求提高交易吞吐量和存储容量的最终方案，本节将这一类方案统称为架构扩容。

### 1. 异构区块链

传统区块链系统基本遵循“多笔交易成区块，区块按序形成一条有效区块链”的架构模式。但类似 Conflux 系统等众多公有链系统，为了寻求更高的交易吞吐量，打破传统的架构模式，提出使用 DAG 模型来组织块链结构，打破“矿工竞争挖出的区块必有一方被回滚”的公有链分叉选择规则，提高并行区块的处理效率，增大系统运行过程中消耗的计算资源的有效部分比例，最终提高交易吞吐量。下文以 Conflux 系统为例，介绍引入 DAG 模型的异构区块链系统的具体架构设计和实现方案。

Conflux 系统基于公有链只有少数交易会产生冲突的现状，通过提高并发区块的处理效率，最终提高交易吞吐量。Conflux 系统提出使用 DAG 模型来组织块链结构，通过对主链的共识确定最终的交易顺序。这种设计思路可以有效突破公有链网络中的共识瓶颈。Conflux 系统整体块链架构图如图 7-5 所示。

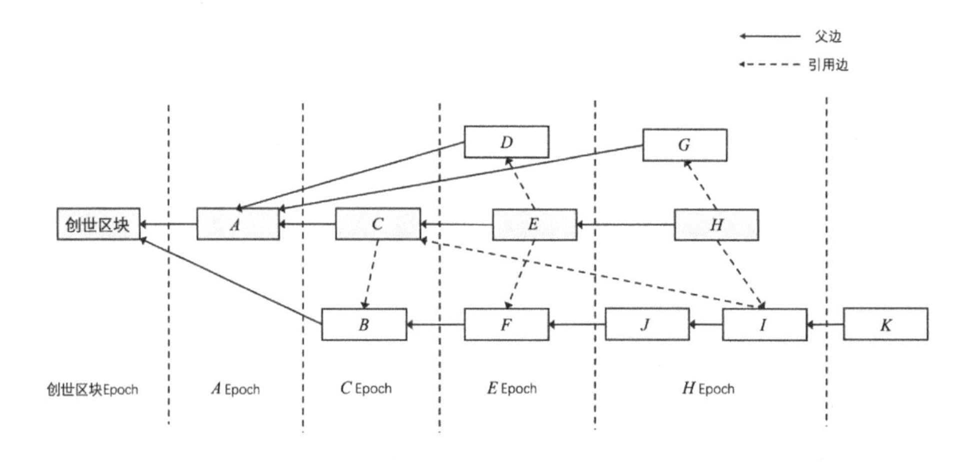


图 7-5　Conflux 系统整体块链架构图

下文将从块链组织形式、交易定序形式、扩容效果和安全性四个方面详细介绍 Conflux 系统的设计思路。

1）块链组织形式

Conflux 系统以 DAG 模型组织块链结构，每个区块都包含 1 条“父边”，指向其父区块，同时，包含 $N$ 条“引用边”，指向所有先于自己生成的区块。在 DAG 模型中，为了确定交易的最终顺序，Conflux 系统引入主链的概念，每个区块生成时，都会向主链上添加，而确定主链的方式是，当前主链上的最后一个区块的孩子区块中，拥有最大子树的孩子区块将成为主链上的区块。新加入的区块将添加到主链的最后一个区块之后，同时，这个区块会向网络中所有未被其他区块引用的区块建立"引用边"。

**2）交易定序形式**

Conflux 系统主链上的每个区块都代表一个 Epoch，而分叉链上的区块所属的 Epoch 等于第一个产生在它后面的主链上的区块的 Epoch。按照这样的思路，所有的区块一定属于一个确定的 Epoch。每个 Epoch 都可以按照区块哈希值排序来确定顺序，使系统中的所有区块构成一个全序列表。

**3）扩容效果**

基于 DAG 模型的块链组织，网络中的区块可以认为是有效区块，除冲突和非法交易之外，区块中的交易最终都会被链上确认和记录。显然，相比传统的"最长链"规则只保留主链，回滚分叉链的模式，矿工有效计算的比例大大增加。因为矿工挖出的区块最终都会成为有效的区块，因此矿工在并发挖矿的同时，实现了交易执行的并行化，并且执行结果最终是有效的，系统的交易吞吐量显著提升。又由于 Conflux 系统对主链上的一个区块达成了共识，本质上确定的是一个 Epoch 内所有区块。因此，其共识效率相比传统的 PoW 或 PoS 等共识算法有了一定程度的提升。

**4）安全性**

按照 Conflux 系统的出块策略和区块定序策略，主链上的每个区块都是该 Epoch 中的最后一个区块，因此，想要逆转当前可见的 Epoch 中的交易，只能通过夺取主链的方式来实现。上文提到，矿工决定主链的方式是拥有最大子树的区块会添加到主链上。其中，"最大子树"代表系统当前时刻的最大算力。后续的诚实节点也会向最大子树继续添加区块，也就意味着，只要恶意节点达不到全网 51%的算力，就无法成功夺取主链，也就无法完成双花攻击。

上述系统提出的基于 DAG 模型的块链组织架构，相比传统区块链系统的块链组织架构，大大减少了区块回滚的概率，显著提高了并发区块的处理效率，相应提高了系统整体的交易吞吐量。对于性能瓶颈在于共识模块的区块链系统，是一种有效的、新颖的设计思路。

### 2. 状态分片

上述基于 DAG 模型的方案，其着眼点是解决共识模块导致的区块链系统交易吞吐量瓶颈，适用于公有链场景。但是仍然没有解决存储容量问题。上文提到，按照传统的区块链存储模型，区块链网络中一定存在需要存储全量数据的节点，这类节点的存储容量上限决定了系统的存储容量上限。为了从根本上解决这一问题，最直观的思路就是打破“单节点存储全量数据”的模式，将系统中的数据分散地存储到不同节点上。基于这样的思路，以太坊、Harmony-one及 Trifecta 等系统提出了各自的分片方案。

虽然这些系统的分片方案和架构模型各不相同，但它们都存在一些共同点。

（1）将传统的一条区块链转化为多条区块链，每条区块链仅存储系统中的部分数据。

（2）为了保证整个系统的完整性和一致性，在这样的多条链中，一般都会有一条基准链，这条基准链反应了整个系统的运行状态，其他链（下文称为分片链）都以某种形式向这条基准链锚定。

（3）各条分片链除“需要向基准链锚定”之外，彼此间相互独立，不同的分片链维护各自链上的世界状态，甚至可以拥有独立的共识算法，分片链间几乎是完全隔离的。

基于上述三点共同点可以看出，在这样的架构下，每条链都可以独立处理各自的交易、自主出块且数据独立存储。一方面，这样的架构极大地提高了交易的并行程度；另一方面，各个节点只需要存储参与链的数据，整个系统的数据被分散存储在不同节点上，整个系统的存储容量不再受单节点存储容量的影响。最重要的是，这样的架构模型具有很强的横向拓展能力，当交易吞吐量达到上限时，可以通过新增物理计算资源或分片链来帮助提高。

在传统区块链架构中，通常将某一时刻的区块数据、账本数据统称为这一时刻区块链系统的世界状态，在上述架构中，世界状态数据被分散存储在各个分片上，但不会破坏系统的最终一致性。这些类似的架构模型称为“状态分片”。但是，状态分片在解决了交易吞吐量、存储容量等问题的同时，引入了新的问题。例如，因为各条分片链上的账本数据是相互独立的，因此，当一笔交易涉及多个分片上的账本数据时，交易的事务性难以保证。

有很多系统进行了尝试并实践了状态分片，下文将介绍以太坊 2.0 二次方分片、Harmony-one 分片和 Trifecta 分片的三种设计，简要分析各自的架构设计、相应的优势及可能存在的问题。

**1）以太坊 2.0 二次方分片**

（1）整体架构

在以太坊 2.0 中，整个以太坊系统分为两层，第一层是当前的主链，在分

片架构下称为 beacon 链，beacon 链不需要硬分叉来实现向以太坊 2.0 的过渡，而通过部署一个校验者管理合约（VMC）来实现对分片链的管理。这个合约会定义分片数量，注册所有的验证者节点，并提供不可预测的、随机的方式决定验证者节点负责在何时、何分片上出块。同时，该合约暴露了将分片上产生的区块锚定到 beacon 链的接口，验证者节点完成了在分片链上出块后，使用这个接口将区块头传输给 beacon 链。为了保证随机性，上层的验证者节点和分片的对应关系仅在指定连续 $N$ 个区块的时间窗口内有效，过期后将自动重新分配。借助 VMC，beacon 链可以很方便地管理各条分片链的状态，具体的交互逻辑将在后文详细介绍。二次方分片整体架构图如图 7-6 所示。

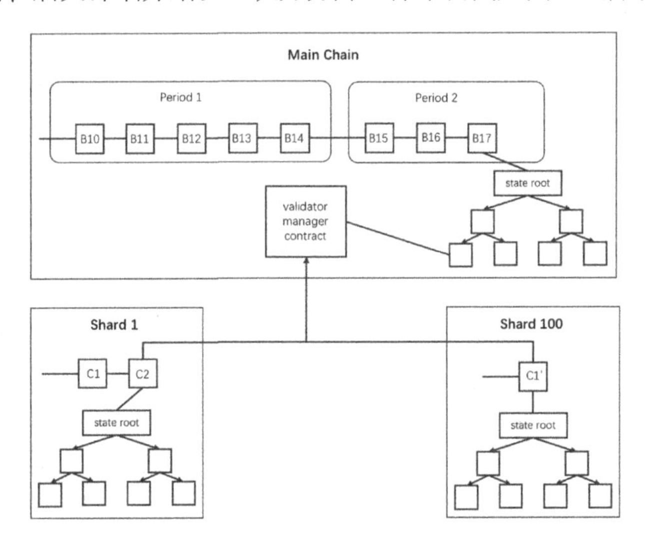


图 7-6　二次方分片整体架构图

（2）扩容效果

本节将分析这种架构模型带来的存储容量和交易吞吐量两个方面的扩容效果。首先，因为一个节点只需要存储其参与的分片内的数据，所以整个系统的存储容量几乎是无限制的，这从根本上实现了存储容量的无限制扩展；其次，在只有一条链的架构下，假定每个节点的算力为 $x$，那么系统的整体出块速率基本是 $O(x)$ 级别，二者基本上呈正比。在分片架构下，无论是主链还是分片链，其出块速率都可以认为是 $O(x)$ 级别。又因为各条分片链上的区块互相隔离，各自独立地向主链锚定，因此，对于分片数目为 $N$ 的系统，其出块速率可以认为是 $N \times O(x)$ 级别。上文提到了 $N$ 是由 VMC 内部定义的，当 $N$ 的选择能够达到 $O(x)$ 级别时，可以认为整个系统的出块速率增加到 $O(x^2)$ 级别。

每条分片链都是通过调用一次 VMC 将产生的区块向主链锚定的，因此，主链可以管理的分片链数目等同于主链在单位时间内能处理的 VMC 调用次数，也就是和节点算力直接相关。这就是“二次方分片”名称的由来。

（3）分片链与主链的交互

首先介绍几个二次方分片架构中的概念。

- 周期：连续的 *N* 个区块的时间窗口。
- collation：分片链上产生的交易块，包含区块头（header）和区块体（body）。collation 有分值的概念，分值会被应用于分片链上的 collation-header 选择和分叉选择时确定最长链。

首先，beacon 链上会运行 VMC，利用一个指定的区块哈希值，如上周期的最后一个区块的区块头哈希值为入参，在一个指定的周期内，为每个分片分配一个验证器。这个验证器只在指定周期内有效，并且其签名的分片链上的 collation 的序列号只有在当前周期对应的区块号范围内才有效。其次，当分片链上生成了一个有效的交易块后，验证器会向 beacon 链发起一笔合约调用，内容为调用 VMC 的 addHeader，尝试将当前的 collation-header 锚定到 beacon 链上。最后，当这笔 addHeader 对应的交易在 beacon 链上被打包成区块时，意味着 collation 向主链锚定成功。

关于区块的最终确认，对于 beacon 链，最长链上的区块是有效的，区块的分叉选择规则是最长链规则；对于分片链，其分叉选择规则是，以最长有效主链上的最长有效分片链为主分片链。如图 7-7 所示，有效主链为 B 链，虽然 A 链上打包的分片链更长，但是当前分片链上最新的 collation 是 B 链中的 C2。

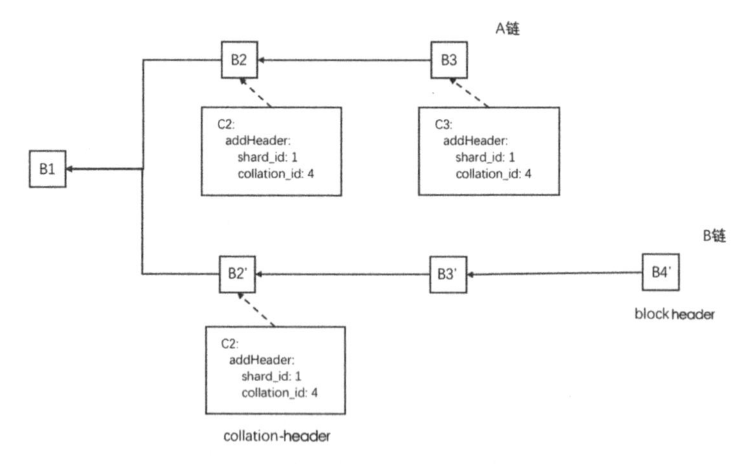


图 7-7　二次方分片链选择策略示意图

（4）无状态客户端

伴随着上述分片架构，以太坊 2.0 还提出了一个“无状态客户端”的概念。网络中的验证者节点，无论是作为出块的矿工，还是希望完成区块合法性验证，都需要本地存储全量的状态数据。而无状态客户端颠覆了这一思想，因为状态数据的组织形式是 MPT，是可通过默克尔根验证的。因此，如果每笔交易都能够给出其使用到的所有状态数据，并且这些状态数据是可验证的，那么矿工节点或验证者节点可以不存储全量的状态数据，也就是说，矿工节点不一定是全节点。如果每次执行交易都携带本次交易涉及的所有状态数据的值，并为这些值提供相应的默克尔根，那么矿工节点只需要知晓交易执行前的状态数据的 MPT 根哈希值，就可以安全地执行和校验交易，并且给出交易执行结束后的 MPT 的最终状态根哈希值。

基于无状态客户端的设计原理，无论是 beacon 链还是分片链，每条链上的全节点数目都可以大大减少，其状态数据的备份数量也相应大幅减少。配合上述二次方分片的思路，可以进一步节约整个系统的存储资源。

（5）跨分片交易

以太坊 2.0 的二次方分片，出于公网环境和协议安全性考虑，现阶段设计暂不支持跨分片交易。但目前已经有很多关于跨分片交易的思路和方案，其中比较被多数人接受的一种方案是类比 UTXO 交互模型。将一笔跨分片交易拆分为两笔交易，两笔交易间通过一个中间状态的 receipt 保证跨分片交易的事务性。下面举一个简单的例子，假设账户 A 向账户 B 转账 10BTC，而账户 A 和账户 B 分属于两个分片，交互流程大致如下。

①对账户 A 扣款，生成 receipt，构造一笔交易发送到账户 B 所在的分片。

②账户 B 确认 receipt 合法后，增加自己的账户余额，然后生成 receipt，构造一笔交易发送到账户 A 所在的分片。

③账户 A 所在的分片收到交易后清账。

上述方案通过一种类似 2PC 的思路，解决跨分片交易的事务性问题。但上述方案只描述了一个在理想状态下的常规流程，对于网络延迟、区块回滚等异常情况的处理没有相关描述。例如，传输过程中因为网络原因导致 receipt 丢失、延迟或重传等问题。考虑到这些问题，有些改善思路中提到了使用共享内存等方案使上述 2PC 更具鲁棒性，首先，在公网环境下，共享内存的方案很难真正实施。其次，对于恶意构造跨分片交易的 receipt 等针对指定分片进行攻击的恶意行为，没有完备的抵御策略。综上所述，目前二次方分片架构中还没有成熟的跨分片交易方案。

整体来说，以太坊 2.0 的二次方分片架构在不使主链出现硬分叉的前提下，通过将单条区块链转换为两层链的架构，可以实现交易吞吐量平方级的大幅度提升。同时，这种架构带来了链与链之间交易并行的优势，解决了全节点单点存储容量限制整个系统存储容量的问题，是一种较为成熟的链上扩容方案。

**2）Harmony-one**

（1）整体架构

在 Harmony 系统的分片架构中，存在一条信标链和多条分片链，在每条分片链上，只存储一部分账本信息，由随机选择的节点参与维护，各条分片链自主出块。信标链可以认为是一条特殊的分片链，主要运行分布式随机数协议（用于随机选择一定数量的节点维护分片链），并且负责维护和管理系统中的资产信息。

Harmony 系统的每条分片链内部都使用了 FBFT（Fast Byzantine Fault Tolerance）共识算法进行共识，该算法是融合了 BLS 签名算法和经典 PBFT 的一种共识算法，共识效率很高。各条分片链出块后，最终需要把分片链的区块向信标链锚定。相应地，信标链负责资产管理和接收分片链向自己发送的锚定信息。Harmony 系统使用了新型的有效资产抵押机制，将资产打散成多个相等的小块，随机分配到各个分片中，配合定时的 Resharding 机制，保证了资产分配的安全性和随机性。这里随机数的选择机制、共识算法的实现思路及涉及的一些系统概念虽然与分片架构没有直接的关联，但是这些概念在 DRG 协议中都有涉及，而 DRG 协议又在整个系统运行过程中扮演着重要的角色，因此，这里挑选了部分相关的系统概念进行简单描述。

- Epoch：Epoch 是一个定长周期，这个周期是一个全局概念，目前默认是 24 小时，在每个 Epoch 内，系统的分片结构都是确定的。
- EPoS：EPoS 是 Harmony 系统使用的新型的有效资产抵押机制。其基本思路为，将所有资产持有人的资产全部打散为相同大小的 slot，信标链会为这些 slot 装配内置的公钥地址，而后将些 slot 随机分配到各个分片中，这些 slot 在分片内扮演区块验证者的角色。这里的随机性是通过 DRG 协议体现的，下文将进行详细描述。在一个 Epoch 内，分片内的 slot 集合是确定的，这些 slot 会参与出块投票，每个 slot 都有一票投票权。slot 参与投票的方式为，在分片内部运行 FBFT 共识算法出块的过程中，通过参与 FBFT 共识算法中的 prepare 阶段和 commit 阶段的 BLS 签名给认可的区块投票。当区块被信标链最终确认时，共识过程中的 leader slot 和参与 BLS 签名的所有 slot 都可以得到出块奖励。EPoS 中还有更细节的资产划分、调整和转让的逻辑，具体细节与分片架构无关，不再展开介绍。

- FBFT 共识算法：FBFT 共识算法本质上是 PBFT 共识算法的一种优化。假设网络中有 $N$ 个节点，FBFT 共识算法要求非诚实节点数量 $f$ 满足 $N \geqslant 3f+1$。通过引入 BLS 签名算法，其 prepare 阶段和 commit 阶段的算法复杂度都降至 $O(n)$级别，同时，每个区块都具有自验证能力。
- DRG 协议：DRG 协议仅运行在 beacon 链上，其职责是负责 Resharding 过程。一轮 DRG 协议作用于一个 Epoch 周期。DRG 协议的整体流程如图 7-8 所示。首先，在 Epoch 开始时，本轮共识中的 leader 会使用上个 Epoch 的最后一个区块哈希值作为种子构建一个“Init 信息”，并广播给所有分片内的节点，每个节点都会根据“Init 信息”生成一个随机数并附带上 VRF（Verifiable random function）证明，返回给 leader。leader 在本 Epoch 内收集到至少 $f+1$ 个随机数后，整合计算出一个“pRnd 值”，并将“pRnd 值”在下个区块中提交。这个“pRnd 值”会被用作种子进行 VDF（Verifiable Delay Function）计算，得到最终的“Rnd 值”。VDF 的延迟时长为 $k$ 个区块周期，最终结果“Rnd 值”会在本 Epoch 内最后一个区块中提交。下个 Epoch 会将这个“Rnd 值”作为 Resharding 过程中随机分配资产 slot 时的随机数。

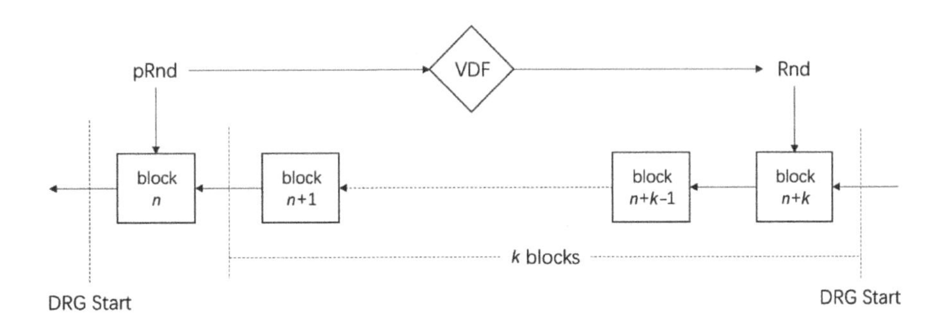


图 7-8　DRG 协议的整体流程

Harmony 系统的整体架构和以太坊 2.0 二次方分片架构相似，都包含一条

beacon 链和多条分片链，每条分片链都维护独立的账本数据。因为分片链的账本数据和区块数据彼此完全隔离，所以理论上，Harmony 系统的存储容量可以自由扩展。

虽然架构类似，但 Harmony 系统相比以太坊 2.0 二次方分片架构具有一定的优势：首先，Harmony 系统的各条分片链上运行的是 FBFT 共识算法，这使得分片链几乎没有分叉的可能；其次，Harmony 系统的有效资产抵押机制、DRG 协议和安全随机 Resharding 协议保证了各条分片链上验证者分配的随机性，系统可以抵御类似“1%攻击”“贿赂攻击”“最后发布者攻击”等针对分片架构的攻击。

但是，Harmony 系统采用定期进行 Resharding 的设计思路，这样会带来一些效率上的影响。因为资产持有人的资产是被打散后随机分配到各个分片上的，所以在不同分配周期内，资产持有人负责出块的分片可能不同。又因为各分片维护独立的账户空间，所以希望参与出块的资产持有人必须能够通过某种方式获得任一分片的全量状态数据。类似的协议设计必然会降低 Resharding 的效率，同时会带来额外的网络或存储开销。

（2）信标链与分片链的交互逻辑

首先，信标链上存在一个管理所有资产持有人的智能合约，智能合约内容包括所有资产持有人的地址和资产金额。该智能合约对外提供账户增、删接口及资产质押、提现接口。每次 Resharding 都由信标链完成账户数据的整合，然后重新拆分成 slot，并给每个 slot 分配公钥地址（这个公钥列表是在 genesis 账户列表中设定好的）。所有和资产持有人或资产相关的交易都在信标链上执行。

完成 Resharding 后，系统进入正常运行阶段。在这个阶段，每个分片都独立地运行 FBFT 共识算法并出块。因为 FBFT 共识算法中融合了 BLS 签名算法，所以每个区块的区块头都是可以自校验的。每个分片在生成一个区块以后，都需要向 beacon 链发送一个“CrossLink 信息”，这个信息是一个区块头列表，该列表包括 beacon 链认为的该分片上的最新区块到当前刚刚生成的区块。这个“CrossLink 信息”用于 beacon 链更新其维护的各条分片链的高度信息。beacon 链在收到“CrossLink 信息”后，会根据区块头中的 BLS 签名，验证每个区块头的合法性。在 beacon 链完成了对“CrossLink 信息”的校验后，“CrossLink 信息”将被打包到 beacon 链的区块中。每当 beacon 链生成新区块，beacon 链就会主动将新区块信息向全网所有节点广播。整体上，beacon 链上区块和分片链区块的锚定关系如图 7-9 所示。

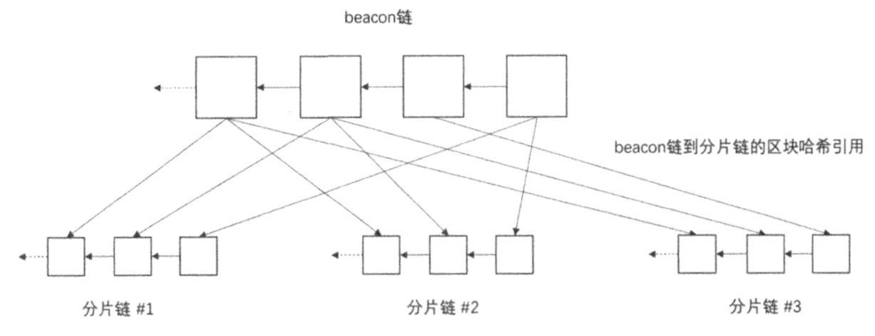


图 7-9　beacon 链上区块和分片链区块的锚定关系

基于这样的交互模式，beacon 链可以实时获得各个分片的信息。同时，各条分片链能实时感知到 beacon 链的信息。虽然这样的交互协议方便了链之间的协同和 beacon 链对整个系统的管理，但是会给网络传输带来额外的负担。

（3）跨分片交易逻辑

Harmony 系统中跨分片交易的处理也是通过将一笔跨分片交易拆分成两个阶段来实现的。在执行交易的过程中，如果分片链节点识别出这是一笔跨分片交易，则节点会先在本地生成一份 CXReceipt。这份 CXReceipt 会在当前区块在本分片提交以后，被发送到目标分片，并提供相应的默克尔证明，同时附带 commit 阶段的 BLS 签名。接收方首先将 CXReceipt 缓存到本地，等收到 beacon 链广播的新区块且发现新区块中包含该分片、该区块头后，再处理 CXReceipt。

CXReceipt 的接收方可以通过默克尔证明确认 CXReceipt 数据的正确性，同时可以通过信标链广播的区块和 commit 阶段的 BLS 签名确认 CXReceipt 对应的交易确实在特定分片上被执行且打包进区块。但是，如果接收方在使用 CXReceipt 执行交易时出现了异常，并且系统并没有提供相应的回滚机制，那么，虽然该设计思路解决了 CXReceipt 的真实性问题，但仍然不能在异常情况下保证跨分片交易的事务性。

Harmony 系统的分片设计方案使用了新型的 EPoS 算法定时重构资产持有人的投票比重，且通过融合 VRF、VDF 的安全随机数生成手段，以及 BLS 签名算法，虽然分片链处于公有链环境，但其仍可以安全地使用 BFT 式共识协议。这种设计直接大幅度提高了分片内的共识效率，同时减少了分片内的区块回滚概率，整体的交易吞吐量相比二次方分片有了较大的提升。不过，

Harmony 系统内链与链之间的消息通信协议大多采用“广播”的模式。考虑其运行在公有链环境下，这会给网络 I/O 带来更大的压力。此外，其 Resharding 协议的设计虽然保证了分片内的系统安全性，但可能造成数据大量迁移或分片链数据冗余存储，这会给网络或存储带来额外的开销。

**3）Prism 项目与 Trifecta 项目**

（1）Prism 项目整体架构与扩容效果

在存在分叉可能的区块链系统中，区块以树形结构组织。而根据某种分叉选择策略选择出来的“主链”，其链上的区块有三种职责：一是向区块链上添加交易，二是担任同层区块中的 Leader 角色，三是为自己的父区块投票。

Prism 项目提出了一种多链的架构，将区块的上述三种职责解耦，相应地定义了三种区块：proposer 块、transaction 块和 voter 块。Prism 项目使用两种链将这三种区块整合在一起，一种是 proposer 链，另一种是 voter 链。proposer 链决定了整个系统的全局逻辑时钟，是一条最基本的链。proposer 链由 proposer 块构成，遵循最长链原则，每个 proposer 块都包含了父区块哈希值和多个 transaction 块。而 voter 链的数目由系统参数设定，一般有多个。每条 voter 链都遵循最长链原则，voter 块的职责是为 proposer 块投票。

Prism 项目整体块链架构示意图如图 7-10 所示。Prism 项目中有 1 条 proposer 链和 *m* 条 voter 链。proposer 链上的最长链原则决定了诚实矿工如何向 proposer 链上添加区块。而 voter 链则通过投票选出 proposer 链上每层的 Leader，Leader 决定哪些交易会被上链，也就是决定系统中交易的最终顺序。

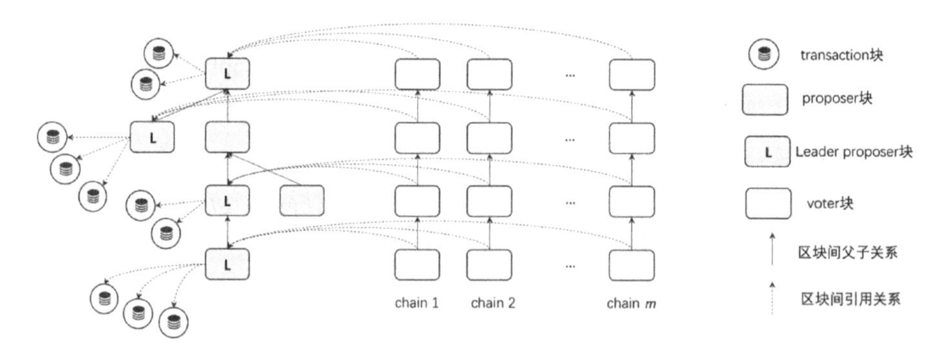


**图 7-10　Prism 项目整体块链架构示意图**

Prism 项目中矿工打包出块的规则是，首先，构建一个超级块，超级块中包含 1 个 proposer 块、*m* 个 voter 块（一条 voter 链产生一个 voter 块）及至少 1 个 transaction 块。其次，矿工根据超级块内的所有内容计算超级块的区块头。

系统根据区块头所处的范围确定本次出块的类型，其余信息失效。因此，矿工最终能产生什么样的区块是完全随机的。

在传统区块链系统中，只有最长链上的区块才是有效区块。根据 7.2.1 节中的分析，试图通过降低挖矿难度来增大出块速率的做法必然会增大分叉的可能性，而分叉的存在不仅会降低最长链的收敛速度，还会影响交易的最终确认时间和系统的安全性。而在 Prism 项目中，transaction 块本身并不具有链式结构。如果期望提升系统的交易吞吐量，可以通过降低 transaction 块的挖矿难度或允许 transaction 块打包更多的交易来实现。因为最终确定系统全局逻辑时间的是 proposer 链，所以在保证 proposer 链和 voter 链的分叉概率较低的情况下，降低 transaction 块的出块难度并不会增大系统的分叉概率。

从上述分析可以看出，Prism 项目拆分了传统区块链网络中区块的三种角色，将区块链系统的安全性、交易最终确认时间和系统交易吞吐量解耦。系统交易吞吐量可以单方面自由拓展。

（2）Trifecta 项目的分片思路

Trifecta 项目基于 Prism 项目提出了新型分片架构。Trifecta 项目整体块链架构示意图如图 7-11 所示。其根本思想是，将 transaction 块划分到不同分片中存储，每个分片仅处理和自身相关的 transaction 块。

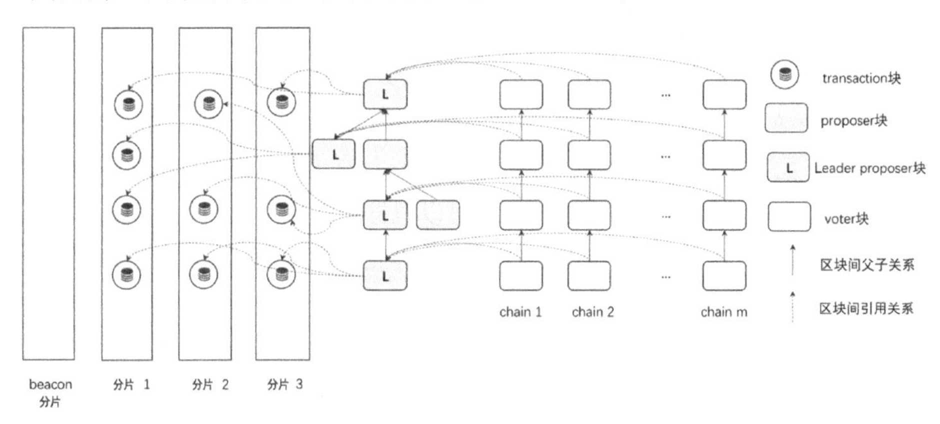


图 7-11　Trifecta 项目整体块链架构示意图

Trifecta 项目的特点如下。

①proposer 链和 voter 链仍然在全网所有节点上存储。

②网络中的分片数目和节点数目呈正比，分片仅维护和自身相关的 transaction 块。各分片的账本相互独立。

③系统中存在一个 beacon 分片，这个分片内会存储系统级别的交易。这

类交易一般与分片无关，如矿工的激励合约等。这个分片是全网节点都参与的分片。

因为 proposer 链和 voter 链是对全网可见的，但是每个 transaction 块只对特定分片可见，所以如果分片内节点希望验证其他分片产生的 proposer 块，则该节点必须从矿工所在的分片上下载 proposer 块中包含的 transaction 块。这是 Trifecta 项目的分片架构引入的“数据可获得性”问题。虽然，通过直接在网络中传输完整的 transaction 块可以直观地解决问题，但是这样的设计会给 Trifecta 项目带来高昂的网络开销。因此，Trifecta 项目提出了“区块验证”协议来高效地解决“数据可获得性”问题。

（3）区块验证

Trifecta 项目的区块验证协议包含如下两个前置条件。

①每个 proposer 块在出块时，其区块证明数据中都需要包含相关的 transaction 块的 Coded Merkle Tree（CMT）根哈希值。

②每个节点至少与每个分片中的一个诚实节点连接。

在这样的假设下，想要获得一个不在本分片内的 transaction 块，不需要在网络中传输全量数据。以分片 2 向分片 1 下载一个 transaction 块为例，分片 1 中的出块节点 A，通过“纠删码”技术将整个 transaction 块划分为 $k$ 块内容（这里的 $k$ 是纠删码技术中预设的常量参数）。然后出块节点 A 将这 $k$ 块内容编码成 $2k$ 个样本。接着，分片 2 的请求节点 B 在向其下载 transaction 块时，该出块节点 A 可以随机地选择 2 个样本返回给请求节点 B。请求节点 B 本地不做验证，而将样本传输给自己连接的分片 1 上的诚实节点 C。而后，诚实节点 C 在收集了至少 $k$ 个不同的样本后，可以根据样本恢复出完整的 transaction 块。然后，诚实节点 C 再将 transaction 块编码成 $2k$ 个样本，并构建 CMT，计算出样本块的 CMT 根哈希值。最后，诚实节点 C 将这个 CMT 根哈希值交给各个向其转发了样本的节点（包括请求节点 B）。请求节点 B 可以通过校验这个 CMT 根哈希值与 proposer 块中提供的 transaction 块的 CMT 根哈希值是否一致来确定 proposer 块中是否真正包含这个 transaction 块。

（4）账本一致性验证

Trifecta 项目每间隔 $N$ 个区块就会验证一次状态数据的一致性。每次验证开始时的区块高度称为验证点。状态数据的验证发生在分片内部。每到达一个验证点（假设这一批区块的范围是 $l, l+1, l+2,\cdots,L$），proposer 块的出块节点都会将一份 state-commit 信息提交到 beacon 分片上，state-commit 信息中包含每个区块中的账本根哈希值。验证流程如图 7-12 所示。

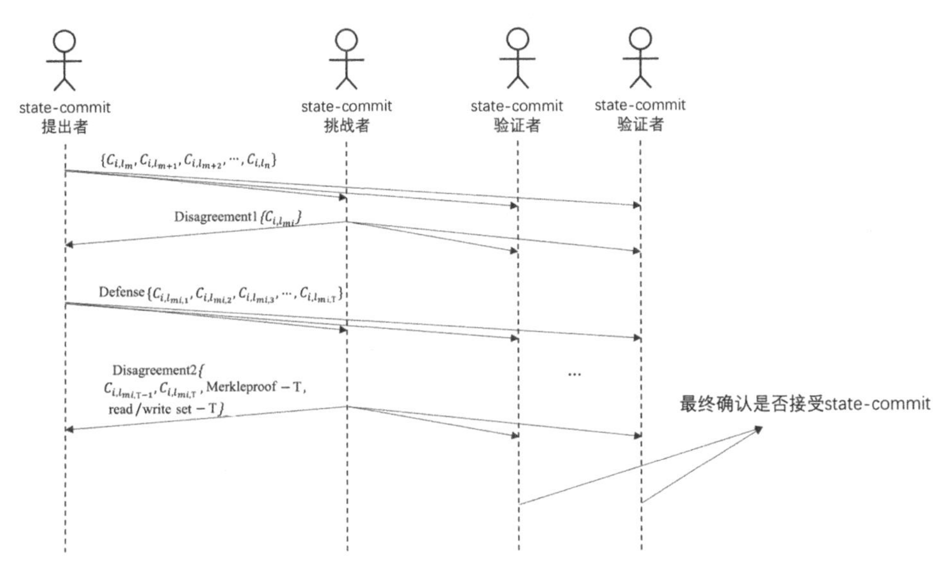


**图 7-12 验证流程**

具体的验证和交互流程如下。

①state-commit 信息被提出后需要全网广播，最终会被包含在 beacon 分片中。beacon 分片是一个所有节点都可以加入的分片，在某些协议中可以被用作分片间信息交互的媒介。state-commit 信息可表示为$\left\{C_{s,l}, C_{s,l+1}, C_{s,l+2}, \cdots, C_{s,L}\right\}$。

②state-commit 信息被提出后，分片中的其他验证节点可以对其发起挑战，即当发现自己本地的执行结果和上述 state-commit 信息不一致时，给出 Disagreement1 消息。Disagreement1 消息中包含最早的一个执行结果不一致的层数和自己本地计算出的该层的 state-commit 信息。

③state-commit 信息提出者接收到 Disagreement1 消息后，假设其给出的层数为$l_i$，那么，提出者需要给出$l_i$至$l_{i+1}$两层间的所有交易执行后的账本根哈希值，作为 Defense。

④挑战者针对 Defense，找出执行过程中第一笔导致不一致的交易 T，向全网广播 Disagreement2 消息。Disagreement2 消息中包括$\left\{\left(C_{s,l_i,\mathrm{T}-1}, C_{s,l_i,\mathrm{T}}\right), \mathrm{proof}_{\mathrm{T}}, \mathrm{RWSet_T}\right\}$。

⑤Disagreement2 消息会被分片内的所有节点验证，来决定是否回滚到上一个 state-commit 信息。

（4）Trifecta 项目的跨分片交易

Trifecta 项目的跨分片交易是通过将一笔交易拆分为两笔交易，并以中间状态的 receipt 为媒介实现的。其设计思路复用了部分上述 state-commit 信息的思路，简要流程如下。

以涉及分片 1 与分片 2 的跨分片交易 T 为例。首先，交易 T 会被拆分成分片 1 中的交易 T1 和分片 2 中的交易 T2。分片 1 中执行 T1，产生回执 Tr1。在 T1 所在的区块被包含到 proposer 链，下一次分片 1 给出 state-commit 信息时，同分片内的节点会针对 T1 发起挑战。提出挑战的节点可以得到一系列的 state-commit 信息验证数据。同时，state-commit 信息及挑战过程中生成的与 T1 相关的证明数据会被发布到 beacon 分片中。又因为 beacon 分片中的数据是全网感知的，所以分片 2 可以通过这些证明数据快速地验证 T1 的正确性，然后依据 Tr1 执行 T2。

（5）小结

Trifecta 项目的分片方案在 Prism 项目提出的多区块角色的设计思路基础上，实现了线上交易按照分片存储的机制，解决了单节点存储全量交易导致的系统存储容量问题。在其解决方案中，通过纠删码和 CMT 技术，实现了验证其他分片的 transction 块的完整性和正确性的功能，同时，避免了在网络中传输整个 transaction 块带来的开销。

从上面的分析中可以看出，无论是区块验证还是账本一致性验证，协议复杂度都很高，交互轮次较多，其中，账本一致性验证还需要借助 beacon 分片辅助完成。这样的设计思路一方面给系统带来了一定的负担，另一方面增大了交易的最终确认延迟。

而 Trifecta 项目的跨分片交易依赖一套完整的挑战机制。抛开其复杂度不谈，Trifecta 项目并没有给出应对区块回滚、交易非法等异常情况的解决思路。因此，其跨分片交易的设计也是不具备鲁棒性的。

## 7.3 链下扩容

7.2 节所述的链上扩容，大多会对主链本身的架构进行更改，对于已经大规模运行的区块链网络来说，更改主链架构的代价很大，需要对大量已经在运行的节点进行升级。

链下扩容也称为第二层扩容。区别于链上扩容，链下扩容的主要思想是在不改变主链本身架构的情况下，另外增设一层通道，实现功能与交易性能的扩展。在公有链场景中，目前规模最大，也最受用户认可的还是比特币与以太坊。这两个区块链网络存在的普遍问题是交易速度慢、交易费用高，因而侧链技术及状态通道的链下扩容方案最初也是在此基础上诞生的。

而在联盟链场景中，虽然交易的处理速度相比公有链大大提高了，但是仍然无法满足现实场景中庞大的数据量、低延时上链及隐私数据保护等要求。因此，在联盟链场景中，链上与链下协同是扩容的关键，目前已有的方案是在链下进行存储与计算。

本节将围绕链下扩容的思想，依次阐述这几个方案的原理与实现，讨论各个方案的优缺点及其应用场景。

### 7.3.1　侧链技术

侧链技术最初的诞生是由于比特币网络上交易的处理速度过慢、交易费用过高，使用者的体验很差。使用者想要有更高的交易处理速度、更低的交易费用，但是又想使用比特币这样一种被大家认可的数字货币作为价值的锚定。因此，侧链技术应运而生。

侧链技术的根本思路是将一条具有更好性能的子区块链网络与主链连接起来，实现跨链资产转移，同时将复杂的业务逻辑在侧链中执行，主链承担结算任务，从而提高区块链整体的交易速度，分担主链压力。

#### 1．原理

侧链技术的基础是双向锚定，即将一定的资产在主链中锁定，将等价的资产在侧链中释放。同理，当资产在侧链中锁定时，主链的资产也能相应释放。这个过程在实现上的最大难点是如何保证资产在链间的转移是可信的。根据资产的转移过程由谁来监管与执行，分成了三类技术方案。

**1）中间人托管**

最简单的资产转移方式是信任一个托管方，类似我们平时转账依赖银行这一中心化机构。侧链将需要锁定的资产发送给托管方在主链上的账户，托管方收到资产后，在侧链上激活相应的资产；同理，侧链上的资产锁定后，托管方将在主链上的资产解锁，返回给侧链。这种方案的缺点是过于中心化，强信赖于托管方，不符合区块链系统去中心化理念。

为此，在此基础上，又提出将单一托管方改为联盟，联盟各成员通过多重签名对资产转移进行确认。这样可以在一定程度上减少单一托管方的作恶风

险，但依然取决于联盟中各成员的诚实度。

**2）驱动链模式**

在驱动链模式中，矿工本身成为资产的托管方，实时监测侧链的状态。当收到来自侧链的资产转移请求时，矿工进行投票决定是否解锁资产，以及将资产转移到何处。在这种模式下，矿工的数量及诚实度决定了侧链资产转移的安全性。

**3）SPV 模式**

主侧链间资产安全转移的最佳方案当然是无信任模式，即资产在主链与侧链间转移时，无须依赖外部的可信方，参与方自己即可验证资产转移是否有效。这就要求主侧链需要有一种验证对方交易的机制。最初的比特币侧链白皮书提出了 SPV 模式的验证方法，能够根据区块头快速确定交易的存在性。

当一笔资产要从主链往侧链转移时，侧链通过主链提供的 SPV，确认该笔资产确实已在主链上被锁定，从而解锁侧链上的资产。

### 2. 优缺点

**1）优点**

（1）分担主链压力。将更多的交易在侧链上进行，可以有效缓解主链的运行压力。主链可以连接多个侧链，多个侧链运行也不会造成主链负载增大。

（2）提高交易速度。侧链相比主链更轻量级，有更高的交易速度。

（3）功能扩展。侧链支持智能合约、隐私交易等功能，可以提供主链支持不了的功能。

（4）独立性强。侧链虽然与主链进行锚定，但是侧链就算发生安全事故，也不会对主链的运行造成影响。

**2）缺点**

成本高、难度大。侧链本身也是一条区块链，也需要众多的节点和算力资源支持。

### 3. 应用场景

**1）RootStock**

RootStock 是第一个与比特币网络进行双向锚定的侧链，其内部使用了一个可以和 BTC 互相转化的代币。RootStock 实现了一套图灵完备的虚拟机，因而可以处理更复杂的业务逻辑。该项目的双向锚定机制采用中间人模式，比特币业界的领导型企业组成了一个联盟，由联盟来控制两个区块链之间资产的安全转移。RootStock 相比比特币网络具有更高的交易处理速度和更低的交易费用，因此可以缓解比特币主链上的压力。

**2）BTC Relay**

BTC Relay 由 ConsenSys 团队推出，其主要目的是将以太坊网络与比特币网络连接起来。BTC Relay 采用 SPV 模式，其在以太坊中部署了一个 BTC SWAP 智能合约，不断向该智能合约推送 BTC 的区块头数据，以达到在以太坊中验证 BTC 交易的目的。

如图 7-13 所示，以 Alice 用 1 个 BTC 交换 Bob 的 10 个 ETH 为例。首先，Bob 在以太坊网络将 10 个 ETH 转入 BTC Swap 智能合约，Alice 将 1 个 BTC 转到 Bob 在比特币网络中的账户；其次，Alice 将比特币网络中的交易信息发送给 BTC Relay，BTC Relay 验证这笔交易并向 BTC Swap 智能合约推送区块头；最后，Alice 发送 Relay Tx 交易至 BTC Swap 智能合约，BTC Swap 智能合约用之前接收到的区块头对 Alice 的交易进行验证，通过后将 Bob 的 10 个 ETH 转给 Alice。

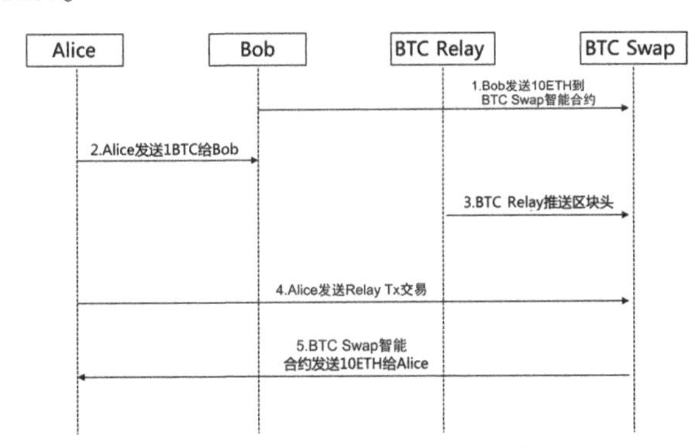


图 7-13　BTC Relay 工作流程

### 7.3.2　状态通道

状态通道也是一种将部分事务处理逻辑移到链下进行的技术。与侧链技术不同的是，状态通道的实现更轻量级，只需要在链上打开一条通道进行逻辑处理，不需要额外搭建一条子链。

之前以太坊上的加密猫游戏直接导致了以太坊的网络阻塞，说明在以太坊上直接运行游戏这种频繁调用、即时性要求高的程序是不可行的。但是通过状态通道，可以将过程在通道中处理，链上只计算最终的结果，大大提高了区块链的可扩展性。

### 1. 原理

状态通道的生命周期包括打开通道、使用通道和关闭通道。其中，区块链只能感知到打开通道与关闭通道两个阶段，因此，参与方在使用通道进行交互时，不会依赖区块链网络。

首先，参与方在区块链中就初始状态达成共识，打开一条状态通道。此后，参与方对状态的更新均向状态通道进行提交，每条状态的更新都包含参与方的签名，直到达到最终状态。任何一个参与方都可以提交结算，即要求关闭状态通道，并将状态通道中发生的交易集合提交到区块链上。区块链验证通过后该交易生效。

在整个过程中，可能会遇到以下问题。

（1）双花问题。由于参与方可能同时打开多个状态通道，因此，后结算的状态通道可能会因为余额不足而出错。为了解决上述问题，在开启状态通道的时候，要求参与方锁定一定的资产，状态通道中转账的最大数额不能超过参与方锁定的资产，在状态通道关闭的时候进行结算和解锁。

（2）参与方伪造状态通道交易结果。虽然在状态通道中的每笔交易都需要参与方共同的签名，即可以保证每笔交易的有效性。但是由于状态通道的关闭可以由任意一个参与方提出，因此，参与方可以提交一个对自己更有利的状态，而不是最终的状态。例如，在一个状态通道中，Alice 先给 Bob 转 1 个 BTC，Bob 再给 Alice 转 2 个 BTC，Bob 在提交关闭状态通道的请求时，因为想要获利只提交了第一笔交易。为了防止这种情况的发生，状态通道关闭时会等待一个质疑期，在此期间，任意一个参与方都可以提交交易集合，状态通道最终会以最新的交易集合为准。对于 Bob 这种作恶行为，可以进行惩罚，如罚完他的保证金。

### 2. 优缺点

1）优点

（1）缩短交易延时。由于状态通道独立于区块链网络，不会受区块链的交易速度影响，交易延时极低。

（2）隐私性高。在状态通道中的交易过程不会保存在区块链网络中，仅对参与方可见，隐私性高。

（3）交易费用低。在状态通道中的交易不需要消耗费用，只有打开状态通道和关闭状态通道阶段需要支付交易费用。

2）缺点

（1）要求参与方保持在线。如果一个状态通道在关闭的质疑期内，某一方掉线，则另一方有可能提交一个非最终状态。

（2）使用范围有限。一个状态通道打开后，仅允许参与方进行状态更新，非参与方无法参与。

### 3. 应用场景

1）闪电网络

由于比特币网络的交易速度过慢，有人在 2015 年 2 月通过论文“The Bitcoin Lightning Network: Scalable Off-Chain Instant Payments”提出了闪电网络的设想。闪电网络的中心思想便是状态通道。在闪电网络中，通过 RSMC（Recoverable Sequence Maturity Contract）和 HTLC（Hashed Timelock Contract）机制保证状态通道的可靠性。

RSMC 指可撤销的顺序成熟度合同，实质上是一种保证金机制。该机制要求参与方在打开状态通道时，需要预先锁定一定的资产。参与方每次在状态通道中更新状态时，都需要双方的签名，同时将旧的状态作废。由于任何一方都可以在任何时候提出关闭状态通道的请求，但提交的状态未必是最新的，一方有可能作恶提交更利于自己的状态，在一定时间内，如果另一方可以拿出这份状态已经被作废的证明，则系统将以后者提交的状态为准，并对前者进行惩罚。

HTLC 是一种有条件支付的机制。交易双方可以达成一个协议，如果 A 在指定时间内能拿出 B 需要的哈希证明，则 A 可以获得由 B 锁定的资产。如果超过指定时间，则该部分资产自动解锁，归还 B。该机制的实现可以让两个参与方通过其他状态通道的串联实现转账。

如图 7-14 所示，Alice 要给 Carol 转 1 个 BTC，他们之间并没有支付通道，但是 Alice 与 Bob 之间，Bob 与 Carol 之间有支付通道。

（1）Carol 选择一个密码 $S$ 生成一个 Hash($S$)，并将该哈希值告诉 Alice。

（2）Alice 与 Bob 约定一个 HTLC 合约，只要 Bob 能在一天内提供 $S$，就给他转 1 个 BTC。同理，Bob 与 Carol 也约定一个 HTLC 合约，只要 Carol 能在一天内提供 $S$，就给他转 1 个 BTC。

（3）约定好后，Carol 向 Bob 提供 $S$，获得了 Bob 的 1 个 BTC。然后 Bob 将拿到的 $S$ 提供给 Alice，也获得了一个 BTC。至此实现了 Alice 向 Carol 的转账。

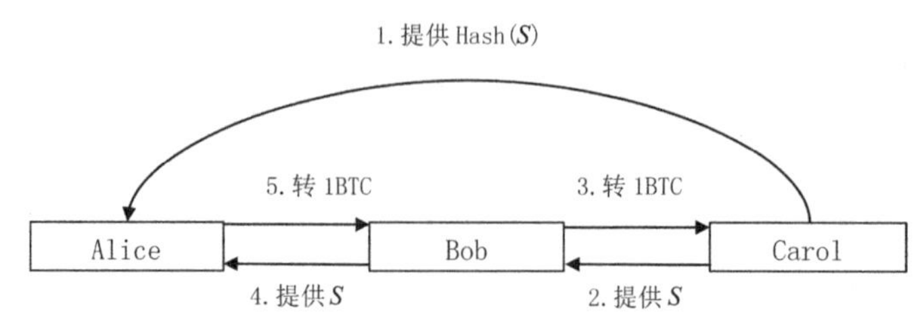


图 7-14　HTLC

2）雷电网络

雷电网络 Raiden 与比特币网络的闪电网络基本一致，是以太坊上用于代币转移的一种解决方案。

### 7.3.3　链下协同

链下协同的概念更为广泛，其主要思想是将链上不方便计算的数据放到链下计算，链上不方便存储的数据放到链下存储，通过映射关系保证链上链下协同和一致性。尽管联盟链系统的交易吞吐量高于公有链，但是要想真正适应现实中庞大的数据量和极低的交易延时场景，联盟链也需要通过链下协同，支持更多的功能。

#### 1. 链下存储

在区块链系统中，每个节点都存储全量数据，长期运行的全节点最终会面临存储资源耗尽的问题。而如果链上需要存储类似媒体文件、长文本文件等大数据量的文件，则存储资源会更早耗尽。因此，链下存储是减轻区块链本身存储压力的有效手段。

图 7-15 展示了最基本的链下存储手段——哈希存证。这种方式将文件本身保存在链下文件系统中，而将文件的哈希值保存在链上。用户在下载文件时，通过比对链下文件系统中文件的哈希值与链上存储的文件哈希值，来校验文件是否被篡改。

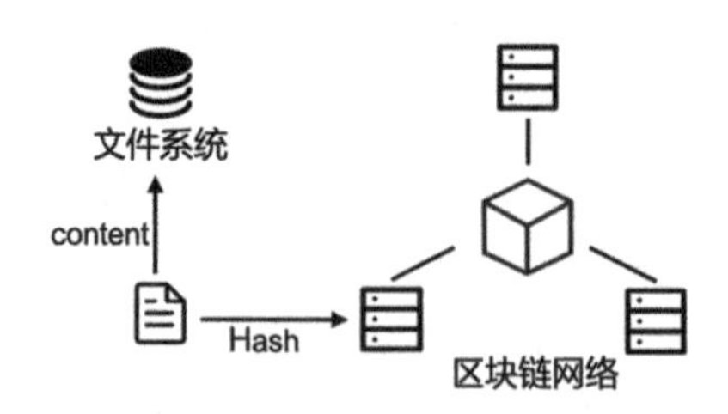


图 7-15　哈希存证

在这种方式下，文件系统与区块链系统是完全分离的，且需要中心化部署。在联盟链场景中，有些节点并不想把文件分享给所有节点，因此，中心化的文件系统不被联盟链节点信任。故本书提出了一种将文件系统与区块链节点相结合的链下存储方案。

该链下存储方案的总体架构如图 7-16 所示。每个区块链节点都接入一个自定义的文件系统。用户向某一个区块链节点发送文件与文件哈希值，节点校验文件哈希值后将文件保存在节点自身的文件系统中，然后把文件哈希值广播上链。

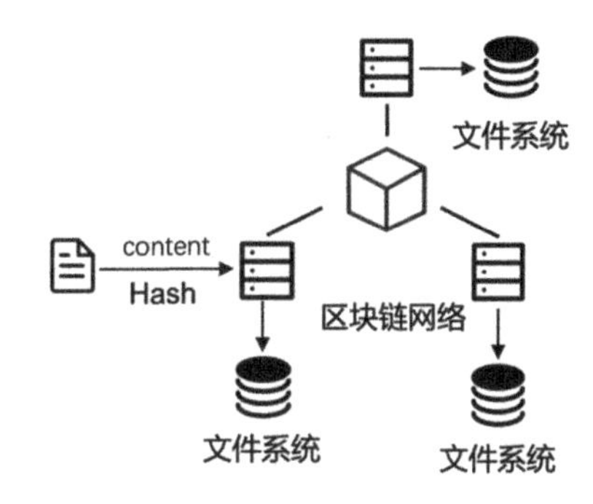


图 7-16　链下存储的总体架构

当其他用户想要下载文件时，节点首先根据文件哈希值查询链上数据，确定文件位置后向目标节点索取文件，校验后返回给用户。

在这个方案中，每次文件的上传都伴随着一笔区块链交易。在区块链交易中定义该文件的权限来保证文件的隐私性；记录文件保存的位置，以方便向目标节点获取文件。

该方案既避免了文件的冗余存储，又通过在区块链节点上进行文件校验的方式保证了文件的完整性和正确性。

### 2. 链下计算

在现实业务场景中，众多机构都拥有海量数据，这其中也包括机构的隐私数据。然而，多个机构间又有数据共享的需求。例如，想要获取一个用户的信用情况，需要各大银行提供该用户的信用记录。区块链是一个适合多方参与的安全可信的数据共享平台，但是如果直接将全量数据通过区块链存储，则会暴露机构的隐私数据。因此，如何在保障数据隐私的情况下使用区块链成为一个亟待解决的问题。

区块链开发者提出了区块链+安全多方计算的模型，能够在数据源不出库的情况下，实现计算结果的共享。安全多方计算架构如图 7-17 所示。

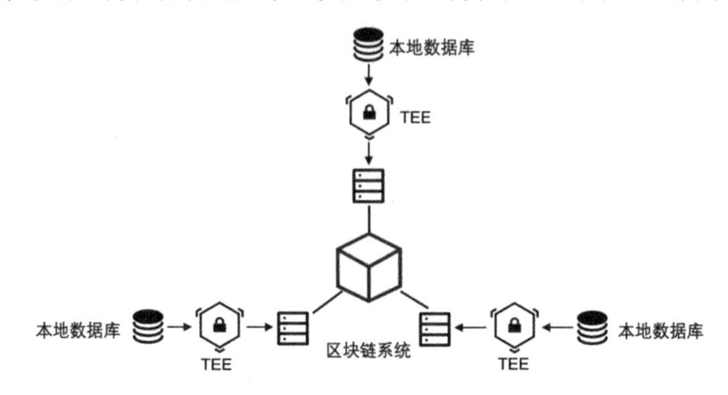


图 7-17　安全多方计算架构

以获取用户信用评级为例，区块链系统通知各机构进行该用户的信用评级计算。各机构根据该用户在本地数据库中的信用记录，在 TEE 中计算该用户在本机构的信用评级，连同计算证明信息一同返回给区块链系统。区块链系统收集各机构给出的计算结果，综合得出该用户的信用评级。

在这种模式下，TEE 保证了链外计算过程可靠，区块链保证了最终的计算结果真实有效、不可篡改。另外，区块链只存储计算结果而不存储数据源，从而在保障数据隐私的情况下，实现数据的协同共享。

## 7.4　本章小结

目前，区块链系统的交易吞吐量和存储容量逐渐成为区块链系统发展的瓶颈，本章针对扩容问题进行了介绍和分析，从链上扩容和链下扩容两个方面，分别介绍了各类解决方案的设计思路和具体细节，并简要分析了其优缺点。通过对各类解决方案的比较分析可以看出，目前区块链系统的扩容问题研究处于初期阶段，仍有很大的研究空间。

第 8 章

# 区块链治理与审计

作为一种去中心化的分布式系统，区块链系统在生产环境中会受到网络条件、节点规模、监管政策等多方面因素的影响，因此，需要解决运维与合规问题，以保证分布式系统线上运行的安全与稳定。本章主要从区块链权限体系、治理模型、审计及 BaaS（Blockchain as a Service，区块链即服务）运维治理四个方面出发，说明区块链系统解决运维与合规问题采用的理论模型与工程实践方案。

## 8.1 区块链权限体系

在计算机系统中，广义上的权限体系一般包括三个部分：授权、鉴权及受保护资源。受保护资源指的是受到一定条件约束的资源。这里的资源是广义上的概念，可以是应用接口，也可以是文件或特定格式的数据等；授权指的是用户主动或被动获取访问受保护资源能力的过程，如文件拥有者给予其他用户组进行文件读、写及执行的能力；鉴权指的是用户访问受保护资源时通过特定机制和凭证校验用户是否具有访问能力的过程。例如，用户在读取文件系统中的某一文件时，操作系统会根据文件中的权限信息、用户名及用户所在的用户组，判断用户是否具有文件读的能力。总的来说，计算机系统通过授权、鉴权及受保护资源三个部分共同构成的权限体系，限制不同用户的行为。

在去中心化的区块链系统中，权限体系根据受保护资源对系统的影响范围，可以划分成若干层级。每个层级又可以细分出不同的受保护资源。不同的受保护资源具有截然不同的权限管理机制。本节首先介绍在区块链系统中处在不同层级的权限体系及其保护的资源，再介绍区块链上授权与鉴权使用的权限管理模型。

### 8.1.1 权限层级

总体上，在区块链系统中，权限体系用于保护资源，一般可以从受保护资源对区块链系统的影响层级范围的维度，将权限层级划分成四类：对整个区块链运转产生影响的链级权限、对单个智能合约运行产生影响的合约权限、对区块链上单个账号产生影响的账号权限及只对区块链系统中单个节点产生影响的节点权限。本节将系统性地介绍上述四类权限，包括权限体系保护的资源及保护的大致方式。

#### 1. 链级权限

链级资源指的是区块链系统中需要所有节点保持一致的参数配置集合。链级资源的访问指的是在区块链系统中对上述配置进行统一变更的操作。链级权限就是保护链级资源的权限机制。链级资源一般在区块链系统创世时就稳定地存在于区块链系统中。区块链系统创世之后，需要所有节点保持一致的参数配置集合，一般不可以扩大或缩小，否则容易导致区块链系统分叉。链级资源一般需要通过特殊的交易访问，保证节点间的一致性；链级资源的访问必须在一定程度上受限，不可以轻易被访问，链级资源一旦随意被访问，很容易导致功能的混乱，进而使整个系统受到不可逆的损害。

一般来说，公有链系统都会通过系统内置智能合约实现投票机制的方式，进行链级权限的保护。目前主要有两种方式，一种是直接基于公投的方式进行链级权限的访问，另一种是通过公投的方式选出可以访问链级资源的代理人。而在联盟链中，往往通过一定的机制授予特定管理员账号访问受限接口的权限。具体的授权方式将在下一章节进行介绍。

现有系统中链级资源的范例很多，一般可以根据其影响区块链系统的阶段分为如下两类。

一类是共识参数配置。一般是影响共识打包交易过程中所有可以在链上进行动态修改的参数，不同的链采用不同的共识算法，因而可变更的参数各不相同。从区块链系统创世时开始，在不断出块的过程中，参与区块链系统的节点、系统网络架构及在链上运行的业务都可能会发生变更。共识参数配置这类资源存在的意义，就是使区块链系统的共识打包拥有线上调节能力，让系统能够在一定程度上适应变化带来的影响，从而更平稳地运行。当前，共识参数的配置主要包括区块打包时间、区块大小、共识节点选择及共识算法等，如 EOS 柚子币使用 DPoS 共识算法中的超级节点选取、NEO 小蚁币

使用 dBFT 共识算法中的验证者节点选取、区块交易数量上限设置、区块大小上限设置，以及 Hyperledger Fabric 的区块打包时间配置、区块大小上限设置、共识算法配置等。

另一类是执行参数配置。一般是区块执行过程中所有可以在链上进行动态修改的参数，不同的链往往具有不同的执行引擎，执行引擎中可调整的参数也各不相同。在区块链系统的执行引擎中，会为交易执行提供一些通用服务，如进行状态数据存取、智能合约名称到地址的转换等。随着区块链系统上运行的业务智能合约不断发展迭代、用户数量变化及账本数据量不断积累，为了业务智能合约能更好地运转，这些服务的配置同样需要合理的调整。而执行参数配置这类资源存在的意义，就是使区块链系统的执行引擎具有线上调整的能力，从而更好地满足业务需求。当前，执行参数配置范围主要包括执行计费参数、存储计费参数、黑白名单、智能合约名称与智能合约地址的转换表及哈希算法等。如 Hyperledger Fabric 的哈希算法配置、FISCO BCOS 的智能合约域名服务等。

总的来说，如果将区块链系统看作处在不同物理机上的状态机，那么链级共识参数配置用于保证所有状态机的动作可以发生一定程度的变更，且在发生变更时其动作也能保持一致；而链级执行参数配置用于保证状态机执行动作的方式可以发生一定程度的变更，且发生变更时其执行动作的方式也能保持一致。二者结合，保证区块链系统能够在上线后进行一定程度的调整，进而适应其网络环境和业务场景。

### 2. 合约权限

合约权限指的是业务智能合约操作接口的访问控制。受保护的操作包括智能合约的维护与调用。智能合约的维护一般指的是智能合约的更新、状态变更等，相当于一般 Web 系统的后台操作接口。大多数区块链系统都将智能合约的维护权限默认赋予智能合约的部署者。而智能合约的调用指的是区块链平台的用户以发起交易的方式访问智能合约接口。

不论是智能合约的维护还是调用，都需要通过特定的标识符指向所访问的智能合约，一般来讲，这个特定的标识符是系统分配的智能合约地址。对于一些提供智能合约命名服务的区块链系统来说，该标识符还可能是智能合约名称。基于智能合约的标识符，在区块链执行引擎层面可以提供黑白名单机制，对智能合约接口进行整体保护。

如果需要进行细粒度的智能合约方法级的权限控制，通常有两种方法，一种是侵入式方法，另一种是非侵入式方法。

首先介绍侵入式方法。顾名思义，以侵入式方法进行细粒度的智能合约方法级的权限控制，需要侵入智能合约对外暴露的可调用接口，一般在需要进行权限控制的智能合约方法头部注入与权限控制相关的代码。这种方式实现的权限控制需要在编写智能合约时考虑好权限控制的整体设计并完成编码。如果智能合约部署之后需要更改权限控制方式，那么就需要通过更新智能合约的方式更改权限控制方式。

相比侵入式方法，非侵入式方法的智能合约权限控制不需要侵入智能合约，但是其要求区块链系统提供智能合约接口权限控制组件。该组件需要为智能合约运维人员提供智能合约接口权限细粒度控制规则的维护接口，在智能合约执行前预先解析交易的内容，然后根据智能合约运维人员设置的规则进行过滤。

基于上述两种方法实现的智能合约接口的细粒度权限控制，可以分成几种常见机制：第一种是单一账号权限，仅允许某个账号访问特定接口；第二种是黑白名单；第三种是链上投票授权。这三种机制的具体实现方式将在下一章节进行介绍。

从系统整体的角度来说，区块链系统是智能合约的运行框架，每份智能合约都是运行在系统上的业务逻辑。因此，从区块链系统的角度来说，侵入式方法实现的智能合约权限控制侵入了业务逻辑，并不是一个好的设计思路。区块链系统中的交易需要区块链账号签名发起，而且权限检查机制一般也要求输入区块链账号标识符进行检查，因此，理论上所有的区块链系统都可以提供通用的智能合约接口权限控制组件，以非侵入式方法支持智能合约权限检查。但遗憾的是，现在业务上使用的智能合约接口的权限控制基本都依赖侵入式方法。

相比保护影响所有交易共识打包和执行参数的链级权限，智能合约权限的保护范围仅限单份智能合约，其影响范围较小。某份智能合约的权限控制变化并不会影响不使用该智能合约的用户。

### 3．账号权限

在区块链账本上的主体，除智能合约外，一般还包括区块链账号。用户从客户端向区块链系统发送以特定方式构造的交易后，区块链系统检查交易发送方是否可以操作指定区块链账号进行某些动作，如转账或智能合约调用。账

号权限核心就是保护区块链账本上的账号，使其不会被随意使用。根据不同区块链系统中账号模型的不同，账号权限也会有一定区别，但是总的来说，区块链系统中的账号权限基本还是基于公钥密码学实现的，只是具体实现方式会有一定区别。一部分区块链系统的实现方式是区块链账号和密钥对一一对应的权限控制方式，另一部分区块链系统的实现方式是区块链账号和密钥一对多的多重签名权限控制方式。具体实现方式将在下一章节进行介绍。

#### 4．节点权限

上述三类权限受保护的主体，不论是链级参数、智能合约接口还是区块链账号，都是一个区块链系统中全局的概念，因此，上述三类权限控制机制在区块链系统的所有节点上，都是以相同的方式运作的。节点权限相比上述三类权限，是一个单点的概念。理论上，一个区块链系统中的节点只需要满足特定的协议，就可以用不同的方式来实现，也可以对客户端提供不同的接口。节点权限所保护的资源是实现区块链节点协议的服务器端对其客户端暴露的接口，确保接口不可以被随意访问。

如果站在用户的角度观察客户端和服务器端的交互过程，就会发现如果屏蔽区块链节点之间的交互细节，那么区块链节点对客户端提供服务的模式和其他 Web 系统并没有太大区别，因此，区块链节点权限的设计思路和其他 Web 系统基本类似。一般将访问节点的用户按照一定规则分组，用户访问节点接口时需要事先访问节点提供的登录系统，登录获取令牌之后，再使用令牌访问节点的其他受保护接口。通常来说，Web 系统会实现一套 RBAC（Role-Based Access Control，基于角色的访问控制）子系统来完成上述过程，各类 Web 系统开发框架一般也会提供相应的接口。对区块链节点来说，因为存在天然的区块链账号系统，因此，节点权限可以基于区块链账号的 RBAC 子系统进行接口保护，也可以自己实现一套独有的账号系统。下一章节将介绍前者，读者可以参照其他 Web 系统开发框架了解后者。

### 8.1.2　权限管理模型

8.1.1 节从影响范围的角度描述了区块链系统中不同层级的权限和受保护资源。本节将具体说明在实现区块链系统权限控制机制时使用的一般方法。访问权限体系保护的资源，必须经过一定的授权、鉴权过程，本节将目前在区块链系统中使用的主要权限的授予与鉴别体系整理为几类权限管理模型，并对其一一进行介绍。在实际区块链系统设计和实现中，往往会使用多个权限管理模型组合形成权限体系。

### 1. 基于公钥密码学的权限管理模型

对区块链系统来说，基于公钥密码学的权限管理模型是必备的。主流的区块链系统都是以直接或间接的方式基于公钥密码学来实现其账号系统权限控制的。其他权限管理模型往往要在基于公钥密码学构建的账号系统上进行构建。

基于公钥密码学的权限管理模型包含的要素有公钥密码学算法、密钥对、由公钥计算得到的地址、数字签名。在区块链系统中，公钥密码学所解决的问题是一个“如何证明我是我”的问题。

简单来说，基于公钥密码学的权限管理模型主要由密钥生成、数字签名、验证签名三个过程组成。密钥生成指的是根据公钥密码学算法随机生成密钥的过程；数字签名指的是使用私钥对一段文本使用签名算法生成数字签名的过程；验证签名指的是通过验证数字签名证明生成数字签名的实体拥有特定密钥对的过程。

现在广泛用于区块链系统权限管理模型中的主要公钥密码学算法是椭圆曲线算法，其授权鉴权流程如图 8-1 所示。

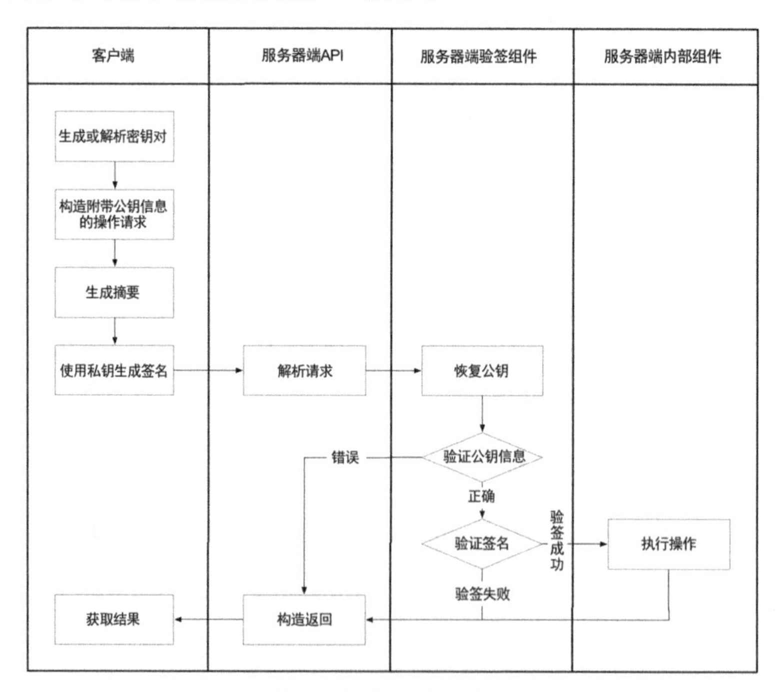


图 8-1　基于公钥密码学的授权鉴权流程

用户在客户端基于椭圆曲线算法，使用特定工具生成密钥对。生成密钥对的工具一般来说没有具体限制，既可以是软实现的钱包等软件工具，又可以是实现密码学算法的硬件工具，如银行 U 盾、加密芯片等。私钥只能永远保存在客户端本地，由用户使用专门的软件自行管理。特别地，对使用硬件生成的密钥来说，私钥通常是无法传输到硬件以外的。一旦用户持有密钥对，那么用户就会持有该密钥对指向的链上资源的控制权，这里的链上资源不一定指区块链账号。生成密钥对之后，用户需要自行管理密钥对，以供后续使用。

当用户希望操作链上资源时，需要通过密码学手段证明自己对链上资源的控制权。这依赖用户和区块链系统使用相同的数字签名协议，即使用相同的数字签名算法和签名算法入参的构造方法。证明方式是在操作请求中附带公钥信息；将请求中的部分参数按照约定好的数字签名协议拼接成字符串，使用特定摘要算法生成消息摘要；将消息摘要输入钱包，由钱包根据私钥生成数字签名；用户将数字签名附加在请求中发送给区块链系统，等待返回。对大多数区块链系统来说，上述公钥信息一般指的是根据公钥使用特定算法计算得到的一个定长的字符串，也就是所谓的地址。

密钥对生成和请求构造，合起来看就对应权限管理模型中的授权。权限的管理者是密钥对的持有者，授权的对象是操作请求，授权的过程是生成数字签名。

区块链系统在收到请求之后，在服务器端的 API 层解析请求中的各项参数；在验签组件中，按照数字签名协议将参数拼接成字符串，并计算出消息摘要，基于椭圆曲线算法的特性从消息摘要和数字签名中恢复出公钥；验签组件验证公钥信息与公钥是否匹配，若不匹配则返回错误；通过公钥信息验证之后，验签组件再根据参数中的数字签名及前置步骤中计算出的消息摘要和公钥，基于密码学算法验证公钥对应的私钥是否被请求发送方持有，这个过程称为验签，也就是基于公钥密码学的权限管理模型的鉴权过程；如果通过验证，则将解析出来的其他参数输入到其他内部组件，完成用户希望执行的操作并返回，反之则返回错误。因为签名的验证除公开的算法与协议之外，请求所输入的参数都是由用户输入的，所以这也是一个零知识证明。

以著名的公有链项目以太坊为例，以太坊用户只需要在客户端根据椭圆曲线算法 ECDSA-secp256k1 生成密钥对，在交易中携带根据公钥计算出的区块链账号地址、其他交易参数及对整个交易体使用私钥生成的数字签名，并将

交易发到区块链上，区块链系统就能够进行密码学验签，以验证交易发送方拥有地址所标识的区块链账号的操作权限。

总的来说，在这类权限管理模型中，授权对应的是密钥生成与数字签名，鉴权对应的是数字签名的验证。整体通过一种零知识证明手段，完成区块链系统外的授权与区块链系统内的鉴权。这类权限管理模型的特点是单签名，密钥对与其控制的区块链资源是一一对应关系。如果密钥遗失，且区块链系统没有提供特殊挂失机制进行资源的迁移，那么密钥指向的资源就会变成一个黑洞，再没有人可以控制。通过这种密码学手段，以太坊等区块链系统实现了账号的权限控制。本节涉及的密码学算法，其详情请参见第 5 章的密码学部分。

### 2. 基于链下多重签名的权限管理模型

基于链下多重签名本质上是基于公钥密码学的扩展。这类权限管理模型与基于公钥密码学的权限管理模型最大的不同在于密钥与受保护资源的比例关系。基于链下多重签名的权限管理模型往往具有这样的特点：受保护资源与密钥的比例关系是一对多，当访问受保护资源时，需要其对应的密钥集合中的若干密钥对操作请求进行签名，才能通过权限检查，进行受保护资源的访问。在这类权限管理模型下的操作，又称为 $M$-of-$N$ 交易。其中，$M$ 表示操作生效所需要收集的不同密钥产生的签名集合，$N$ 表示所有控制受保护资源的密钥集合。$M$ 定义中的签名必须由可以控制所有操作受保护资源的大小为 $N$ 的密钥集合的某个大小为 $M$ 的子集生成。其他部分与基于公钥密码学的权限管理模型大致相同。

一般来说，可以给操作请求授权的所有密钥的公钥集合及最低授权阈值，都需要在资源被初始化的时候就预先记录在区块链账本上，与受保护资源一一对应。这样，区块链系统才可以鉴别访问目标资源的通过条件。

基于链下多重签名的权限管理模型的授权鉴权流程如图 8-2 所示。用户访问目标资源时，需要先构造出操作请求，通过链下系统将请求转发给可以进行授权的其他用户。其他用户在收到请求之后对其进行解析，并判断是否同意操作，如果同意则在返回给生成操作请求的返回消息中附加自己对请求的签名。生成请求的用户在收集到足够多的签名之后，可以将所有签名和对应的公钥信息附加在请求中，发给区块链系统。区块链系统在收到请求之后，解析请求并按照基于公钥密码学的权限管理模型的验签流程对所有签名逐一验签，判断是否有足够多的控制资源的密钥对为操作生成签名。满足上述条件之后才执行操作。

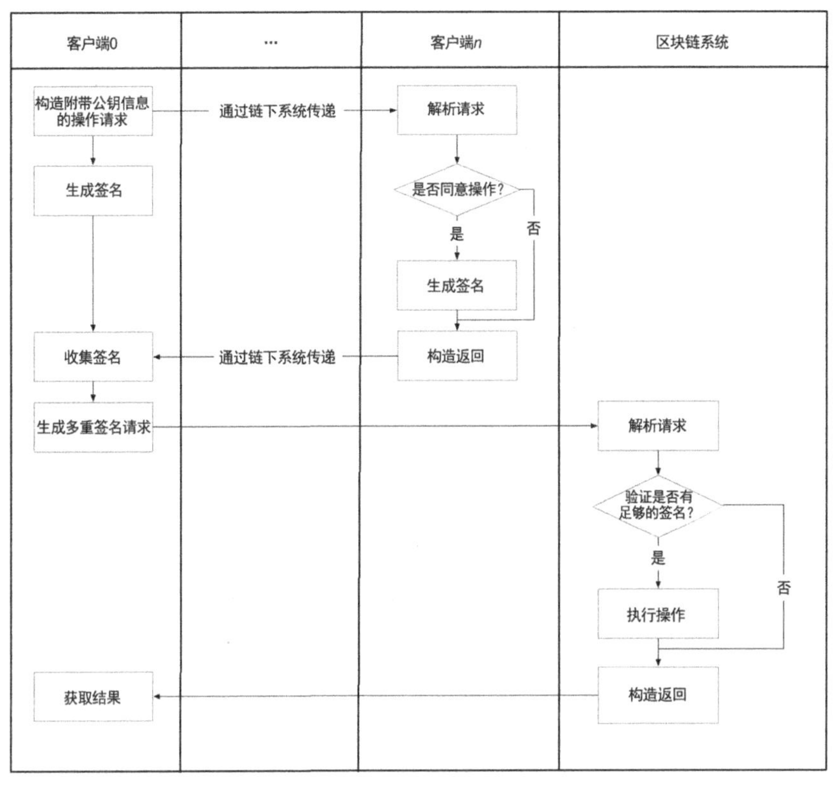


图 8-2　基于链下多重签名的权限管理模型的授权鉴权流程

通过链下多重签名技术，比特币实现了支付通道与闪电网络等扩展功能，这里通过介绍比特币使用的多重签名机制来说明这类权限管理模型实现的具体方式。在比特币中，资源通过地址进行标识，常见的包括 P2PKH（Pay-to-Pub Key Hash，向公钥哈希支付）和 P2SH（Pay-to-Script Hash，向脚本哈希支付）。前者对应的是单签名，由公钥直接生成地址，也就是基于公钥密码学的权限管理模型所说的公钥信息；后者则是比特币实现多重签名的基础，P2SH 地址是多重签名机制所保护的资源的标识符。P2SH 提供赎回脚本的机制，以定制使用权限。当代币被转入 P2SH 地址时，想要动用代币就需要满足赎回脚本所设置的条件。如果赎回脚本所设置的条件是输入 $N$ 个公钥与 $M$ 个密钥对产生的签名，那么这种赎回脚本也被称为多重签名脚本。举一个更具体的例子，2-of-3 多重签名脚本常被用于施行有仲裁人介入的三方交易，多重签名脚本操作码样例如下所示。

```
OP_2 [pub0] [pub1] [pub2] OP_3 OP_CHECKMULTISIG
```

其中，OP_2 表示需要 2 个人的签名；pub0、pub1、pub2 分别表示参与交易的三方的公钥；OP_3 表示输入 3 个公钥；OP_CHECKMULTISIG 表示执行

多重签名验证。当代币被转入 P2SH 地址时，用户需要收集交易三方中至少两方的数字签名作为输入，才能够将代币转出，完成多重签名脚本的使命。

在上述比特币的例子中，受保护资源是多重签名脚本的 P2SH 地址中的代币；授权是在多重签名脚本指定的密钥集合中，有满足要求数量的密钥对交易签名的过程；鉴权则是在多重签名脚本中验证签名的过程。值得注意的是，签名的收集一般是在区块链系统外完成的。相比基于公钥密码学的权限管理模型，也就是单签名模型，基于链下多重签名的权限管理模型的好处在于实现了资源管理权限的去中心化，允许有不超过 $N$～$M$ 个密钥的丢失，但是也给受保护资源的操作引入了额外的复杂度。在使用该模型的系统中，用户构造访问受保护资源的操作请求时，需要依赖外部的机制来收集足够多的签名，以构造符合要求的操作请求。这类权限管理模型一般用于账号权限控制和侵入式的智能合约权限控制。

### 3．基于提案投票的权限管理模型

基于提案投票的权限管理模型指的是通过在内置智能合约或业务合约中设计一套提案投票机制来保护特定资源的机制。在整个模型中包含两方面要素，参与方管理与提案投票管理。参与方管理指的是管理有哪些用户可以参与提案投票管理；提案投票管理指的是访问受保护资源必须以提案的形式发起交易，然后由参与方发起投票交易，通过投票来决定提案是否能够执行。

这类模型的目的同样是实现资源管理权限的去中心化。虽然一些区块链系统也将这类模型称为多重签名，但是这类模型和基于链下多重签名的权限管理模型是有一定区别的。首先，在该模型下，签名的收集并不需要依赖其他系统在一笔交易中附加所有签名，而在区块链系统中直接记录签名收集的情况，将多个签名分散到多次交易中输入；其次，该模型通过记录参与方的投票状态，提供反悔机制，即允许某密钥对持有方先授权后拒绝授权的操作；最后，该模型通过合理的设计可以灵活扩展，一方面，提案机制可以与 RPC（Remote Procedure Call，远程过程调用）结合，灵活地扩展提案可执行的逻辑；另一方面，可以对提案机制进行嵌套组合，形成一个类似现实生活中的代议制度的多级投票系统。

通用的基于提案投票的权限管理模型一般是按照如下思路设计的。

在该模型初始化时，需要初始化投票系统的状态，并记录在区块链账本上。首先，进行参与方的初始化，包括所有可以参与投票的参与方的标识符和

投票权重；然后，进行投票机制参数的初始化，包括同意票阈值、反对票阈值、提案失效条件等。一般来说，提案需要一个最长有效期，这个有效期可以通过区块高度或交易打包时间来规定，也就是说，一个提案在账本上成功创建之后，在区块高度小于一定值或交易打包时间小于一定值的区块内才被允许投票或执行；最后，进行资源访问接口的初始化，一般来说，最通用的做法是将资源访问接口以类似 RPC 接口注册的方式注册为一个可以通过提案投票机制调用的接口，具体 RPC 框架不在本节具体描述。值得注意的是，通常可以将参与方与提案投票的参数变更接口注册为提案可访问的资源，实现系统的自维护。

基于提案投票的权限管理模型的授权鉴权流程如图 8-3 所示，访问系统资源主要有以下三个需要用户操作的环节。

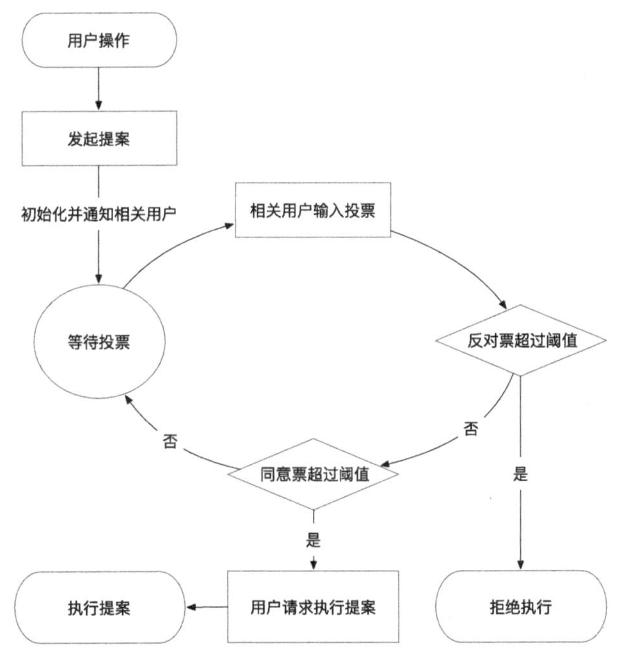


图 8-3　基于提案投票的权限管理模型的授权鉴权流程

**1）提案**

在提案环节一般需要结合数字签名来证明提案的发起方在参与方列表中。此外，发起提案需要将资源访问接口调用所需要的参数全部包含在交易参数中，发给区块链系统。当提案交易执行时，一般会嵌入检查条件来检查是否能够进行提案创建。通过检查后，调用参数将包含在提案数据中，存放在区块链账本上，以供后续使用。提案产生之后，可以通过多种交互机制来通知所有参与方，如消息队列或客户端轮询等。

**2）投票**

当提案创建之后，参与方可以通过各自的手段获取提案信息，并根据自己对调用的认可情况来选择是否使用密钥签署投票交易，对提案发起同意票或反对票。区块链系统执行时会在账本上记录参与方的投票信息。

**3）执行**

当提案的同意票达到要求的阈值之后，参与方就可以使用密钥签署执行交易来使提案生效了。具体方法是从账本上读出资源调用参数，然后进行调用。

上述环节描述了基于提案投票的权限管理模型初始化和运作的一般机制，具体在区块链系统实现中，一般基于该模型做一定程度的简化或扩展。例如，可能会合并其中的投票和请求执行的步骤，以实现自动执行；还可以根据对提案执行顺序的要求引入一些顺序保障机制等。在该模型中，授权涉及初始化、提案、投票三个过程；鉴权则通过执行提案时检查同意票是否达到阈值来进行。

基于该模型，区块链系统可以实现相对灵活的去中心化权限管理模型。例如，公有链项目 EOS 基于提案投票的权限管理模型设计了其账号权限机制与超级节点选举机制。

### 4. 基于角色的权限控制模型

基于角色的权限控制模型是在计算机系统中常见的一种权限控制模型。其核心思想是在权限与账号之间增加一层角色的概念，将权限赋予角色，再将角色赋予账号，建立权限、角色、账号之间的多对多对多关系。基于角色的权限控制模型以账号体系为基础，因此，该模型需要结合前文所述的三类权限管理模型所实现的区块链账号体系才得以构建，无法单独存在。

在区块链系统中，构建基于角色的权限控制模型通常需要在账本上存储三张权限表。一张白名单表用于资源访问接口与角色的多对多关系存储，记录哪些角色可以访问接口；一张黑名单表用于资源访问接口与角色的多对多关系存储，记录哪些角色禁止访问接口；一张角色表用于角色与账号的多对多关系存储，记录账号具有哪些角色。

授权的过程就是权限表维护的过程，因此，授权操作本身也是一种对资源的访问，可以使用各种权限控制模型进行保护。如果需要使用模型自身进行保护，则需要在初始化时创建一个可以对权限表进行更改的角色，并赋予该角色一些特定账号。

鉴权的过程就是查表。首先，根据发起操作的账号标识符查询所有角色，然后，在白名单表和黑名单表中查询其角色是否具有相应权限，不同的系统会制定不同的检查策略。比较普遍的设计如图 8-4 所示。当账号具有的角色中至少有一个在白名单表中，且没有任何一个在黑名单表中时，账号可以通过鉴权执行资源访问，否则拒绝访问。

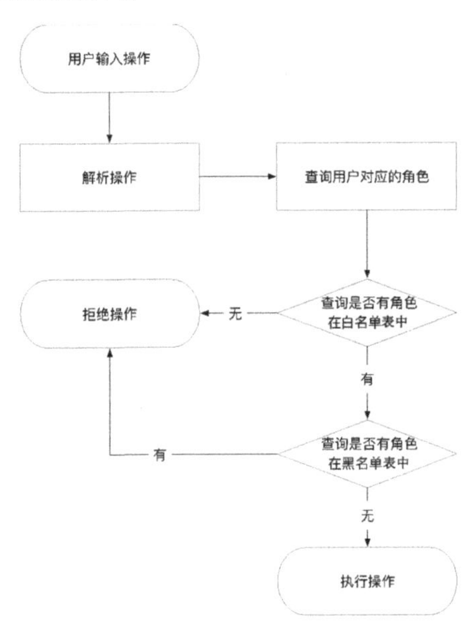


图 8-4　基于角色的权限控制模型的鉴权流程

## 8.2　区块链治理模型

随着区块链系统的运行，人们逐渐意识到现有的区块链系统无法满足需求，需要加以升级、变更来满足实际的需求。然而，区块链系统如何变更、朝着哪个方向变更，以及变更哪些内容等问题需要做出决策。例如，当需要对整个区块链系统的配置、链上的数据甚至各个节点提供的接口、访问区块链系统的用户等进行变更时，如何能够让整个区块链系统都知道这个变更，并最终达成一致。为了满足上述需求，需要对区块链进行治理。

为了实现去中心化的区块链治理，需要对区块链系统的管理预先制定好规则、协议。对于需要整个区块链同步的管理，由具有对区块链管理权限的用户表决同意后，管理策略才会生效。根据如何对管理策略达成一致性结果及管理策略的生效方式，将区块链治理模型分为链上治理和链下治理两种。

### 8.2.1 链上治理

#### 1. 链上治理

**1）概述**

链上治理，即将治理规则、协议写入代码，通过交易与区块链系统的交互来完成对区块链的治理。通过链上治理，区块链管理员可以通过向区块链系统发起交易的方式，对区块链的管理变更进行提议、表决等操作，表决通过后自动进行变更。

**2）运行流程**

为了实现链上治理，区块链系统需要提供相应的接口，并允许具有区块链管理权限的用户通过特殊的形式，基于预先制定好的规则、协议对区块链进行管理。通过区块链系统提供的接口可以查询当前区块链系统处于一个什么样的状态；这种特殊的形式可以是一种特殊的交易，即配置交易；预先制定好的规则、协议可以写入智能合约，在系统启动或执行配置交易时将智能合约部署到区块链上。

链上治理流程图如图 8-5 所示。

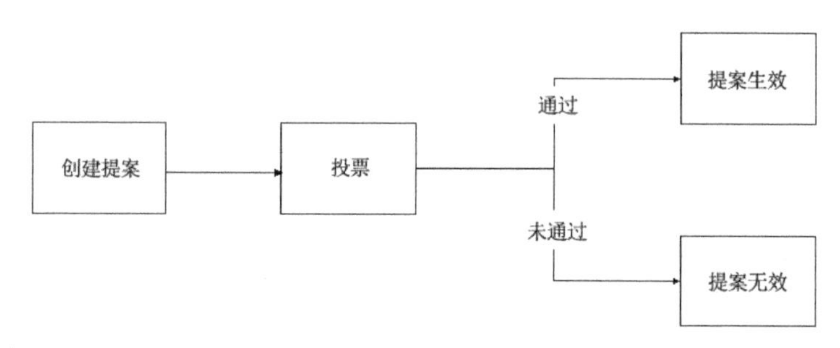


图 8-5　链上治理流程图

（1）创建提案。由具有区块链管理权限的用户，根据当前区块链系统的实际运行情况创建提案，修改区块链的相应参数，区块链系统能够在提案生效后，按照用户期望的参数配置运行。

（2）投票。具有区块链管理权限的用户，需要知道提案的具体内容，并对提案的内容进行评估，决定自己是否同意当前提案中的内容。如果同意则投赞同票，不同意则投反对票。

（3）提案是否生效。当同意此提案的用户数或总权重数达到一定阈值后，

此提案投票通过。系统会根据投票通过的提案进行相应的变更，变更完成之后，提案生效，后续交易等操作将按照此配置执行。如果提案投票未通过，如被否决、取消或超时，则提案无效。

从上述流程可以看到，一个修改区块链相应配置参数的提案是否生效，是由具有区块链管理权限的用户投票决定的。现有的投票模型多种多样，不同的投票模型适用于不同的场景。例如，Futarchy 投票模型旨在使价值最大化，即“对价值投票，对信仰投票”；民主投票模型中每个人都有投票的权力；二次方投票模型中每次投票的成本都是递增的[1]。

**3）应用**

随着链上治理模型的提出，越来越多的人在不断尝试将其应用到实际的区块链系统中。

（1）Tezos。

Tezos 是最早提出在链上进行治理的区块链项目，其支持持币方通过投票的方式进行技术升级和迭代。在 Tezos 中，持币方为具有区块链管理权限的用户，货币使用股份授权证明机制（DPoS）奖励区块创造者[2]。投票模型采用民主投票模型，每个持币方都可以进行投票，也可以委托他人进行投票，投票的权重与持币量相关。

（2）Hyperledger Fabric。

Hyperledger Fabric 是一个开源的企业级区块链项目，其通过权限管理和背书策略实现链上治理。Hyperledger Fabric 使用权限管理机制，按照不同的角色区分区块链系统用户，具有特定角色的用户才具有区块链管理权限；Hyperledger Fabric 使用背书策略实现投票的功能，当需要修改配置时，通过发送配置交易来修改相应配置，配置交易需要满足系统中配置链码智能合约的背书策略中指定的背书条件，才能被打包进区块，等待执行[3]。

## 2. 配置交易

**1）概述**

配置交易是用于修改区块链配置的交易，如共识算法、共识参数、节点管理等。在配置交易之后打包执行的交易都需要按照配置交易修改后的配置执行，因此，在打包交易时需要单独打包，与普通交易区分开。

通过执行配置交易，可以实现动态修改配置文件。没有配置交易的区块链网络若想要修改配置文件，则需要先把节点停机，手动修改节点的配置项，然

后重启配置项才会生效。支持配置交易的区块链网络可以通过执行配置交易动态修改配置文件，不用停机重启；通过执行配置交易，可以实现链上治理区块链网络。对联盟链而言，没有配置交易的区块链网络若想要对节点网络拓扑进行管理，则需要线下协商拿到相应的许可，然后才能对节点网络拓扑进行管理。支持配置交易的区块链网络可以通过执行配置交易对节点网络拓扑进行管理，使管理更加高效。

由于执行配置交易会对整个区块链网络产生影响，因此，需要对配置交易的执行进行权限控制。另外，执行配置交易的过程会涉及区块链级别的相关配置变更，配置交易之后的交易都需要按照此变更执行，因此，需要对配置交易单独打包。

**2）运行流程**

配置交易的运行流程和普通交易的运行流程有些差异。例如，配置交易打包时需要单独打包，配置交易需要投票通过后才能执行生效等。配置交易的运行流程如图 8-6 所示。

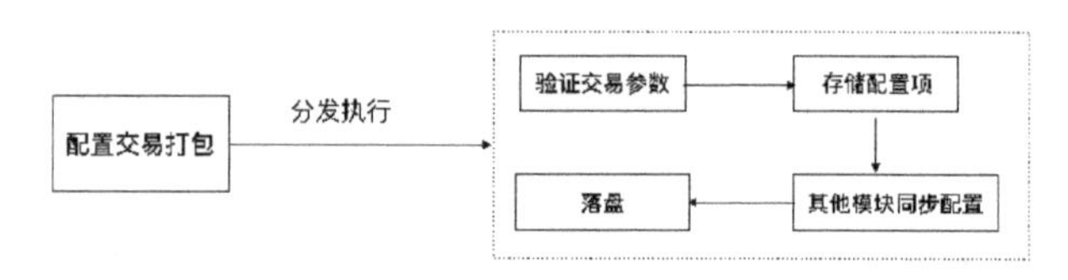


**图 8-6　配置交易的运行流程**

（1）节点在对交易进行打包时，若发现当前需要打包的交易中包含配置交易，则需要将配置交易之前的交易打包排序放在一个区块中分发出去，再将配置交易单独打包到一个区块中分发出去。

（2）节点在收到区块后，根据区块中打包的交易顺序一笔一笔地将交易应用到自己的账本中。对于配置交易，具体的操作如下。

①验证配置交易参数的合法性。验证配置交易参数合法性时，首先验证配置交易的签名、投票结果等信息，验证通过后再验证配置交易中变更配置项的合法性，当上述信息都验证通过后，进入下一阶段。

②当配置交易参数的合法性都验证通过后，尝试根据智能合约将配置交易中新的配置项变更到内存中。

③对于配置发生了变化的相应配置项，需要通知其他依赖此配置项的模块进行相应的配置同步，并根据最新的配置依照各自的情况判断是否需要进行相应的变更调整。

④当与变更的配置项相关的模块都完成配置同步后，将内存中的配置变更落盘。

### 3. 基于智能合约的分布式治理

#### 1）概述

基于智能合约的分布式治理指基于特定的智能合约，每个节点都按照相应的规则执行智能合约，完成相应的配置变更，最后整个区块链网络处于一致的状态。

基于智能合约的分布式治理可以将治理时使用的投票模型编码到智能合约中，配置交易中修改区块链配置的提案由智能合约进行记录，提案是否通过由智能合约自动化裁决，并由智能合约进行配置的变更。基于智能合约的分布式治理可以将配置项变更的规则编码到智能合约中，配置交易中修改的配置项将根据智能合约中的规则进行变更。

#### 2）运行流程

基于智能合约的分布式治理以管理提案的提案智能合约为入口，根据对提案的管理完成对分布式系统的治理变更。

提案智能合约提供创建提案、投票及执行提案接口。在执行提案中，根据配置智能合约提供的相应接口，完成相应配置的修改。其结构如图 8-7 所示。

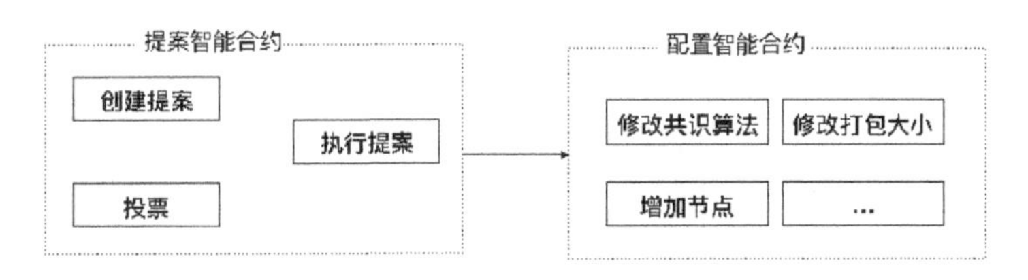


图 8-7　智能合约结构图

基于智能合约的分布式治理运行流程图如图 8-8 所示。

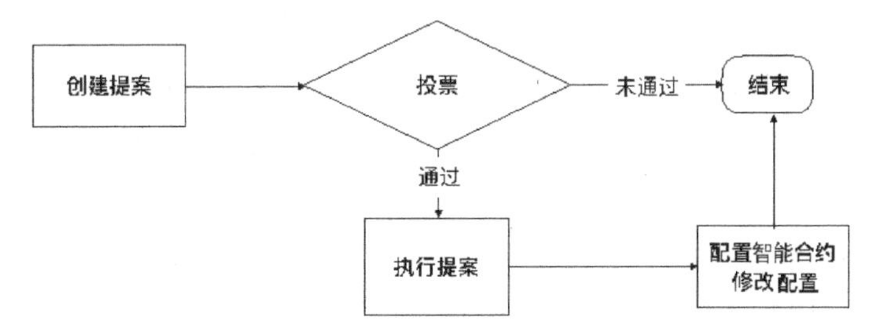


图 8-8　基于智能合约的分布式治理运行流程图

（1）具有区块链管理权限的用户在发送交易时，通过提案智能合约提供的

创建提案接口来创建提案，提案中包含此次提案变更的内容。

（2）提案创建完成后，由其他具有区块链管理权限的用户根据各自的情况对此提案变更的内容进行投票，同意此变更投赞同票，不同意此变更投反对票。当赞同票达到一定数量后，此提案通过，进入下一步执行提案阶段。当反对票达到一定数量或在一定时间内没有收集到足够多的赞同票时，此提案未通过且到此结束，提案中提出的相应变更也不会生效。

（3）在执行提案时，根据提案的内容，通过配置智能合约提供的配置修改接口完成相应的变更。

### 8.2.2 链下治理

#### 1. 概述

链下治理指链的开发者、用户在真实世界中围绕链的治理问题，成立了一些组织、基金会，以这些组织或基金会为代表与社区进行互动，决定对链上一些问题的处理方案及链的功能、参数等的调整，后续通过特定的手段将这些决定传到链上。

#### 2. 运行流程

链下治理与链上治理相比，决策的达成不在链上进行，当只有部分相关人员同意此决策时会产生分叉。其运行流程如图 8-9 所示。

（1）具有区块链管理权限的相关人员通过链下的方式，如邮件、社区等，对区块链系统的升级变更进行协商，最终得到一个变更方案。

（2）同意此变更方案的相关人员将此方案中的内容升级同步到其管理的区块链节点中。

（3）如果所有相关人员都同意此方案，那么最终所有的区块链节点都会升级到同一状态，不会出现分叉。

（4）如果只有部分相关人员同意此方案，这部分相关人员将此方案中的内容升级同步到其管理的区块链节点中，但是其他不同意此方案的相关人员没有将此方案中的内容升级同步到其管理的节点中，那么此时将产生分叉。

分叉分为硬分叉和软分叉两种。

- 硬分叉指区块链发生永久性分歧，在新共识规则发布后，部分未升级的节点无法验证已升级的节点生成的区块[4]。

- 软分叉是指区块链或去中心化网络中向前兼容的分叉。当新共识规则发布后，在去中心化网络中，节点不一定要升级到新的共识规则，因为软分叉的新规则仍符合旧规则，所有未升级的节点仍能接受新规则[5]。

最终升级后出现硬分叉还是软分叉取决于区块链系统的实际情况。

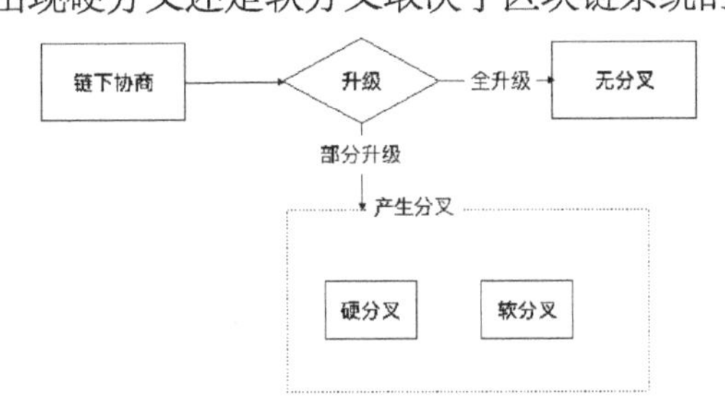


图 8-9　链下治理运行流程

### 3. 应用

链下治理虽然容易产生分叉，但是也广泛存在使用链下治理的区块链系统。

以太坊的治理就使用了链下治理。当需要对区块链系统的相关协议进行变更时，以太坊的开发者就在社区中创建相应的 issue，通过发邮件等方式通知相关人员在社区中就此 issue 进行讨论协商。最后，将协商的结果应用到相应节点。

## 8.3　区块链审计

对于一个重要的信息系统，保证其正确性与安全性是必不可少的。随着互联网的蓬勃发展，通过计算机犯罪和信息系统攻击的事件不断出现，因此，通过审计确保信息系统的正确性和安全性有着极大的意义。由于大多数区块链系统都会运行“资产”，因此，系统的安全性显得愈加重要。虽然区块链系统本身通过共识算法和密码学算法可以在一定程度上保证其运行的安全性，但是对大多数区块链系统而言，很难完全保证系统按照预期运行下去。另外，在受到外部攻击时，区块链系统很难在不经改造的情况下完全依靠自身追踪攻击过程，这时就需要给区块链系统插上审计的“翅膀”。

### 8.3.1　审计概述

审计是对系统安全、数据合规的一种有力保障，一般对一个信息系统的运行状况进行检查与评价，以判断信息系统能否保证资产的安全、数据的完整，

信息系统能否有效率地利用组织的资源、有效果地实现组织目标。审计往往处在系统的高层次，作为系统的最后一道管控防线。

区块链本质上是一个分布式数据库。分布式系统的执行环境往往是异常复杂的，很多情况都涉及多节点间的消息通信。在区块链系统中，存在许多影响系统状态变更的事件，这些事件导致系统产生各种行为。例如，区块链系统大多通过交易进行事件触发，交易在执行过程中可能会产生预期结果，也可能会触发系统异常行为。对在区块链系统上进行的业务而言，对整个系统的过程做到可追溯、可验证，无疑能在极大程度上保障业务的进行。因此，通过对区块链系统中的系统活动过程进行记录、分析，实现对区块链系统的审计，具有十分重要的意义。

### 8.3.2 区块链审计的内容与形式

#### 1. 区块链审计的内容

对于不同区块链系统的用户，其审计需求包含不同程度的内容。一般而言，区块链审计的内容包含以下几个部分。

**1）外部操作**

外部操作是外部对于区块链系统输入的事件。这些事件包括：用户对于区块链系统接口的调用请求，用户或管理员通过命令行等对区块链系统发起的操作请求。这些操作或调用请求应当包含发起方的信息、具体操作的信息，同时，这些事件应包含系统对于请求响应的信息。

对于区块链系统，其状态的改变基本都是由外部操作触发的，最基本的事件就是交易请求。当前区块链系统虽然在一定程度上能进行交易及状态的追溯，但是基本都限于业务层面。而通过系统层面更加详细地记录，可以更加清晰地确定外部操作，从而更好地管控业务。

**2）内部事件**

区块链系统本身包含多种技术，如共识算法、密码学算法、P2P 网络等。系统的复杂性使得系统在运行过程中会产生许多事件，包括节点内部与区块链节点之间的事件。这些事件会影响系统运行的安全性与稳定性，如同步区块事件、共识算法异常事件、交易执行事件等。这些事件应当包含事件的发起方、事件的具体内容、事件的响应结果等详细信息。

通过对内部事件的审计分析，可以对整个系统的运行过程进行追溯还原，从而更好地管控系统的安全性与稳定性。

**3）账本内容**

区块链本质上是一个分布式账本，一切重要的变更本质上都是对账本的变更。对账本内容的变更进行审计能更加清晰地掌控业务的活动状况。同时，账本数据包含与业务相关的数据，对账本数据的直接审计能更方便地完成对业务的审计。

## 2. 区块链审计的形式

**1）日志审计**

日志审计是指通过采集与分析程序运行日志的一种审计形式，对于程序运行，日志的生成与留存是很重要的，通过程序运行的日志，能够方便地得到整个系统的运行轨迹，进而得出用户及系统的行为。对于区块链系统，由于系统中每个节点都是对等的，每个节点都可以同等地接受外部交易与操作，因此，通过详细的日志记录与审计能够更加清晰地得到系统从输入到输出的整个运行过程，以达到审计的目的。

日志审计主要包含以下四个部分。

（1）审计日志的生成。

审计日志的生成是日志审计的前提，一般情况下需要系统开发者在系统的相应地方添加审计代码，审计代码包括审计内容的详细信息。审计日志的生成过程可以根据需求进行一定程度的范围及粒度控制。

（2）审计日志的收集。

审计日志的收集是指通过技术手段获取需要的审计日志的过程。审计日志的收集方式根据收集的手段、范围等有所差异。

（3）审计日志的存储。

在一般情况下，审计日志数量的量级可能很大，因此，需要考虑存储的扩展。审计日志通常会涉及区块链上的业务数据信息，因此，对审计日志进行加密存储，以及对审计日志的访问进行权限控制都是十分有必要的。

（4）审计日志的分析与展示。

对审计日志进行分析是审计的核心工作。区块链系统内部多模块及多节点交互的复杂性，对审计日志的分析提出了一定的挑战。审计日志的分析需要从审计日志中分析出系统运行的关键过程，更进一步，对于审计日志的分析可以实时进行。通过将分析结果以报告、图表等可视化的形式展示，更清晰地体现审计的结果与效果。

由于日志审计用已经生成的日志进行审计，所以生成、获取日志的数量及详细程度是影响审计的关键。

**2）数据审计**

除可以通过生成审计日志来进行审计之外，还可以直接对区块链上的数据进行审计，以达到审计数据合规性的效果。审计区块链上的数据可以是账本数据。

由于账本数据直接存储于区块链节点上，因此，对于数据审计一般可以通过查询的方式，将所有账本数据取出后再进行审计。另外，也可以直接通过读取区块链账本数据库的方式进行审计。同样，读取数据之后，需要依据审计的需求对数据进行分析及展示，最终达到审计的目的。

由于数据审计直接作用于区块链节点上，因此，也会存在一些问题。以直接查询节点账本的方式获取数据会对区块链上运行的业务有一定的性能影响，同时，直接读取区块链账本可能会有节点停机的问题。因此，进行数据审计时需要根据审计的具体要求及业务的状况采用合理的方式。就审计的效果而言，数据审计可以直接针对实际的数据，确定性更强，但是灵活性没有日志审计好。因此，也可以采用数据审计与日志审计相结合的方式，将账本数据以日志的形式另外记录分析，以完成审计。

### 8.3.3 审计的展示与分析

审计的展示与分析是进行审计的关键，通过分析区块链产生的审计日志或区块链数据，能够得到审计的结果，如区块链系统接收到的所有交易及其内容、结果的正确性，区块链节点异常的次数与原因等，可以对这些数据进行直接展示与分析，以形成审计的结果。

图 8-10 为审计的一般处理流程图。审计的处理对象可以是区块链日志，也可以是数据。审计的第一步是对这些数据进行收集，首先，需要将日志尽量集中化，对于数据，一般是获取数据的访问权限或将数据集中化（区块链系统分布式的特点）；接着，对这些日志或数据进行相应的流转过程或关联分析，这时可以借助一些查询分析工具，如搜索引擎等，帮助我们快速甚至自动化地进行分析过滤，得到想要的数据；最后，对得到的分析数据进行汇总、记录，形成可视化报告或图表，更好地进行展示。

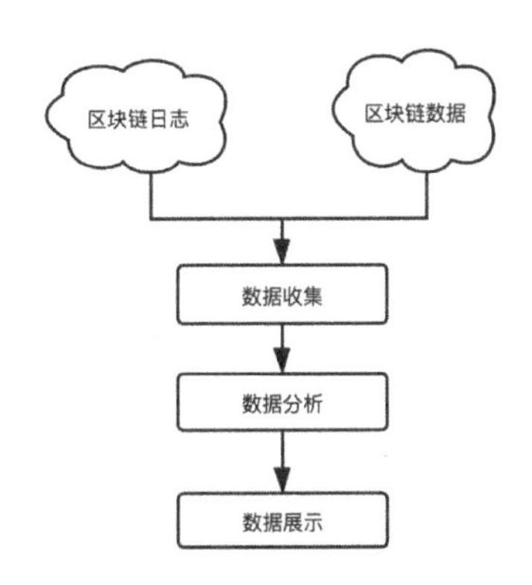


图 8-10　审计的一般处理流程图

审计数据的展示与分析方便了审计人员的审计过程与结果的直观展示，提高了审计的效率。目前，有一些比较成熟的工具可以协助审计人员方便地进行日志审计，审计人员可以根据自己的需要进行选择，甚至自行设计开发审计工具。

### 1．ELK

ELK 是三个开源项目的缩写：Elasticsearch、Logstash、Kibana。Elasticsearch 是搜索和分析引擎，主要负责日志记录的存储与检索；Logstash 是一个服务器端数据处理管道，它同时从多个源中提取数据，进行转换，然后将其发送到类似 Elasticsearch 的引擎中进行存储；Kibana 是一个开源的可视化工具，可以让用户在 Elasticsearch 中使用图表对数据进行可视化展示。ELK 目前是一个比较成熟的日志分析技术栈，被广泛用于搭建日志分析管理平台。

ELK 的基本架构图如图 8-11 所示。

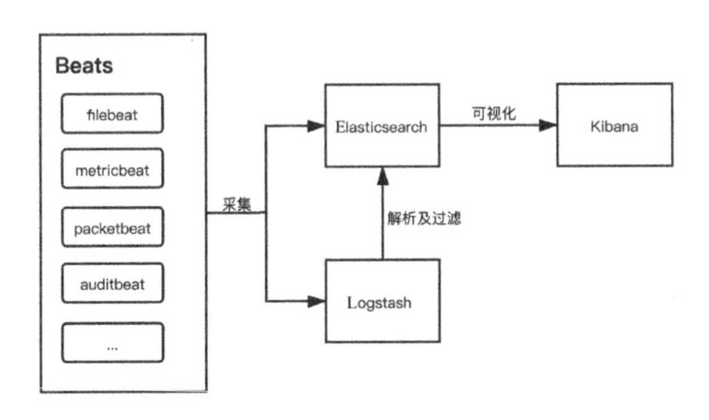


图 8-11　ELK 的基本架构图

图 8-11 左侧的各种 Beats 为 ELK 提供轻量级数据收集工具，不同的 Beats 提供不同的收集方式。

ELK 能够提供强大的搜索与分析功能。由于使用了 Elasticsearch，因此 ELK 变得十分高效且易于扩展，并且其技术栈提供了十分灵活的技术架构以供选择。虽然其在权限及报警方面有所欠缺，但是由于其拥有丰富的生态，许多工具都比较成熟，因此使用 ELK 是日志分析管理平台搭建的首选。

使用 ELK 的基本步骤是：首先，在区块链平台的各个节点上部署 Beats，区块链节点将审计日志发送到 Beats，或者 Beats 直接读取区块链节点的审计日志；然后，Beats 将审计日志发送到部署在内部或外部的 Logstash 进行过滤，或者直接将其发送到 Elasticsearch；在 Elasticsearch 上可以直接对审计日志进行高效搜索与处理；最后，通过 Kibana 展示审计结果。在一般情况下，Elasticsearch 会以一个集群的方式部署，以保证可扩展与高可用。

### 2. Graylog

Graylog 是一个完整的日志管理工具平台，基于 Scala 语言开发。使用它能很容易地对结构化和非结构化日志进行管理，以及调试应用程序。其依赖 Elasticsearch 和 MongoDb。Graylog 提供主服务，可直接从客户端节点获取数据，同时提供 Web 接口，方便用户可视化聚合日志。

Graglog 大致包含 Elasticsearch、MongoDb 和 Graylog 三个部分，Elasticsearch 用于存储及搜索日志；MongoDb 用于存储配置数据；Graylog 负责与 Elasticsearch 交互并提供可视化界面，其基本架构图如图 8-12 所示。

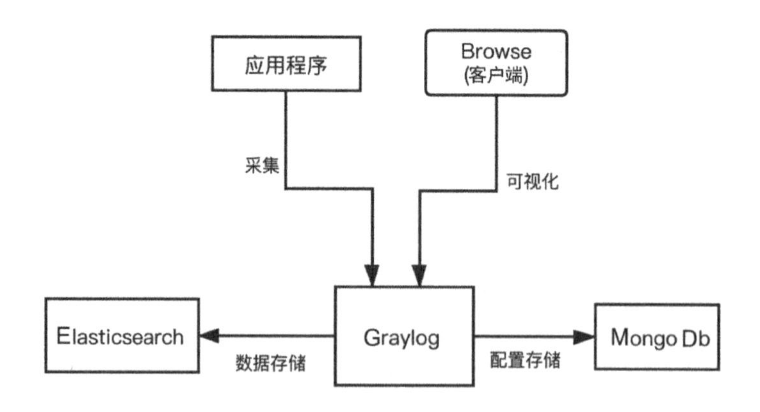


图 8-12　Graylog 的基本架构图

使用 Graylog 的基本步骤是：首先，在区块链节点内部或外部部署好 Graylog 服务（集群），Graylog 作为一个整体提供服务；然后，区块链节点将自己的审计日志通过 WebAPI 发送到 Graylog；接着，可以直接在 Graylog 界面使用相应的 Graylog 搜索语法进行搜索与数据处理操作；最后，展示可视化界面。

依靠对 Elasticsearch 的封装，Graylog 能够在提供强大搜索与分析功能的同时，提供更简单的搜索语法。另外，Graylog 自带原生报警功能，方便对数据进行监控报警。相比 ELK，Graylog 将数据采集、可视化界面集成起来，集成度更高，更易于配置安装，但是同时意味着其灵活性没有 ELK 高。

## 8.4　BaaS 运维治理

随着需求演化和业务发展，区块链底层和应用系统越来越需要合理的运维治理来保障服务的可拓展性、安全性和可靠性。BaaS 作为区块链云服务平台，承担着区块链治理审计的责任。BaaS 通过可视化的运维管理工具，实现如区块链权限体系、治理模型、审计分析等功能，使区块链的治理和审计更加高效、便捷和自动化。

8.4.1 节将介绍 BaaS 的定义、价值、通用架构和运维治理，阐明 BaaS 运维治理的概念。在 BaaS 运维治理中，联盟链管理是治理的基础，联盟链运维保障治理过程的稳定性和连续性，而智能合约管理可以提升治理效率。另外，联盟链运维中的日志与智能合约管理中的业务数据可视化，都是审计的重要方式。

8.4.2～8.4.4 节将分别就联盟链管理、联盟链运维、智能合约管理这 3 个 BaaS 运维治理的组成部分进行深入介绍，阐明各部分的概念、意义、功能和技术方案。

### 8.4.1　BaaS 运维治理概述

#### 1．BaaS 的定义

BaaS 的全称为 Blockchain as a Service（区块链即服务），是一种新型的云服务。在企业级区块链发展初期，微软、IBM 基于自己的云服务，推出了 BaaS，为企业提供区块链云服务。从云计算层次来看，由于区块链是分布式数据库，因此，针对区块链的云服务属于 PaaS（Platform as a Service，平台及服务）层；从功能角度来看，BaaS 主要提供区块链的生命周期管理、智能合约的研发管

理、区块链的监控运维等功能，在降低企业上链门槛的同时，进一步助力企业更高效、安全、稳定地管理区块链业务；从平台未来发展来看，在区块链 3.0 阶段，联盟链凭借有限许可节点、高交易吞吐量等适配企业场景需求的特性，成为产业革新的重要着力点，而与联盟链深度融合的 BaaS 有望成为产业变革中的基础设施，助力产业变革安全、稳定推进。

### 2. BaaS 的价值

从区块链治理角度而言，BaaS 提供联盟链生命周期能力及联盟组网工具，帮助企业高效、统一管理联盟链，实现联盟成员自动化、可视化的准入准出；通过 RBAC 账户体系，帮助企业实现 BaaS 的多层级权限管控，避免人为事故的发生；另外，BaaS 还提供全面完善的监控运维能力，可以快速定位系统故障，及时挽回业务损失。

从区块链审计角度而言，BaaS 提供可视化的区块链交易浏览器及智能合约数据可视化功能，对链上的业务数据做类 SQL 查询和可视化分析，提高区块链审计的工作效率。

### 3. BaaS 的通用架构

图 8-13 为通用 BaaS 架构图，从下至上分别是资源层、区块链平台层、BaaS 服务层和应用层。

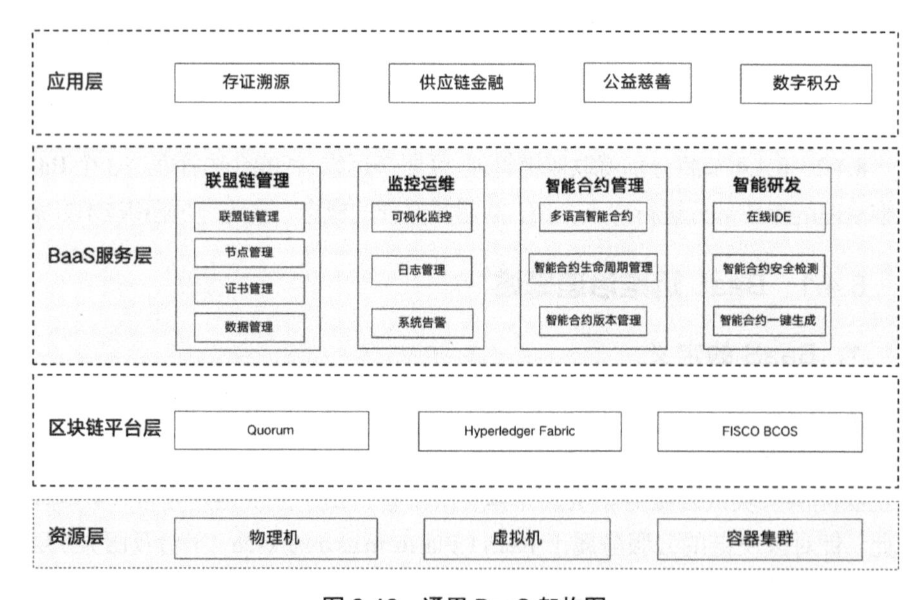


图 8-13 通用 BaaS 架构图

**1）资源层**

为区块链底层提供计算资源、存储资源和网络带宽资源，BaaS 支持区块链底层部署物理机、虚拟机及容器集群。

**2）区块链平台层**

区块链平台层是通过自适应共识算法、点对点网络、混合型存储、多语言智能合约执行引擎等技术手段实现账本分布式一致性的系统。BaaS 兼容不同的区块链底层，部署不同的服务资源。

**3）BaaS 服务层**

提供 BaaS 平台主体服务，如联盟链管理、监控运维、智能合约管理、智能研发。

**4）应用层**

通过 BaaS，基于区块链底层研发的上层业务应用，包括存证溯源、供应链金融、公益慈善、数字积分。

#### 4. 运维治理

联盟链运维治理，包含联盟链管理、联盟链运维和智能合约管理三部分。联盟链管理实现联盟链的自动化部署、可视化管理，以及增强联盟链的可配置性和扩展性。在此基础上，为保障联盟链运维的稳定性，一套高效定位处理系统异常的监控运维组件同样不可或缺。而作为区块链业务落地环节的枢纽，智能合约的研发和管理是提升联盟链运维治理能力和效率的关键。

### 8.4.2　联盟链管理

联盟链管理是指通过可视化、自动化的功能组件，对联盟链进行标准化、集中式、综合性的管理。联盟链管理功能的覆盖程度决定了联盟链的可扩展性和可维护性，是 BaaS 运维治理的核心和基础。联盟链管理功能通常分为联盟链配置、联盟链生命周期管理、节点生命周期管理、联盟组网 4 个部分。

#### 1. 联盟链配置

联盟链配置对联盟链关键参数进行动态配置，以达到保障业务正常运行的目的。在联盟链业务的运行过程中，交易 TPS（Transaction Per-Second，每秒交易数量）会随业务规模的扩大而增加，联盟链的区块生成策略需要动态更新；区块数据会逐渐积累，增大服务器的存储负担，存储空间存在动态扩容的必要。因此，联盟链配置是保障业务正常稳定运行的必要手段。以下是两种常见的联盟链配置类型。

（1）联盟链参数配置，包括链名、节点名等业务参数，以及区块最大交易数、打包超时时长等链参数的可视化配置。

（2）联盟链资源配置，包括服务资源的动态扩容、弹性伸缩等资源动态配置方式。

### 2. 联盟链生命周期管理

联盟链生命周期是指联盟链从创建、启动、停止、重启到销毁的整个过程。联盟链生命周期管理是指对上述过程进行可视化操作的功能模块。联盟链生命周期管理的灵活度，直接影响联盟链上层业务的健壮性和可靠性，因此，联盟链生命周期管理是联盟链管理的核心。

由于联盟链生命周期管理中的操作都属于高危操作，因此对联盟链生命周期管理的管控同样必要。BaaS 通常通过 RBAC 保障操作的严谨性和安全性，同时，对于拥有完善的联盟链管理机制的区块链底层，BaaS 可引入联盟治理投票机制，联盟链生命周期管理中的操作只有在符合联盟成员投票策略时才能执行，以此避免误删、误停等事故的发生。

### 3. 节点生命周期管理

节点生命周期是指节点从创建、启动、停止、重启到销毁的整个过程。节点生命周期管理是指对上述过程进行可视化操作的功能模块。节点生命周期管理与联盟链紧密联系、不可分割。与联盟链生命周期管理类似，在对节点生命周期管理操作可视化的基础上，BaaS 通常通过 RBAC 和联盟治理投票机制保障节点生命周期管理操作的严谨性和安全性。

### 4. 联盟组网

联盟组网是指在企业级联盟链场景中，通过一系列的组网工具和组件，突破网络环境、云环境的限制，各联盟成员可以部署节点，组成联盟网络。联盟组网可以极大地降低组网门槛，提升组网效率。为突破云环境的限制，BaaS 通常具备节点的跨云部署能力；为突破网络环境的限制，BaaS 通常提供可视化、自动化的组网工具，联盟成员可在自有 IT 环境中自动化安装，部署节点组成联盟网络。

对链和节点的管理，本质上是对状态的管理。这意味着可以采用 FSM（Finite State Machine，有限状态机）管理链和节点，从而实现有计划的、集中的、自动的资源调度。

有限状态机是根据现实事物运行规则，抽象而成的一个数学模型，由状态、事件、动作、变换四个概念组成。链和节点的状态可以定义为初始、运行、已停止、故障和已删除 5 种，如表 8-2 所示。

表 8-2　链和节点的状态定义表

| 状　态 | 解　　释 |
| --- | --- |
| 初始 | 链和节点尚未创建前的状态 |
| 运行 | 链和节点处于正常工作的状态 |
| 已停止 | 链和节点处于正常停止的状态 |
| 故障 | 链和节点在任意状态转移过程中出现异常时，所处的故障状态；<br>无论链和节点是否运行，只要发生异常都是故障状态 |
| 已删除 | 链和节点被系统删除的状态；<br>已删除状态是状态集中的终态，如果达到终态，则状态机停止运行 |

事件定义为用户对链和节点进行操作的一次请求，如用户请求创建链、请求启用节点等；动作定义为事件所对应的执行逻辑，如用户请求创建链的事件，对应的动作就是创建链；变换定义为状态转移，即从一个链和节点的状态转移到另一个状态。链和节点的状态转移图如图 8-14 所示。

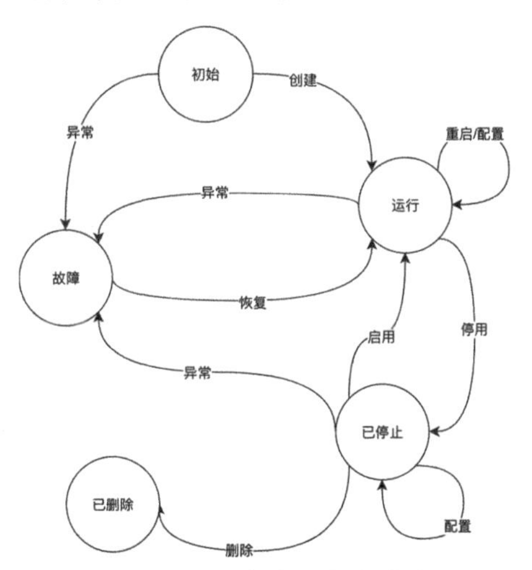


图 8-14　链和节点的状态转移图

如果链和节点处于初始状态，则当用户请求创建事件时，执行创建动作，状态转移为运行状态。如果链和节点处于运行状态，则当用户请求停用事件时，执行停用动作，状态转移为已停止状态；当用户请求重启、配置事件时，执行重启、配置动作，状态转移为运行状态。如果链和节点处于已停止状态，则当用户请求启用事件时，执行启用动作，状态转移为运行状态；当用户请求配置事件时，执行配置动作，状态转移为已停止状态；当用户请求删除事件时，执行删除动作，状态转移为已删除状态。上述创建、重启、配置、启用、停用、删除动作在执行过程中，如果出现异常，则状态转移为故障状态。如果链和节点处于故障状态，则当用户请求恢复事件时，执行恢复动作，状态转移为运行状态。如果恢复异常，则状态转移为故障状态。

在全部动作执行过程中，都加入超时条件。如果某次动作执行时达到超时时长但仍无法达到指定的目标状态，则状态统一转移为故障状态。

### 8.4.3 联盟链运维

联盟链运维通过一系列可视化、自动化运维工具的综合运用，对联盟链、主机及 BaaS 系统本身进行监控和运维，保障区块链网络和 BaaS 系统的安全、稳定运行。联盟链运维分为可视化监控、运维日志、系统告警三个部分。

#### 1. 可视化监控

可视化监控是指以图表化的方式，呈现系统关键指标的实时数据和历史趋势数据。可视化监控一般可以起到故障前预防与故障后定位的作用。在故障发生前，可视化监控可以突出展示即将发生异常的指标，使故障可提前被发现并处理。在故障发生后，可视化监控可以呈现具体指标发生异常的时间区间，以缩小排查范围。

在可视化监控中，根据监控对象的不同，可视化监控通常分为联盟链监控、主机监控和系统自监控。

（1）联盟链监控，是指对联盟链的交易 TPS、交易延迟、交易数、区块高度等指标的可视化监控。

（2）主机监控，是指对联盟链节点部署的主机 CPU、内存、磁盘等各类资源占用情况的可视化监控。

（3）系统自监控，是指 BaaS 系统对自身的组件和服务指标进行的实时可视化自我监控。

#### 2. 运维日志

运维日志是指系统在运行过程中打印的事件记录，每行日志都记载着日期、时间、使用者及动作等相关操作的描述。运维日志通常用以定位故障的源头和原因，因此，运维日志内容的全面性和日志处理的实时性是提升故障处理效率的关键。在 BaaS 系统中，根据生成日志主体的不同，通常分为联盟链日志、主机日志和系统日志。

（1）联盟链日志，是指采集、处理、可视化呈现区块链节点打印的运行日志、错误日志。

（2）主机日志，指对节点部署的主机进行日志的采集、处理和可视化呈现。

（3）系统日志，指对 BaaS 服务组件日志的采集、处理和可视化呈现，以提升 BaaS 系统自身的可用性和可维护性。

#### 3. 系统告警

系统告警是指实时监测系统运行状态，在故障发生的第一时间上报故障信息的功能组件。可视化监控和运维日志可以帮助运维人员快速缩小故障的范围，以定位故障，但其前提条件是故障信息在第一时间予以上报。因此，系统告警是监控运维中不可或缺的组成部分。根据告警监测对象的不同，系统告警主要分为以下两个部分。

（1）监控告警。可自定义监控指标和故障信息上报策略，实时监测联盟链、主机和 BaaS 组件的运行状态，若指标触发阈值，则根据上报策略第一时间予以上报。

（2）日志告警。可自定义关键词和故障信息上报策略，实时捕捉联盟链日志、主机日志和系统日志的关键词，若日志命中关键词，则根据上报策略第一时间予以上报。

### 8.4.4　智能合约管理

智能合约管理是通过综合、系统地运用智能合约相关开发工具、SDK 等组件，对智能合约进行开发、部署，或者对已经部署的智能合约进行查询、操作等一系列活动的总称。

智能合约是区块链 2.0 阶段的核心特性，实现了区块链的可编程性，使得区块链应用在链上具备复杂逻辑的处理能力，绝大多数的区块链应用都离不开智能合约。而智能合约管理可以通过升级、冻结智能合约等方式提高区块链应用的安全性，可以通过有效收集、处理智能合约数据实现智能合约数据的可视化分析，因此，智能合约管理对区块链应用具有重要意义。

通用的智能合约管理方案应该满足以下两个要求。第一，数据结构不会随着区块链应用的改变而改变；第二，可插拔地支持多语言、多区块链的智能合约。

如图 8-15 所示，这是一个通用智能合约管理方案架构图。

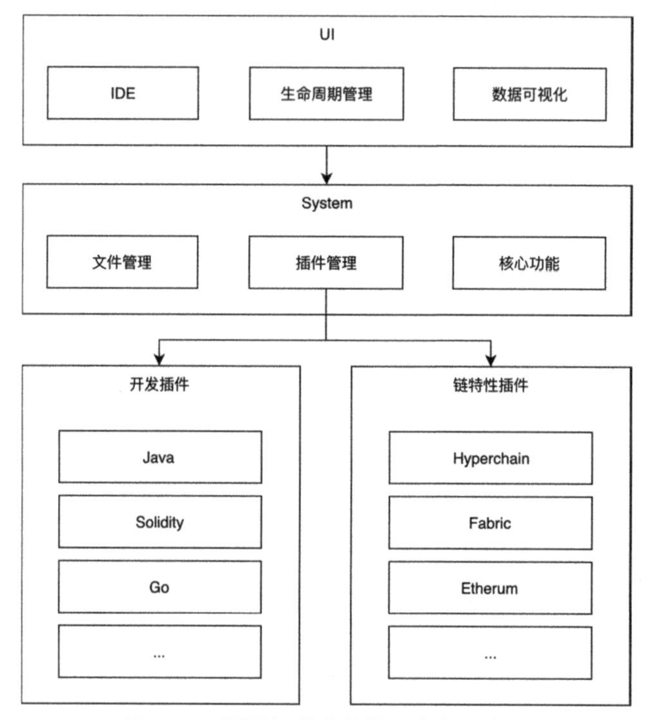


图 8-15　通用智能合约管理方案架构图

该方案将智能合约管理系统分为三个组成部分：UI 层、System 层、插件层。UI 层是与用户进行交互的前端界面，由 IDE、生命周期管理、数据可视化三个模块组成。System 层是实现管理功能的后端服务，由文件管理、插件管理、核心功能三个模块组成。插件层是对多语言、区块链智能合约管理的具体实现，包括不同语言的智能合约开发插件（称为开发插件）和不同区块链底层的智能合约特性插件（称为链特性插件）。其中，插件可以是独立于智能合约管理系统的子服务，也可以是集中在智能合约管理系统中的内建模块；插件可以在前端的技术体系中直接实现，也可以在后端的技术体系中通过提供接口的形式实现。

UI 层的三个模块抽象了智能合约管理的四大功能：智能合约开发 IDE、智能合约生命周期管理、智能合约数据可视化和智能合约安全检测。System 层

体现了智能合约管理的管理对象，包括智能合约文件、智能合约插件和智能合约实例（已经部署的智能合约）。插件层满足了可插拔地支持多语言、多区块链的智能合约管理需求。

### 1. 智能合约开发 IDE

智能合约开发是指根据用户要求编写区块链应用中智能合约程序的过程。智能合约开发 IDE（Integrated Development Environment，集成开发环境）是指提供智能合约开发环境的应用程序，其一般集成了代码编写、分析、编译和调试等功能。

智能合约开发 IDE 的上述功能都由多语言的开发插件实现。针对不同语言的智能合约，插件提供语法高亮、关键字补全、智能提示、格式化等接口，以实现代码编写功能；提供静态分析、形式验证等接口，以实现代码分析功能；提供编译、部署、执行、Debug 等接口，以实现代码编译和调试功能。

代码编写功能多由前端插件实现。插件提供语法描述元文件（如语法高亮的 XML 格式文件、关键字列表文件等），由前端的 IDE 框架通过正则匹配或语法分析等方法来动态解析、渲染并实现相应的代码编写功能。

代码分析功能多由后端插件实现。插件提供静态分析和形式化验证等主流的智能合约安全分析接口，分别实现漏洞检测和验证智能合约逻辑是否满足需求的功能。

代码编译和调试功能可由前端或后端插件实现。前端插件的实现原理一般是调用库或内建虚拟机，后端插件的实现原理一般是调用工具或运行虚拟机。

### 2. 智能合约生命周期管理

智能合约生命周期是指智能合约在区块链上从部署到销毁的整个过程。该过程一般包括部署、调用、冻结、解冻、升级、销毁等流程。智能合约生命周期管理就是对智能合约生命周期的流程性控制，必须具有相应权限才能进行操作。BaaS 通过 RBAC 实现对智能合约生命周期管理的权限控制，同时通过联盟治理投票机制，符合联盟成员投票策略的智能合约操作才允许执行。

智能合约生命周期管理的功能由链特性插件实现。因为不同的链支持不同语言的智能合约，提供不同的生命周期管控接口，所以为了兼容差异性，BaaS 抽象了链特性插件的通用接口，该接口包括部署、调用、升级和自定义操作。其中，部署、调用、升级是几乎所有主流区块链都支持的功能，而自定义操作是除这三个功能之外的其他功能的扩展接口，如冻结、解冻、销毁等功能可以通过自定义操作进行识别和实现。

### 3．智能合约数据可视化

智能合约数据是指持久化在区块链中的状态数据，即区块链最新的世界状态。智能合约数据可视化是指收集、处理智能合约数据，通过图形化技术直观地传达智能合约数据的过程。智能合约数据可视化有利于用户便捷地查询智能合约数据，辅助审计人员直观、高效地完成数据验证。

BaaS 中收集、处理智能合约数据的方案除利用智能合约相关工具和 SDK 提供的接口查询数据之外，还可以通过定义 SQL 语句实现智能合约数据的结构化查询。可视化技术呈现区块链底层智能合约数据，并提供条件筛选、分组筛选、关键词搜索等功能。

### 4．智能合约安全检测

智能合约一旦部署上链，就难以修改，如果智能合约存在漏洞，也将难以修复，这意味着应该在部署之前对智能合约进行充分的安全分析。

智能合约安全检测通过一系列安全检测手段，检测智能合约漏洞和语法问题，同时提供修复建议的智能研发工具。智能合约是区块链业务安全运行的核心，如果智能合约遭受安全攻击，则会面临不可挽回的业务损失。智能合约安全检测工具可以在极大程度上降低智能合约安全问题对于业务造成的影响，因此，从联盟链治理的安全角度来看，智能合约安全检测具有重要意义。智能合约安全检测通常分为以下两种方式。

（1）静态分析。通过整理已知的攻击模式和安全漏洞，形成通用的安全规则，加入规则库，扫描智能合约时若发现不符合规则库中的安全规则，则触发警告。

（2）形式化验证。形式规范是一种定义智能合约功能的模型接口语言，以注释形式出现在智能合约中。形式化验证通过模型检测的方法来验证智能合约是否符合形式规范。

## 参考文献

[1] 蓝狐笔记．区块链治理机制：规划未来[EB/OL]. [2020-04-16]. https://mp.weixin.qq.com/s/DgFHRGEtMyFxeMOzRejv8w.

[2] Tezos 社区．什么是 Tezos [EB/OL]. [2020-11-20]. https://www.tezcn.com/tezos.

[3] Hyperledger Fabric. A Blockchain Platform for the Enterprise [EB/OL]. [2020-11-23]. https://hyperledger-fabric.readthedocs.io/en/ release-2.0/.

[4] 百度百科. 硬分叉[EB/OL]. [2020-12-13]. https://baike.baidu.com/item/硬分叉.

[5] 百度百科. 软分叉[EB/OL]. [2022-12-20]. https://baike.baidu.com/item/软分叉.

# 第9章 跨链互操作技术

跨链互操作技术指的是在已有的区块链平台基础上，延伸出的不同链之间的可信交互技术。在目前各种异构区块链平台之间，不同链之间的交易可信验证机制、数据传播方式、共识算法、加密体系和通信协议都存在很大的差异，多链协同面临全方位的挑战。本章从跨链需求出发，详细介绍已有的跨链技术体系和典型跨链服务的设计理念，旨在给跨链业务设计的区块链从业者，提供更加完备的跨链业务设计思路。

## 9.1 跨链问题概述

随着区块链应用的不断发展，不同的区块链底层也呈现百花齐放的局面。受制于业务和技术条件，当前主流区块链应用大多是一个独立的、垂直的封闭体系，不同链之间高度异构、难以互通，从而形成各自的“价值孤岛”，可信数据价值难以得到充分利用。这极大限制了区块链技术和应用生态大规模、多层次的健康发展，跨链需求也由此而来。

跨链互操作通过技术手段连接相对独立的区块链系统，实现不同区块链之间的互操作。跨链交互依据其跨链交互内容不同，大体上可以分为资产交换和信息交换。在资产交换方面，不同区块链上的资产处于互相隔离的状态，它们之间的资产交换主要依靠中心化交易所完成，中心化交易所的交换方式不安全，规则也不透明；在信息交换方面，主要涉及链与链之间的数据同步和相应的跨链调用，相应的技术实现难度更高，目前，各区块链之间的信任机制不同，无法有效地进行链上信息的可信共享。

区块链因其本身的链式结构和共识算法，确保了链自身信息的真实可信和不可篡改。而跨链是两个区块链系统之间一种信任的传递，需要保证在交换过程中数据的互通、互认。要实现这种跨链交易，还存在一些技术难点有待解决。一是如何保障跨链交易的原子性，即一笔跨链交易要么完全发生（两条链上的账本同步修改），要么不发生（两条链上的账本均不修改），保持两条链上账本的同步性与一致性，否则两个系统的安全性都会受到较大的威胁；二是如何实现对交易的确认。因为区块链系统本身是较为封闭的系统，缺乏主动获取外部信息的机制，因此，获取本链上的交易提交状态非常容易，但是获取其他链上的交易提交状态比较复杂，需要依靠“中间人”来实现对交易的确认。当前实现方案包括公证人机制、中继机制、主侧链等多种形式。

在业务与技术的双重需求下，链与链之间的互操作将得到越来越多的重视，跨链已经成为区块链技术的必要需求和必然发展趋势。跨链技术作为连接各区块链的桥梁，其主要目的是实现不同区块链之间的资产原子性交易、信息互通、服务互补等功能，跨链协议必将成为“价值互联网”的基础性支撑技术之一。

## 9.2　跨链原理

不同于单一区块链，在多链互联的场景下，不论是链间通信还是数据可信验证，都增加了跨链互操作的复杂度。本节就跨链场景下的这些问题，分别从跨链模型、跨链交易验证、跨链事务管理和跨链数据安全四个方面进行阐述。

### 9.2.1　跨链模型

从跨链技术出现到现在，无论是学术界还是工业界，都提出了许多解决方案，也出现了各种跨链模型。虽然当前区块链行业还没有形成统一的跨链解决方案，但是几种典型的跨链模型已经有了成熟的跨链应用场景落地，它们代表着事实上的行业公认技术，这其中包括哈希时间锁定（Hash Time Lock）、公证人机制（Notary Schema）和侧链/中继（Sidechains/Relays）这三大技术，分别适用于不同的跨链场景，是相对成熟的跨链解决方案。

#### 1. 哈希时间锁定

2008 年，比特币横空出世，任何人都可以在比特币网络上进行自由的转账交易，都有对自己比特币的控制权。加密货币的应用范围不断增加，各种针对其他场景的加密货币纷纷涌现。不同种类加密货币的出现，使得加密货币领域对于加密货币之间的流动性有了更高的要求。加密货币行业急需一种不同

加密货币之间能够进行兑换的技术机制。

哈希时间锁定技术应运而生，首次出现在比特币的闪电网络中。哈希时间锁定[1]和普通的一次区块链交易最大的不同是出现了哈希锁（Hash Lock）和时间锁（Time Lock）的概念。这是一种有限定条件的支付模式，在该支付模式下，收款方需要在限定时间内主动进行收款操作，否则就会触发超时，导致转账交易失效，汇款自动退回原账户。

通过一个简单的跨链资产交换的例子进行说明，比特币网络上的 Alice 需要向以太坊网络上的 Bob 转账 1BTC 以换取 20ETH，Alice、Bob 在双方网络上都有账户。

（1）首先，Alice 生成一个只有自己知道的秘密数 $s$，并对其进行哈希操作，得到 Hash($s$)。

（2）Alice 在比特币网络上发起一笔交易，内容是转账 1BTC 到 Bob 在比特币网络上的账户，条件是：Bob 能够在超时时间 $T1$ 内，提供一个秘密数 $s'$ 和 Bob 自己的签名使 Hash($s'$)=Hash($s$)。

（3）Bob 也在以太坊网络上发起一笔交易，内容是转账 20 ETH 到 Alice 在以太坊网络上的账户，条件是：Alice 能够在超时时间 $T2$ 内，提供一个秘密数 $s'$ 和 Alice 自己的签名使 Hash($s'$)=Hash($s$)。

（4）Alice 在以太坊网络上发起交易，提供秘密数 $s$ 去解锁 Bob 的 20 ETH。此时公开了秘密数 $s$。

（5）Bob 得到了秘密数 $s$，在比特币网络上发起交易，提供秘密数 $s$ 去解锁 Alice 的 1BTC。

通过上面的步骤，Alice 和 Bob 在没有第三方参与的情况下完成了一次跨链转账，并且无论在以下哪种情况下，都能保证双方都成功或都失败，所以说哈希时间锁定能够保证跨链交易的原子性。

（1）如果 Alice 一直不提供秘密数 $s$，则 Alice 和 Bob 的 BTC 和 ETH 都会自动转回各自的账户，双方都没有损失。

（2）如果 Alice 提供了秘密数 $s$ 来解锁 Bob 的 20 ETH，并且 Alice 发起的交易超时时间 $T1$ 比 Bob 发起的交易超时时间 $T2$ 长，则 Alice 无法阻止 Bob 通过已公开的秘密数 $s$ 来解锁自己的 1BTC。

虽然哈希时间锁定通过密码学的机制保证了跨链交易的原子性，但是在资产跨链场景下还是有一定的局限性。

（1）哈希时间锁定要求交易双方所在链使用的哈希算法一致，否则会出现无法解锁资产的情况。

（2）无法实现资产转移，只能进行资产交换（资产转移是双方都只在单条链上拥有账户，而资产交换要求双方都必须在两条链上拥有账户）。

（3）如果交易失败，则发起方等待交易时间锁触发可能需要很久，造成资产长时间被锁定，发起方可能会有一定的损失。

### 2．公证人机制

公证人机制是另一种常见的跨链方案，其主要思想和传统金融体系的处理方式类似。为了解决跨链资产交换中交易双方不可信问题，公证人机制通过引入一个与利益无关的公信第三方（这个第三方可以是某个具体的公司，也可以是某个可信组织）来保证交易的可信传递，这个第三方就像传统金融体系中的银行。

公证人机制的思想在生活中随处可见，仲裁机构、支付宝甚至是法院这样的国家机构在某种程度上都是公证人机制的体现。在跨链场景中，该方案相对来说最容易理解，也最容易实现。在行业中采用比较多的、最有名的 Ripple 的 Interledger 协议[2]，就是以公证人机制为基础的。

因为比特币一出生打响的口号便是去中心化的电子现金，这使得区块链行业普遍对于中心化的机制是有抵制心理的，所以传统的中心化公证人机制应用到跨链场景下时，出现了更具去中心化色彩的多签名公证人机制和分布式签名公证人机制。

#### 1）中心化公证人机制

中心化公证人机制也被称为单签名公证人技术，和现在的银行基本类似。交易双方需要完全信任一个中心机构，交易发起方直接发起交易，但是双方交易都需要公证人进行确认才能最终有效，交易的原子性也必须由公证人保证，因此，中心化公证人机制面临着过于依赖中心机构、交易失败的安全问题。

#### 2）多签名公证人机制[3]

多签名公证人机制是为了克服中心化公证人机制的问题而提出的。为了解决中心化公证人机制中出现的问题，引入了多个可信的公证人，并规定双方链上发起的跨链交易必须有一定阈值的公证人签名数量才能生效，该机制能够有效减少单个公证人被攻击的风险，但是要求双方链上必须支持交易的多重签名技术。

#### 3）分布式公证人机制

分布式公证人机制在多签名公证人机制的基础上强化了安全性。公证人

采用分布式技术，交易需要分布式签名技术、门限签名技术等的支持。技术方案在实现上更加复杂，而且也进一步降低了跨链交易的执行效率。

这三种公证人机制并没有绝对的优劣之分，根据不同的跨链场景，不同的跨链解决方案也是有其优势的，所以还是需要根据具体场景进行选择。

### 3. 侧链/中继链

侧链[4]最早出现在比特币网络中，在 2014 年由 BlockStream 团队提出。随着比特币的不断发展，比特币设计上的一些缺陷开始凸显（如每秒 7 笔交易的吞吐量限制、不支持图灵完备的智能合约等）。而直接在比特币网络上进行重构必将使比特币主链承受巨大的资金风险，因此，诞生了侧链技术。通过侧链技术，可以运行一些实验性的区块链作为比特币侧链，这样既能够连接比特币主链防止侧链资金流动性不足，又能够在侧链出现问题时不影响主链的运行。

侧链采用的是双向锚定（Two-way Peg）[5]机制，与之对应是单向锚定（One-way Peg）机制，单向锚定机制能够确保如果在比特币主链中销毁了一定数量的比特币，那么在一条侧链上就能获得相应数量的其他代币。例如，在主链上，将比特币发送到一个不可使用的地址可以销毁你所持有的比特币。其他链在检测到这笔交易之后，会向侧链的地址转入相应数量的新代币。这样的过程是不可逆的，之后无法再拿回已经销毁的比特币。

侧链的双向锚定机制便是在此基础上进行改进的，该机制在主链上保留了收回已经销毁的比特币的功能。在该机制中，不需要将比特币发送到一个不可用的地址，而将比特币发送到一个特殊地址，这个特殊地址不属于任何人，仅由一段脚本进行控制。如果你能提供在侧链销毁了一定数量的另一种代币的"证明"，那么这段脚本就会将比特币转回相应的账户。

侧链技术具备跨链的雏形，当时考虑的场景非常有限，基本是在比特币的架构体系内进行跨链的资产操作的，没有更多地考虑不同区块链架构（如以太坊）之间的跨链操作，以及非公有链下的跨链场景。中继链技术和侧链技术在跨链模式上基本一致，只是侧链更加依附主链，中继链技术中一般没有主链的概念，更加独立化，而且跨链技术的发展赋予了中继链技术更多的内涵。例如，Cosmos 采用的 Hub[6]和 Polkadot 采用的 Relay chain[7]都属于中继链的范畴。

### 9.2.2 跨链交易验证

在区块链中，一笔交易的验证通常是对发送方签名的验证，即交易验证通过且上链，表示交易是有效的。跨链交易验证是对跨链交易的存在性和有效性进行验证，跨链交易不能凭空产生，需要对跨链交易进行存在性验证，但是存在性验证通过不表示交易是有效的，如果验证人（矿工）集体作恶，伪造跨链交易，那么就需要对跨链交易进行有效性验证。

存在性验证是对跨链交易真实性来源的一种证明方式。例如，跨链交易确实存在于来源链上，也确实是发送给目的链的，这种验证方式通常使用类 SPV 证明或背书策略证明来实现。

类 SPV[8]证明要求区块链有类似默克尔树[9]的功能，如比特币和以太坊。如图 9-1 所示，假设区块中存在 16 笔交易，一个节点能够通过生成一条仅有 4 个交易哈希值的默克尔路径来证明区块中存在一笔交易 K。该路径有 4 个哈希值 $H_L$、$H_{IJ}$、$H_{MNOP}$ 和 $H_{ABCDEFGH}$。由这 4 个哈希值产生的认证路径，再通过计算另外三个哈希值 $H_{KL}$、$H_{IJKL}$、$H_{IJKLMNOP}$ 和默克尔根（在图中由虚线标注），任何节点都能证明 $H_K$ 包含在默克尔根中。目的链可以利用区块的默克尔根及默克尔路径快速验证跨链交易存在于来源链上。

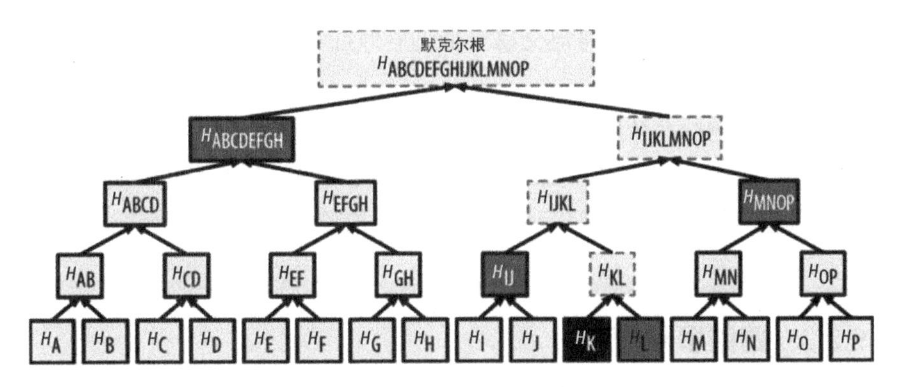


图 9-1 默克尔根树结构

背书策略证明要求区块链有背书节点签名功能，如 Hyperledger Fabric[10]，其目的链利用背书节点的证书进行验签，如图 9-2 所示，Proposal 是交易提案，Hash 是对交易内容 Content 的哈希摘要，Endorser 中有三个背书节点的证书，对应 Signature 中三个背书节点签名，如果三个背书节点签名都验证成功，则表示跨链交易存在于来源链上。

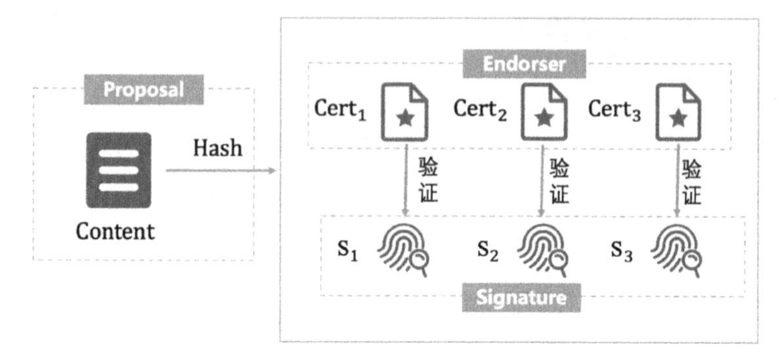


图 9-2　Fabric 背书策略证明

存在性验证可以证明跨链交易的真实性，结合有效性验证可以证明跨链交易执行状态的有效性。例如，跨链转移的资产是否处于冻结状态、是否被双花攻击过或来源链验证人（矿工）是否存在其他作恶行为，Polkadot（波卡链）提供了对应的解决方案，具体详情请查看 9.3.1 节的 Polkadot 协议。简而言之，Polkadot 网络存在钓鱼人和验证人等角色，钓鱼人的存在保证了平行链上的验证人出现作恶行为时进行惩罚处理，扣除验证人抵押在 Polkadot 网络中的 Token 资产，进而保证整个 Polkadot 网络的安全性。

由于联盟链内数据的自封闭性，联盟链之间的跨链交易验证成本相对公有链较高，为了保证联盟链跨链交易验证的有效性，需要监管机构的介入，监管机构的主要功能如下。

（1）监管机构拥有访问联盟链内数据的权限。

（2）联盟链需要信任监管机构，监管机构类似联盟链内的管理员。

（3）联盟链如果发生作恶行为，则监管机构要能及时制止跨链交易的执行，并回滚对应的跨链交易。

### 9.2.3　跨链事务管理

在数据库中，通常将一个或多个数据库操作组成一组，称为事务。在跨链操作中，不同区块链上的子操作构成一个跨链事务。跨链事务和传统分布式系统里的事务相似，只是传统分布式系统的参与方是不同业务系统或不同数据库，而跨链操作的参与方是不同区块链。

下面举个例子说明跨链事务的概念，可以用链间资产交换的例子来说明。例如，Alice 想以 1:10 的兑换率用 1 个 BTC 交换 Bob 的 10 个 ETH，此时，他们之间的资产交换包括以下两个操作。

（1）在比特币网络中，Alice 向 Bob 的地址转 1 个 BTC。

（2）在以太币网络中，Bob 向 Alice 的地址转 10 个 ETH。

这两笔转账子操作分别发生在不同的区块链系统中，彼此互相独立，同时它们构成了一个完整的跨链事务。

数据库中的事务需要具备原子性、一致性、隔离性和持久性四个特性，跨链事务也需要具备这四个特性。下面以 Alice 和 Bob 之间资产交换的例子来说明这四个特性。

原子性指的是 Alice 和 Bob 在比特币和以太坊网络中的操作要同时成功或失败；一致性指的是跨链事务操作之前和之后，Alice 和 Bob 在比特币上的资产总量和在以太坊上的资产总量是不变的；隔离性指的是多个跨链事务之间要相互隔离，避免被干扰；持久性指的是如果跨链事务完成了，则 Alice 和 Bob 在链上的操作就是永久的且不会被回滚。

由于区块链是串行系统，交易在区块链上的执行是一个接一个的，所以跨链事务管理机制可以不用考虑隔离性，由业务系统保证即可。

在跨链操作中，持久性可以转化为如何保证跨链子操作的最终确认性问题。区块链中的操作和传统分布式系统的操作不同的是，区块链中有可能出现操作被撤销的情况。例如，前一秒账户 A 的余额增加 10，由于区块链产生分叉，这个操作又不存在了，可能会引起事务的不一致。如图 9-3 所示，一开始跨链交易存在于 13 号区块，但是在 14 号区块后，一个出到 16 号区块的链取代了前面的链，那么 13 号区块的跨链交易就变为无效，也就是本来扣的额度，现在又回来了，或者本来加的额度，现在又没了。

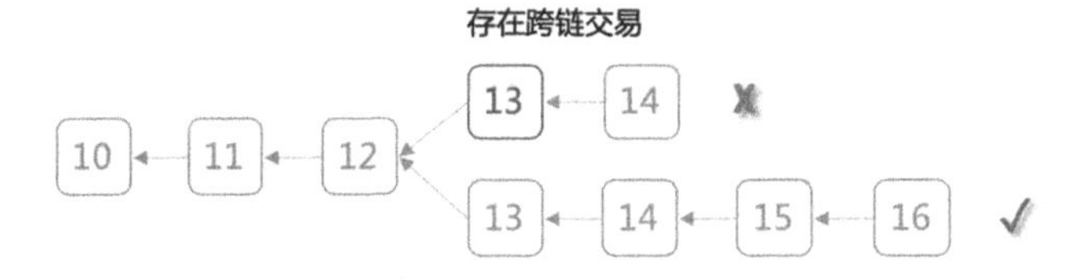


图 9-3　区块链分叉

为了避免这种情况发生，需要对区块链上的交易进行一个最终的确认。针对这种情况，一般有两种解决方案。第一种，如果区块链采用的是 PoW 这种概率确认性的共识算法，那么就需要对其上的交易设置一个确认阈值，也就是在积累了一定数量的区块之后再进行确认。例如，在比特币中，若一个区块后

面连接着 6 个区块，那么这个区块被撤销的概率非常小；第二种，采用类似 PBFT 的最终确认性共识算法，这种算法保证了只要交易上链，就不会被回滚。

原子性和一致性的设计需要从两个跨链场景进行讨论，一个是资产交换，另一个是复杂业务。

对于资产交换的跨链场景，可以使用哈希时间锁定机制保证事务的原子性。哈希时间锁定机制的原理详见 9.2.1 节，这里不再赘述。这里主要讨论在异构跨链场景下，如何在区块链上实现超时机制。因为哈希时间锁定机制中锁定的资产有超时时间，使用 PoW 共识算法的区块链可以使用区块高度作为粗略的时间度量单位，但是对于使用 PBFT 共识算法的区块链，可能没有一个可以依赖的计时手段，这时候就需要借助 Oracle 技术[11]，图 9-4 是 Oracle 时间解决方案，Oracle 程序每 2 分钟将时间戳 Oracle 智能合约里的时间变量加一，时间戳 Oracle 智能合约就拥有了一个以 2 分钟为刻度的时间。哈希时间锁定机制在锁定资产时可以以时间戳 Oracle 智能合约中的时间为参考设定超时时间。

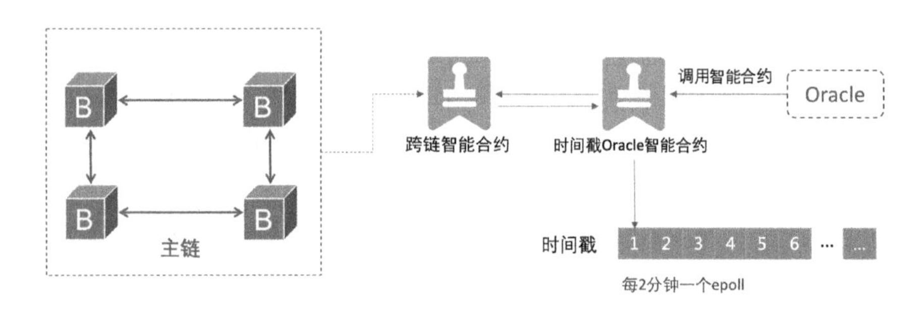


图 9-4　Oracle 时间解决方案

对于复杂业务的跨链场景，可以参考传统分布式事务处理方案，如 2PC 协议、3PC 协议等。但是它们都依赖一个可信的第三方协调者，这种中心化的方案违背了区块链去中心化理念，所以跨链事务中需要借助中继链来充当协调者。

图 9-5 为 BitXHub（趣链跨链技术平台）跨链事务管理机制，其参考了传统分布式事务的本地消息表[12]处理方案，采用的是最终一致性解决方案。

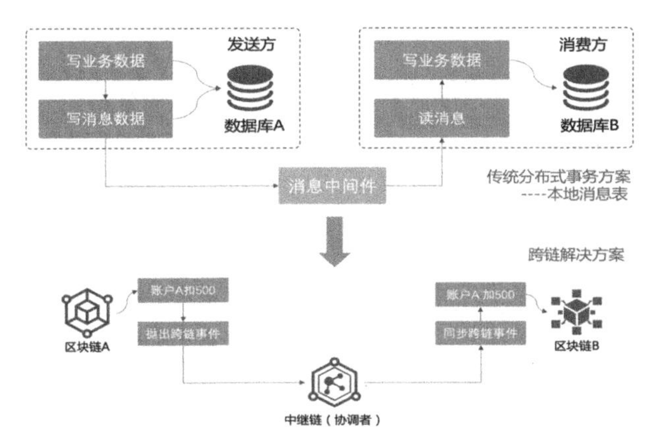


图 9-5　BitXHub 跨链事务管理机制

本地消息表的核心思想是将分布式事务拆分为本地事务进行处理。发送方的写业务数据和写消息数据要保证原子性，如果写业务数据成功了，那么写消息数据一定能成功。写消息数据会被同步到 kafka 中，最终被消费方消费。如果消费方在业务上面执行失败，则可以给生产方发送一个业务补偿消息，通知生产方进行回滚等操作。在跨链事务中，可以由中继链取代 kafka，区块链 A 上可以由智能合约保证只要账户 A 扣了 500，就一定会抛出跨链事务，最后同步到中继链，再到区块链 B 进行相关操作。如果在区块链 B 中的操作失败了，则将失败的消息由中继链同步后到区块链 A 进行回滚等操作。

总的来说，设计跨链事务方案时需要先解决跨链交易最终确认性问题，也就是要保证跨链操作的确定性，然后再考虑去中心化的原子性保证问题。在资产交换场景中，可以使用哈希时间锁定机制保证原子性，在复杂业务场景中，可以引入中继链作为协调者协调整个事务的完成。

### 9.2.4　跨链数据安全

在跨链事务中，不同来源的跨链交易通过共识在所有的区块链节点流转。这对某些交易中的隐私数据来说会有很大的风险。所以对于跨链交易的隐私保护成了一个至关重要的问题，需要通过一些方法和途径防止跨链交易被除参与方外的其他人查看，也要防止跨链交易的具体内容在跨链交易传输过程中被恶意攻击者解析。

对于跨链交易的隐私保护问题，隐私交易是一种可行的解决方案。所谓隐私交易，就是双方在交易过程中的资产交换或数据互通是保密的，无法被第三方查看和解析。在这种隐私交易的方式下，用户不愿公开的敏感数据将会被隐

藏，保证了数据的机密性和安全性。

当跨链交易采用中继链的方式时，各个跨链参与方的跨链交易数据全部在中继链上参与共识，对于任意一个跨链参与方，获取其他跨链参与方的跨链交易数据是非常轻松的。而隐私交易通过部分节点可见的方式来保证跨链交易的内容不被不相干的节点查看。

从图 9-6 中可以看到，跨链交易只在交易的相关节点中传输，在区块链的共识过程中，各个节点只对交易哈希进行共识。通过这种方式，跨链交易的其他节点能查看到的只有交易哈希，而无法得到任何交易内容的信息，从而保证了隐私交易的安全性。

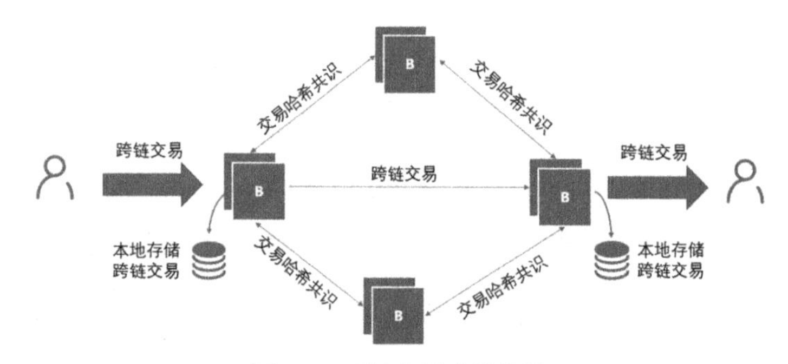


图 9-6　跨链交易哈希共识

除此之外，跨链交易在传输过程中对内容的保护也有很大的需求。在中继链方式下，当用户不希望自己的跨链交易内容在中继链传输过程中被查看时，可以采用协商加密。协商加密需要交易双方在进行跨链交易之前，对跨链交易内容加密的密钥进行协商，整个过程要保证高效自动化，同时要保证加密的密钥不容易被破解。在协商密钥完成以后，交易方就可以将跨链交易的内容通过对称加密的方式加密，发送到中继链。由于跨链内容已经被协商密钥加密，所以中继链上的节点可以得到的信息是交易双方的地址、交易哈希及被加密无法解析的交易内容。中继链将交易哈希进行共识记录，并将加密的交易内容发送到目的区块链上。目的区块链可以用之前协商的密钥解密出跨链交易的内容。

图 9-7 是密钥协商和加密流程。其具体步骤如下。

（1）区块链应用在注册到中继链时，将自己的公钥上传到中继链，用来为协商密钥做准备。

（2）当链二想要发送加密交易到链一时，首先，向中继链请求链一的公钥，然后，用链一的公钥和链二自己的私钥计算得到对称加密密钥。

（3）链二用步骤（2）得到的对称加密密钥对交易内容进行加密，并通过中继链发送给链一。

（4）链一在接收到链二发送的交易内容后，首先检验其是否为加密传输。

（5）链一在检验到链二发送的交易内容为加密传输后，向中继链请求链二的公钥，然后用链二的公钥和链一自己的私钥计算得到对称加密密钥。

（6）链一用步骤（5）得到的对称加密密钥对链二发送的跨链交易内容进行解密，从而获得真正的跨链交易内容。

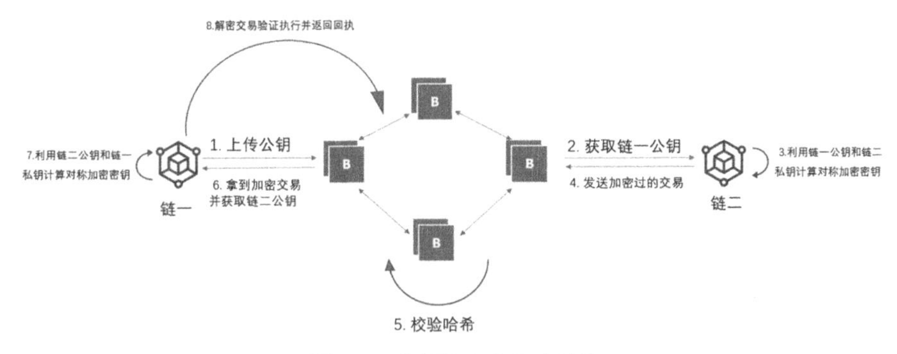


图 9-7　密钥协商和加密流程

除隐私交易和协商密钥之外，日渐成熟的 TEE（Trussted Execution Environment）技术[13]也成了跨链交易数据安全保护的手段之一。TEE 为可信执行环境，即当原本的操作环境的安全级别无法满足要求时，TEE 为一系列敏感性操作提供保障。所以在跨链交易的执行过程中，把大量数据的处理放在 TEE 中可以保证数据的安全性。为了提高效率，只把必要结果等关键信息上链。通过 TEE 不仅提高了效率，也将用户担心被暴露的隐私数据放置在了一个 TEE 下，保证了数据的安全性。

随着跨链应用场景越来越多，用户对跨链交易中数据安全的要求也越来越高，除以上对数据安全加密的方法以外，还可以通过零知识证明和同态加密等方式保障在跨链交易中隐私保护和数据安全问题。

## 9.3　典型跨链协议

早期跨链协议主要关注资产转移，以瑞波和 BTC Relay[14]为代表。随着区块链应用的不断落地，实际应用场景的不断丰富，跨链协议也持续不断地发展。现有跨链协议更多地关注基础设施建设，以 Polkadot、Cosmos 和 BitXHub

为代表。下面将分别介绍这三种跨链协议。

### 9.3.1 Polkadot

Polkadot 是一个使用中继链技术实现的具有可伸缩安全性和互操作性的异构多链系统，同时是一个协议，其允许独立的区块链之间互相传输信息。Polkadot 的建立是为了连接公有链、联盟链、私有链及其他 Web3.0 技术，使它们能够通过 Polkadot 的中继链实现信息的交换和无须信任的交易。

#### 1. Polkadot 架构与组成

图 9-8 是 Polkadot 整体架构。Polkadot 由中继链、平行链和转接桥组成。中继链处于网络中心位置，为整个网络提供统一的共识和安全性保障；平行链和中继链相连，是负责具体业务场景的应用链；转接桥是一种特殊的平行链，用于连接其他外部独立的区块链，如以太坊等。

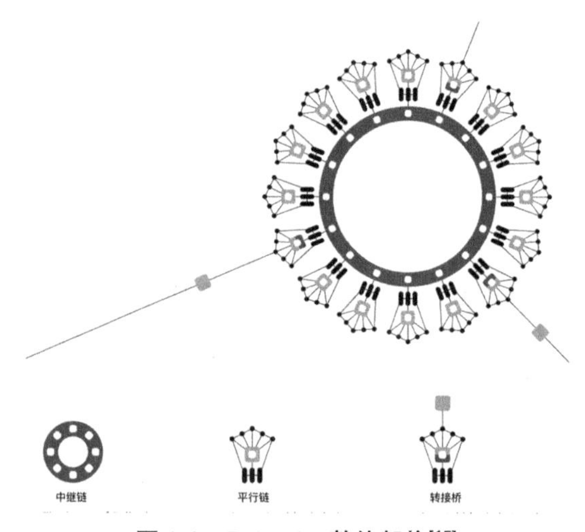


图 9-8 Polkadot 整体架构[15]

Polkadot 网络中存在多种角色。

- 验证人（Validators）：验证人需要抵押足够多的押金。其负责接收平行链提交的候选区块，进行验证并再次发布验证过的区块。
- 收集人（Collators）：维护特定平行链的全节点，负责收集和执行平行链的交易并产生候选区块，将候选区块和一个零知识证明提交给一个或多个验证人，并通过收集交易获得手续费。收集人类似 PoW 共识算法当中的矿工。

- 提名人（Nominators）：提名人通过放置风险资本来表示其信任特定的验证人在维护网络的过程中负责任的行为，提名人也会受到和验证人总押金同样比例的奖励和惩罚。
- 钓鱼人（Fishermen）：监控验证人的非法行为，若验证人作恶（如批准了无效的平行链提交的候选区块），则钓鱼人可以向其他验证人举报并获得相应奖励。

### 2. Polkadot 跨链流程

Polkadot 的跨链协议为 XCMP（Cross-chain Message Passing）协议，使用基于默克尔树的队列机制解决跨链消息传递的真实性，保证跨链消息在平行链间高效、有序、公平地传输。每个平行链都维护一个出口和入口消息队列，以进行跨链消息的传输。假设 Alice 想要转移平行链 A 的资产到平行链 B，以下是其简要流程。

（1）Alice 调用平行链 A 上的智能合约，产生跨链消息，该跨链消息的目的链为平行链 B。

（2）平行链 A 的收集人把跨链消息及目的链和时间戳信息一起放入平行链 A 的出口消息（Outgoing）队列。

（3）平行链 B 的收集人会持续地询问其他平行链的收集人是否存在目的链为平行链 B 的新的跨链消息，如果存在，则把它放入自己的入口消息（Incomming）队列。

（4）平行链 A 和平行链 B 的验证人同样会读取出口消息队列的消息，以便进行交易的验证。

（5）平行链 B 的收集人将入口消息队列中的跨链消息及收到的其他交易一起打包进下个新区块。

（6）当处理新区块时，跨链交易被执行，平行链 B 的智能合约被调用，将资产转移至 Alice 账户。

（7）至此完成了跨链资产转移。

### 3. Polkadot 关键技术

对交易有效性验证而言，Polkadot 包含三个级别的有效性验证。

第一级别的有效性验证由平行链的验证人实现，可以防止收集人作恶。平行链上的收集人收集交易、生成区块以后，会生成一个区块有效性证明。然后收集人将区块、区块有效性证明及跨链消息都发送给当前平行链的验证人。平

行链的验证人验证该区块，如果该区块无效，则忽略该区块；如果该区块有效，则将收到的内容分成多个部分，构造一棵默克尔树，然后将每份内容、默克尔证明及区块信息组合、签名并分发给其他验证人验证。

第二级别的有效性验证由钓鱼人保证，可以防止平行链验证人作恶及平行链验证人和收集人联合作恶。钓鱼人首先需要在中继链上放置押金，然后持续从收集人处收集区块，并验证其有效性。如果区块中包含无效交易，则钓鱼人将提交报告。事实证明，如果钓鱼人的判断是正确的，则钓鱼人将获得丰厚的奖励，但如果判断错误，钓鱼人将失去自己的押金。

第三级别的有效性验证是非平行链验证人执行的。非平行链验证人的选举过程是非公开的，且验证人数量由钓鱼人给出的无效报告数量和收集人给出的不可用报告数量确定。如果检测到无效的平行链区块，则为其签名的验证人将受到惩罚，其押金将部分或全部扣除。

从以上三个级别的有效性验证可以看出，Polkadot 设计了一种经济激励机制来确保验证人没有经济动力去批准一个无效区块，同时确保钓鱼人有经济动力去监督 Polkadot 网络，找出作恶行为。Polkadot 网络中的安全性依赖经济学，同时，引入一个共享安全模型，平行链通过在中继链上共享状态来共享安全，从而保证整个网络的安全性。因为中继链的区块通常由平行链的有效性验证组成，所以当中继链的区块确定时，平行链的区块也是确定的。要回滚平行链的区块，攻击者必须回滚整个 Polkadot 网络，这几乎是不可能实现的。

### 9.3.2 Cosmos

Cosmos 最初是由 Tendermint 团队构建的开源社区项目，其是一个由独立平行链组成的支持跨链交互的异构多链系统，和 Polkadot 一样，Cosmos 也由中继链技术实现。

#### 1. Cosmos 架构与组成

Cosmos 架构如图 9-9 所示，其主要包含以下组件。

- Hub：Cosmos 网络运行的第一条区块链称为 Hub，它通过区块链间的通信协议（Inter-Blockchain Communication，IBC）连接其他区块链。
- Zone：在 Cosmos 网络中和 Hub 相连的众多运行 Tendermint 共识算法的同构区块链称为 Zone，其中，Peg Zone 可以作为桥梁连接概率最终性的异构区块链（如以太坊），Zone 通过跨链协议和 Hub 交互。

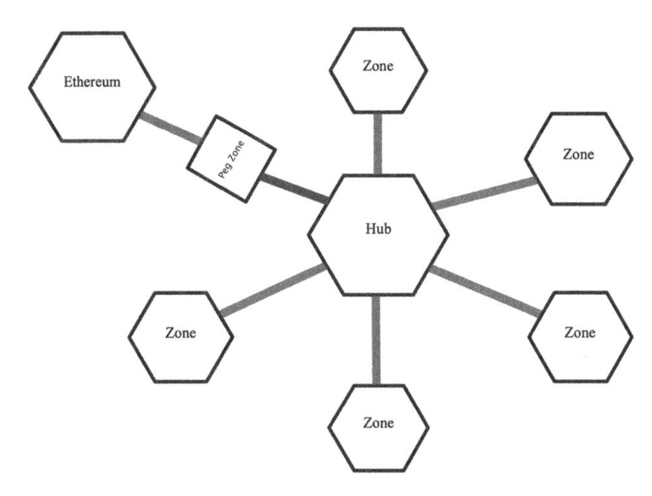


图 9-9　Cosmos 架构[16]

Cosmos 的平行链使用 Tendermint[17]共识算法，Tendermint 是部分同步运作的拜占庭容错共识算法，其特点在于简易性、高性能及分叉责任制。该算法要求有固定且熟知的一组验证人（类似 PoW 中的矿工），其中，每个验证人都通过公钥进行身份验证。每个区块的共识轮流进行，每轮都由一个验证人发起区块，其他验证人进行投票表决，超过 2/3 的选票同意即可达成共识，确定区块。

## 2. Cosmos 跨链流程

Cosmos 使用链间通信（IBC）协议进行链间消息传递。IBC 协议中有一个称为中继器（Relayer）的角色，它负责监控实现了 IBC 协议的各个区块链节点，并传递跨链消息。Cosmos 的原生代币称为 Atom。假设链 A 的 Alice 想转移 100 Atom 到链 B 的 Bob，具体流程如下。

（1）链 A 的 Tendermint 共识算法在收到 Alice 的交易后，首先检查区块的高度、Gas 消耗情况和节点投票情况等信息。

（2）执行区块中的交易，减少 Alice 100 Atom，增加托管账户 Escrow 100 Atom，存储 Alice 和 Escrow 的账本。

（3）构建跨链交易 MsgPackage 数据包，根据 DestinationChannel 和 DestinationPort 定位 Outgoing 队列，将 MsgPackage 数据包存入该队列。

（4）区块内交易全部执行完成后，Tendermint 共识算法进行事件处理和 IavlStore 持久化等操作。

（5）IavlStore 通过当前所有的 Iavl Tree Root 构建默克尔树。

（6）链 A 的 Tendermint 共识算法通过默克尔根生成区块哈希。

（7）链 A 的 Tendermint 共识算法准备进行下一轮出块。

（8）Relayer 轮询链 A 的 Outgoing 队列，发现 Outgoing 队列中存在 MsgPackag 数据包。

（9）Relayer 解析 MsgPackage 数据包的来源和目的；如果发现链 B 的区块高度大于超时高度，则移除链 A 的 MsgPackage 数据包，向链 A 的 Incomming 队列发送 MsgTimeout 数据包。

（10）Relayer 向链 B 的 Incomming 队列发送 MsgPackage 数据包，链 B 解析 MsgPackage 数据包，验证 MsgPackage 数据包的有效性。

（11）托管账户 Escrow 铸币 100 Atom，并发送给 Bob。

（12）链 B 构建 MsgAcknowledgement 数据包，Relayer 轮询链 B 的 Incomming 队列，将其放入链 B 的 Outgoing 队列。

（13）链 A 收到链 B 的 MsgAcknowledgement 数据包或 MsgTimeout 数据包后，如果 MsgAcknowledgement 数据包中包含执行失败的状态或存在 MsgTimeout 数据包，则根据 MsgTimeout 数据包内的信息向托管账户赎回对应的金额。

### 3. Cosmos 关键技术

Relayer 不属于 IBC 协议的一部分，但是其却是一个不可多得的重要角色。在 IBC 协议的构想中，不同的区块链如何获取对方链的信息不是链本身需要考虑的，链本身只需要提供需要发送出去的 Message，然后提供一套处理跨链信息的 Handler。IBC 协议的 Handler 要求发送的 Message 满足定义的某些接口，所有 Message 的验证工作都需要在链上完成。

IBC 协议在现阶段的设计中只考虑跨单条链的场景，如何支持跨多条链（Multi-hop）的事务操作可能要等待新的设计。在跨单条链的场景下，IBC 协议通过链上互相验证+超时机制来保证跨链事务。

例如，链 A 发起一笔跨链交易，并且在该交易中指定一个 TimeoutHeight 和 TimeoutTimestamp，需要注意的是，TimeoutHeight 和 TimeoutTimestamp 指对方链上的高度和时间。IBC 协议设想的是，如果目的链的 MsgTimeout 数据包没有传过来，那么来源链是不能随意结束一个跨链交易的。

IBC 协议的这种机制建立在参与跨链的各个 Zone 可信的基础上（Relayer 不要求可信，但至少有一个正常工作的 Relayer）。对方 Zone 不存在恶意不发回 MsgTimeout 数据包导致跨链发起方的资产长期被锁定，或者持续等待的情况。

IBC 协议号称是区块链领域的 TCP/IP 协议，所以在设计上也和 TCP/IP 协议部分类似。例如，在开始发送跨链交易之前，必须经过类似“TCP 三次握手”的过程，在拥有对方链轻客户端的情况下，建立连接（Connection）和通道（Channel）。

一次完整的跨链数据发送需要经历以下流程。

（1）进行跨链交互的两条链，分别初始化对方链的一个轻客户端，追踪对方链的区块头等信息。

（2）建立连接。

①一方发起 ConnOpenInit 请求，Relayer 路由该请求并发送 ConnOpenTry 信息到对方链，进行 Connection 初始化的必要检查和准备。

②在对方链处理完 ConnOpenTry 信息之后，Relayer 通过 ConnOpenACK 信息通知发起链，发起链再返回 ConnOpenConfirm 信息，这样就完成了一次建立连接的握手流程。

（3）建立通道。

与建立连接的流程基本一致，ConnOpenInit、ConnOpenTry、ConnOpenACK、ConnOpenConfirm 信息分别对应 ChanOpenInit、ChanOpenTry、ChanOpenACK、ChanOpenConfirm 信息。

（4）发送跨链数据。

发送跨链数据必须通过通道进行。如表 9-1 所示，IBC 协议规定了数据包的结构，Data 为自定义的上层数据，为字节数组，编码和解码由应用层指定。

**表 9-1　IBC 协议数据包结构**

| Data | 用户数据 |
| --- | --- |
| Sequence | 通道传输的数据包序号 |
| SourcePort | 发起链上的源端口 ID |
| SourceChannel | 发起链上的通道 ID |
| DestinationPort | 目的链上的源端口 ID |
| DestinationChannel | 目的链上的通道 ID |
| TimeoutHeight | 数据包的超时高度 |
| TimeoutTimestamp | 数据包的超时时间 |

具体的流程图如图 9-10 所示。

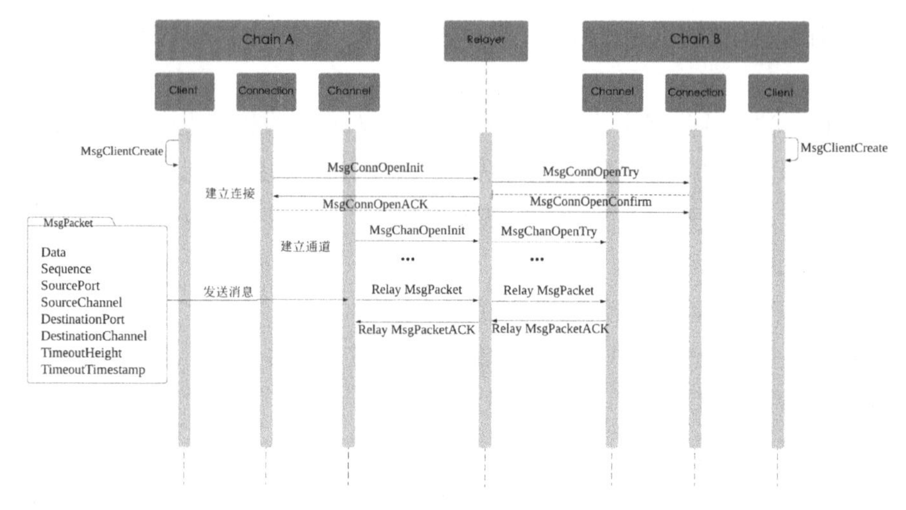


图 9-10　IBC 协议跨链数据发送流程

可以看到，和 TCP 三次握手相比，IBC 协议的握手过程分为两个部分，一个部分是连接的建立，另一个部分是通道的建立，二者的顺序不可调换。按照 Cosmos 的设计，多个通道是可以复用一个连接的。

从设计上来说，多个通道可以满足不同上层跨链应用、跨链交易互不干扰的需求，每个通道都各自维护自己的交易序号等状态信息。而复用的连接负责更新和验证对方链上新的状态，不必让各个通道分别进行验证，减轻了链上验证的成本。

### 9.3.3　BitXHub

趣链科技基于链间互操作的需求提出了一种类似 TCP/IP 协议的通用链间传输协议（Inter-Blockchain Transfer Protocol，IBTP），并基于该协议实现了同时支持同构及异构区块链间交易的跨链技术示范平台（BitXHub）。该平台具有通用跨链传输协议、异构交易验证引擎、多层级路由三大核心功能特性，保证跨链交易的安全性、灵活性与可靠性。

#### 1．BitXHub 架构与组成

图 9-11 为 BitXHub 架构图。BitXHub 的主要组成部分如下。

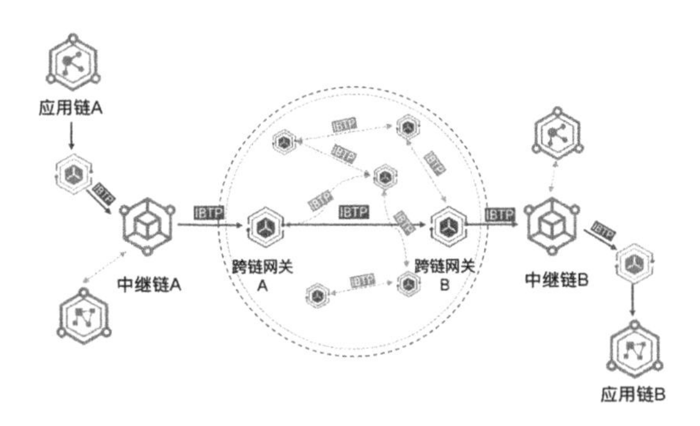


图 9-11　BitXHub 架构图

- 中继链（Relay-chain）：中继链用于应用链管理及跨链交易的可信验证与可靠路由，是一种实现 IBTP 的开放许可链。
- 跨链网关（Pier）：跨链网关担任区块链间收集和传播交易的角色，既可以支持应用链和中继链之间的交互，又可以支持中继链与中继链之间的交互。
- 应用链（App-chain）：应用链负责具体的业务逻辑，分为同构应用链（支持 IBTP 的区块链，如趣链区块链平台）和异构应用链（不支持 IBTP 的区块链，如 Hyperledger Fabric、以太坊等）。

## 2. BitXHub 跨链流程

异构应用链共识算法、加密机制、数据格式等的不同会导致交易合法性证明的不同，为使中继链更方便地进行跨链消息验证和路由，以及跨链网关更一致地进行跨链消息处理，BitXHub 设计并实现了 IBTP。其数据结构如表 9-2 所示。

表 9-2　IBTP 数据结构

| 参　数 | 说　明 |
|---|---|
| From | 来源链 ID |
| To | 目的链 ID |
| Version | 协议版本号 |
| Index | 跨链交易索引 |
| Payload | 跨链调用内容编码 |
| Timestamp | 跨链事件发生的时间戳 |
| Proof | 跨链交易证明 |
| Extra | 自定义内容 |

BitXhub 跨链交易的主要流程如下。

（1）来源链发起跨链交易，记为 ct1。

（2）ct1 由来源链对应的跨链网关捕获，转换成 IBTP 格式并提交到来源链所关联的中继链 A 上。

（3）中继链 A 验证 ct1 是否可信，一是验证交易来源的可信，二是验证交易证明是否满足应用链对应的规则。如果验证不通过则执行步骤（4），否则执行步骤（5）。

（4）非法交易回滚，执行步骤（11）。

（5）中继链 A 判断 ct1 的目的链是否在其管理的应用链列表中，如果在则执行步骤（6），否则执行步骤（7）。

（6）目的链对应的跨链网关在接收到 ct1 之后，解析 IBTP 并转换成目的链对应的交易格式，将 ct1 提交到目的链，执行步骤（11）。

（7）提交 ct1 到中继链 A 相关联的跨链网关 1。

（8）跨链网关 1 根据 ct1 的目的链地址，在跨链网关集群中通过分布式哈希表的方式进行查询，如果目的链所关联的中继链 B 的跨链网关 2 存在则执行步骤（9），否则执行步骤（4）。

（9）跨链网关 1 将 ct1 发送给跨链网关 2，跨链网关 2 将其提交到目的链所关联的中继链 B 上。

（10）中继链 B 验证 ct1 是否通过前置中继链（中继链 A）的验证背书；如果背书验证可信则执行步骤（6），否则执行步骤（4）。

（11）结束交易。

### 3. BitXHub 关键技术

为了跨链交易进行有效性验证，BitXHub 的中继链设计并实现了一种高效、可插拔的验证引擎，基于动态注入的验证规则对相应应用链提交的证明进行验证。

在应用链接入之前，首先进行验证规则的编写和注册，并由中继链审核后部署到验证引擎。对于每笔跨链交易，中继链都需要对其进行验证，防止交易被伪造或篡改。验证引擎通过智能合约的方式管理多种验证规则，对不同区块链跨链技术平台的交易进行合法性验证，并支持验证规则的在线升级和改造。

验证引擎的工作流程主要分为以下三个步骤。

- **协议解析**是验证引擎内部对跨链交易的解析。由于所有跨链交易都遵循 IBTP，因此该步骤可以解析出交易的来源链信息和验证证明信息，作为后续验证引擎的输入。
- **规则匹配**是验证引擎根据上述步骤解析出的来源链信息去匹配对应的验证规则脚本。
- **规则执行**是验证引擎的核心，主要通过 WASM 虚拟机动态加载验证规则脚本，然后对跨链交易的 Proof 字段进行验证，从而确定跨链交易的合法性。

综上所述，中继链的验证引擎具有以下诸多优势。

- 高效：通过 WASM 虚拟机保证了验证规则执行的高效性。
- 更新：验证规则依据不同区块链规则的变化快速、低成本的热更新。
- 全面：满足各类型区块链的验证体系。
- 便捷：应用链的业务人员可以直接管理验证规则脚本中的验证规则。
- 安全：对 WASM 虚拟机设置安全限制，只能调用验证引擎自身所允许的函数和库。

在上述三种典型跨链协议中，Polkadot 和 Cosmos 自称为异构多链系统，但是实际上它们的平行链或 Zone 都是同构区块链，如果要接入异构区块链，必须由专门的同构平行链或 PegZone 作为桥接器接入。而 BitXHub 在同构区块链和异构区块链的接入方式上没有差异，都通过跨链网关接入，因此，BitXHub 可以被认为是真正的异构跨链协议。

从安全性上讲，Polkadot 提供了一种共享安全模型，其各条平行链共享中继链提供的安全性保证，可以保证整个网络的安全性；在 Cosmos 中，Zone 的安全性只能由自己保证，Cosmos 不提供整体的安全性保证；BitXHub 主要面向联盟链场景，对安全性方面的要求没有公有链那么高，BitXHub 做了很多工作来验证跨链交易的有效性。例如，中继链的验证引擎可以防止恶意的跨链交易等。

## 9.4　本章小结

目前，业界的跨链技术还没有形成一个统一的跨链标准，各个区块链底层平台也没有提供统一的跨链接口。因此，想要在不同区块链底层之间进行跨链交易依旧不是一件特别容易的事情。但我们相信，随着区块链应用的不断丰富和落地场景的不断增加，区块链跨链技术将不断进步、逐渐成熟，以后必然会出现一个统一的跨链标准，使得跨链互操作变得更加简单方便，打破“数据孤岛”。

## 参考文献

[1] ZHANG SHITONG, QIN BO, ZHENG HAIBIN. Research on Multi-party Cross-chain Protocol Based on Hash Locking[J]. Cyberspace Security, 2018, 9(11): 57－62, 67.

[2] HOPE-BAILIE A, THOMAS S. Interledger: Creating a Standard for Payments[C]//International World Wide Web Conferences Steering Committee. The 25th International. Conference. Companion on World Wide Web. Montréal, Québec, Canada. Republic and Canton of Geneva, Switzerland:International World Wide Web Conferences Steering Committee, 2016: 281－282.

[3] LU AITONG，ZHAO KUO，YANG JINGYING,et al. Research on Cross-chain Technology of Blockchain[J]. Netinfo Security, 2019, 19(8): 83－90.

[4] Back A, Corallo M, Dashjr L, et al. Enabling blockchain innovations with pegged sidechains[EB/OL]. [2020-11-21]. http://kevinriggen.com/files/sidechains.pdf.

[5] VITALIK BUTERIN. Chain Interoperability[EB/OL]. [2020-12-10]. https:// static1.squarespace.com/static/55f73743e4b051cfcc0b02cf/t/5886800ecd0f68de303349b1/1485209617040/Chain+Interoperability.pdf.

[6] KWON J, BUCHMAN E. A Network of Distributed Ledgers Cosmos [EB/OL]. [2020-11-20]. https://v1.cosmos.network/resources/whitepaper.

[7] WOOD G. Polkadot：Visionfor a heterogeneous multi-chain framework [EB/OL]. [2020-11-20]. https://polkadot.network/PolkaDotPaper.pdf.

[8] MARK FRIEDENBACH. Compact SPV Proofs via Block Header Commitments [EB/OL]. [2020-11-21]. https://lists.linuxfoundation.org/pipermail/ bitcoin-dev/2014-March/004727.html.

[9] S NAKAMOTO. Bitcoin：A Peer-to-Peer Electronic Cash System. 2008[EB/OL]. [2020-12-10]. https://bitcoin.org/bitcoin.pdf.

[10] Hyperledger Team. Hyperledger [EB/OL]. [2020-12-10]. https://www. hyperledger.org/.

[11] PATRICK COLLINS. What Is a Blockchain Oracle?[EB/OL].[2020-09-03].https://betterprogramming.pub/what-is-a-blockchain-oracle-f5ccab8dbd72.

[12] PETER SMITH. Message Queues in Database Transactions[EB/OL].[2019-09-03]. https://medium.com/galvanize/message-queues-in-database-transactions- f830718f4f12.

[13] OMTP Ltd. Advanced Trusted Environment:OMTP TR1[EB/OL]. [2020-11-21]. http://www.gsma.com/newsroom/wp-content/uploads/2012/03/ omtpadvancedtrustedenvironmentomtptr1v11.pdf.

[14] J CHOW. BTC Relay[EB/OL]. [2020-11-12]. https://buildmedia.readthedocs.org/ media/pdf/btc-relay/latest/btc-relay.pdf.

[15] KWON J. Tendermint:Consensus without mining[EB/OL].[2019-12-30].https://cdn. relayto.com/media/files/LPgoWO18TCeMIggJVakt_tendermint.pdf.

[16] DataMesh. BitXHub WhitePaper[EB/OL].[2020-03-23]. https://upload.hyperchain. cn/BitXHub%20Whitepaper.pdf.

# 第 10 章

# 区块链+

随着区块链的不断发展，越来越多的人认识到区块链远远不止数字货币这么简单。区块链具有去中心化特性、身份验证功能及可靠的链式存储结构，可以进一步扩充众多的分布式系统使用场景，解决它们之间面临的问题。本章将从物联网、大数据及工业互联网三个场景出发，详细阐述区块链如何赋能这些系统，使得这些系统能够得到更为广泛的应用。

10.1 节将介绍区块链与物联网结合带来的新的机遇和挑战；10.2 节将介绍在大数据时代，区块链给数据处理提供的新的方式；10.3 节将介绍区块链与工业互联网如何相辅相成，扩宽工业互联网的使用场景。

## 10.1 区块链+物联网

历经多年，物联网技术得到了极大的发展，小型的物联网设备逐渐担负起在线支付、家具控制、设备监控和自动驾驶等方面的功能。但与此同时，物联网面临着一系列的发展瓶颈。物联网设备管理困难、数据传输成本过高、隐私保护不完善及设备间数据安全共享等问题限制了物联网的进一步发展。作为一项去中心化分布式账本技术，区块链可以为解决这些问题提供强有力的支持。

首先，通过区块链的身份认证系统，可以有效地对物联网设备进行认证和管理；其次，通过区块链相连的物联网设备之间可以直接进行通信，传感器采集的数据可以进行分布式存储，省去了购买中心化服务器的开销；再次，区块链提供的隐私保护方案可以有效地保证物联网设备身份的真实性和隐私性，从而解决物联网设备认证问题；最后，区块链作为一个分布式平台，通过跨链协议，为物联网设备之间进行数据分享提供了可靠的环境。

尽管区块链可以给物联网带来诸多便利，但区块链也需要相应地进行改造来适应物联网的诸多特点。首先，物联网设备众多，需要提出新的体系架构来解决区块链难以扩展的问题，10.1.1 节提出了一种面向物联网的区块链体系架构；其次，物联网设备往往是小型设备，功能简单、性能不足，区块链在部署到这些设备上时应当充分考虑这些限制，10.1.2 节阐述了区块链小型化轻量化；再次，针对具体的物联网设备，需要分析相应的改造方案，10.1.3 节介绍了物联网终端适配；最后，为了充分管理物联网设备与区块链网络，需要提供一个统一的业务平台，10.1.4 节给出了一个基于区块链的物联网业务平台。

### 10.1.1　面向物联网的区块链体系架构

相对于传统的区块链应用场景，面向物联网的区块链系统要面临成千上万个终端节点，因此，数据的可信性及系统的可拓展性是在该场景下首要考虑的问题。面向物联网的区块链体系架构的核心在于“可信”：为了保证数据的可信性，该体系架构必须提供每笔交易的交易证明；为了提升系统的可拓展性，该体系架构必须支持物联网设备的不断接入。

#### 1．数据可信证明

在典型的区块链体系架构中，区块与区块之间通过链式结构相连，即在每个区块的区块头中都包含前序区块的哈希值（Previous Hash），Previous Hash 会纳入当前区块哈希值的计算中，因此，每个区块都间接验证了前序区块的状态，最终形成的链式结构可以保证整个账本历史的一致性。但是，这种方式的劣势在于验证过程比较麻烦，如果要验证某个区块是可信的，则必须回溯到创世区块，当区块越来越多时，验证过程也会越来越耗时。为了解决这个问题，在面向物联网的区块链体系架构中，区块之间可以通过累加默克尔树的方式进行组织，每个叶子节点都是一个区块的信息，只需要对整棵默克尔树的根节点哈希进行全网共识。随后的每次区块验证都可以通过默克尔证明提供。此外，上述根节点哈希需要有足够多节点的签名才能证明它是“可信”的，因此，面向物联网的区块链体系架构中的共识算法也需要做相应的调整。通常来说，区块链共识算法的首要任务是保证所有节点都拥有完全一致的交易历史，从而能够通过相同的初始状态执行到最终的一致状态。在面向物联网的区块链体系架构中，为了对区块链节点的任意状态提供证明，需要通过共识算法定期地进行全网状态的对比，并提供一个可信的证明信息：经过足够多（具体的数值可以由用户指定）共识节点签名后的默克尔哈希值。

## 2. 节点可信拓展

如图 10-1 所示，为了达到物联网所需的节点规模，采用分层架构铺设不同作用的区块链节点，以达成区块链节点规模可拓展的目的。面向物联网的区块链体系架构应该包含如下四种节点。

- 共识全节点 VP（Validating Peer）：拥有全量账本数据且参与共识的节点，负责交易的定序、全量账本的记录与区块链状态的对比，提供全量数据的证明。通常部署在联盟链企业内部或稳定的云服务器上。
- 非共识全节点 NVP（Non-Validating Peer）：同步共识全节点账本数据及证明数据，不参与共识，可通过网络自发现转发模型实现大规模 NVP 节点自由组网的功能，以达到区块链节点网络水平拓展的目的。增加的 NVP 节点可以处理对于区块链的读请求，大大减小了 VP 节点的读压力，VP 节点只负责交易的上链，从而显著提升了 VP 节点的写入性能。NVP 节点是节点拓展中至关重要的一层，通常部署在企业外围的公网服务器上。
- 轻节点（Light Server）：同步共识全节点/非共识全节点的区块头数据及部分证明数据，可提供简易支付证明及轻量级的计算功能，具备数据缓存及本地计算的能力，将各种边缘设备与区块链网络桥接起来，赋予边缘计算能力，提高数据的处理效率，降低整体响应延迟。通常部署在 IoT 网关中。
- 轻客户端（Light Client）：通常为物联网终端设备，仅能发送、查询并验证交易，包括最底层的终端设备，如感知器、通信模组、摄像头等，负责数据采集与转发上链，解决数据真实性的“第一公里”问题。通常部署在各种小型终端设备中。

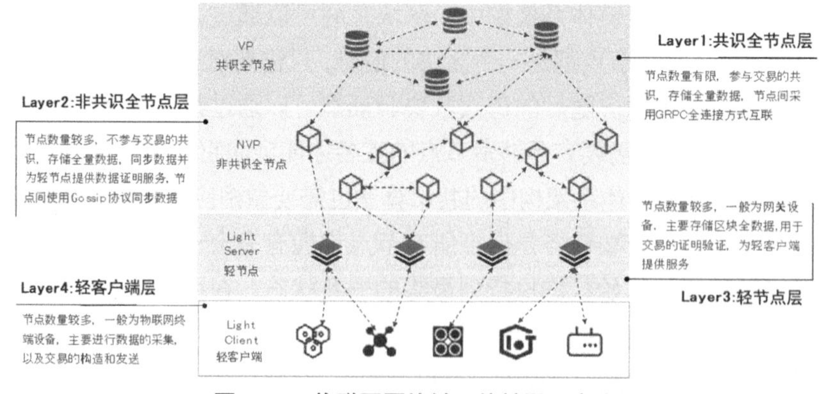


图 10-1　物联网区块链可信扩展示意图

在面向物联网的区块链体系架构中，上述四种节点分别扮演不同的角色，相辅相成，最终实现整个区块链网络的超大规模拓展。其中，VP 节点主要负责共识与交易上链，是最基本的共识层；NVP 节点负责同步 VP 节点的全量数据，缓解 VP 节点的读压力，是证明拓展层；轻节点负责同步链上数据，如区块的区块头、交易哈希列表与回执哈希列表等，帮助终端设备进行快速验证，是网关桥接层；最外层的轻客户端则是日常生活中会接触到的设备，如洗衣机、空调等。交易数据自外向内传递，证明信息自内向外扩散，构建起一个通向万物互联的区块链世界。

### 10.1.2　区块链小型化、轻量化

随着区块链与物联网设备的联系越发紧密，传统区块链节点计算量大、存储数据量大、网络通信频繁的劣势也日益凸显。将一个物联网设备改造成区块链节点后，该设备需要进行大量的计算，造成电力成本的上升；为了记录所有交易信息，该设备需要存储海量的交易数据，造成存储成本的上升；作为一个区块链节点，该设备需要处理大量的网络请求，造成网络处理成本的上升。这些问题都对基于区块链的物联网系统提出了新的挑战。对此，本节提出了分布式计算、分布式存储、网络负载均衡三种方案，用于解决上述问题。

#### 1. 分布式计算

虽然单个物联网设备的算力十分有限，但是在一个物联网系统中，存在着大量的物联网设备。将这些设备的算力集中起来，完全可以满足作为区块链节点的计算需求。进一步地，通过在物联网内部建立基于区块链的经济激励机制，可以有效地将算力资源转化为可量化的收入，鼓励物联网设备之间计算资源的共享，从而打造出一个共享的分布式区块链计算平台。

举例来说，在现代化农业中存在大量物联网设备，用于种植、灌溉、生产、管理等各个环节。这些设备需要把采集到的数据发送到区块链平台，用于存证和监管。但是，单个物联网设备无法提供足够的算力进行挖矿，从而无法支付数据上链的费用。而通过分布式计算，这些设备将空闲的算力都集中起来，可以满足挖矿所需的算力要求，从而可以支付数据上链的费用。

#### 2. 分布式存储

大部分物联网设备自身都不支持直接存储区块链产生的海量数据。于是，本节提出了“化整为零”的方法，将数据分散到多个物联网设备进行分布式存

储。当物联网设备需要获取特定的数据时，可以通过类似分布式哈希表的方法查找该数据所在的节点，从节点处获取对应的数据。同时，分布式存储是一种降低数据暴露风险的方法。对恶意攻击者来说，想要获取全部的数据就必须成功攻击多个物联网设备，而这是很难做到的。

与分布式计算类似，区块链可以为提供分布式存储的物联网设备提供经济激励，鼓励设备分享自身的存储空间。同时，对于同一个数据，可以存储多个副本到不同的物联网设备上，从而避免单个物联网设备故障造成数据丢失。因此，通过分布式存储，物联网设备完全能够满足区块链的存储需求。

#### 3. 网络负载均衡

物联网设备的网络处理能力也是很有限的。很多设备只能通过蓝牙、WiFi进行通信，通信速率很低，不能满足区块链要求的网络吞吐量。于是，众多物联网设备需要连接在一起，共同处理来自区块链的网络请求。网络负载均衡就是一个这样的方案。

当一个网络请求需要被物联网设备处理时，如果该设备正在处理其他网络请求，那么该设备会将这个网络请求转发给物联网中的其他设备进行处理。通过这种方法，只要物联网中有足够多的设备，那么区块链的网络请求就能够得到及时的响应。

虽然本节已经给出了将区块链与物联网相结合的整体解决方案，但是具体问题还需要具体分析。下节将介绍物联网设备改造中遇到的困难及相应的解决方案。

### 10.1.3 物联网终端适配

常见的物联网终端和区块链系统的交互往往采用中心化服务器进行中转或桥接的模式，中心化服务器主要负责对物联网终端信息进行转化并与区块链系统进行交互，一个机构通常会部署一台中心化服务器以服务多台物联网终端设备。在这种模式下，物联网终端设备的中心化服务器容易成为单点故障节点。如果该服务器不能正常工作，那么大量的物联网终端设备都无法正常工作。赋予物联网终端设备直接与区块链系统交互的功能，不仅可以省去设置中心化服务器的开销，而且可以极大地提升系统的鲁棒性。

为了赋予物联网终端设备直接与区块链系统交互的功能，需要对物联网终端设备进行一定的改造，这个过程就叫作物联网终端适配。物联网终端适配需要对物联网终端设备进行硬件升级或软件升级，即在物联网终端设备中增加一个区块链专用芯片，用于接收来自物联网终端设备传感器的数据、对数据进行签名、处理来自其他区块链节点的数据，或者重复利用物联网芯片原有功能，将与区块链相关的加解密功能、执行交易功能以软件的形式实现。根据物联网终端设备的处理性能不同，可以选择将物联网终端设备改造成具有全量数据的区块链共识节点，也可以仅改造成一个区块链客户端节点。

目前物联网终端适配仍然存在诸多挑战。增加区块链专用芯片可以显著提高物联网终端设备的成本，而且由于硬件的不灵活性，区块链功能也难以升级。首先，物联网终端设备的软件编程接口五花八门、特性各异：对于芯片架构有 X86、ARM、Xtensa 等；对于操作系统有 FreeRTOS、μC/OS、RTThread 等；对于编程语言有 C/C++、Lua、Python 等。面对这么繁杂且互不兼容的软件编程接口，往往只能"见招拆招"，针对具体设备一款一款地进行适配，由此带来的研发成本是相当巨大的。其次，大多数物联网终端设备的硬件配置相当低，物联网终端设备中常用的 ARM 芯片主频只有几百 MHz，性能只有普通个人计算机的十分之一，运算速度缓慢。并且物联网终端设备普遍没有使用 DDR 作为内存，而使用只有几百 KB 的片上 SRAM 作为内存，因此无法运行对内存大小有较高要求的应用程序。再次，大多数物联网终端设备都使用 WiFi、蓝牙和 LoRa 等进行通信，传输速率比传统基于以太网的通信协议要低不少。最后，物联网终端设备普遍只有几 MB 的闪存用于数据的持久化，不能存储完整的大文件数据。以目前主流的 WiFi 模组 ESP32 为例，该设备的 CPU 是双核的 Xtensa 处理器，运行 FreeRTOS 系统，主频最高只有 240MHz，内存为只有 500 多 KB 的片上 SRAM，并且只有 4MB 的闪存作为持久化存储。这些资源对一个客户端节点而言相当捉襟见肘。

面对物联网终端适配带来的诸多挑战，需要寻求各种技术手段来解决这些问题。例如，针对区块链专用芯片升级困难的问题，可以使用 FPGA（Field Programmable Gate Array，现场可编程门阵列）来解决；针对底层软件编程接口差异大的问题，可以在上层统一 API 来解决；针对内存不足的问题，可以通过各种内存优化手段来解决；针对存储资源不足的问题，可以通过优化存储模型来解决。下面将对以上各点展开介绍。

### 1. 基于 FPGA 实现区块链专用芯片

物联网设备要成为区块链节点最直接的途径是在物联网设备中增加一个

区块链专用芯片。该芯片可以从物联网设备的传感器中获取数据，然后将获取的数据按照区块链的要求进行签名，并通过 4G 等网络发送给其他区块链节点。标准芯片在区块链哈希算法、密码处理、智能合约、共识算法处理上的优化不够充分，并且芯片固化后，处理流程难以修改，无法应对区块链升级等场景。而基于 FPGA 实现的区块链专用芯片能有效地改善这一点，该芯片的处理性能高，并且可以动态配置芯片功能，具有极强的灵活性。

目前，已有生产厂商成功开发出了区块链专用芯片，并且该芯片已经可以在区块链大数据的场景中使用。相信随着区块链的逐渐推广，越来越多高性能的、基于 FPGA 实现的区块链专用芯片将会被投入使用。

### 2. 统一上层 API

由于各种物联网设备开发的时间各异，使用场景各异，开发者对系统的偏好各异，各个生产厂商使用的操作系统也各不相同。同时，生产厂商会针对物联网设备的功能对操作系统的 API 做进一步的封装，因此存在不同的 SDK。开发者需要了解每个型号的物联网设备的功能接口，再根据功能需求进行代码的编写。这在很大程度上增加了二次开发的难度。因此，在开发时应该对区块链功能涉及的 API 进行分析，将与物联网设备相关的功能（如网络、时间、内存申请等）进行抽象，定义一个统一的上层 API。区块链的其他模块需要使用相关功能时，只需要调用统一的接口。

目前，已有公司开发了一个通用的软件层的抽象 API。这个 API 兼容 AliOS、Linux、Nucleus、RTThread、Symbian、ThreadX、Win32、WinCE 等众多操作系统。开发者只需要使用该 API，不用关心底层操作系统的类型，极大地降低了软件开发成本。

### 3. 针对小内存优化的方法

部分物联网终端设备由于本身硬件的限制导致内存容量不大，而区块链中许多密码学算法在运行时都需要消耗比较大的内存。为了解决这个问题，一方面，需要对操作系统内存分配算法进行优化，另一方面，也需要对区块链密码学算法本身的内存申请行为进行优化。

#### 1）操作系统内存分配算法的优化

在 RTOS 中，内存申请和释放的执行时间大多数是可预期的。由于 RTOS 对指令的执行时间有严格要求，所以常常采用静态内存分配的方法，以获得一个可预期的执行时间。然而，由于物联网终端设备需要长时间保持运行，因此内存会被频繁申请和释放，容易产生内存碎片。例如，尽管系统中有 1MB 空闲内存，但如果这 1MB 内存不连续，那么应用程序申请 1MB 内存仍然会失败。

以 FreeRTOS 为例，FreeRTOS 有四种不同的内存管理实现。第一种用于从不会删除任务、队列、信号量的应用程序，内存的分配也就是从一个大数组中进行分割；第二种在对内存进行分块管理后，根据申请内存的大小，选择最合适的内存块，但在内存释放后，内存块不会进行合并，因此会产生内存碎片；第三种在第二种的基础上增加了空白块的合并，能减少部分内存碎片；第四种实现了第三种的合并算法，并且允许堆栈跨越多个非连续的内存区，进一步减少了内存碎片。

简单的内存管理方式虽然代码量较少、生成的二进制文件较小、占用外存小，但是其内存分配效率较低，容易产生内存碎片。因此，在外存大小允许的情况下，为了解决内存碎片问题，需要尽量使用更复杂的但是支持内存合并的算法。

**2）内存申请行为优化**

在区块链使用的密码学算法中，很多都使用了空间换时间的策略，以加速计算过程。例如，在对椭圆曲线上的基点进行大整数乘法运算时，常常会提前计算一些基点的倍乘结果，然后采用 wNAF 分割法（window NAF splitting）等算法，加速计算过程。但是，对于物联网设备，内存是稀缺资源，如果由于要存储一些倍乘结果而导致内存不足，那么就得不偿失了。相反地，可以采用以时间换空间的策略，当需要某个值的时候，才把这个值计算出来，从而显著地减少内存的使用。

同时，为了避免一次性申请大块内存失败，算法实现可以多次申请小块内存，这样能使内存更细粒度地进行申请和释放，有可能降低内存使用的峰值。例如，当需要将数据 A 的格式转换为数据 B 时，如果这两个数据同时存在于内存里，那么使用的内存量就为 2。而如果将数据 A 拆成 4 份(A1,A2,A3,A4)，数据 B 也拆成 4 份(B1,B2,B3,B4)。A1、A2、A3、A4 开始在内存中，然后，为 B1 申请内存，将 A1 转换成 B1，然后释放 A1；然后为 B2 申请内存，A2 转换成 B2，释放 A2，以此类推，则系统内最大只需要 1.25 的内存，内存最大使用量只有原来的 62.5%。

### 4. 针对小存储优化的方法

物联网终端设备本身不具备存储大量数据的能力，而要使用区块链服务，就需要对这些有限的存储资源进行高效地利用。可以从三个方面来解决这个问题，一是使用外部存储空间，二是降低需要存储的数据量，三是优化设备的文件系统。

实现第一种方式的途径有很多。对于存在硬件接口的物联网终端设备，可以通过在设备的芯片中，焊接如 Flash 等外部存储芯片来增加存储空间；对于具有网络功能的物联网终端设备，可以通过网络接口使用 NFS 等网络文件系统，摆脱本地存储带来的限制；对于有 SD 卡插槽的物联网终端设备，可以将数据存储到 SD 卡中。

第二种方式也有多种实现途径。例如，可以通过将低于某个区块高度的区块整体打包并压缩后，持久化到存储设备中。当需要使用这部分数据时，只需要在内存中解压并读取。同时，存储设备尽量只存储必要的、与自身有关的数据（如温度，湿度），对于可以从其他区块链节点获取的数据（如大文件数据）就通过网络获取。这也是一种以时间换空间的策略。

第三种方式是使用更高效的文件系统。对于大多物联网终端设备，Linux 原生的文件系统过于复杂、功能冗余、空间利用率不高。LittleFS 就是针对嵌入式系统设计的一种文件系统，主要应用在 Flash 上。相比其他的文件系统，LittleFS 除拥有较快的读写速度和空间利用率之外，还能够在物联网终端设备掉电后以较快的速度恢复数据并保证数据的完整性。

### 5. 物联网终端适配案例

#### 1）共享充电桩

共享充电桩是近些年典型的物联网与区块链结合的案例之一。随着新能源汽车的普及，人们对充电桩的需求逐渐增大。目前，共享充电桩的运转需要个人所有者、运营商和第三方机构共同参与。与现有的中心化充电桩运营模式相比，共享充电桩与区块链的结合使其能够摆脱对特定运营商的依赖，也满足了充电桩数据传输的安全高效和隐私保护的要求，并且这个改造仅需要在充电桩系统中增加区块链相关协议来完成。

如图 10-2 所示，当车主使用共享充电桩时，运营商向区块链查询该车主的余额是否足够。若余额足够，则当车主使用完毕时，共享充电桩会将使用数据上传到区块链，将对应金额从车主账户中扣除，增加对应运营商账户的金额。

区块链与共享充电桩的结合不仅提高了共享充电桩的利用率，而且第三方机构可以通过公开的数据进行大数据分析。例如，电网公司可以根据现有的共享充电桩位置及使用情况来调整共享充电桩的供电量，合理的供电策略可以为电网公司节省巨大的成本；监管机构可以审查相关收费是否合法，确保系统稳定、合法地运作。

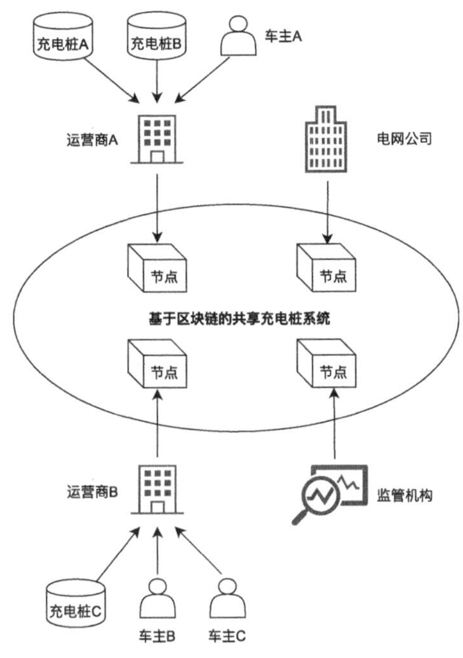


图 10-2　共享充电桩

**2）LongFI 项目**

除共享充电桩外，LongFI 项目也是物联网与区块链结合的成功案例之一。绝大多数物联网终端设备都是私有的，这意味着访问网络的每个设备都需要经过中央机构的认证。不同于传统的网络服务提供商，LongFI 项目为端到端提供热点连接服务。物联网终端设备在接入网络时收到分配给它们的唯一 ID，以此向用户证明该设备是可信任的。此后，该设备就拥有了作为无线热点处理连接和发送数据的权利。

如图 10-3 所示，当用户的终端设备接入网络通过网络中的无线热点向某一个地址发送数据包时，无线热点将接收到的数据包的证明发送到数据包的目的地，但不发送整个数据包的内容。如果接收方希望接收到该数据包，则需要向无线热点支付一定的费用。这看似复杂的流程可以在数毫秒内完成。

在原有网络设备中增加与 LongFI 项目相关的区块链协议，可以成功地将诸多物联网节点无法利用的运算、带宽资源整合起来，为不利于网络传输的地区提供低成本的网络服务。

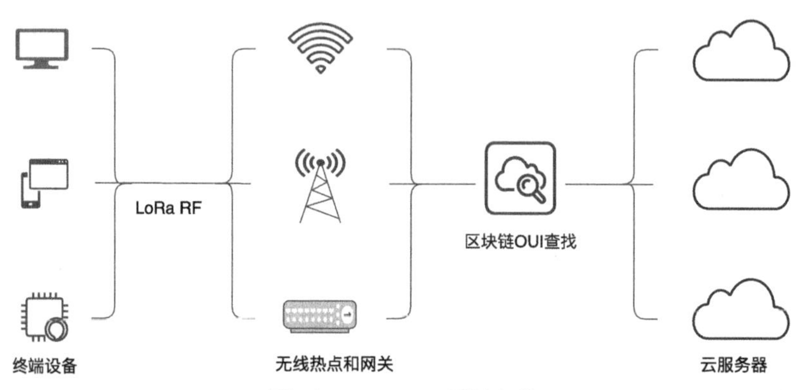


图 10-3　LongFI 系统架构

### 10.1.4　基于区块链的物联网业务平台

在当前的物联网场景中，存在终端设备多样化、数据格式复杂不一、海量设备接入、设备状态管理、设备数据传递及管理等问题，需要构建支持海量设备接入的物联网业务平台来统一解决这些问题。区块链作为一种新兴的技术，为构建物联网业务平台提供了新的思路。

#### 1．传统物联网业务平台与基于区块链的物联网业务平台

**1）传统物联网业务平台**

传统物联网业务平台通常是中心化的，连接并管理物联网应用、物联网业务、全功能物联网设备和物联网网关。如图 10-4 所示，物联网设备首先需要将自身注册到物联网业务平台，物联网应用和物联网业务只有通过物联网业务平台才能访问全功能物联网设备和物联网网关。

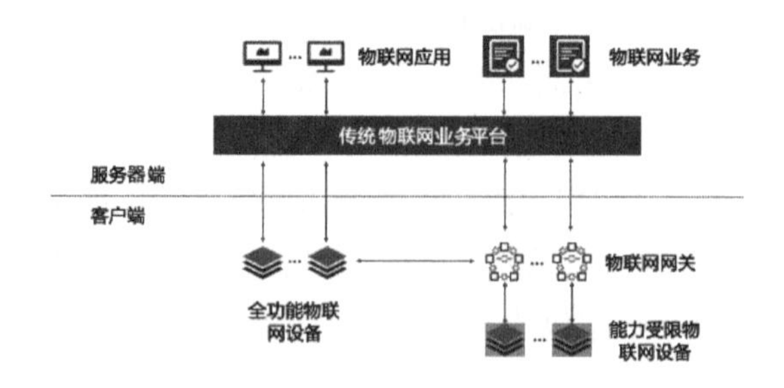


图 10-4　传统物联网业务平台

2）基于区块链的物联网业务平台

基于区块链的物联网业务平台是一种去中心化的业务平台。如图 10-5 所示，该平台支持物联网设备，如全功能物联网设备、物联网服务器、物联网网关、服务网关和终端用户设备，在去中心化模式下相互协作。

基于区块链的物联网业务平台和传统物联网业务平台相比，其新增的功能主要集中在服务和应用支撑层，包括访问控制、共识、加密、数据管理、节点控制、智能合约管理、P2P 通信、存储与计算等。同时，应用层和设备层需要物联网应用、物联网设备和物联网网关通过服务和应用支撑层提供的各项功能相互通信和协作。为保证物联网区块链安全可靠的运营，物联网区块链还需要新增部分安全和管理功能，以保障在去中心化模式下物联网区块链节点可以安全、可靠、可信地相互协作。

根据物联网业务的特点，物联网业务可以部署在区块链上，也可以部署在区块链外，分别称为链上物联网与链外物联网；对于身份认证、物联网数据分析等业务，由于其逻辑简单，不依赖其他知识，因此可以直接将相关逻辑以智能合约的形式写到链上，按链上物联网的方式进行处理；而对于用户想要保密的业务，链上仅存放业务的部分数据源，业务逻辑由用户在链外完成，按链外物联网的方式进行处理。

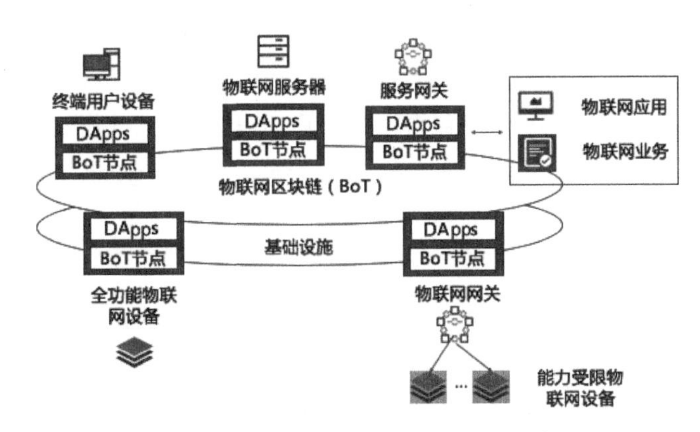


图 10-5　基于区块链的物联网业务平台

## 2. 基于区块链的物联网业务平台架构

基于区块链的物联网业务平台架构可以分为三层，如图 10-6 所示。其中，物联网云平台是用户管理物联网业务的门户，物联网区块链是处理物联网业务的中心，物联网设备是具体物联网业务的提供者。

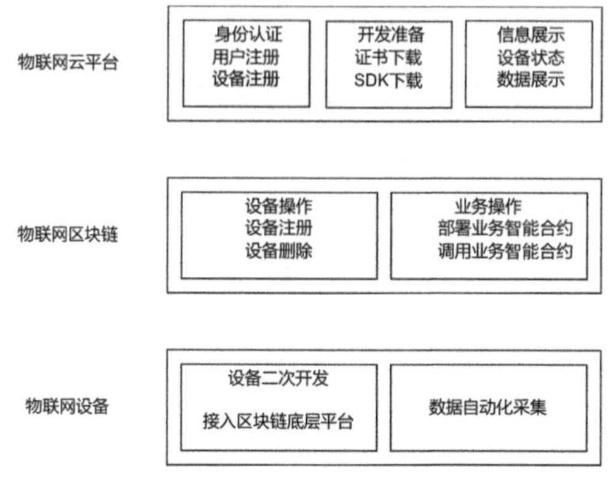


**图 10-6　基于区块链的物联网业务平台架构**

**1）物联网云平台**

在该架构中，物联网云平台提供设备注册、开发准备和信息展示等功能。

用户通过平台提供的接口创建设备，在物联网区块链中注册相关的设备。之后，用户可以下载开发该设备需要使用的 SDK，并申请证书。

物联网云平台的另一大功能为展示设备自动采集的数据，设备自动化采集数据后会传递给物联网区块链，物联网区块链再将数据同步到物联网云平台，便于用户查看与收集。

**2）物联网区块链**

物联网区块链作为基于区块链的物联网业务平台架构的核心，需要部署与物联网业务及设备管理相关的智能合约，并提供查询接口，供物联网云平台查询相关设备信息。这些信息包含设备用户、设备数量、设备 ID、设备型号、创建日期、上链日期、设备状态、当前固件版本等，也包含设备传输的自动化采集的数据。

**3）物联网设备**

用户通过二次开发物联网设备使其接入物联网区块链，二次开发的过程包括：根据自身业务需求编写智能合约、开发相应功能，根据物联网业务平台提供的操作手册调用 SDK 提供的接口，参考配置手册选择待接入链。

物联网设备正常运行并接入物联网区块链后，就会将自动化采集的数据以交易的形式实时传输给物联网区块链节点。

通过该架构，只需要定义好各层之间调用的 API，物联网云平台、物联网区块链和物联网设备的开发就可以独立进行。同时，众多物联网设备可以通过统一的形式被物联网云平台管理，极大地提高了运维效率。

总而言之，通过与区块链相结合，物联网面临的如难以管理、成本高、隐私性差和难以共享等问题都能够得到有效的解决。同时，通过对区块链体系结构进行一定的调整，对物联网设备进行适当的改造，可以实现区块链在物联网上的大规模部署。最后，通过基于区块链的物联网业务平台，物联网业务有望得到极大的丰富。

## 10.2　区块链+大数据

区块链的账本不可篡改存储机制、共识算法和密码学体系可以为大数据的存储、计算及数据资产化流通提供增信功能，同时，大数据的高性能服务可以为区块链高性能计算和大规模存储提供有效支持。区块链和大数据的结合可以从三个层面展开：去中心化可信存储、联邦计算及数据共享和数据资产化。

**从去中心化可信存储层面看**，随着区块链应用的日益复杂，单纯的链上存储已无法满足业务需求。一方面，随着区块链上业务运行时间的增加，区块链上数据呈线性增长，区块链账本的块链式存储结构及分布式全同步机制造成了链上数据的高度冗余，大大增加了链上数据的容量需求和存储成本；同时，对于关键业务涉及的非结构化大文件，如音频、视频、图片、文档等也不适合直接存储在区块链上。另一方面，相对于集中式的数据存储，多节点、全同步的账本机制使得所有节点都持有一份全量数据，任意节点被攻击都会有数据隐私泄露的可能。为了实现区块链存储扩容及数据隐私保护，链下去中心化可信存储成为一种可行的解决方案。具体而言，通过链上链下数据协同存储，构建去中心化数据存储体系；以默克尔有向无环图形式存储数据，数据指纹上链，达成数据的链上链下锚定，从而减少区块链的存储容量；同时，通过构建安全可信的存储证明机制，可以增强链下大规模分布式数据存储的可信度。

**从联邦计算层面看**，传统基于大数据的数据分析，数据来源往往来自组织内部，在这种情况下，参与数据分析的数据源相对有限。通过区块链协同多方数据源的联邦计算，能够为大数据分析提供更加丰富的数据来源。此外，通过区块链协同多方数据源的联邦计算模式，用激励机制和数据隐私保护等技术将机器学习算法与区块链相结合，可以在保证数据流通安全的前提下，实现跨行业、跨机构、跨部门之间隐私保护下的数据流通，提高数据分析模型训练的准确度。

从数据共享和数据资产化层面看，大数据拥有数据量大、数据价值密度高的特点，通过对海量数据的分析和处理，可以挖掘出有效的信息和理论。然而在现实场景下，由于隐私安全法规限制、数据确权难、激励机制匮乏，因此数据共享和数据资产化程度低，抑制了大数据行业的进一步发展。区块链的加密体系、隐私保护机制和多方共识的功能可以赋能数据共享、促进数据流通。此外，基于区块链的智能合约可以成为承载数据资产化的平台，大数据平台采集、转换和清洗后的高价值数据可以通过区块链进行确权及交易，实现数据价值的多方流转，保障数据拥有者、生产者的数据权益。

### 10.2.1 基于区块链的去中心化存储

基于区块链的去中心化存储是以区块链账本为媒介，以点对点数据存储网络为载体构建的一种分布式数据可信存储模式。数据以分片的形式，存储在各方提供的去中心化磁盘上。基于区块链的去中心化存储主要希望提供更大规模的存储空间、更加低廉的存储架构和更强的数据隐私保护等特性，通过激励机制充分利用闲置数据存储空间，避免单点故障。

现有的基于区块链的去中心化存储系统主要包括点对点网络层、去中心化数据存储协议层及区块链层三个层次。其中，点对点网络层通常采用分布式哈希表来构建一个完全分布式的数据传播和数据发现网络；去中心化数据存储协议层包含数据分发协议、数据存储分片协议、数据高可用及数据检索协议；区块链层提供数据的元信息管理、数据存储的激励及与数据相关的身份协议管理服务。目前比较典型的去中心化存储项目有 IPFS/Filecoin[1]、Storj[2]和Sia[3]。

IPFS（Inter Planetary File System）定位为一种超媒体协议，使用分布式哈希、点对点传输、版本管理等技术，是基于内容寻址的文件系统的典型代表。IPFS 是一个点对点文件系统，拥有文件及文件夹概念划分，可挂载传统文件系统。其支持世界范围内的点对点文件检索和传输，这种架构的设计规避了单节点失效带来的安全性问题。IPFS 虽然不是典型的区块链项目，但其去中心化点对点组网的设计理念，极易与区块链结合。Filecoin 是使用了 IPFS 和区块链技术构建的具备激励机制的分布式存储网络，其中，Filecoin 为去中心化存储提供了激励机制，资源贡献者将根据有效存储贡献获得奖励。Filecoin 采用区块链层对数据存储的元信息和用户贡献信息进行记账，同时采用去中心化存储进行具体数据的存储，并构建存储证明机制，保障数据的可信度和不可篡改性，是一种典型的去中心化存储设计模式。

Storj 是一个基于以太坊的分布式云存储协议，旨在充分利用闲置的带宽和存储资源，使网络中的任意节点可以互相进行数据的存储协商、数据传输及可用性校验。Storj 包括文件的分片协议、PoR 证明机制、支付协议等关键协议。首先，存储网络中的节点身份按角色划分为存储节点、卫星节点和上链节点。在文件切片和加密方面，对于特定文件集，每个文件都可以根据特定路径进行检索。对每个文件，首先将其切分成多个文件片段（片段的大小由用户自定义），若某个片段小于其元数据的大小，则直接存储在元数据中，节省存储空间。随后，在通过 AES256-CTR 算法对内容进行加密后，将加密后的哈希字符串拆分成多个 Stripe 条带，每个 Stripe 条带都执行纠删码编码（通过调整原数据块和校验数据块的比例来提升网络节点的容错能力，提升数据安全性），将相同索引的纠删码片段拼接组成一个文件片段。最后，将每个片段分发给共享网络中不同的节点，并通过指针实现对不同文件片段的检索。Storj 的 PoR 证明机制通过“质疑-回复”的形式实现检索证明，确保远程主机确实存储了特定文件片段，并验证文件片段的完整性和可用性。Storj 采用默克尔根和默克尔树的深度两个指标，验证其叶子集合的元素个数与默克尔树的深度是否相等，并且提供的哈希值会重新创建存储的默克尔根。PoR 证明机制能够协助完成支付协议的流程，这里将节点分为存储节点和承租节点，存储节点提供文件存储服务，承租节点根据支付协议与存储节点“签订合同”。如果存储节点未通过审核或无法证明自己仍然有数据，那么承租节点就不必付款；如果承租节点下线或未能按时付款，则存储节点可以删除数据，并从其他节点处寻找新合同。

Sia 是一个分布式云存储协议，旨在使用点对点的存储方案与现有的中心化数据存储方案进行竞争。Sia 的存储网络节点之间生成智能合约，通过智能合约的方式为特定的下载存储内容定价。Sia 的关键技术包括适合存储的交易结构、文件存储智能合约及存储证明机制。其中，适合存储的交易结构除传统的区块链交易字段之外，还加入了文件智能合约、存储证明及多重签名信息，Sia 通过 *M*-of-*N* 多重签名方案来降低系统的复杂性和被攻击的可能性；文件存储智能合约是存储节点和相应存储需求的用户之间约定的存储协议，包含了文件的数据指纹及存储大小等可用于验证的存储证据，同时智能合约内部规定了数据存储时间、证明挑战的频率及支付信息等；存储证明机制主要依赖数据存储的默克尔结构进行数据指纹的挑战比对。

从对上述去中心化的存储产品分析来看，它们都是针对公网的数据存储，

这些数据存储设备具备一定的不稳定性，用户数据不能得到很好的保护且公网环境下的数据安全和隐私保护缺乏合理的机制。

在联盟链场景中也存在去中心化数据存储的需求，BitXMesh 是一种典型的基于区块链的面向联盟链场景的去中心化数据存储方案。其中，区块链负责相关数据的元数据维护、数据访问权限控制、数据的存储地址分配及数据的存储证明等。

存储文件时，平台会根据文件的内容生成唯一哈希。若文件内容发生改变，则文件哈希也随之改变。若文件的所有字节都相同，则文件哈希一定相同。文件存储可以通过默克尔树来实现，如图 10-7 所示，一个文件被切成多个文件块，每个文件块都会根据文件块的内容生成一个文件块哈希，多个文件块哈希可以生成一个父哈希，最终生成一个默克尔根哈希，这个默克尔根哈希就是文件哈希，也可以认为是文件的“指纹”。

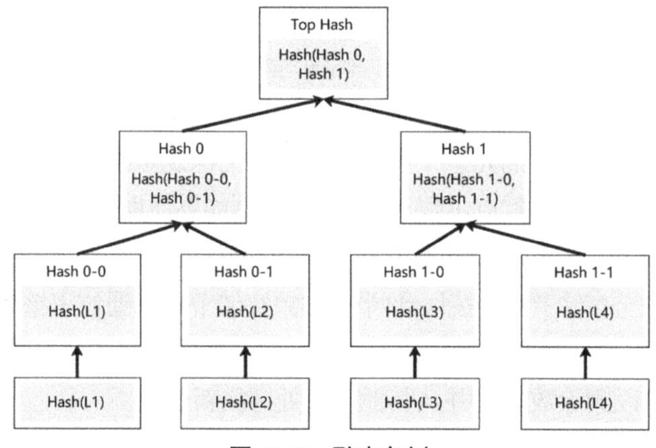


图 10-7 默克尔树

利用区块链技术不可篡改的特性，将文件的“指纹”记录在区块链账本上，从而达到存储可信的目的。如图 10-8 所示，用户将需要存储的文件元信息记录到区块链上，如文件哈希、数据拥有者地址、数据存储节点信息、存储时间、数据描述等在区块链上进行永久存储；然后，将文件片段存储到多个 BitXMesh 节点上，存储节点的选取由用户选择算法后计算产生，已上链的数据可通过重新计算数据的默克尔根哈希与链上记录进行对比，校验链下数据是否有变动，以达到不可篡改的目的；同时，对数据的操作需要数据拥有者的签名授权信息，同时，节点间进行传输时需要对传输信息进行签名和加密，以这种方式可以对数据的操作者进行身份的真实性验证，从而对数据进行访问权限控制；数据存储节点的分配由用户选择的算法指定，并记录在区块链上，用户所属的 BitXMesh 节点会定时向数据存储节点发起挑战，检查数据存储节点是否存储了该文件，数据存储节点需要提供该文件存储的证明。对不能提供存储证明或存储证明错误的节点，应在区块链上进行相应的惩罚。

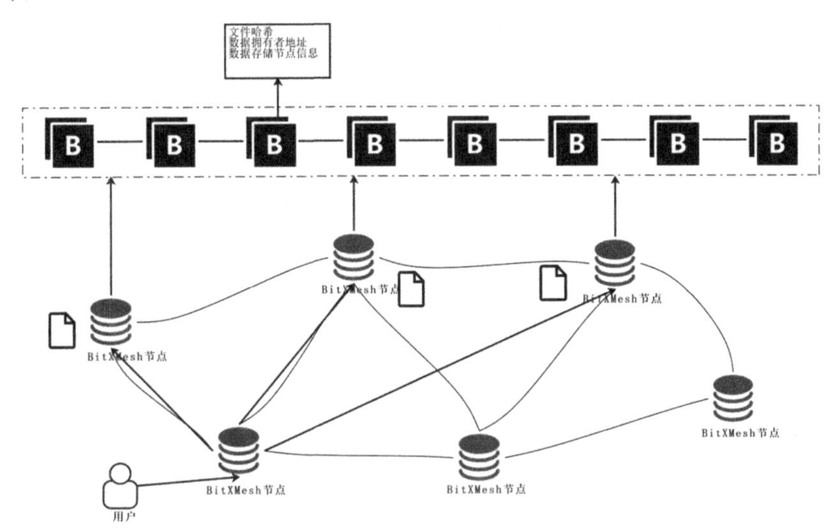


图 10-8 去中心化可信数据存储

### 10.2.2 基于区块链的数据共享

传统的数据共享往往直接将原始数据进行转移，这样不适用于隐私性比较高的数据共享，如个人的隐私数据、企业的税务数据、银行的客户数据等。BitXMesh 提供基于区块链的数据共享，通过区块链账本构建数据流通市场：链上利用区块链账本可追溯、透明监管的特性，实现数据共享交换过程中的确权、授权、记录和审计；链下提供点对点数据安全共享链路和全链路隐私安全保护机制，支撑分布式异构类型的数据安全共享。BitXMesh 的数据安全共享提供可靠的隐私保护机制，保证敏感源数据不出库，以及隐私数据的安全交换；基于多重加密机制实现链下计算和联邦计算；引入 TEE、安全多方计算等技术进一步保证数据隐私。

以两个数据参与方进行文件共享为例，阐述非结构化数据交换的核心流程。图 10-9 展示了在分布式数据共享平台 BitXMesh 中进行文件共享时，数据提供方、数据需求方、BitXMesh 节点及区块链之间的交互过程。

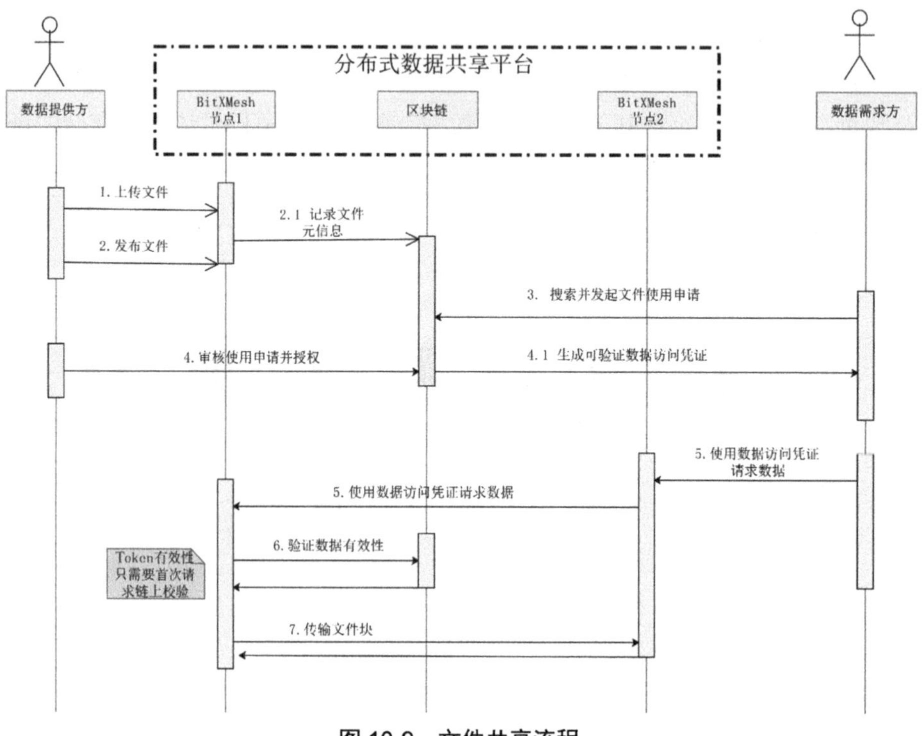


图 10-9 文件共享流程

首先，用户可以将文件上传至自己所在的 BitXMesh 节点，当需要文件共享时，将文件元信息发布到分布式数据共享平台。发布时将文件元信息及发布操作记录永久地记录在区块链账本上，以这样的方式监督数据提供方，以防在建立文件共享链接后，数据提供方赖账。

然后，数据需求方在分布式数据共享平台中进行检索并向数据提供方发出文件使用申请，申请记录会签名上链。待数据提供方审批通过后，数据需求方才可以从区块链上获取可验证数据访问凭证。

最后，数据需求方可以使用数据访问凭证，通过分布式数据共享平台进行数据请求，该平台会使用数据访问凭证在链上进行校验，检查数据和数据请求的有效性，只有最终判定数据请求为合法请求，平台才会将数据从数据提供方发送到数据需求方。与此同时，数据需求方的请求操作会被记录在区块链账本上，为数据追溯和使用审计提供可信查证。

除文件外，还可以对接口、数据源、模型等其他类型的数据进行共享。以上述方式，在分布式数据共享平台上进行数据传递，其优势主要体现在以下三个方面：传输过程更安全，通过分布式数据共享平台发布的信息仅为数据元信息，而数据本身则通过链下网络点对点传输，不经手任何第三方平台，提高了数据传输的安全性；使用过程全透明，利用区块链账本不可篡改的特性，链上记录文件使用全过程，可以完整地监测到文件使用的生命周期，后续追溯审计更方便；共享数据更大容量，区块链本身虽有存储功能，但其全冗余的备份机制难以承载过大的文件存储和传输任务，使用链上记录轻量级信息，链下完成大文件存储和传输，方便进行链下存储的动态扩容和容灾。

### 10.2.3　基于区块链的联邦计算

“联邦”的本义是由两个或两个以上的政治实体结合而成的一种国家机构形式。联邦计算指的是由两个或两个以上的参与方使用彼此的数据共同完成一项计算任务，而任务的协作是基于区块链完成的。联邦计算的基本流程：（1）发起方将联邦计算任务发布到区块链上，联邦计算任务会描述对参与方的数据需求；（2）参与方根据自己拥有的数据选择是否加入该任务；（3）发起方在收到足够的参与方后开始执行该联邦计算任务；（4）参与方将清洗后的数据配置到该任务中，所有的参与方数据都清洗完毕之后，发起方执行联邦计算任务，输入参数执行计算；（5）所有的参与方都会收到执行计算的消息，分别执行基于各自数据的任务计算；（6）完成计算后将计算结果返回给发起方，发起方汇总所有返回结果，计算最后的结果。

现有的联邦计算的产品有蚂蚁摩斯[4]、PlatON[5]及 BitXMesh，其中，蚂蚁摩斯利用安全多方计算、隐私保护、区块链打造数据安全共享的基础设施，解决企业之间在数据合作过程中的数据安全和隐私保护问题；PlatON 是开源的隐私计算网络与分布式经济体基础设施，以区块链和隐私计算网络为支撑，提供以“计算互操作”为核心特点的下一代互联网基础协议；BitXMesh 在其本身构建的可信存储的基础上，通过安全多方计算和 TEE 实现数据提供方和数据需求方之间的数据隐私协作分析，构建虚拟计算模型，并共享计算结果，达成“数据可用不可见”式共享。

联邦计算技术通过区块链进行数据的共享及访问权限控制，并通过安全多方计算来保证数据在使用过程中的安全性。

安全多方计算解决的问题是在多个参与方的环境下，每个参与方都拥有自己的私密信息，同时希望利用其他参与方的信息来共同完成计算一个函数的过程。该函数的输入信息分别由这些参与方提供，且每个参与方的输入信息都是保密的；计算结束后，各参与方获得正确的计算结果，但无法获知其他参

与方的输入信息。

如图 10-10 所示，基于 MPC 联邦计算典型技术的组成分为两层：技术支撑层，提供基础的安全、隐私技术实现，如加解密、伪随机函数、哈希、秘密分享、OT（不经意传输）协议、同态加密、差分隐私等；专用算法层，在技术支撑层的基础上构建具体的专用算法。专用算法层主要分为支持特定计算逻辑的专用算法及支持大部分计算逻辑的通用框架。专用算法解决的计算逻辑包含四则运算、集合运算、矩阵运算等，其具体算法有 ZK-BackList、PSI、PSA 等，效率较高。对于通用框架，基于混淆电路和 TEE 技术，能够解决大部分计算问题，但效率较低。

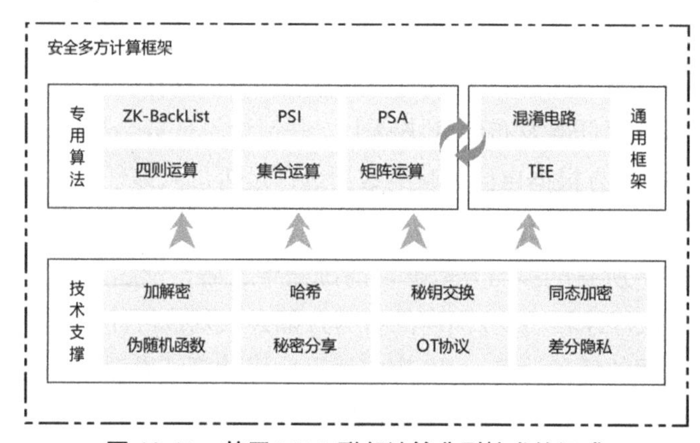


图 10-10　基于 MPC 联邦计算典型技术的组成

联邦计算整个流程分为两步：首先，通过数据共享获取数据，将获取的数据作为联邦计算任务的输入信息；其次，在联邦计算任务中通过 MPC 算法使用各方数据，在获得最终计算结果的同时，保证各数据拥有方的数据安全性。

具体的联邦计算任务执行过程如图 10-11 所示。

（1）发起方新建联邦计算任务。

（2）发起方添加参与方及对应的数据访问凭证作为联邦计算子任务。

（3）发起方携带凭证部署联邦计算子任务给各参与方。

（4）各参与方去链上验证数据访问凭证的有效性。

（5）各参与方按照 MPC 算法执行 MPC 协议，在执行过程中区块链会协助执行，并将关键步骤数据上链，以便进行追溯。

（6）MPC 协议执行完毕后，发起方返回计算结果。

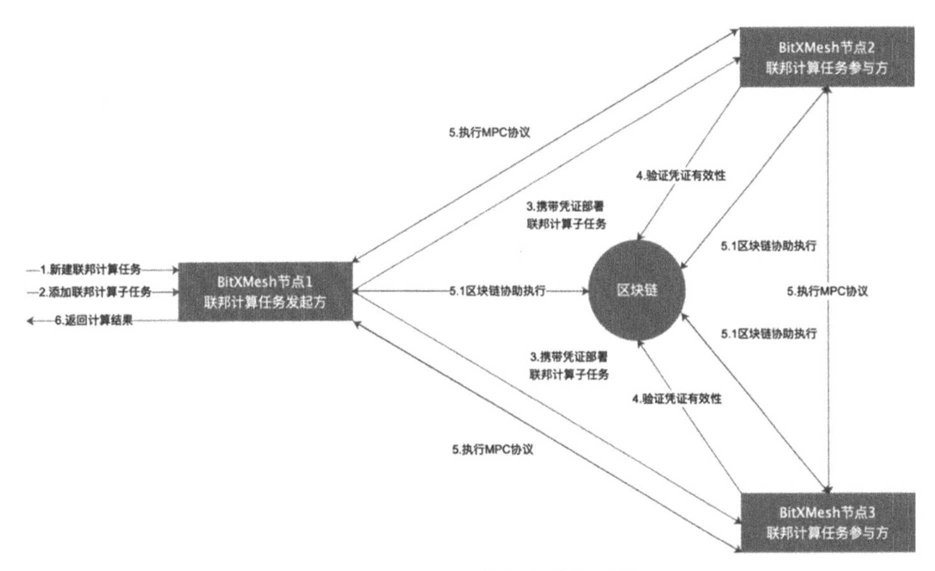


图 10-11　联邦计算任务执行过程

与单纯的 MPC 协议相比，基于区块链的联邦计算对于各参与方的协调更加灵活方便；通过区块链来协助 MPC 协议的执行，借助区块链这个可信第三方，将一定逻辑借助区块链完成，加速了 MPC 协议的执行效率；在整个联邦计算任务的执行过程中，将关键步骤的数据上链，做到计算可追溯。

## 10.3　区块链+工业互联网

随着工业 4.0 的逐步推进，智能制造的日渐兴起，工业化与信息化的日益融合，工业互联网技术正在全球范围内进行人、机、物之间高度互联的新一轮技术革命。工业互联网技术是以互联网为基础，融合了新一代信息技术和工业系统的系统化工程技术体系，包括物联网、网络通信、云计算、大数据和信息安全技术。其中，物联网技术和大数据技术与区块链的融合已在前文有所描述，而工业互联网技术作为这些信息技术的集大成者，与区块链技术的融合将提升工业互联网的适用性、安全性及智能性。

本节首先基于工业互联网架构提出工业区块链架构，并在此基础上提出设备数字身份、产品溯源和供应链金融三大应用场景。

### 10.3.1　工业区块链概述

在工业互联网的应用体系架构中，通过区块链技术对各个层面的加强结合，可以实现边缘层的设备数据接入、边缘数据计算、云端传输与存储、工业数据管理与分析、业务运营全过程的安全性、高效性和可信性。

图 10-12 是融合区块链技术后的工业区块链架构图。工业区块链是面向制造业数字化、网络化、智能化需求，构建新一代基于可信数据采集、传输、计算、汇聚、分析、应用的服务体系，包括边缘、IaaS、平台（工业 PaaS）、应用（工业 SaaS）四大核心层级。区块链技术赋能传统工业互联网，在各层级都能做到紧密结合，并提供更为完善的自底向上分布式安全可信保障，为工业互联网的发展带来更多可能。

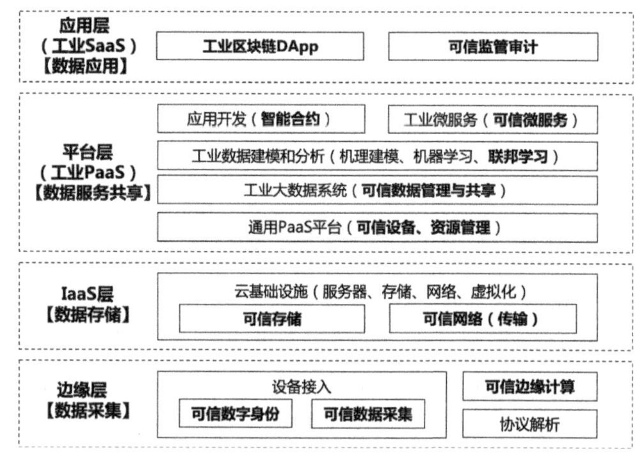


图 10-12　工业区块链架构图

**边缘层**是工业区块链的数据基础，依赖数据采集为上层提供终端数据。通过区块链认证体系、客户端、轻节点与海量终端设备的软硬件集成，实现数字身份的可信认证、终端数据的可信采集；通过区块链可信证明技术实现边缘设备进行底层数据汇聚处理的可信结果证明。

**IaaS 层**是工业区块链的设施基础，作为中间设施服务为上层提供云基础设施。通过区块链存储技术实现海量数据的可信存储；通过区块链安全传输协议提供可信网络，保障可靠传输。

**平台层（工业 PaaS）**是工业区块链的可拓展操作系统，基于通用 PaaS 平台叠加大数据、微服务技术为上层提供各项工业微服务及分布式工业应用集成服务。通过区块链数据可信认证服务实现可信设备、资源管理；基于区块链可信数据上链服务和可信存储服务提供可信数据管理与共享；通过区块链智能合约技术实现分布式工业智能合约的快速开发环境；基于区块链体系提供可移植、可复用的可信微服务。

**应用层（工业 SaaS）**是工业区块链的最终价值实现层，提供满足不同业务场景的工业 SaaS 和 DApp。通过区块链分布式智能合约技术快速构建多样化的工业区块链 DApp；通过区块链监管审计技术，提供对于工业数据和操作的合规性审查和监管服务。

### 10.3.2　基于区块链的设备数字身份

#### 1．设备数字身份概述

数字身份是将现实世界中的身份信息抽象为数字世界中的数字标识，用于连接现实世界和数字世界的身份信息。伴随着工业互联网时代的来临，数字身份并不应该仅局限在个体、组织、企业等方面，各类生产设备、IoT 终端等相关硬件设施也需要将设备数字身份映射到数字世界，以做到更好的设备管理。在工业互联网领域，设备管理是无法逃避的问题，而设备管理的前提则是建立完善的设备数字身份体系。只有建立了较为完善的设备数字身份体系，才能明确每个设备的唯一性，才能更好地进行设备管理及监控。

目前，市场上对于设备数字身份的管理大多是基于中心化的身份认证体系，即强依赖某个具有强信任背景的身份认证中心，以该认证中心提供的服务及账号体系实现各应用间的账号体系统一，然而，这种中心化的设备数字身份管理方式存在信息共享困难、容错性能差、隐私信息保护困难等问题。

从安全角度分析，目前主流的设备数字身份系统均以中心化的方式存储个人身份信息，这也就意味着所有的设备数字身份信息都长期存放在中心化的数据库中，存在巨大的安全隐患：中心化的数据库被黑客攻击时，所有的设备数字身份信息都会泄露，造成巨大的隐私泄露。

从信任机制角度分析，中心化的身份认证体系建立在各方完全信任身份认证中心不会作恶的情况下。各认证体系的使用方，包括个人用户及使用身份认证体系的系统，其大部分数据信息都被托管在身份认证中心中。一方面，导致身份认证中心需要承担用户隐私数据保护等原本不属于身份认证中心的责任，造成中心职能的病态膨胀，因此，第三方只要与身份认证中心进行相关合作，就可以在不经过身份所有者授权的情况下获取所有的设备数字身份信息；另一方面，当涉及多方隐私等级较高的应用场景时，使用方对身份认证中心的信任不足以支撑业务要求，从而导致中心化的身份认证体系失效。随着国家对于网络数据安全的重视及民众隐私意识的崛起，中心化的身份认证体系必然会因为其天生的局限性被淘汰，利用区块链等去中心化技术实现的统一身份认证体系将成为主流。

## 2. 基于区块链的设备数字身份技术

在工业互联网模式下，所有的设备、生产线、生产厂商等上下游相关企业都紧密地联系在一起，有效地帮助制造业拉长产业链，更容易形成跨设备、跨系统、跨厂区，甚至跨地区的生产协同。在此模式下，单一的中心化身份认证体系无法支撑如此庞大的设备数字身份数量，并且在不同的系统中有不同的身份认证标准，中心化的身份认证体系只能解决在一定范围内实体身份的互联互通，但各个身份认证中心由于信任、利益、技术限制等问题难以实现认证中心间的互联互通，最终形成设备数字身份的几大“孤岛”。

区块链技术具有去中心化、不可篡改等特性，利用密码学算法保证数据来源可验证、可追溯。利用区块链建立分布式设备数字身份体系，可以很好地解决身份认证中心间的信任问题，形成全网统一的设备数字身份体系，作为互联网的基础设施为社会各类不同实体提供统一身份认证服务。基于区块链的设备数字身份体系不仅能够为自然人主体提供具有国家机关背书的实名认证服务，获得全网公认的设备数字身份，还能够触达设备层面。

基于区块链的设备数字身份技术，主要利用区块链存储设备数字身份信息，其主要可以分为两个场景进行阐述，如图 10-13 所示。

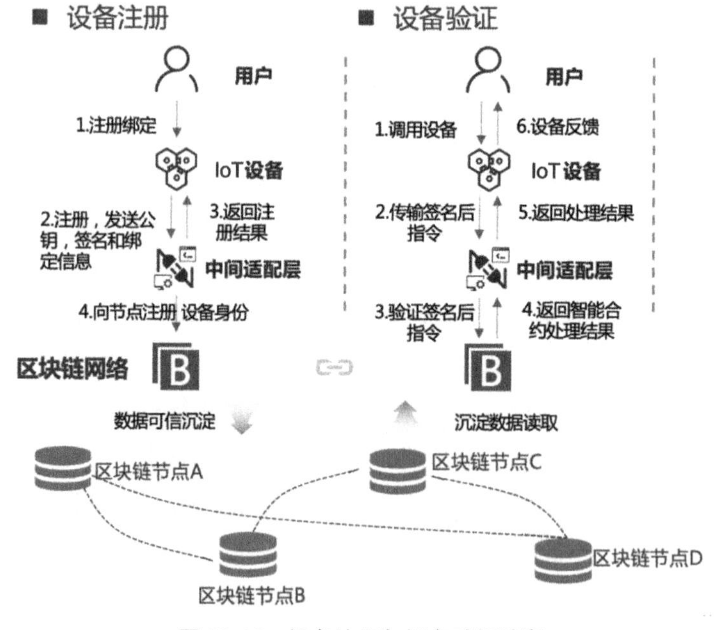


图 10-13　设备注册与设备验证流程

**1）设备注册**

IoT 设备在出厂时绑定唯一的密钥，用户在发起注册绑定请求后，绑定 IoT 设备中的私钥对注册信息进行签名，将签名、公钥及绑定信息发送给区块链网络，区块链网络进行验签并审核，审核通过后将公钥与绑定信息记录在区块链可信存储网络上，完成设备的注册。

**2）设备验证**

当设备自动发起服务调用时，IoT 设备将调用指令签名后发送到链上，区块链进行验签，并验证该设备是否在链上注册，验证通过后执行相关指令，返回智能合约处理结果，并在链上记录相关信息，完成相关调用记录。

通过区块链实现设备数字身份的注册与验证，支撑设备鉴权系统的开发及使用，保障设备访问安全，保证所有设备产生的数据源头可追溯、源数据可验证，推动工业互联网的可信发展。

### 10.3.3　基于区块链的产品溯源

#### 1．产品溯源概述

在工业生产中，存在很多产品质量、安全问题，如医药用品、农产品、工业产品等都曾经出现过重大的质量、安全事故。当前市场信息不对称现象严峻，导致各类产品溯源难度高，即便是使用现有的一些溯源技术也存在单向溯源失真等问题。这些产品经过生产厂商、制造商、一级或多级批发商、零售商及多个运输环节，最终到达消费者手中。在此期间，可能由于生产厂商偷工减料导致质量出现问题，运输过程中产品被损坏，也可能有不良商家伪造产品，并通过非正当渠道销售，获取超额利润。而监管机构往往通过下属机构层层统计上报的方式获取信息，难以获得全面的产品质量和流通信息。

尽管各种产品监管一直存在，但实现产品溯源却很难依靠传统的数据系统来实现和推进。一方面，供应链上的各参与方，分别维护自己的一套数据库系统，系统对接成本高、难度大，跨系统查询困难，对监管机构而言是黑盒。在遇到产品问题时，无法防止系统数据被人为篡改；另一方面，如果由政府或企业建立中心化的数据库系统，那么对供应链上的其他企业而言，提供数据的付出很可能大于系统为其带来的收益，因此，很难说服所有参与方都加入系统，并积极上传真实有效的数据信息。

### 2. 基于区块链的产品溯源应用

区块链技术可以形成从原产地、生产厂商到消费者的全链路闭环，防止单个环节对信息的篡改，做到物流和信息流之间的同步，从而更好地解决现阶段产品溯源面临的问题。

**1）全流程追溯，防伪防篡改**

产品生产源头造假、层出不穷的产品供应链数据造假，给产品安全保障带来了极大的困扰。区块链去中心化、不可篡改、可追溯等特性，可有效解决产品的溯源防伪问题。

区块链技术与工业物联网技术有效结合，将产品生产流程中的关键数据记录上链，保证数据的真实完整，并能完全记录数据变更过程，最终实现物流、信息流的合二为一。在产品外包装上印制，粘贴一个条形码、二维码或RFID等，利用区块链公共账本和不可篡改的特性，提供验证服务。消费者通过扫描产品外包装的二维码，一键获得该产品从生产源头到物流、终端、消费者全流程的关键数据，提升消费者的信任感。确保整个供应链环节均符合法规要求的质量标准和供应链标准，如果发现存在安全隐患的产品，也能够快速召回。

**2）完善监管体系**

（1）政府监管

监管机构通过在区块链中架设节点，实时查看区块链上的全量数据。从生产源头到消费者全流程关键数据的把控，使监管机构从各地分局，再到各抽样调查小组中手工收集数据的方式中解脱出来，利用区块链技术，实现真正的穿透式监管，其监管力度可通过智能合约进行规定和约束。

（2）消费者监督

针对存在质量、虚假问题的产品，提供相应渠道举报反馈，消费者在举报后可在举报页面看到举报信息和处理进度。当市面上某一品牌或类目出现大量虚假产品时，消费者也可在该页面看到监管机构标记的购买提醒，减少消费者的信息不对称。让消费者真正自主、高效地参与到产品监督工作中。

（3）企业参与方自我监管与互相监督

由于生产、流通信息在上下游产业链中的相对透明，以及区块链自身的不可篡改性和可追溯性，因此部分不合格企业暴露的机会将大大增加。这种危机感有助于促进企业参与方的自我监督，以及上下游企业的互相监督，从而推动整个市场良币驱逐劣币，促进整个市场的健康、有序发展。

### 10.3.4　基于区块链的供应链金融

#### 1．供应链金融概述

供应链金融是指将供应链上的核心企业及与其相关的上下游企业看作一个整体，以核心企业为依托，以真实贸易为前提，运用自偿性贸易融资的方式，通过应收账款质押、货权质押等手段封闭资金流或控制物权，对供应链上下游企业提供综合性的金融产品和服务。根据前瞻产业研究院数据显示，2017 年中国供应链金融市场规模为 13 万亿元，这个数字预计在 2021 年增长至 15.76 万亿元。供应链金融能够为上游企业注入资金，提高供应链的运营效率和整体竞争力，对于激活供应链条运转具有重要意义。供应链金融的融资模式主要包括应收账款融资、保兑仓融资和融通仓融资等。在多主体参与的环境中，协同合作的基础是信任与利益分配。在传统供应链金融中，缺乏一种能够保证信任和公平公正利益分配的技术。传统供应链金融主要存在以下痛点。

**1）中小微企业融资难、融资贵**

供应链金融参与方主要包括：核心企业、中小微企业、金融机构和第三方支持服务。其中，在供应链金融上下游企业中拥有较强议价能力的一方称为核心企业，供应链金融上下游企业的融资服务通常围绕核心企业展开。由于核心企业通常对上下游企业的供应商、经销商在定价、账期等方面要求苛刻，因此供应链中的中小微企业常出现资金紧张、周转困难等情况，导致供应链效率大幅降低甚至停止运转。因此，供应链金融面临的核心问题是中小微企业融资难、融资贵。供应链金融平台、核心企业系统交易本身的真实性难以验证，导致资金端风控成本居高不下。

**2）产业链条信息不透明**

供应链上各个参与方之间的信息相互割裂，缺乏技术手段打通供应链生态中的信息流、商流、物流和资金流，信息无法共享导致信任传导困难、流程手续繁杂、增信成本高昂，供应链上的各级资产无法实现拆分、传递和流传。中小微企业自身受限于企业业务、资金和规模，存在抗风险能力低、财务数据不规范、企业信息缺乏透明度等问题，难以达到企业融资的信用标准。

**3）核心企业信用堰塞**

由于担保体系和社会信用体系发展落后，因此中小微企业获得贷款的可

能性低、利率高。传统供应链金融只能满足一级供应商的融资需求，对一级以上的供应商、经销商来说，若未与核心企业直接建立业务往来关系，则在申请银行融资时将处于不利地位，无法依托核心企业的信用进行融资，传统的应收票据和应收账款无法拆分、融资流程长、门槛高。

### 2. 基于区块链的供应链金融应用

区块链作为一种分布式账本，为供应链上下游各参与方提供了平等协作的平台，降低了各参与方间信用协作的风险和成本。由于链上信息的可追溯与不可篡改，多个参与方之间数据实时同步，因此可实时对账。区块链可以实现供应链金融体系的信用穿透，实现多方的信息流通，建立各参与方认可的信任机制，为供应链金融业务的发展建造坚实的基础架构。

基于区块链架构，可以实现多方对同一笔交易的确认且数据不能篡改。融资需求发生前的交易数据可为需要融资的应收账款提供强有力的信用背书。同时基于区块链底层的清算特性与智能合约，可以实现对核心企业应收账款的债权拆分，并顺着产业链逐级向上流转，极大地提高了资金的转速，解决了中小微企业融资难、融资贵的问题。

在这个信任的生态中，核心企业的信用（票据、授信额度或应付款项确权）转化为数字权证，每笔应收账款的背书流转都在区块链上登记结算，确保了债权的真实性。同时，由于债权数据本身是高度可信的，因此金融机构可以以较低的风险为中小微企业的供应商提供低成本融资，通过使用核心企业的信贷额度来为其供应商提供贷款。在债权到期后，核心企业基于区块链上记录的信息，直接支付账款到实际债权人处，完成整个流程的闭环。同时，结合保理融资业务，供应链上的中小微企业可以通过贴现获取资金，最终实现供应链金融对中小微企业的扶持，进一步促进实体经济发展。

## 参考文献

[1] NIZAMUDDIN N, HASAN H R, SALAH K. IPFS-blockchain-based authenticity of online publications[C]//International Conference on Blockchain. Cham: Springer, 2018: 199－212.

[2] Storj Labs. Storj Labs' V3 Platform Enters Public Alpha, Opening Doors for Developers Interested in Building on Decentralized Cloud Storage[EB/OL]. [2020-12-03]. https://www.prnewswire.com/news-releases/storj-labs-v3-platform-enters-public-alpha-opening-doors-for-developers-interested-in-building-on-decentralized-cloud-storage-300740165.html.

[3] Vorick D, Champion L. Sia: Simple decentralized storage[EB/OL]. [2020-12-03]. https://sia.tech/sia.pdf.

[4] 蚂蚁集团．蚂蚁链摩斯多方安全计算平台[EB/OL]. [2021-01-22]. https:// tech.antfin.com/products/MORSE.

[5] PlatOn Team. PlatOn 隐私 AI 计算网络[EB/OL]. [2021-03-12]. https://platon. network.

[6] Zhao C, Zhao S, Zhao M, et al. Secure multi-party computation: theory, practice and applications[J]. Information Sciences, 2019, 476: 357－372.

# 第 11 章 主流平台介绍与实践

现有的区块链平台项目众多，最早的主流区块链平台凭借其先发优势、深厚的技术积累及海量的落地场景，在行业中仍然具有较大的话语权，如以太坊、Hyperledger Fabric、Libra 及趣链区块链平台。在阅读本章之前，相信读者通过阅读前文已经对区块链的整体理论架构有了一定的了解，本章将从实践场景出发，全方位地对当前主流平台架构的特点、使用模式、实战演练进行介绍。首先，本章将介绍四大平台的项目概况和架构设计；然后，通过实际场景案例，读者可以有针对性地了解各平台的真实业务需求；最后，提供手把手实战教学，从项目背景、需求设计、平台搭建、智能合约编写、项目实操等流程出发，让读者在实践中加深技术理解，做到理论和实践相结合。

为方便读者横向对比，四个平台同为一个项目案例，为防止内容重复，项目案例背景介绍只放在 11.1.2 节；同时为防止篇幅过长，项目实践中智能合约等具体代码设计将放在 github 上，读者可自行下载进行实践体验。

## 11.1 以太坊

以太坊[1]是由 Vitalik Buterin 与一些加密货币爱好者在 2013 年 11 月提出的一个具有智能合约的区块链项目。与其他公有链区块链项目类似，以太坊有名为以太币（Ether）的数字货币，运行在整个以太坊网络中，以太币被用于以太坊的经济激励模型及整个网络正常运行的 Gas 消耗。每个用户在以太坊网络中都是一个独立的个体，都可以自由、平等地使用以太坊网络，不受任何中心化组织或个人的控制。除了内置加密货币，以太坊的另一个核心亮点是支持智能合约，这使得开发者能够基于以太坊智能合约创建更多的分布式应用项

目，这些项目也被称为 DApp（Decentralized Application）[2]。DApp 被部署在以太坊区块链上，DApp 使用者可以运行开发者编写好的智能合约，在上面转移构建的资产或存储数据信息。本节首先对以太坊的一些基本概念进行描述，使读者对以太坊有一个基本认知；然后在项目实战中结合项目案例对以太坊进行实践操作，展示从需求分析到整体项目的智能合约设计的开发流程；最后对智能合约进行部署与调用，让读者切身地体会到如何在以太坊上部署和调用智能合约。

### 11.1.1　项目概述

以太坊是一个基于区块链的开源、公共的分布式账本项目，支持图灵完备的智能合约执行引擎。它与比特币类似，都是分布式的公共区块链网络设施，但是二者在功能上存在巨大差异。比特币提出了一种点对点的现金系统，而以太坊虽然有以太币作为自己的价值交换媒介，但是其真正价值在于提出了一种可以运行可编程代码的区块链平台，使开发者能够利用在不可信环境中执行业务逻辑来构建区块链应用程序，同时利用以太坊网络的高可用性，开发者可以在上面运行更高效的 App。

基于以太坊的 DApp，可以完成很多传统应用不能够完成的事情。

（1）构建一个不可审查的匿名应用。

（2）建立一个分散自制的财产管理系统（DAO）或虚拟世界。

（3）实现一个新的资产。

以太坊上的 DApp 是由以太坊智能合约支持的应用程序。这些应用程序不使用集中式服务器或数据库，而依靠区块链作为程序逻辑和存储的后端。这使得任何可以运行前端的用户都可以很轻松地连接到后端以太坊网络，使用 DApp 提供的功能。

以太坊是由很多核心技术组合构建的，并不是一个单一的个体，其涵盖了密码学、P2P、存储技术等。图 11-1 为以太坊整体架构图。

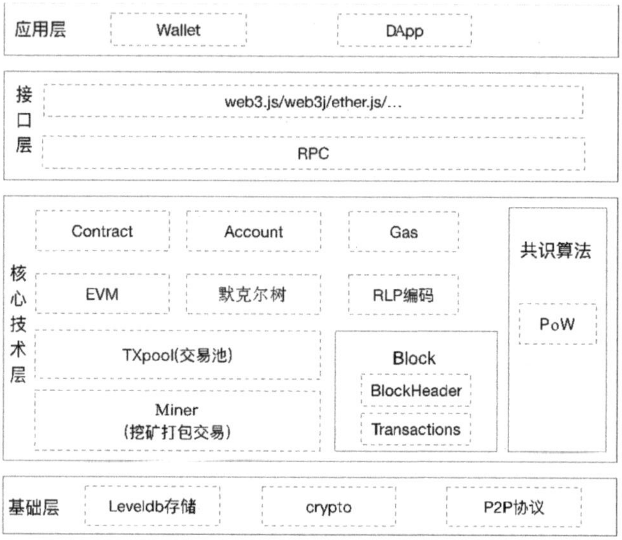

图 11-1　以太坊整体架构图

## 1. 应用层

以太坊应用层主要包含各种 Wallet（钱包）及 DApp。

钱包的主要功能是管理用户账户私钥，并发送各种类型的交易到以太坊网络。

DApp 通常由前端和后端组成，前端可以由简单的 html+ js + css 组合开发完成，也可以利用各种前端开发框架，如 react、vue.js、angulars 等。DApp 的后端类似传统 Web 应用后端，负责给前端提供业务数据供其进行展示，只不过 DApp 是将传统的中心化数据库替换成以太坊网络。这使得任何开发者都可以在以太坊网络中开发 DApp，任何用户也都可以访问以太坊网络上的 DApp。

## 2. 接口层

以太坊为了更好地提供服务给各种应用，提供了各种各样的 API，包括查询账户余额、部署智能合约、调用智能合约等。通过这些 API，上层应用可以发送交易到以太坊网络，查询和修改以太坊网络的区块链数据。但是在通常情况下，开发者不会直接访问这些 API，而是借助以太坊网络提供的各种类似 SDK 的交互工具发送交易。使用如 web3.js、web3j、ether.js 等快速地在应用代码中组织交易，而不用从 0 开始构建代码来完成一个 RPC 请求。使用 SDK 大大简化了开发者的代码工作量，使得与以太坊网络交互变得简单方便。

### 3. 核心技术层

核心技术层涉及的技术大部分都在前面章节进行了详细展示。其中，以太坊账户模型在第 2 章描述账户体系的时候已经提到，智能合约和 EVM 的详细介绍在第 6 章，其他技术都可以在前面章节找到对应的介绍。

### 4. 基础层

基础层类似建筑的基础设施，提供以太坊网络运转的基础。包括存储模块使用的 Leveldb 存储；加密、签名、验签所使用的 crypto；各节点之间的点对点消息传递所用的 P2P 协议。这些基础设施都不是以太坊独创的，而是通过修改已有的代码或算法融合进以太坊的。以太坊使用这些基础设施，并针对自身的使用情况进行优化，形成以太坊区块链中不可或缺的一部分。

## 11.1.2 项目实战

上一节对以太坊进行了简要介绍，并且对一些关键的概念展开了阐述，使得读者对以太坊有了大致的了解。本节基于以太坊进行项目实战，以一个企业利用应收账款融资[3]的场景，设计一个实际的应用项目，让读者对以太坊有更加深刻的认识。

### 1. 项目背景简介

应收账款主要用于将企业应收账款转化为标准化资产凭证，在系统中实现应收账款的灵活流转、拆分和融资，实现核心企业信用的多级传导。其主要解决了中小微企业融资难的问题，有助于核心企业的供应链体系和社会信用体系更加完善。为方便读者理解，项目实战以简化版的应收账款融资场景为例，让读者了解基于区块链技术的应收账款融资将如何应用及流转。

如图 11-2 所示，在应收账款融资场景中，通常由核心企业、金融机构、供应商、物流公司多方角色进行业务协作。企业利用应收账款融资是指某些供应商将自己的应收账款转让给金融机构，并从金融机构中获得贷款。上级供应商（一级供应商）可以将自己持有的应收账款转给下级供应商（二级供应商），由二级供应商去向金融机构申请贴现。金融机构一般在经过审核应收账款票据后，给供应商应收账款面值的 50%～90%的贷款额。供应商获得贷款额后向核心企业发出转让通知，并要求其付款至融资的金融机构，这样就通过应收账款流转完成了一整套的业务协作流程。

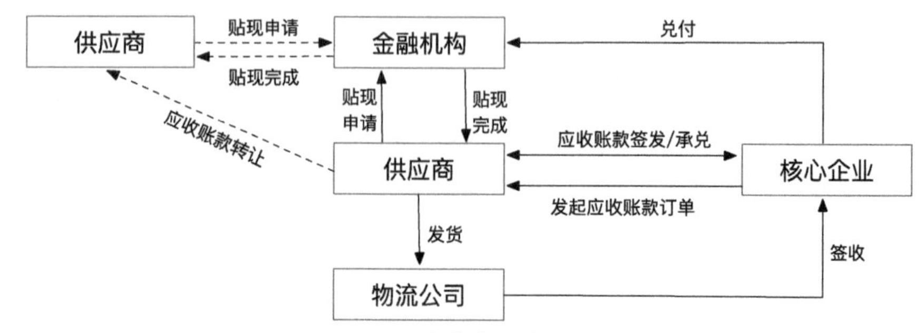


图 11-2　应收账款融资流程

如图 11-2 所示，假设核心企业（具有较大社会影响力，有足够的银行信用背书）需要从供应商处采购一批生产设备，但是因为采购数量较多，企业现金流不足以支撑采购设备的付款额度，此时便可以通过以下步骤来完成应收账款融资流程。

（1）核心企业联系供应商发起一笔应收账款的设备订单。

（2）供应商在收到订单后进行确认，随后对应收账款票据进行签发并发送给核心企业。

（3）核心企业在收到应收账款票据后对该票据进行承兑，因为签发的应收账款需要收款人承兑后才生效，因此未承兑的应收账款不允许进行贴现、兑付等操作。

（4）当核心企业完成承兑后，通知供应商发货，供应商联系物流公司发货。

（5）供应商发货后可以选择向金融机构申请贴现，以便提前获取融资。

（6）金融机构审批应收账款票据，如果审批通过，则贴现给供应商，此时应收账款票据持有人变为金融机构。

（7）供应商也可以将自己的应收账款票据转给二级供应商，持有人将变成二级供应商。

（8）核心企业在签收货物后，可以选择主动向金融机构兑付应收账款，或者等待应收账款到期后，自动执行兑付操作。核心企业划拨资金至金融机构账户，应收账款状态变更为已结清（最终状态），并且持有人变为核心企业。

在该流程中，读者可着重关注应收账款在各个机构中的流转状态，以及区块链技术在整个流程中的作用和价值：自动化的业务协同及去中心化的价值流转。

## 2．应用架构设计

参考本节项目背景简介，相信读者已经对即将要实践的项目的背景有所了解。现有某银行、某核心企业、某供应商、某二级供应商四家企业决定依托以太坊区块链技术，对传统的应收账款票据流转流程进行改造，实现一套新的基于以太坊区块链的应收账款系统。

图 11-3 为基于以太坊区块链的应收账款系统整体架构图。本系统主要分为 4 个模块：App，核心企业、供应商、银行前置系统，web3 接口层，以太坊网络。

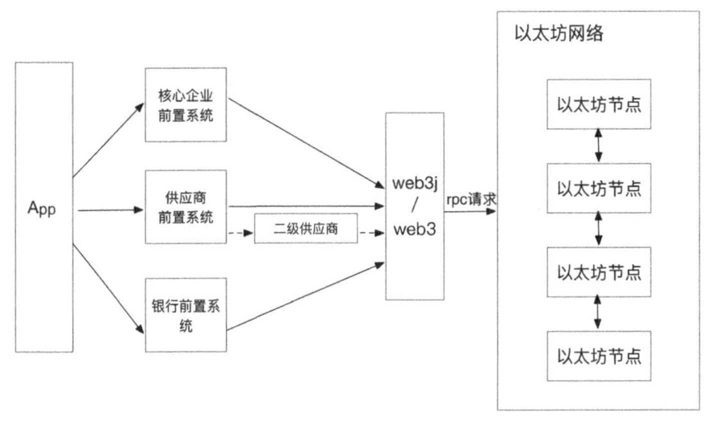


图 11-3　基于以太坊区块链的应收账款系统整体架构图

（1）App：用户可以通过 App 对应收账款票据进行查询、下单、出票、发货、转让、贴现、兑付等操作。

（2）核心企业、供应商、银行前置系统：前置系统是对接 App 的业务系统层，通过接收 App 的请求进行支付管理和票据业务的处理。将处理后的请求通过 web3 接口层转发到以太坊网络。

（3）web3 接口层：负责提供后台业务层与底层区块链交互的接口，接口采用 RPC 请求的方式。

（4）以太坊网络：底层基于以太坊节点搭建，多个以太坊节点组成了一个以太坊网络，负责应收账款票据智能合约的数据存储和读取。

### 3. 智能合约设计

本节将根据应收账款的需求场景进行智能合约设计。以太坊上智能合约开发的主流语言为 Solidity，本节将采用 Solidity 完成智能合约的设计。

根据上文需求与功能的分析，可以设计出如图 11-4 所示的智能合约类图。

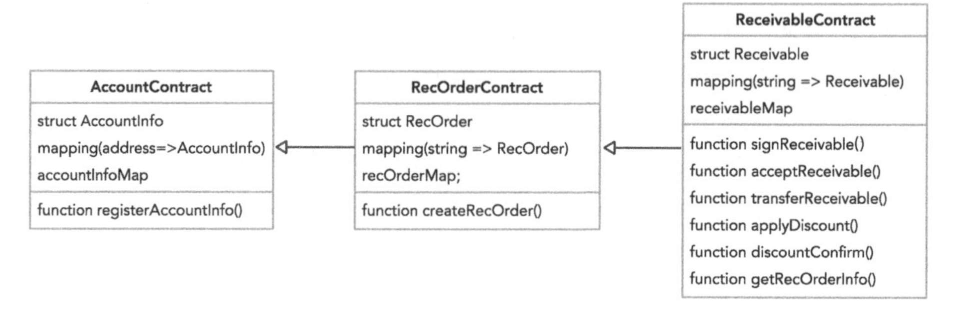


**图 11-4　智能合约类图**

AccountContract 负责存储和维护应收账款融资场景中用户的相关信息。用户通过调用账户智能合约的注册信息接口，将信息注册到区块链上。

```
//账户信息智能合约
contract AccountContract {
    struct AccountInfo {
        address owner;              //用户地址
        string userName;            //用户名
        string enterpriseName;      //企业名称
        RoleCode role;              //角色
        AccountStatus status;       //账户状态
        string certNo;              //证件号码
        string acctSvcrName;        //开户行名称
    }
}
```

RecOrderContract 负责应收账款订单信息的记录，用户可以通过调用应收账款订单创建接口，完成对应收账款订单的创建。

```
contract RecOrderContract is AccountContract {
    struct RecOrder {
        address owner;              //订单创建者账户地址
        string orderNo;             //订单编号
        string goodsNo;             //货物编号
        string receivableNo;        //应收账款票据编号
    }
}
```

ReceivableContract 负责应收账款票据信息的记录。其继承了 RecOrderContract 和 AccountContract 的所有方法，是整个应收账款票据智能合约的入口。用户通过该智能合约可以完成账户注册、订单创建及应收账款票据的签发流转等一系列操作。

```
contract ReceivableContract is RecOrderContract{
    struct Receivable {
```

```
        string receivableNo;              //应收账款编号
        string orderNo;                   //订单编号
        address owner;                    //应收账款持有者
        address acceptor;                 //承兑人账号
        uint256 discountApplyAmount;      //贴现申请金额
        ReceivableStatus status;          //应收账款状态
    }
}
```

定义应收账款票据智能合约被上层应用调用的方法接口，如表 11-1 所示。

**表 11-1　应收账款票据智能合约被上层应用调用的方法接口**

| 方法名 | 传参 | 返回值 | 说明 |
|---|---|---|---|
| registerAccountInfo | string userName<br>string enterpriseName<br>RoleCode role<br>AccountStatus status<br>string certNo<br>string acctSvcrName | 无 | 注册用户信息 |
| createRecOrder | string orderNo<br>string goodsNo<br>string receivableNo | 无 | 创建订单 |
| signReceivable | string orderNo<br>uint256 discountApplyAmount | 无 | 应收账款签发 |
| acceptReceivable | string receivableNo | 无 | 应收账款承兑 |
| transferReceivable | string receivableNo<br>address newOwner | 无 | 应收账款票据转移 |
| applyDiscount | string receivableNo | 无 | 应收账款申请贴现 |
| discountConfirm | string receivableNo | 无 | 应收账款票据转移 |
| redeemed | string receivableNo | 无 | 应收账款兑付 |

通过以上定义的智能合约，能够较好地实现整个应收账款融资场景的应用需求。完整的智能合约及演示项目请参考 https://github.com/hyperchain/textbook_code_example/ethereum_demo 的代码仓库，并按照相关流程进行测试运行。

### 4．项目部署与运行

本项目使用了以太坊底层区块链平台。App 与第三方支付接口服务器通过 RPC 请求接入以太坊网络，通过 API 进行交互。接下来主要介绍票据系统以太坊区块链平台的部署和运行流程。

**1）以太坊私有链搭建**

搭建以太坊私有链需要以太坊客户端，本节选择以太坊官方提供的 geth 客户端进行搭建。

（1）以太坊客户端下载。

geth 客户端可以直接从 https://geth.ethereum.org/downloads/下载对应的操作系统版本。

下载完成之后，将 geth 客户端压缩包解压到固定目录，解压后的目录包含 geth 客户端及其他二进制程序，最后执行如下代码检验 geth 客户端是否运行正常。

```
# bash
./geth -help
```

（2）区块链节点初始化。

要运行以太坊私有链节点，就必须先定义创世区块。创世区块的配置一般定义在一个名为 genesis.json 的文件中。有了创世区块配置文件，就可以初始化本地以太坊私有链节点的创世区块及初始数据。

```
# bash
./geth –datadir data init genesis.json
```

datadir 参数指明了当前初始化区块链的数据目录，后面产生的所有区块链数据也都会写入该目录。

（3）节点启动。

初始化完成后，本地的私有链就搭建完成了。接下来需要启动私有链，本节不再直接使用 geth 代码进行启动，而使用已经编写好的启动脚本进行启动。

```
# bash
./private-net.sh up
```

**2）智能合约部署和调用**

（1）安装 nodejs 环境。

智能合约的编译、部署、调用都需要用到 nodejs 环境，所以需要先安装 nodejs 环境。

```
sudo apt-get install nodejs
```

（2）智能合约编译。

智能合约编译需要使用 solcjs 编译器，solcjs 编译器可以使用 npm 进行安装。安装完成之后，进入智能合约所在目录执行如下代码即可进行智能合约编译。

```
# bash
npm install -g solcjs
solcjs ReceivableContract.sol --bin --abi -o build
```

编译完成后会在 build 目录中生成智能合约的 abi 和 bin 文件。abi 文件为智能合约的接口文件，bin 文件为智能合约的执行代码文件。

（3）智能合约部署。

智能合约部署之前需要安装智能合约脚本所需要的依赖，安装完成之后执行智能合约部署交易脚本 deploy.js 即可将智能合约部署到搭建的以太坊私有链网络中。

```
# bash
npm install
node deploy.js
```

（4）智能合约调用。

为了方便起见，智能合约调用使用提前准备好的交易脚本进行快速调用。invoke.js 文件负责智能合约调用交易的构建，以及发送交易请求到区块链节点。执行该脚本文件即可进行应收账款智能合约中方法的调用。

```
# bash
node invoke.js
```

（5）关闭区块链网络。

调用完成之后，使用脚本文件 private-net.sh 关闭区块链网络。

```
# bash
./private-net.sh down
```

以上环境搭建和运行涉及的脚本文件都可以在 https://github.com/hyperchain/textbook_code_example/ethereum-demo 的代码仓库中找到，读者可以自行下载体验。

本节主要对以太坊网络进行了整体介绍，给出了以太坊的整体架构图，对于架构图中涉及的各个组件进行了大致介绍，使读者对以太坊网络有了大致的认知。另外，根据应收账款的需求场景编写了基于以太坊 Solidity 的智能合约，给出了在搭建的以太坊私有链编译、部署、调用智能合约的详细过程，读者可根据本节提供的指导步骤进行操作实践。

## 11.2 Hyperledger Fabric

### 11.2.1 项目概述

Hyperledger（超级账本）Fabric 是由 Linux 基金会主导的、开源的企业级区块链项目，吸引了全球多个行业的“领头羊”。Hyperledger Fabric 是一种安全的、模块可插拔的、可拓展的通用区块链技术。2016 年，IBM 提供了经过 IBM 测试与认证的 Hyperledger 区块链代码，持续在开源项目仓库中贡献代码。Hyperledger Fabric 支持在多个平台上安装部署，开发者可以基于 Hyperledger Fabric 快速构建区块链应用。本节先介绍 Hyperledger Fabric 的基本框架，让读者对 Hyperledger Fabric 有一个基本的认识，之后将给出一个基于应收账款需求的 Hyperledger Fabric 实战项目，让读者感受到 Fabric 的部署及智能合约的调用。

图 11-5 为 Hyperledger Fabric 系统架构图，可以从上层应用开发和底层实现原理两个角度进行分析。

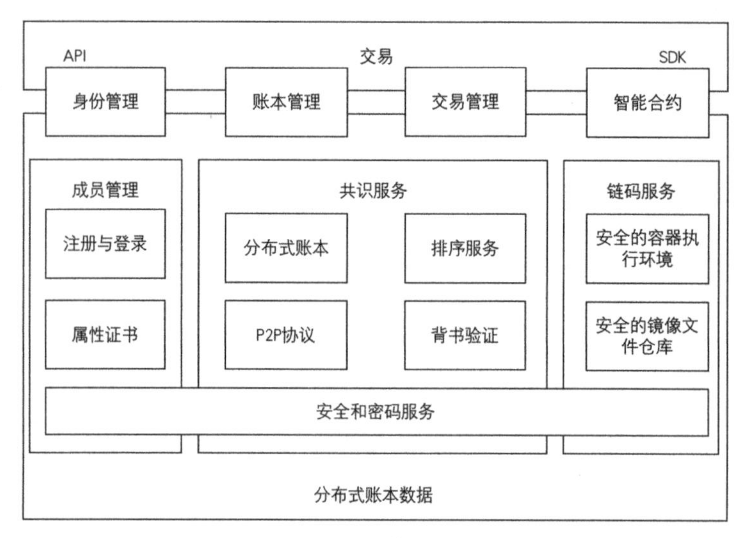


图 11-5　Hyperledger Fabric 系统架构图

从上层应用开发的角度来看，Hyperledger Fabric 提供相应的 API，并封装多种语言的 SDK，目前已经交付的有 Node.js 和 Java 的 SDK，在后续将会提供 Python、Rest、Go 等语言的 SDK。Hyperledger Fabric 主要包含身份管理、账本管理、交易管理和智能合约四个功能。

**1）身份管理**

Hyperledger Fabric 提供一种成员身份管理服务，为区块链网络中的节点、客户端、管理员等参与方提供证书。证书中包含参与方的身份信息，Hyperledger Fabric 通过身份信息可以确定参与方在系统中的权限。此外，区块链网络中参与方的操作都需要通过与证书关联的密钥进行签名与验证。

**2）账本管理**

Hyperledger Fabric 的账本由区块链和世界状态组成。用户可以对账本数据的存储进行配置，如世界状态的数据库配置、区块数据的存储配置、区块和交易索引的存储配置等。除此以外，Hyperledger Fabric 还提供多种区块索引方式，用户可以通过区块编号、区块哈希、交易编号等索引信息获取想要的区块和交易信息。

**3）交易管理**

账本数据的更新需要通过执行交易实现，SDK 提供交易的构造、提案等一系列调用方法。上层应用通过 SDK 发送交易，SDK 将交易提交到背书节点，得到所需的背书，经过排序节点排序后，最终提交到账本上。SDK 还提供对交易提交的监测方法，方便应用程序确定交易的状态。

**4）智能合约**

智能合约定义了更新账本数据的可执行逻辑。现实生活中的业务在交互之前，需要先定义好概念、规则、流程等内容，即业务模型。开发者可以通过 JavaScript、Go、Java 等编程语言将业务模型表示成智能合约，提高业务流程的处理效率。

从底层实现原理的角度来看，Hyperledger Fabric 主要提供以下四类服务。

**1）成员管理服务**

MSP（Membership Service Provider）是 Hyperledger Fabric 中可以信任的、管理组织成员身份的组件。在 Hyperledger Fabric 中通过证书表示参与方的身份，采用 PKI（Public Key Infrastructure）模型，在区块链网络中，参与方的通信都需要通过签名与验签。MSP 将通过身份验证的参与方添加到区块链网络中。Hyperledger Fabric 提供的 Hyperledger Fabric CA 组件能够管理拥有证书的 Hyperledger Fabric 参与方的数字身份，提供成员注册、证书的新增与删除等功能。

**2）共识服务**

在区块链系统中，节点通过共识算法各自维护一个账本的副本。Hyperledger Fabric 提供一种可插拔的共识服务模块，将执行交易和维护账本的节点进行解耦，分为背书节点（Endorser）、记账节点（Committer）和排序节点（Orderer）。这三类节点在 Hyperledger Fabric 交易流程中的主要作用如下。

（1）客户端发送交易提案请求到背书节点。

（2）背书节点对交易进行模拟验证，通过验证后进行背书签名，将提案响应返回给客户端。

（3）客户端根据背书策略收集到足够多的背书签名后，构造交易请求提交到排序节点。

（4）排序节点对交易进行排序，产生区块，并广播给记账节点。

（5）记账节点在验证通过区块的有效性后，提交到区块链账本。

**3）链码服务**

智能合约定义了业务的交易逻辑，一个或多个智能合约被打包进链码，部署到区块链网络。在 Hyperledger Fabric 中，链码运行在与节点进程隔离的 Docker 容器中，即使链码出现问题也不会影响节点的运行。Hyperledger Fabric 的链码支持多种语言编写，包括 Go、node.js 和 Java 等。

**4）安全和密码服务**

Hyperledger Fabric 提供可插拔的密码服务，由 BCCSP（BlockChain Cryptographic Service Provider）模块提供密钥生成、签名验签、哈希计算等功能。目前，Hyperledger Fabric 支持 SW、PKCS11 算法，随着国密算法的发展，越来越多的社区和生产厂商对 Hyperledger Fabric 进行国密改造。

### 11.2.2 项目实战

#### 1. 应用架构设计

参考 11.1.2 节的项目背景简介，相信读者已经对即将要实践的项目背景有所了解。本节基于票据智能合约需求设计了一个基于 Hyperledger Fabric 的票据系统。该系统主要提供账户管理、票据签发、应收账款融资等功能，通过调用部署在 Hyperledger Fabric 区块链平台的智能合约，为客户端提供服务接口。本节设计的票据系统可以为读者了解 Hyperledger Fabric 提供一定的帮助。

图 11-6 为系统模块图，本系统主要分为四个模块：App、后台业务层、接口层、区块链。

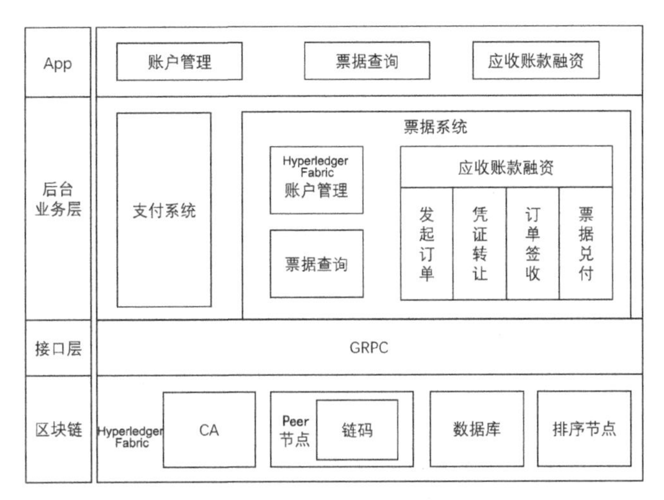


图 11-6　系统模块图

（1）App：用户可以通过 App 对票据进行下单、查询、出票、发货、转让、贴现、兑付等操作。

（2）后台业务层：后台业务层包括票据系统和支付系统。支付系统通过接入第三方支付平台实现。票据系统基于 Hyperledger Fabric 区块链平台实现，在本地的文件系统中进行 Hyperledger Fabric 账户管理，实现基于 Hyperledger Fabric SDK 的票据查询和应收账款融资。

（3）接口层：接口层负责提供后台业务层与底层区块链交互的接口，该接口采用 GRPC。

（4）区块链：底层区块链基于 Hyperledger Fabric 相关组件搭建，保证数据的安全性和可靠性，通过链码实现对票据业务的控制。主要组件如下。

- **CA**：作为数字证书认证中心，负责用户信息的注册、证书的发行、吊销等。
- **Peer 节点**：在本系统中，Peer 节点完成背书节点和记账节点的工作，存储账本、链码等数据，负责交易背书、链码执行等工作，票据系统的业务逻辑由链码实现。
- **数据库**：存储区块链的状态数据和区块数据。
- **排序节点**：负责对满足背书要求的交易进行排序，打包成区块，并广播给记账节点。

## 2. 智能合约设计

本节将根据应收账款的需求场景进行智能合约（链码）的设计。首先，进

行链码的技术选型；其次，根据功能设计链码的结构与内容；最后，进行项目的部署与运行。

**1）链码的技术选型**

Hyperledger Fabric2.0 目前支持用多种编程语言进行链码的开发，包括 Golang、Java、JavaScript 和 TypeScript。在部署链码时，不同语言开发的链码都会被统一打包，再经过通道成员的共识，安装到链上。尽管自 Hyperledger Fabric1.0 以来，Golang 始终作为链码被部署于区块链网络上，但在 Hyperledger Fabric2.0 中，提供了高度封装的智能合约开发接口，相比之前较为底层的 Fabric-shim，Hyperledger Fabric2.0 提供了 Fabric-contract-api 以满足较高层面的应用开发需求。因此，本节将采用 Hyperledger Fabric2.0 特有的 Golang 开发的链码接口进行智能合约的开发与设计。

**2）链码设计**

根据上文需求与功能的分析，首先设计链码中相关的结构体对象，这些对象将被记录在 Hyperledger Fabric 的区块链账本上。

首先是账户，表示应收账款融资场景中的用户。

```
// go contract
type Account struct {
    ID              string `json:"id"`                //用户 ID（查询关键字）
    Enterprise      string `json:"enterprise"`        //企业名称
    Role            string `json:"role"`              //角色
    Status          string `json:"status"`            //账户状态
    CertNo          string `json:"cert_no"`           //证件号码
    AcctSvcrName string `json:"acct_svcr_name"`       //开户行名称
}
```

其次是应收账款订单。

```
// go contract
type RecOrder struct {
    OrderNo         string `json:"order_no"`          //订单编号（查询关键字）
    GoodsNo         string `json:"goods_no"`          //货物编号
    ReceivableNo    string `json:"receivable_no"`     //应收账款编号
    OwnerID         string `json:"owner_id"`          //所有人 ID
    AcceptorID      string `json:"acceptor_id"`       //承兑人 ID
    TotalAmount   int   `json:"total_amount"`        //订单金额
}
```

最后是应收账款票据。

```
// go contract
type Receivable struct {
    ReceivableNo        string `json:"receivable_no"`              //应收账款编号（查询关键字）
```

```
    OrderNo             string `json:"order_no"`                   //订单编号
    SignedTime          string `json:"signed_time"`                //签发时间
    ExpireTime          string `json:"expire_time"`                //过期时间
    OwnerID             string `json:"owner_id"`                   //票据所有人
    AcceptorID          string `json:"acceptor_id"`                //应收账款接收人
    DiscountApplyAmount int `json:"discount_apply_amount"`         //贴现金额
    Status              string `json:"status"`                     //应收账款状态
}
```

在上述三类对象中，还包含了较为重要的状态信息，接下来将对状态信息进行定义。

首先是**账户角色**。

```
// go contract
const (
    Company     = "Company"         //企业（买方）
    Supplier    = "Supplier"        //供应商（卖方）
    Financial   = "Financial"       //金融机构
)
```

其次是**账户状态**。

```
// go contract
const (
    Invalid     = "Invalid"     //无效
    Valid       = "Valid"       //有效
    Frozen      = "Frozen"      //已冻结
)
```

最后是**应收账款状态**。

```
// go contract
const (
    ToBeAccepted      = "To Be Accepted"      //待承兑
    Accepted          = "Accepted"            //已承兑
    ToBeDiscounted    = "To Be Discounted"    //待贴现
    Discounted        = "Discounted"          //已贴现
    Redeemed          = "Redeemed"            //已结清
)
```

以上内容定义了链码中基本的数据结构，也规定了记录在 Hyperledger Fabric 上的内容形式。接下来对链码本身的接口进行定义。

定义链码结构体。

```
// go contract
type ReceivableContract struct {
    contractapi.Contract
}
```

整个应收账款的链码都由这一个结构体定义的方法来运作，接下来定义其用来被上层应用调用的方法接口，如表 11-2 所示。

表 11-2　应收账款 Hyperledger Fabric 链码被上层应用调用的方法接口

| 方 法 名 | 传 参 | 返 回 值 | 说 明 |
| --- | --- | --- | --- |
| InitLedger | (无) | (error) | 初始化账本 |
| QueryUser | (userID string) | (*Account, error) | 查询用户账户 |
| QueryAllUsers | (无) | ([]QueryResult, error) | 查询所有用户 |
| QueryRecOrder | (orderNo string) | (*RecOrder, error) | 查询应收账款订单 |
| QueryAllRecOrders | (无) | ([]QueryResult, error) | 查询所有应收账款订单 |
| QueryReceivable | (recNo string) | (*Receivable, error) | 查询应收账款票据 |
| QueryAllReceivables | (无) | ([]QueryResult, error) | 查询所有应收账款票据 |
| userCheck | (userID, role string) | (bool, error) | 检查用户角色 |
| CreateRecOrder | (userID, acceptorID string, amount int) | (*RecOrder, error) | 创建应收账款订单 |
| SignReceivable | (orderNo, supplierID string, discountApplyAmount int) | (*Receivable, error) | 签发应收账款票据 |
| AcceptReceivable | (userID, receivableNo string) | (*Receivable, error) | 承兑应收账款 |
| TransferReceivable | (recNo, ownerID, supplierID string) | (*Receivable, error) | 转让应收账款票据 |
| ApplyDiscount | (recNo, ownerID, financialID string) | (*Receivable, error) | 申请贴现 |
| DiscountConfirm | (recNo, financialID string) | (*Receivable, error) | 确认贴现申请 |
| Redeemed | recNo, companyID string | (*Receivable, error) | 应收账款兑付 |

其中，查询相关接口的返回值中包含 QueryResult 的数组，以下为 QueryResult 的结构体定义。

```
// go contract
type QueryResult struct {
    Key     string `json:"key"`   //查询关键字
    Record  interface{}           //查询到的单个结果对象
}
```

通过以上定义的链码接口，能够较好地实现整个应收账款融资场景的应用需求。完整的链码及演示项目请参考 https://github.com/hyperchain/textbook_code_example/fabric_demo 的代码仓库，并按照后续流程进行测试运行。

### 3．项目部署及运行

**1）Hyperledger Fabric 部署环境**

**（1）硬件环境：**4 核 CPU、4GB 内存、500GB 可用存储空间。

**（2）软件环境：**Linux 操作系统（Ubuntu 20.04）、Docker、Git、Node.js、Go 环境。

**2）Hyperledger Fabric 环境搭建**

对于一台服务器，可以按照以下步骤搭建区块链环境。请注意，以下代码是在 Ubuntu 20.04 系统上运行的，部分代码可能在其他操作系统下无法正常运行。

（1）Git 环境。

调用以下代码安装 Git。

```
# bash
sudo apt-get update
sudo apt-get install git
```

（2）Node.js 环境。

首先，更新软件源。

```
# bash
sudo apt-get update
sudo apt-get install -y python-software-properties software-properties-common
sudo add-apt-repository ppa:chris-lea/node.js
```

然后，安装 Node.js。

```
# bash
sudo apt-get install nodejs
```

（3）Go 环境。

安装 wget。

```
# bash
apt-get install wget
```

安装并配置 Golang。

```
# bash
wget https://studygolang.com/dl/golang/go1.14.linux-amd64.tar.gz
tar -zxvf go1.14.linux-amd64.tar.gz -C /usr/lib
echo `export GOROOT=$PATH:/usr/lib/bin` >> ~/.bashrc
# 自定义/path/to/go 路径，用于存放 go 项目文件
echo `export GOPATH=/path/to/go` >> ~/.bashrc
echo `export PATH=$PATH:$GOROOT/bin:$GOPATH/bin`>>~/.bashrc
source ~/.bashrc
```

检查 Go 版本，调用以下代码，若输出版本信息，则安装成功。

```
# bash
go version
```

安装 Go vendor。

```
# bash
go get -u github.com/kardianos/govendor
```

（4）Docker 环境。

安装 apt 依赖包。

```
# bash
sudo apt-get install \
    apt-transport-https \
    ca-certificates \
    curl \
    gnupg-agent \
    software-properties-common
```

添加 Docker 的官方 GPG 密钥。

```
# bash
curl -fsSL https://download.docker.com/linux/ubuntu/gpg | sudo apt-key add –
sudo apt-key fingerprint 0EBFCD88
```

调用以下代码设置稳定版仓库并安装。

```
# bash
sudo add-apt-repository \
   "deb [arch=amd64] https://download.docker.com/linux/ubuntu \
  bionic \
  stable"
sudo apt-get install docker-ce docker-ce-cli containerd.io
```

测试 Docker 安装成功。

```
# bash
sudo docker run hello-world
```

（5）运行 Hyperledger Fabric 示例。

本项目基于 Docker 执行，所有的 Hyperledger Fabric 组件都会在脚本执行时自动下载部署，该项目包含了运行 Hyperledger Fabric 项目的二进制文件、基于 Golang 编写的 Hyperledger Fabric 智能合约、基于 JSSDK 的智能合约调用及系统快速部署的 shell 脚本等内容。

从 github 中获取示例项目。

```
# bash
cd $GOPATH
git clone https://github.com/luyiming112233/fabric_demo.git
```

启动区块链。

```
# bash
cd fabric_demo/project
./deployPeer.sh
```

部署智能合约。

```
# bash
./deployCC.sh
```

执行 js 脚本, recOrderExample.js 中包含通过 JSSDK 调用智能合约的示例代码，可以直接调用，并看到执行结果。

```
# bash
cd js_demo
npm install
node recOrderExample.js
```

关闭区块链，删除上述步骤产生的文件，关闭 Docker 容器。

```
# bash
cd ../..
./clear.sh
```

注意，以上环境搭建主要是由 Hyperledger Fabric 区块链环境搭建的，不包含 App 及第三方支付接口部署。以上环境已经部署了票据系统的链码及 JSSDK，可以通过 recOrderExample.js 示例代码调用链码。

本节主要介绍了 Hyperledger Fabric 区块链网络的实战。首先，简单介绍了 Hyperledger Fabric 的系统架构，让读者对 Hyperledger Fabric 有一个大致的认识。接着，根据应收账款票据需求，给出了项目的整体框架，进行了 Hyperledger Fabric 链码的设计，并使用 Go 语言编写了相应的智能合约。本节还提供了节点的部署、智能合约部署的 shell 脚本，读者可以方便地通过 Docker 搭建并运行 Hyperledger Fabric 项目。该项目还包含基于 Hyperledger Fabric 的 JSSDK 调用智能合约的示例代码。Hyperledger Fabric 支持多种语言的智能合约，本节给出了使用 Go 语言编写的智能合约示例，有兴趣的读者也可以自行尝试使用 Java、JavaScript 等语言编写 Hyperledger Fabric 智能合约。

## 11.3　Libra

### 11.3.1　项目概述

#### 1. 项目背景与目标

自 20 世纪以来，互联网的诞生使得全球数十亿人可以互相连通，在任意

角落都可以访问全世界的信息。强大的互联网因其便利性、透明性推动了金融业的发展，尽管如此，全球仍有 17 亿成年人未接触到金融系统，这些人受制于传统金融系统的高手续费、可信度差及跨系统转账复杂等客观因素，无法享受传统金融系统提供的金融服务而被金融系统拒之门外。

Libra 是由 Facebook 公司在近几年推出的区块链加密货币项目。Libra 结合了区块链技术的优点，如安全性高、去中心化治理、开放性访问与强大的组织监管框架，旨在打造一个低成本、强连通性、强可达性的全球支付系统和金融基础设施。

Libra 项目主要由三部分组成。

（1）安全的、可扩展的和可靠的区块链。

（2）Libra 储备金由现金和短期政府证券组成，是一种价值稳定的资产储备，并支持 Libra 币。

（3）独立的 Libra 协会管理。

Libra 的底层区块链技术网络具有许多特点，包括去中心化治理、网络不由单一中心控制；允许任何人通过互联网相互连接；加密机制完善、资金安全性高。为了实现构建全球金融基础设施的目标，Libra 正在积极进行底层区块链的开发，并优先考虑其可扩展性、安全性，以及在存储容量和交易吞吐量上的效率。

现如今大多数加密货币的价值都由市场决定，并不稳定，而 Libra 币是由真实资产储备提供支持的。储备金具体包括现金和短期政府证券，用来维持 Libra 币的储备价值和人们对 Libra 币的信任。

Libra 采用协会的组织形式来支持系统的运行，协会是非营利性且独立的，协会成员包括不同领域的公司，如信用卡公司 Visa 和 Mastercard，互联网应用公司 Uber 和 Lyft，以及其他投资公司和学术机构等。显然，协会的设计保证了决策的公平性，不同领域公司的加入有利于 Libra 的推广。

### 2. 项目架构

本节主要介绍 Libra 项目中的底层区块链架构，与其他区块链项目相似，Libra 区块链系统同样由许多独立的模块组成。图 11-8 是 Libra 底层区块链架构图，下面将进一步介绍各个功能模块。

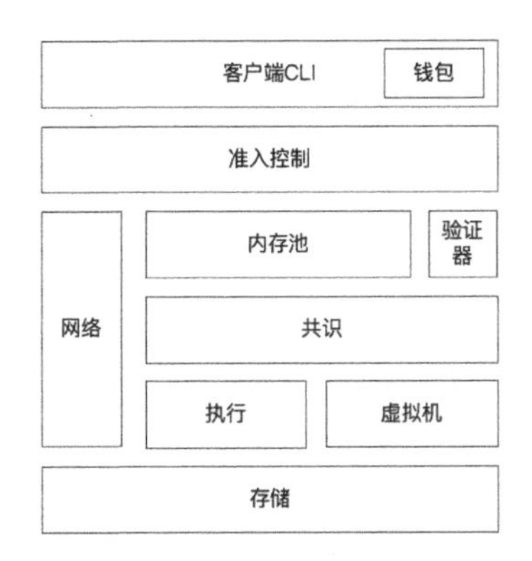


图 11-8　Libra 底层区块链架构图

（1）客户端可以向准入控制模块发送两种请求：提交交易和查询存储，其中，钱包包含了用户的私钥和资金信息。

（2）准入控制模块的主要目的是响应来自客户端的 GRPC 请求，如果收到了提交交易请求，则先检查交易签名，并转发到验证器进行虚拟机验证，验证通过后，将交易转发到内存池进行下一步处理；如果收到了查询存储请求，则不进行额外的处理，直接将该请求转发到存储模块。

（3）在共识提交之前，交易会在内存池中保留一段时间，并且内存池中的交易与验证器的交易是共享的。内存池的主要作用是构建交易，并基于手续费对交易进行排序，保证共识的正确性。

（4）网络模块专门作用于共享内存池与共识协议，其主要的作用有：转发客户端的 GRPC 请求；发现并维护连接的其他节点的信息；定时探测其他节点的连接，确保运行情况等。

（5）执行模块接收排序后的交易，通过 Move 语言虚拟机计算每笔交易的输出，并把输出结果传到存储模块，通过把交易输出添加到上一个状态来形成新的状态。

（6）存储模块持久化底层区块链的所有数据，并为查询存储请求提供默克尔证明，这主要得益于存储模块中数据的组织形式是默克尔累加器[4]（Merkle Accumulator）和稀疏默克尔树[5]（Sparse Merkle Tree）。

## 11.3.2　项目实战

本节的目的是通过一个实际的业务场景，设计和编写 Libra 的模块和交易脚本，并展示部署和运行项目的过程，为读者提供参考，帮助读者深入理解

Libra 项目的开发过程。

#### 1. 应用架构设计

参考 11.1.2 节的项目背景简介，相信读者已经对即将要实践的项目背景有所了解。本节基于票据智能合约需求，设计了一个基于 Libra 的票据系统。图 11-9 为票据系统模块图，本系统主要分为四个模块：终端、后台业务层、接口层、区块链层。

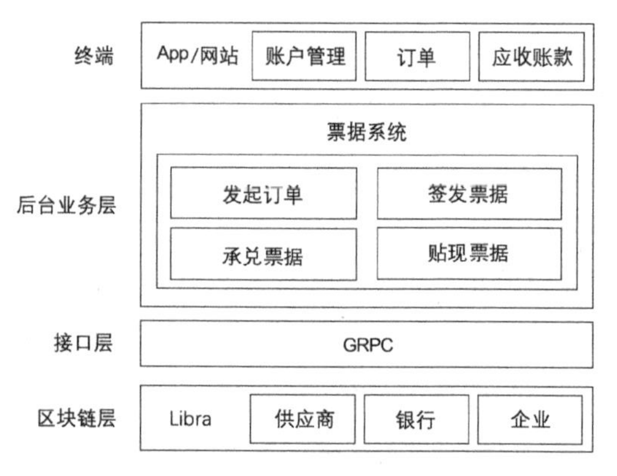


图 11-9　票据系统模块图

（1）终端：银行、企业和供应商可以通过 App 或网站等终端进行账户管理、订单和应收账款的操作。

（2）后台业务层：后台业务层即票据系统。票据系统主要实现订单、应收账款的相关功能接口。

（3）接口层：接口层实现后台业务层与区块链层的交互逻辑，并由 GRPC 请求实现。

（4）区块链层：区块链层基于 Libra 搭建，并组成三个验证节点的区块链网络，分别由银行、企业与供应商运行。

#### 2. 智能合约设计

Libra 发明了新型编程语言：Move 语言，来实现区块链上的传统交易和智能合约。6.2.2 节中有 Move 语言的详细介绍与架构图，感兴趣的读者可以翻阅前文查看。下面将展示 Libra 中设计、编写和部署智能合约的详细过程。

**1）编写模块**

在上述业务场景中，有两种主要资源：订单和应收账款票据。订单包含订单编号及状态，涉及的行为有发起订单、确认订单。应收账款票据包含票据编号、状态及票据所有人，涉及的行为有发布票据、签发票据、承兑票据及贴现票据。

Libra 规定不允许额外给账号增加资源，因此需要一个辅助函数来对自身账号增加资源，并赋上初始值，这就是发布函数 publish 的工作。下面是发起订单方法的示例代码，这里先检查自身账号是否拥有 Order 资源，如果没有，则调用内置函数 move_to_sender 为自身账号增加 Order 资源。

```
// move contract

public fun publishOrder() {
        if (!exists<Order>(Transaction::sender())) {
           move_to_sender<Order>(Order{id: 0, status: 0});
        }
}
```

确认订单由企业发起，需要修改企业与供应商对应订单的编号及状态。供应商签发应收账款票据，同样需要修改对应票据的编号及状态。这里用数字常量来规定订单和票据的状态值：0 代表初始状态、1 表示签发但未承兑、2 表示已承兑、3 表示已贴现。下面是确认订单方法的示例代码。这里首先检查供应商是否拥有 Order 资源，然后检查交易发起方是否为企业账号，如果不是企业账号，则中止智能合约，最后修改企业与供应商的订单信息。

```
// move contract

public fun confirmOrder(oid: u64, payee: address) {
        if (!exists<Order>(payee)) {
           abort 11;
        }
        if (Transaction::sender() != 0xaf74b2d854aa0309b34f35d0b5233e9c)
{
           abort 11
        };
        let myOrder = borrow_global_mut<Order>(Transaction::sender());
        *(&mut myOrder.status) = 1;
        *(&mut myOrder.oid) = oid;

        let supplierOrder = borrow_global_mut<Order>(payee);
        (&mut supplierOrder.status) = 1;
        *(&mut supplierOrder.oid) = oid;
}
```

承兑票据与贴现票据的逻辑相似，就是对票据状态及所有人进行更改，区别是贴现时应先检查订单和票据状态是否是已承兑，若不是则不继续执行。下面是贴现票据方法的示例代码，这里先检查交易是否由供应商发起，如果不是则中止智能合约，然后检查供应商的订单及票据状态是否是已承兑，最后对各自的订单及票据进行修改。

```
// move contract

public fun cashCertificate(payee: address) acquires Certificate, Order{
        if (Transaction::sender() != 0xd4362c8d983874291d1ecc666b71d17e)            {
          abort 11
        };

        let myOrder = borrow_global_mut<Order>(Transaction::sender());
        let myCertificate = borrow_global_mut<Certificate>(Transaction::sender());
        if (myOrder.status != 2 || myCertificate.status != 2) {
          abort 11
        };

        *(&mut myOrder.status) = 3;
        *(&mut myCertificate.status) = 3;
        *(&mut myCertificate.owner) = payee;

        let bankOrder = borrow_global_mut<Order>(payee);
        *(&mut bankOrder.status) = 3;

        let bankCertificate = borrow_global_mut<Certificate>(payee);
        *(&mut bankCertificate.status) = 3;
}
```

**2）编写交易脚本**

Libra 的交易脚本是“一次性”程序，一个交易脚本就代表一笔交易，在上述需求场景中，一共涉及以下四笔交易。

（1）企业向供应商发起订单。

（2）供应商向企业签发应收账款票据。

（3）企业向供应商承兑应收账款票据。

（4）供应商向金融机构贴现应收账款票据。

上文提到，Libra 不允许额外给账号增加资源，所以在开始正式的业务交易之前，需要先进行资源的发布。下面是 Order 资源发布的交易脚本的示例代码，注意调用模块时需要发布模块的地址。以下交易脚本展示的地址均是示例，读者在实际部署项目时需要进行替换。

```
// move script
```

```
script {
    use 0xaf74b2d854aa0309b34f35d0b5233e9c::MyModule;

    fun main()  {
        MyModule::publishOrder();
    }
}
```

业务交易在交易脚本的编写上与上述资源发布的交易脚本的逻辑是相似的，都只需要调用对应模块的函数。下面是企业向供应商发起订单的交易脚本的示例代码，传入的参数一个是本地订单的编号，另一个是供应商的地址。

```
// move script

script {
    use 0xaf74b2d854aa0309b34f35d0b5233e9c::MyModule;

    fun main()  {
        MyModule::confirmOrder(1, 0xd4362c8d983874291d1ecc666b71d17e);
    }
}
```

完整的 Libra 模块、交易脚本示例代码请参考 https://github.com/hyperchain/textbook_code_example/libra_demo 的代码仓库，并按照以下部署与运行步骤进行测试运行。

**3）项目部署与运行**

首先需要 git 代码下载 Libra 客户端，并通过客户端自带的脚本 dev_setup.sh 安装项目的依赖包，如 rust、Go 和 cmake 等。

```
# bash
git clone https://github.com/libra/libra.git && cd libra
./scripts/dev_setup.sh
```

下载 Libra 项目及安装依赖包后，运行以下代码。

```
# bash
cargo run -p libra-swarm -- -s
```

上述代码运行了一条本地 Libra 区块链，并开启了本地验证节点网络，随后启动了连接到本地区块链网络的客户端。客户端上显示用户可执行的操作如下。

```
# libra bash
usage: <command> <args>

Use the following commands:
```

```
account | a
Account operations
query | q
Query operations
transfer | transferb | t | tb
<sender_account_address>|<sender_account_ref_id>    <receiver_account_address>|<receiver_account_ref_id>
<number_of_coins> [gas_unit_price_in_micro_libras (default=0)] [max_gas_amount_in_micro_libras (default
100000)] Suffix 'b' is for blocking.
Transfer coins (in libra) from account to another.
dev
Local Move development
help | h
Prints this help
quit | q!
Exit this client


Please, input commands:

libra%
```

为了发布上文编写的模块并运行交易脚本，需要先创建一个账号，并为该账号生成 Libra 币。这里的 0 代表第 1 个账号的索引，70 代表生成的 Libra 币数量。

```
# libra bash
libra% account create
>> Creating/retrieving next account from wallet
Created/retrieved account #0 address a3a98582ea1746c938bc6d8c1734e5ac

libra% account mintb 0 70
>> Minting coins
transaction is stored!
Finished minting!
```

为了确保账号已经在本地区块链中生成，可以对账号余额进行查询。这里的 0 同样是账号的索引。

```
# libra bash
libra% query balance 0
Balance is: 70.000000LBR
```

记录新生成的账号地址，可以在账号下发布模块并运行相应的交易脚本，这里涉及客户端的 dev 操作。

发布模块前，必须对模块进行编译，使用客户端的 dev compile 命令，输入模块代码文件的路径及 Libra 目录下模块标准库的路径。

```
# libra bash
libra% dev compile 0 <path to my_module.move> <path to language/stdlib/modules>
>> Compiling program
Successfully compiled a program at:
/var/folders/d0/r0_6jj8n1_35k43rf3b0g2hm0000gn/T/d7bd42b2bca682d80b1fb05adfa735d7/modules/0_MyMod
ule.mv
```

编译过后生成了一个新的字节码文件 0_MyModule.mv，使用这个字节码文件来发布模块，这里使用的是客户端的 dev publish 命令，需要输入编译出的字节码文件的路径。

```
# libra bash
libra% dev publish 0
/var/folders/d0/r0_6jj8n1_35k43rf3b0g2hm0000gn/T/d7bd42b2bca682d80b1fb05adfa735d7/modules/0_MyMod
ule.mv

transaction is stored!
no events emitted
Successfully published module
```

上面命令行的输出代表该模块已经成功发布在账号下了，此时可以在其他模块和交易脚本下引入 use <address>::MyModule，使用新模块下的函数和变量。

在执行交易脚本前，需要先编译交易脚本，同样使用的是客户端的 dev compile 命令。这里需要输入交易脚本的路径、模块的路径和 Libra 目录下模块标准库的路径。

```
# libra bash
libra% dev compile 0 <path to script.move> <path to my_module.move> <path to language/stdlib/modules>
>> Compiling program
Successfully compiled a program at:
/var/folders/d0/r0_6jj8n1_35k43rf3b0g2hm0000gn/T/8f9eefad32ec1ce07032d53ae1e65989/scripts/main.mv
```

编译过后同样生成了一个新的字节码文件 main.mv，使用这个字节码文件来执行交易脚本，这里使用的是客户端的 dev execute 命令，同样需要输入新生成的交易脚本字节码文件的路径。

```
# libra bash
libra% dev execute 0
/var/folders/d0/r0_6jj8n1_35k43rf3b0g2hm0000gn/T/8f9eefad32ec1ce07032d53ae1e65989/scripts/main.mv

transaction is stored!
no events emitted
Successfully finished execution
```

这里命令行的输出说明交易已经成功执行并存储在区块链上了，至此，

Libra 项目的部署和运行过程已经全部完成。

本节针对前文提出的实际业务场景，展示了 Libra 项目中模块及交易脚本的编写过程，后面部分还介绍了 Libra 项目的部署及业务流程的运行开发过程，让读者可以深入了解 Libra 项目从设计到部署运行的完整开发流程。

## 11.4 趣链区块链平台

### 11.4.1 项目概述

#### 1. 项目简介

随着科技的升级和产业的变革，区块链技术得以持续而猛烈地发展，应用推广力度也越来越大，在社会各界都得到了广泛的关注，尤其是金融界和 IT 界。

基于此背景，趣链科技研发出了国产自主可控联盟链基础技术平台——趣链区块链平台，以联盟链的形式针对企业、政府机构和产业联盟的区块链技术需求，提供企业级的区块链网络解决方案。

趣链区块链平台是第一批通过工信部与信通院区块链标准测试的底层平台，具有验证节点授权机制、多级加密机制、共识算法、图灵完备的高性能智能合约执行引擎、数据管理等核心特性，支持企业基于现有云平台快速部署、扩展和配置管理区块链网络，对区块链网络的运行状态进行实时可视化监控。

#### 2. 项目特性

趣链区块链平台架构图如图 11-10 所示，其具有高性能、高可用、高安全、隐私性、可拓展、易运维等特性。

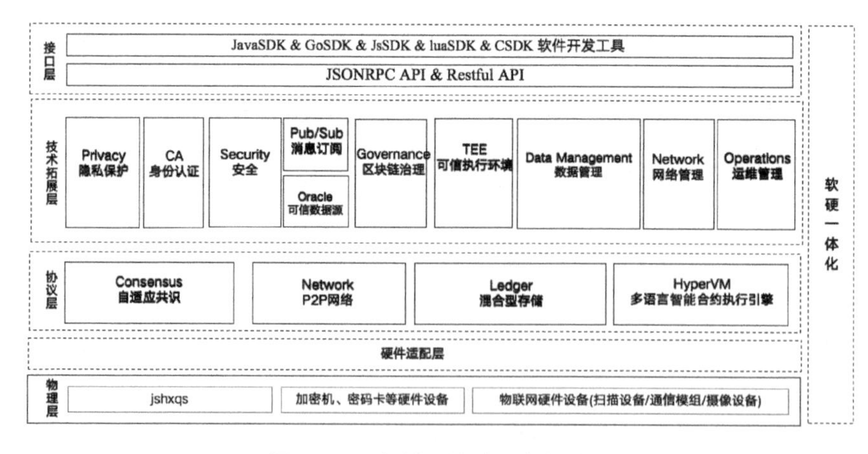


图 11-10 趣链区块链平台架构图

在接口层，平台配套提供了多种语言的 SDK 供开发者选择，包括 JavaSDK、GoSDK、JsSDK、 luaSDK、CSDK 软件开发工具等，未来还会提供更多语言的 SDK。多种语言的 SDK 对开发者更为友好，可以选择自己熟悉或喜欢的语言，降低了学习成本与开发难度。SDK 与平台之间采用 JSON-RPC 协议进行通信，接口定义规范明了。

在技术拓展层，在隐私保护方面，平台采取分区共识的方式，通过命名空间实现对业务和数据在物理级别上的隔离，通过隐私交易，切分交易粒度进行隐私保护；在 CA 身份认证方面，平台同时集成了自建 CA 与 CFCA，使 CA 体系更为灵活，保证机构的安全；在安全方面，平台采用多级加密机制，使用 SHA-3 或 SM3 哈希算法生成数据指纹，使用椭圆曲线 ECDSA 和 SM2 非对称加密算法生成数字签名来保证节点间的通信安全，使用 ECDH、3DES、SM4 加密算法实现密钥协商技术对传输层进行数据加密，使用基于 SGX 的节点密钥管理和数据加密存储实现 TEE（Trusted Execution Environment），用户的账户信息和业务数据可按需加密，在保证安全性的同时做到可查验、可审计。另外，还提供了交易去重机制来防止重放攻击和双花攻击，该机制根据交易哈希对交易进行去重处理，节点进行交易验证时检查交易是否存在过，如果存在过则判定为重复交易，节点将拒绝对这笔交易进行处理；在数据管理方面，平台支持数据索引，可进行复杂查询并迅速生成数据报表；在消息订阅方面，平台拥有独立的消息推送体系，可以推送区块、智能合约事件、平台异常状态等消息，外界可以通过订阅实时了解平台的运行情况；在可信数据源方面，平台实现可信的实体 Oracle 预言机，通过从外部引入世界状态的信息，如 URL 数据、搜索引擎及跨链数据等，解决区块链中智能合约只能被动处理内部触发的条件，不能调用链外的信息，与外界数据隔离的问题；在区块链治理方面，联盟链的准入机制虽然能在一定程度上保障其安全性，但为了支撑更复杂的商业应用场景需求，平台提出了分级的权限管理机制，进一步保障了商业隐私和安全，并使用 CAF（Consortium Automonous Framework，自治联盟组织）成立了一个自治组织，每位组织成员都可以提出提案、审议提案，最终以去中心化的形式决定某项提案通过与否，可支持提案包括成员管理、系统升级、智能合约升级等，高效地实现了提案的分发及投票的聚合，为共识服务的可用性打下了坚实的基础；在网络管理方面，平台实现了节点网络自发现机制，某一节点只需要配置其相邻节点的网络信息，便可以通过自发现机制找到其他相应的节点；在运维管理方面，平台提供了热备切换机制，通过关联 NVP 节点与 VP

节点，在 VP 节点出现故障时，关联的 NVP 节点可自动升级为 VP 节点，达到无缝衔接切换的效果。同时支持动态增删节点，可以在不停止其他节点的情况下方便地控制联盟成员的准入和准出。

在协议层，平台支持多种共识算法，实现自适应共识，同时支持 RBFT、RAFT、NoxBFT 等多种共识算法，可以在不同的应用场景下使用最为合适的共识算法。其中，RBFT 为高性能鲁棒共识算法，在系统延时 300ms 以内的情况下，TPS 可达到 1w 左右，同时提供动态数据失效恢复机制，通过主动索取区块和正在共识的区块信息使自身节点的存储尽快和系统中的最新存储状态一致，达到快速恢复的效果；在网络方面，平台采用 GRPC 作为节点间的通信协议，使用 protobuf 二进制消息，支持子协议定义及跨域多层级路由转发，支持 IPv4、IPv6 协议及 IPv4 和 IPv6 协议混用，同时支持同构跨链和异构跨链两种跨链模式。另外，通过流控机制对超过系统设置上限的流量拒绝接收，降低了由于压力过大导致节点异常的可能。经测试，即使在复杂网络如节点数目众多、网络抖动频繁、节点连接多样等情形下，平台依然能够保持稳定的性能，不妨碍其原有功能；在数据存储方面，平台采用对象存储、关系型存储、非关系型存储结合的混合型存储，支持多类型、多组织形式的数据可信存储，实现高性能、高可扩展链上存储，每天可上链 1T 数据。在防止存储文件被篡改的问题上，基于默克尔 DAG 组织形式的结构化和非结构化数据存储可达到不可篡改的效果，当链上数据过多时，还可以进行数据定期归档，将一部分链上数据归档，存储到链下，解决了数据无限膨胀可能带来的问题；在智能合约执行引擎方面，平台支持多种虚拟机，包括 EVM、HVM，可以使用 Java 作为智能合约语言，同时支持兼容 Solidity。对于基于 Java 的 HVM 执行引擎采用原生高性能智能合约引擎沙箱，保证智能合约的执行速度，并对智能合约全生命周期进行管理，可实现智能合约无缝升级。

在硬件适配层，主要对物理机云平台等基础资源、硬件加密机、密码卡等设备进行硬件层面的适配，使平台可在云服务、软硬件结合、物联网等多种场景下安全、稳定运行。

在物理层的硬件层面，可通过加密机、密码卡等硬件设备来保证密钥的安全性。另外，平台对区块链组件进行了模块化，可以部署在多种终端之上，支持容器化部署，兼容支持 suse11/12、CentOS、Ubuntu 等 UNIX 操作系统，以及一些物联网硬件设备，配套搭建扫描设备、通信模组、摄像设备等，底层支持多种关系型或非关系型数据库，能在不同操作系统、中间件、数据库之间进行系统移植。

## 11.4.2　项目实战

### 1．应用架构设计

参考 11.1.2 节的项目背景简介，相信读者已经对即将要实践的项目背景有所了解。本节将通过应收账款融资的案例场景来说明如何基于趣链区块链平台进行相应的应用架构设计。图 11-11 为应用架构图。

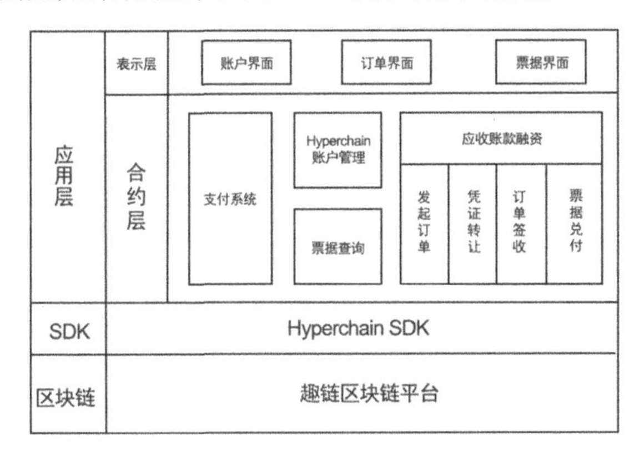


图 11-11　应用架构图

应用架构从宏观上可以分为三层：应用层、SDK、区块链。其中，应用层负责业务相关逻辑；SDK 负责提供应用层与区块链的交互，帮助应用层部署、调用智能合约，获取、操作数据等，将应用层的调用封装成平台统一格式的请求发送给平台；区块链提供区块链的相应服务，保证数据的可追溯、不可篡改等特性。

由于 SDK 和区块链对应用开发者来说是现成可用的，因此除去这二者，从应用本身的架构上来说，可以分为表示层、合约层。其中，表示层为用户提供可视化界面，展示相关业务数据或提供相关业务操作行为；合约层包括智能合约定义的持久化数据及业务流程方法，因此，合约层也可以看作传统意义上的应用的业务层与数据层的结合，对表示层发送来的请求进行实际的业务流程处理，获取或修改智能合约业务数据，持久化任何增加或修改的数据。

### 2．智能合约设计

趣链区块链平台同时支持 Solidity 和 Java，对于 Java，趣链区块链平台内置了 HVM 智能合约执行引擎，通过裁剪 JVM 虚拟机，提供 Gas 机制，实现更安全的智能合约执行环境。因此，对于以趣链区块链平台为底层平台开发的智能合约，更推荐使用 Java。下面说明如何根据 HVM 智能合约编写规范进行该案例场景下智能合约的设计。

1）订单类

```
public class Order {
    private String orderNo;          //订单编号
    private String goodsNo;          //货物编号
    private String receivableNo;     //应收账款编号
}
```

receivableNo（应收账款编号）在核心企业初始化订单时为空，待供应商确认订单发起应收账款时为该字段赋值；订单通过 receivableNo 来关联一笔应收账款。

2）账户角色枚举类

```
public enum AccountRole {
    Company/*核心企业*/,
Supplier/*供应商*/,
Financial/*金融机构*/
}
```

3）账户类

```
public class Account {
    private String accountID;              //账户 ID
    private String accountName;            //账户名
    private AccountRole accountRole;       //账户角色
    private String acctSvcrName;           //开户行名称
}
```

账户 ID（accountID）为发起注册账户接口智能合约方法调用时 SDK 的账户地址。

4）应收账款状态枚举类

```
public enum ReceivableStatus {
    accepting         //待承兑
    accepted          //已承兑
    discounting       //待贴现
    discounted        //已贴现
    discountFailed    //已失效
    settled           //已结清
}
```

5）应收账款类

```
public class Receivable {
    private String receivableNo;     //应收账款编号
    private String orderNo;          //订单编号


    private String payeeID;          //收款人（供应商）ID
```

```
    private String payerID;          //承兑人（核心企业）ID
    private String financialID;      //贴现人（金融机构）ID

    private float discountApplyAmount;  //贴现申请金额
    private ReceivableStatus status;    //应收账款状态：待承兑、已承兑、待贴现、已贴现、已失效、已结清
}
```

应收账款通过 orderNo（订单编号）来关联一笔订单；financialID（金融机构 ID）在发起贴现申请时指定贴现金融机构；discountApplyAmount（贴现申请金额）需要小于订单金额；status（应收账款状态）随着贴现流程变更。

HVM 智能合约可自定义多个接口，用来交付给不同的应用程序开发者，智能合约拥有者可以根据实际需要向不同的应用程序暴露不同的接口。在本案例场景下，智能合约接口根据业务角色划分为核心企业接口、供应商接口、金融机构接口三种，根据不同业务角色涉及的业务场景分别暴露相应的接口，其中，注册账户的接口为所有业务角色共同拥有。根据 HVM 智能合约编写规范，智能合约接口均需要继承 BaseContractInterface 接口。

**1）核心企业接口**

```
public interface ICompany extends BaseContractInterface {
    boolean registerAccount(Account account);
    boolean createOrder(Order order);
    boolean acceptReceivable(String receivableNo);
    boolean payReceivable(String receivableNo);
}
```

**2）供应商接口**

```
public interface ISupplier extends BaseContractInterface {
    boolean registerAccount(Account account);
    boolean ensureOrder(String orderNo);
    boolean initialReceivable(String orderNo, Receivable receivable);
    boolean transferReceivable(String receivableNo, String anotherPayeeAddr);
    boolean applyDiscountReceivable(String receivableNo, String financialID, float discountApplyAmount);
}
```

**3）金融机构接口**

```
public interface IFinancial extends BaseContractInterface {
    boolean registerAccount(Account account);
    boolean dealDiscountReceivable(String receivableNo, float expectedApplyAmount);
}
```

### 3. 智能合约调用类设计

InvokeBean：HVM 智能合约提出的一个新概念，指代实现了 BaseInvoke 接口的类，其实现的 Invoke 方法中包含了调用智能合约方法的业务逻辑。需

要注意的是，InvokeBean 需要一个空参空体的构造函数。

智能合约的调用必然涉及具体的智能合约方法，不同的智能合约方法可能存在于不同的智能合约接口中，因此 BaseInvoke 接口中包含了两个泛型，第二个泛型便是需要指定的智能合约接口，第一个泛型可根据实际业务需要返回需要的调用结果值，在这里使用布尔返回值来代表是否调用成功。

根据应收账款的三种业务角色分别定义了三个 InvokeBean，每个 InvokeBean 中都定义了各自在执行业务流程时需要用到的变量，可在初始化 InvokeBean 时通过构造函数进行赋值。

在实现的 Invoke 方法中可以对多个智能合约方法进行调用，一般来说，每调用一个业务场景，都需要编写一个 InvokeBean。为了避免创建过多的 InvokeBean，需要为每个角色定义其涉及的动作类型，以区分每次调用所对应的实际业务场景。

**1）核心企业 InvokeBean**

```
class CompanyInvoke implements BaseInvoke {
    invoke(ICompany iCompany) {
        switch (action) { //action 为业务操作类型
            case RegisterAccount:
                iCompany.registerAccount(company)
            case CreateOrder:
                iCompany.createOrder(order)
            case AcceptReceivable:
                iCompany.acceptReceivable(receivableNo)
            case PayReceivable:
                iCompany.payReceivable(receivableNo)
        }
    }
}
```

**2）供应商 InvokeBean**

```
class SupplierInvoke implements BaseInvoke {
    invoke(ISupplier iSupplier) {
        switch (action) { //action 为业务操作类型
            case registerAccount:
                iSupplier.registerAccount(supplier)
            case ensureOrder:
                iSupplier.ensureOrder(orderNo)
            case initialReceivable:
                iSupplier.initialReceivable(orderNo, new Receivable())
            case transferReceivable:
                iSupplier.transferReceivable(receivableNo, superSupplierAccountID)
```

```
            case applyDiscountReceivable:
                iSupplier.applyDiscountReceivable(receivableNo, financialID(), discountApplyAmount)
        }
    }
}
```

### 3）金融机构 InvokeBean

```
class FinancialInvoke implements BaseInvoke {
    invoke(IFinancial iFinancial) {
        switch (action) { //action 为业务操作类型
            case registerAccount:
                iFinancial.registerAccount(financial)
            case dealDiscountReceivable:
                iFinancial.dealDiscountReceivable(receivableNo, expectedApplyAmount)
        }
    }
}
```

## 4. 智能合约主体类设计

在 HVM 智能合约编写规范中约定一个继承了 BaseContract 且实现了一系列 BaseContractInterface 接口的子接口（智能合约接口）的类为一个智能合约主体类。该类内的所有实现智能合约接口的方法都代表智能合约方法，可以被外界调用。要求该智能合约主体类必须提供无参构造函数，并且不建议在构造函数中编写智能合约逻辑。

对于智能合约可能存在的初始化需求，BaseContract 提供了一个钩子函数 onInit()来代替原构造函数。除此之外，还有另外三个钩子函数 onCreated()、onPreCommit()和 onCommitted()，可用来在智能合约全生命周期的不同阶段加入自定义代码，分别在智能合约创建对象时和提交数据前后被调用。可以在 onCreate()中添加权限检查或非持久化变量的初始化，在 onPreCommit()中添加执行结果的校验，在 onCommitted()中添加日志的打印等。

HVM 智能合约成员变量包括内置变量、持久化变量、非持久化变量。内置变量可以获取当前交易的哈希和智能合约调用者的地址，例如，getSender()方法可以获取智能合约调用者的地址，getTx()方法可以获取当前交易哈希等。在未来的版本中，HVM 智能合约编写规范还将支持更多的内置变量；持久化变量指的是在智能合约中带@StoreField 注解的成员变量，持久化变量会在智能合约执行前从区块链账本中读取最新数据依赖注入智能合约的相应变量，同时在智能合约执行后自动向账本写入修改的数据，读取和持久化的过程对用户透明；非持久化变量指的是在智能合约中不带@StoreField 注解的成员变量，若该变量不在成员变量声明时初始化，则在每次调用前都会修改为该变量数据的零值，同时在智能合约执行完成后，不会将该变量数据写入区块链账本。不过智能合约可以通过 onCreated()来改变非持久化变量的值，以供在智能合约调用时使用。同时，针对区块链场景，HVM 智能合约实现了三个自定义数据集合：HyperMap、HyperList 和 HyperTable，作为智能合约中需要与账本交互的集合，在大数据量时，可以比普通集合有更好的效率。自定义数据集合需要作为智能合约的持久化变量存在，在成员变量声明时初始化，不可在构造函数或钩子函数中初始化；集合内用户自定义的泛型不可再带有泛型；不可把自定义数据集合作为非@StoreField 使用（如局部变量、返回值、函数入参等），只在需要与账本交互时使用。在本案例场景下，账户、订单及应收账款均使用 HyperMap 进行存储，并标注为持久化数据。

类似 Solidity 的智能合约事件推送，HVM 同样为智能合约开发者提供了类似的功能，可以将指定的事件根据需要的筛选条件以推送的形式发送给客户端。智能合约基础类 BaseContract 提供了一个 event(Object data, String name, String,…,topics)方法，可以提供给智能合约使用。data 代表事件需要包含的数据，最后会转换为 json 的数据形式推送给客户端；name 代表事件的名称，必须提供一个非空的字符串作为标识，客户端订阅的时候为 topics 订阅数组的第一个变量；topics 代表用户可选的筛选条件，为一个字符串数组，客户端订阅的时候可在 topics 订阅数组中追加进行事件筛选。在本案例场景下，当其中一个角色每完成一个业务流程时，都需要通知其他角色，因此，在每个业务方法最后都抛出了一个事件用于其他角色订阅。

智能合约主体类

```
class ReceivableContract extends BaseContract implements ICompany, ISupplier, IFinancial {
    @StoreField
    HyperMap accounts = new HyperMap();
    @StoreField
    HyperMap orders = new HyperMap();
    @StoreField
    HyperMap receivables = new HyperMap();

    registerAccount(Account account) {
        accounts.put(sender, account);
    }

    createOrder(Order order) {
        orders.put(orderNo, order);
```

```
    }

    initialReceivable(String orderNo, Receivable receivable) {
        receivables.put(receivableNo, receivable);
    }

    acceptReceivable(String receivableNo) {
        receivables.get(receivableNo).setStatus(accepted);
    }

    transferReceivable(String receivableNo, String anotherPayeeID) {
        receivables.get(receivableNo).setPayeeID(anotherPayeeID);
    }

    applyDiscountReceivable(String receivableNo, String financialID, float discountApplyAmount) {
        receivable.setStatus(discounting);
        receivable.setFinancialID(financialID);
        receivable.setDiscountApplyAmount(discountApplyAmount);
    }

    dealDiscountReceivable(String receivableNo, float expectedApplyAmount) {
        receivable.setStatus(discounted);
    }

    payReceivable(String receivableNo) {
        receivable.setStatus(settled);
    }
}
```

## 5. 项目部署与运行

项目底层由趣链区块链平台提供区块链服务，因此，首先需要部署与运行平台。BaaS（Blockchain as a Service，区块链即服务）平台是趣链科技于 2018 年 10 月正式对外推出的企业级区块链服务开放平台，取名为飞洛，该平台可代替手动部署、管理、运维区块链网络及开发智能合约的过程，将全流程可视化、自动化，实现核心业务的快速上链，企业可专注于核心业务的研发，从而降低企业在区块链技术中的投入成本。该平台同时提供直观便利的智能运维和可视化监控工具，保障区块链网络稳定安全运行。

下面说明如何使用飞洛平台部署一套趣链区块链平台环境，飞洛平台的网址为 https://filoop.com，访问后首先进行注册并登录，进入控制台界面，单击“区块链部署”下拉按钮，选择“创建联盟链”选项，进入趣链区块链平台创建联盟链界面产品类型可以选择“区块链+云服务器”和“区块链”两个选项。

（1）区块链+云服务器使用飞洛平台提供的云服务。

（2）区块链则需要用户自行准备服务器资源。

部署类型可以选择“快速部署试用版”“单机部署”“集群部署”三个选项。

（1）单机部署为在一台服务器上搭建四个节点，适用于联盟链应用的开发与测试。

（2）集群部署为每台服务器搭建一个节点，系统性能较好，联盟链的可扩展性更强。

（3）快速部署试用版提供7天的免费服务，可供用户免费试用体验，该选项仅在产品类型选择“区块链+云服务器”选项时可选。

在产品类型选择“区块链+云服务器”，部署类型选择“快速部署试用版”选项的情况下，显示如图11-12所示界面。

图 11-12　飞洛平台创建联盟链网页截图

选择该选项组合时无须填写相关的服务器网络配置信息和平台配置信息，飞洛平台使用其默认的配置项，可以看到在“服务器配置”中默认选中有且仅有的“快速配置”选项。唯一需要填写的是当前创建的联盟链的链名，有效时长为7天免费试用，阅读《飞洛区块链开放服务平台开发者服务协议》，若同意协议的相关内容，则勾选“我已阅读并同意《飞洛区块链开放服务平台开发者服务协议》”复选框，单击“确认订单”按钮，即可创建一条7天免费试用的联盟链。

联盟链创建完成之后，在区块链管理菜单中选择所创建的链名，单击子菜单链监控查看该链的相关信息，如活跃节点数、区块高度、交易总数、吞吐率、实时交易量等链相关数据，以及 CPU 占用率、硬盘占用率、内存占用率、网络进出总流量等节点服务器相关数据，所有数据均以可视化图表的形式呈现。在子菜单浏览器中，可以查看最近的区块和交易的具体信息。用户可以根据这些信息对链进行实时监控，掌握关键数据，便于运维。

飞洛平台对于部署智能合约、调用交易也提供了相关的可视化界面供用户操作，鉴于其流程相对简单易懂，所以本节不再赘述，下面主要说明如何通过趣链区块链平台提供的 LiteSDK 在平台上部署智能合约并发起调用，LiteSDK 基于 Java 且已开源，项目地址为 https://github.com/hyperchain/javasdk。

部署调用智能合约流程如下。

**1）获取智能合约相关接口**

```
//获取智能合约接口示例
        // 1. build provider manager
        DefaultHttpProvider defaultHttpProvider = new
DefaultHttpProvider.Builder().setUrl(DEFAULT_URL).build();
        ProviderManager providerManager = ProviderManager.createManager(defaultHttpProvider);
        // 2. build contract service
        ContractService contractService = ServiceManager.getContractService(providerManager);
        AccountService accountService = ServiceManager.getAccountService(providerManager);
```

LiteSDK 根据不同的类型将平台接口分类，智能合约相关接口调用被封装到 ContractService 接口，部署调用智能合约等操作都通过该接口进行。

**2）部署智能合约**

```
        // 3. build deploy transaction
        Account account = accountService.genAccount(Algo.SMRAW);
        InputStream payload = FileUtil.readFileAsStream("path/to/receivable.jar");
        Transaction deployTx = new Transaction.HVMBuilder(account.getAddress()).deploy(payload).build();
        deployTx.sign(account);
        // 4. send request and polling
        ReceiptResponse deployRes = contractService.deploy(deployTx).send().polling();
        // 5. get contract address
        String contractAddress = deployRes.getContractAddress();
```

部署智能合约通过发送交易的方式进行，首先创建一个账户，用于后续对交易进行签名。通过 HVMBuilder 类来构建交易，将账户地址、智能合约 jar 包传入构建的部署智能合约交易中，用账户对交易进行签名，通过 ContractService 接口将交易发送至平台，轮询交易回执得到已部署的智能合约地址。

3）调用智能合约

```
        // 6. build invoke transaction
        Transaction invokeTx = new Transaction.HVMBuilder(account.getAddress()).invoke(contractAddress,
new ContractInvoke()).build();
        invokeTx.sign(account);
        // 7. send request and polling
        ReceiptResponse invokeRes = contractService.invoke(invokeTx).send().polling();
        // 8. decode result to get receipt
        String invokeReceipt = Decoder.decodeHVM(invokeRes.getRet(), String.class);
```

同样使用 HVMBuilder 类，传入账户地址、智能合约地址、HVM 智能合约调用类来构建调用智能合约的交易，仍使用部署智能合约时的账户对交易进行签名。通过 ContractService 接口将交易发送至平台，轮询并解码得到可读的交易回执。至此，部署调用智能合约的流程便完成了。

本节主要对趣链科技国产自主可控联盟链基础技术平台——趣链区块链平台做了整体的介绍，并给出了平台项目架构图，从平台的架构角度分析了平台的功能和特性。另外，介绍了平台的 HVM 智能合约，结合应收账款的业务场景给出了应用架构设计与智能合约设计，帮助读者更好地理解如何使用 HVM 进行智能合约的编写。最后，介绍了如何通过飞洛平台部署启动趣链区块链平台的联盟链，以及如何使用 LiteSDK 部署调用智能合约。

本章主要对目前主流的区块链平台进行了介绍，从整体架构的大致介绍到细分技术点的详细介绍，使得读者对于这些区块链平台有了初步的认识。本章还给出一个应收账款的实际业务需求，针对各个区块链平台的特性，使用自身支持的智能合约开发语言实现相应的应收账款系统智能合约，并实践搭建启动各自对应的区块链网络，以进行智能合约的部署和调用。

## 参考文献

[1] Buterin V. White Paper. A next-generation smart contract and decentralized application platform[EB/OL]. [2021-05-10]. https://translatewhitepaper.com/wp-content/uploads/2021/04/EthereumOrijinal-ETH-English.pdf.

[2] BOGNER A, CHANSON M, MEEUW A. A decentralised sharing app running a smart contract on the ethereum blockchain[C]. Proceedings of the 6th International Conference on the Internet of Things: Association for Computing Machinery, 2016.

[3] 李艳玲. 浅谈中小企业应收账款管理存在的问题及对策[J]. 福建建材，2011，4：108－110.

[4] PAPAMANTHOU C, TAMASSIA R, Triandopoulos N. Cryptographic Accumulators for Authenticated Hash Tables[J]. Algorithmica, 2009, 625: 712.

[5] DAHLBERG R, PULLS T, PEETERS R. Efficient sparse merkle trees[C]. Nordic Conference on Secure IT Systems, Cham: Springer, 2016.

# 第12章 区块链测评

区块链技术随着 2008 年比特币的出现而名声大振，如今已经发展到百花齐放，百家争鸣的形势。本章结合大量的区块链行业标准和测评的实践，从信息系统质量模型、评价体系、测评工具和测评方式等角度展开，对行业内区块链与分布式记账系统（简称“区块链系统”）的标准与测评进行阐述。

## 12.1 区块链测评概述

在区块链高速发展且具有可塑性的阶段，引入区块链技术的技术规范和标准化，有助于统一对区块链的认识，规范和指导高质量的区块链系统在各行各业的发展，促进区块链的共性技术攻关，对于区块链产业生态发展意义重大。本节将结合行业内区块链技术的大量实践，介绍区块链信息系统质量模型和评价体系。

### 12.1.1 区块链信息系统质量模型

本节参考了常见的 ISO 9126 软件质量模型（1993 年）和 ISC/IEC 25010 质量模型，结合了区块链行业标准及测评的实践，得出了区块链信息系统质量模型。该模型大体上分为功能性、性能、安全性、可靠性、可维护性、可移植性、互操作性和可扩展性八个部分，如图 12-1 所示。

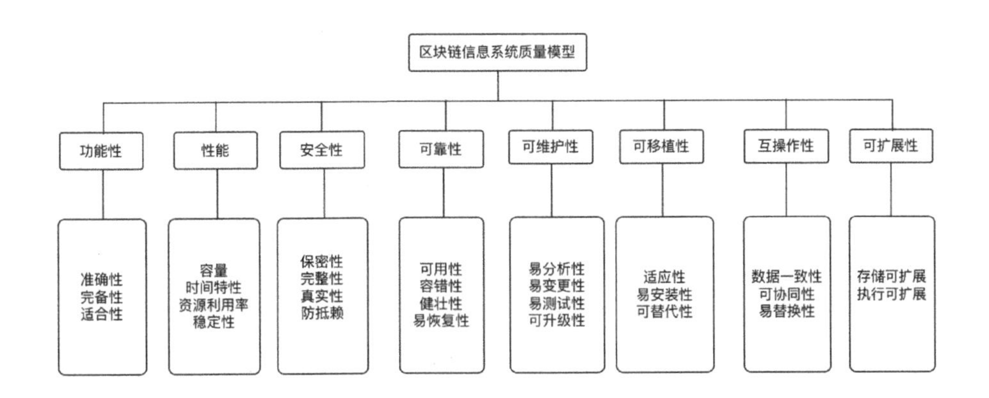


图 12-1　区块链信息系统质量模型

（1）功能性：区块链系统功能质量模型主要从功能的角度考察系统的准确性、完备性和适合性，可以从基础设施层、平台协议层、技术拓展层和接口层四个层级展开，如图 12-2 所示。

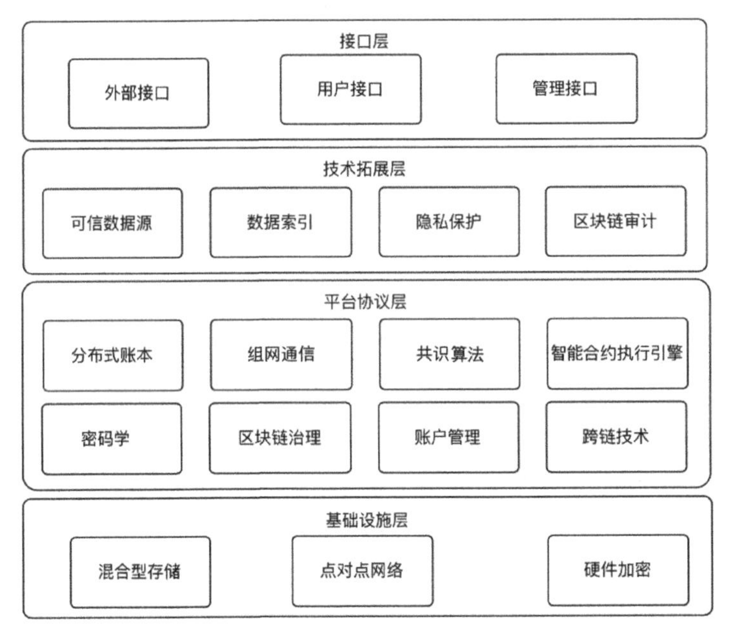


图 12-2　区块链系统功能质量模型

（2）性能：通过公允的基准测试工具模拟多种正常、峰值和异常负载条件，查看区块链系统的容量、时间特性、资源利用率和稳定性。

（3）安全性：指区块链系统对信息和数据的保密性、完整性、真实性和防抵赖。

（4）可靠性：在规定场景下，考察区块链系统的可用性、容错性、健壮性和易恢复性。

（5）可维护性：考察区块链系统是否模块化，发生错误时是否可被诊断及诊断的难易程度，对区块链系统实施修改的难易程度，测试的难易程度，是否可升级。

（6）可移植性：考察不同软硬件环境下区块链系统跨平台的适应性，是否易安装，组件是否可替换及替换的难易程度。

（7）互操作性：考察区块链系统节点间的数据一致性，以及与其他区块链系统间的可协同性和易替换性。

（8）可扩展性：存储模块是否可扩展，执行模块是否可扩展。

### 12.1.2 区块链评价体系

根据上一节提到的区块链信息系统质量模型分为功能性、性能、安全性、可靠性、可维护性、可移植性、互操作性和可扩展性八个部分，区块链评价体系将这八个部分统一整理成功能、性能、安全和拓展性四大方面进行阐述，其中，拓展性评价包含可靠性、可维护性、可移植性、互操作性和可扩展性五个部分，可参考区块链信息系统质量模型，这里就不再展开讲述了。

#### 1. 功能评价

区块链评价体系的功能评价参考区块链系统功能质量模型，从基础设施层、平台协议层、技术拓展层和接口层四个层级展开说明。

基础设施层评价要素主要包括：（1）混合型存储：区块链系统运行过程中产生的各种类型的数据，如区块数据、账本数据和索引数据等，不同类型数据的数据库选型不同，分为关系型和非关系型数据库；（2）点对点网络：考察区块链系统采用的网络通信协议是否支持上层功能；（3）硬件加密：硬件加密提供硬件 TEE，保证区块链系统的底层数据加密存储，并做到密钥存储管理。

平台协议层评价要素主要包括：（1）分布式账本：区块链系统内的节点共同参与记账，去中心化共同维护区块链系统账本，并且保证账本安全可追溯；（2）组网通信：主要考察区块链节点之间的组网方式、是否支持消息转发、是否支持节点动态加入和退出；（3）共识算法：用于保证分布式系统一致性的机制，这里主要考察共识算法的多样性、共识节点数量、交易顺序一致性、账本一致性和节点状态一致性；（4）智能合约执行引擎：智能合约是区块链应用业务逻辑的载体，而智能合约执行引擎保证了这些应用的落地。这里主要考察智能合约执行引擎是否拥有完备的业务功能、可确定性、可终止性、完备的升级方案等；（5）密码学：区块链系统支持的密码算法类型，以及是否支持密钥管理，如密钥生成、密钥存储、密钥更新、密钥使用、密钥销毁；（6）区块链治理：区块链治理模式，以提案的形式管理区块链系统行为，如系统升级、节点管理、智能合约升级等；（7）账户管理：考察是否支持针对区块链账户的一些常规的管理操作，如账户注册、账户变更、账户注销、角色权限、账户查询等；（8）跨链技术：考察区块链系统是否支持跨链交互。

技术拓展层评价要素主要包括：（1）可信数据源：从外部引入世界状态的信息，如 URL 数据、搜索引擎及跨链数据等，考察区块链系统是否支持将区块链外的数据源接入区块链，执行更复杂的业务逻辑，支持更丰富的业务场景；（2）数据索引：用来存储区块链系统中关键的索引信息，提高数据查询效率，考察区块链系统是否在链下提供可选择的索引数据库；（3）隐私保护：保证区块链数据的隐私性，考察区块链系统是否提供隐私保护机制；（4）区块链审计：考察区块链系统是否提供审计功能，数据访问是否可审计，账本数据变更是否可审计，节点一致性校验失败是否可审计。

接口层评价要素主要包括：（1）外部接口：一般是指对链外系统开放的接口，如预言机、跨链；（2）用户接口：考察是否提供针对账户体系的查询服务，如账户体系的基本信息查询、业务提供的服务查询、事务操作查询；（3）管理接口：提供节点的管理入口，如节点信息查询、节点状态查询、节点服务的开关、节点配置管理及节点监控。

### 2. 性能评价

区块链系统的性能评价要素主要从系统容量、时间特性、资源利用率和稳定性四个方面展开。

（1）系统容量主要指交易吞吐量满足度，考察在要求的负载下，单位时间内可处理的最大请求数量是否满足需求。

（2）时间特性主要指响应时间满足度，单条命令的响应时间是否满足需求。

（3）资源利用率主要包括系统对硬件资源如 CPU、内存、带宽等的占用

是否符合需求限度。

（4）稳定性主要指被测系统在特定软件、硬件、网络条件下，给系统一定的业务压力，使系统运行一段时间，检查系统资源消耗情况，以此检测系统是否稳定。一般稳定性测试时间为 $n\times12$ 个小时。

### 3. 安全评价

在对各领域的积极探索过程中，区块链技术所应用的数据存储、网络传输共识算法、智能合约等存在的安全问题逐渐暴露。如今，区块链技术正处于快速上升期，其存在的安全问题除了外部组织的恶意攻击，也可能由内部机构引起。截止到 2018 年 4 月，在全世界区块链领域出现的安全问题导致了近 30 亿美元的经济损失。区块链系统的安全评价要素可以从数据存储、网络传输、共识算法、智能合约和权限控制五个层面展开，如图 12-3 所示。

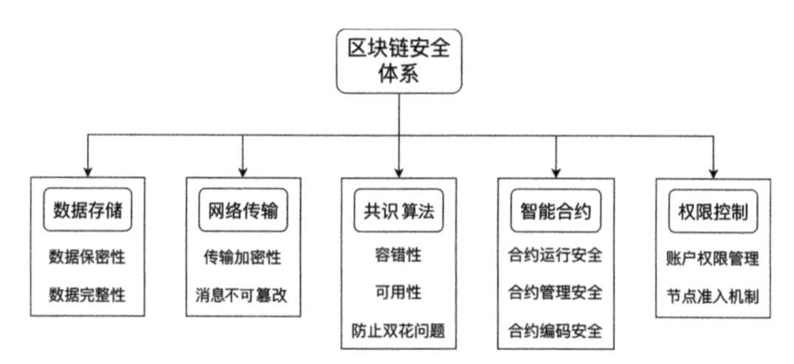


图 12-3　区块链安全体系评价图

## 12.2 功能性测评

区块链具体测评由功能性测评和非功能性测评组成，本节将结合实际测评中的具体操作展开描述功能性测评的细节。功能性测评主要考察区块链系统各项功能是否满足准确性、完备性和适合性三大关键因素，本节主要针对区块链系统提供的功能展开相关测评项的描述。

区块链系统的基础功能性测评从基础设施层、平台协议层、技术拓展层和接口层展开描述。

### 1. 基础设施层

混合型存储测评要素包括：（1）区块链存储方式多样化：区块链系统中不同类型的数据结构采用不同的存储方式；（2）节点高效稳定存储：能够提供高

效、稳定、安全的数据服务。

点对点网络测评要素包括：(1) 节点之间通信：能够进行点对点通信，并且保证通信安全；(2) 通信协议多样化：支持的通信协议类型是否多样化，支持根据业务场景选择最优通信协议；(3) 增删通信节点：支持动态增加节点，动态删除节点。

硬件加密测评要素包括：(1) 密钥存储：能够将关键密钥信息托管到 TEE 中不再导出，以便保护关键密钥；(2) 数据加密：在密钥存储的基础上，提供特定节点的密钥加解密功能。

### 2. 平台协议层

分布式账本测评要素包括：(1) 多节点拥有完整的区块和账本数据，且数据一致；(2) 支持账本数据同步，同步后数据状态一致；(3) 账本的操作记录可查询、可追溯。

组网通信测评要素包括：(1) 节点间是否支持消息转发；(2) 是否支持节点动态加入，以及最多加入集群的节点个数；(3) 是否支持节点动态退出。

共识算法测评要素包括：(1) 系统支持多节点参与共识与确认；(2) 可容忍拜占庭节点，在拜占庭节点的容错范围内，系统可正常运行。

智能合约执行引擎测评要素包括：(1) 是否提供多种语言支持及配套的智能合约编译执行环境，如虚拟机；(2) 是否支持智能合约编译、智能合约部署、智能合约升级和智能合约版本管理。

密码学测评要素包括：(1) 支持多种加密类型，可按照具体的业务场景选择加密方式；(2) 支持国密算法，如 SM2、SM3 和 SM4 等；(3) 密钥管理功能：密钥生成、密钥存储、密钥更新、密钥使用、密钥销毁。

区块链治理测评要素包括：(1) 成员管理；(2) 系统升级；(3) 智能合约升级。

账户管理测评要素包括：(1) 账户注册、账户变更、账户注销、账户查询；(2) 是否提供账户角色权限控制管理。

跨链技术测评要素包括：区块链系统是否支持跨链交互。

### 3. 技术拓展层

可信数据源测评要素包括：(1) 区块链系统是否提供可信数据源的功能；(2) 验证可信数据源的真实性。

数据索引测评要素包括：(1) 考察区块链系统是否在链下提供可选择的索

引数据库；（2）数据查询效率是否有所提升。

隐私保护测评要素包括：（1）考察区块链系统是否提供分区共识的功能，分区共识的分区之间互不干扰；（2）支持交易粒度的隐私保护，隐私交易数据只存储在交易的相关方。

区块链审计测评要素包括：（1）考察区块链系统是否提供审计功能；（2）数据访问是否可审计；（3）账本数据变更是否可审计；（4）节点一致性校验失败是否可审计。

### 4. 接口层

外部接口测评要素包括：区块链系统是否提供预言机操作接口，是否提供可信数据源查询的可编程接口。

用户接口测评要素包括：（1）账户体系的基本信息查询；（2）业务提供的服务查询；（3）事务操作查询。

管理接口测评要素包括：（1）节点信息和节点状态可查询；（2）提供节点级别配置管理接口；（3）提供节点监控入口。

## 12.3 性能测评

区块链的性能测评大致可从三个角度进行考量：（1）交易处理性能；（2）数据查询性能；（3）稳定性。下面将从这三个角度展开介绍区块链的性能测评。

### 1. 交易处理性能

在一般情况下，区块链性能指的是交易处理性能，区块链集群通常能够处理两种类型的交易，普通转账交易和智能合约交易。为了比较不同区块链平台的性能，可选用典型的普通转账交易作为标准性能测试用例进行测评。测评工具可选用 Caliper 和 Frigate，通过模拟正常、峰值及异常负载条件对区块链集群发送交易，观察当负载逐渐增加时，区块链集群的各项性能指标及资源占用的变化情况。

区块链性能指标主要考量区块链的交易吞吐量和延迟时间。交易吞吐量（Transaction Per Second，TPS）指单位时间内，区块链能够处理的交易数量。延迟时间（Latency）指一笔交易从发起到最终确认的时间，主要包括网络传输和系统处理时间。在区块链系统中，交易吞吐量和延迟时间主要受共识算法和集群节点数量影响。由于公有链节点众多，网络环境复杂，`因此无论采用什么共识算法，公有链平台的性能都普遍较低。例如，以太坊的交易吞吐量在 20TPS

左右，延迟时间则为几分钟，而联盟链或私有链平台由于节点数量大幅减少，网络简单，相对健壮，因此其交易吞吐量在特定场景下能达到千级、万级，延迟时间能达到秒级甚至毫秒级。图 12-4 为主流区块链平台以太坊、Hyperledger Fabric（kafka 版本）、Libra 和趣链区块链平台的性能对比情况。

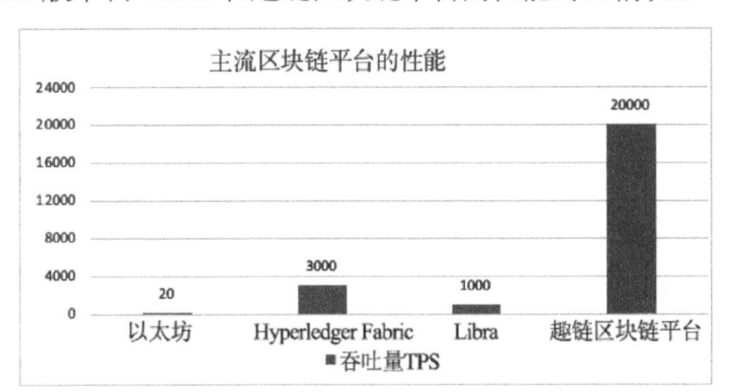


图 12-4 主流区块链平台性能对比图

### 2. 数据查询性能

常见的数据查询有区块查询、交易查询、回执查询、账本查询等，可通过在不同数据量级时进行数据查询性能测试，考察区块链数据查询性能，以及区块链数据量增长对数据查询性能的影响。

与交易处理性能不同，数据查询性能指标主要为并发用户数、TPS 和响应时间。由于数据查询操作并不需要进行共识，因此其响应时间一般要求达到秒级。

### 3. 稳定性

区块链稳定性测试是在交易处理性能测试的基础上，通过延长/缩短测试时间和增大/减小负载量进行的，一般分为以下几种场景。

（1）高负载压力测试，以最大负载持续运行一段时间，观察交易处理速度和资源占用情况。

（2）低负载持续运行 7×24 小时，观察交易处理速度和资源占用情况。

（3）尖峰冲击，瞬时向集群发送 2 倍最大负载的交易量，观察集群状态、处理成功率。

另外，还可以进行混沌测试，对集群施加一定干扰，观察集群的抗干扰能力和异常恢复能力。

## 12.4 安全测评

为了保障区块链产品的安全性，需要从区块链自身的体系架构进行分析和梳理，针对区块链产品的安全测评大致可以从数据存储、网络传输、共识算法、智能合约和权限控制五个方面展开。

### 1. 数据存储

数据不可篡改和去中心化是区块链最重要的两个特性，所有的参与方节点都保存着全部的区块数据。这就要求区块链对链上数据的一致性和保密性进行保障。

**1）数据一致性**

数据一致性是指区块链中所有的参与方节点在参与共识后，对于交易的打包和执行都应该相同，保证最后上链的数据保持一致。同时，当一个或少数节点存储的区块数据被篡改时，应该能够得到及时地监测和恢复。

**2）数据保密性**

数据保密性就是区块链应提供相应加密手段保障链上数据的私密性，防止交易信息被其他无权限的参与方节点获取。

### 2. 网络传输

实现区块链去中心化最重要的一个基础就是 P2P 网络，所有共识的交易都需要进行全网的广播。这就要求区块链保证网络传输过程的传输加密性和消息不可篡改。

**1）传输加密性**

传输加密性需要保证节点间数据的转发和广播应使用可加密的方式进行，用密文代替明文进行传输。

**2）消息不可篡改**

消息不可篡改要求区块链能够及时发现在传输过程中被恶意篡改的交易，并保证该交易无法上链。

### 3. 共识算法

共识算法是区块链技术的核心，按照其制定的规则，各区块链节点都可以对交易的处理和执行达成共识。共识算法保证了数据的写入需要大部分参与方节点认同，有效构建了去中心化系统。同时，能保障区块链集群能够容纳一定的错误节点或恶意节点。区块链的共识安全应考虑其容错性和可用性，如果支持转账交易，则需要防止双花攻击。

**1）容错性**

区块链共识的容错性指的是在错误节点数少于理论值时，整个集群依然能够维持正常的交易共识和处理。

**2）可用性**

可用性指的是在存在恶意节点的情况下，整个集群也能对交易进行正确的处理，即保证合法交易能够共识成功，非法交易无法上链。

**3）防止双花攻击**

防止双花攻击主要是避免同一笔代币在不同的交易中被花费。应保证节点能够正确应对双花攻击，其中一条交易成功，其他交易都应该失败。

### 4. 智能合约

智能合约对区块链而言，是在不同应用领域进行区块链实践的基石。智能合约与区块链技术的结合能够帮助区块链应用实现更复杂的业务。但是，如果智能合约运行的虚拟机环境或智能合约管理、智能合约编码本身存在漏洞，那么很可能导致极大的风险。

**1）智能合约运行安全**

智能合约运行安全主要要求虚拟机在智能合约运行出现异常时，如访问地址越界、堆栈溢出等，能够将智能合约状态进行回滚，保证虚拟机正常工作。

**2）智能合约管理安全**

智能合约管理安全保障智能合约拥有完备的生命周期管理，能够对链上已部署的智能合约进行冻结、解冻、升级或删除等管理操作，能留下相关的操作日志。同时，需要保证链上智能合约和数据无法被恶意篡改。

**3）智能合约编码安全**

智能合约编码安全主要针对上层应用，不安全的智能合约可能导致极大的安全漏洞，如整型溢出、重入攻击等。所以要配备相应的智能合约安全检测工具和平台，以保证智能合约编码的安全性。

### 5. 权限控制

权限控制主要是指对区块链众多用户进行角色和权限的管理和划分，对链上数据的操作和访问进行严格的控制。同时，需要建立完善的节点准入机制。

**1）账户权限管理**

账户权限管理要求区块链能够对链上的账户进行授权和权限回收，严格管理高风险操作的执行权限，同时确保所有操作能够被记录。

**2）节点准入机制**

节点准入机制的建立主要是保证区块链集群能够有效鉴别非法节点的身份，所有节点的加入都要获得大部分节点的认可和授权。

**3）接口权限控制体系**

接口权限控制体系由角色权限体系、接口权限控制和接口访问控制组成，需要根据一定规则区分角色权限、接口类型和接口的访问权限，考察是否存在越权操作现象。

**4）数据访问控制权限**

数据访问控制权限考察区块链系统是否按照既定的规则配备一套完善的数据访问控制规则，检查系统是否存在越权访问数据的危险。

## 12.5 拓展性测评

拓展性测评主要包括可靠性、可维护性、可移植性、互操作性和可扩展性五个方面的测评。

**1）可靠性测评要素**

（1）可用性。考察在特定条件下，区块链系统可提供服务的程度。

（2）容错性。考察集群在处理错误操作如异常查询、异常接口调用时，系统可提供服务的程度。

（3）健壮性。当集群节点发生异常时，集群可识别，并通过一定机制恢复到正常状态；考察单个节点故障能否导致区块链集群不可用。

（4）易恢复性。考察在发生异常时，集群节点是否能自行恢复到正常状态，是否可以通过其他节点恢复到正常状态。

**2）可维护性测评要素**

（1）易分析性。考察区块链系统发生错误时是否可被诊断及诊断的难易程度。

（2）易变更性。对区块链系统实施修改的难易程度。

（3）易测试性。区块链系统测试的难易程度。

（4）可升级性。考察区块链系统是否可升级，以及升级之后对旧版本的兼容性。

**3）可移植性测评要素**

（1）适应性。考察在不同软硬件环境下，区块链系统是否能正常运行。

（2）易安装性。考察区块链系统易安装和易部署的程度。

（3）可替换性。考察在相同软硬件环境下，区块链系统组件是否可替换及替换的难易程度。

4）互操作性测评要素

（1）数据一致性。区块链系统节点间数据的一致性。

（2）可协同性。与其他区块链系统间的互操作程度。

（3）易替换性。考察在相同执行环境下，替换或升级部分组件，功能是否能正常使用，数据是否可兼容。

5）可扩展性测评要素

（1）存储可扩展。存储模块是否可扩展，是否支持分片。

（2）执行可扩展。执行模块是否可扩展，是否支持分片。

## 12.6　区块链基准测试工具

在数据库领域存在 TPC（Transaction Processing Performance Council，事务处理性能委员会）制定数据库基准程序的标准规范。测试者可以根据 TPC 所给出的规范构建最优的测试系统。例如，针对 OLTP（On-Line Transaction Processing），TPC 提出了 TPCC 基准测试规范，根据此规范，测试者开发了 HammerDB、BenchmarkSQL 等通用基准测试工具进行数据库的基准测试。而在区块链领域，虽然还没有类似 TPC 的组织，也没有推出统一的基准测试规范，但是随着区块链系统和区块链理念的不断发展，一些机构已经开始尝试制定相关规范，同样出现了一些通用基准测试工具。

### 1. HyperBench

HyperBench 是一款开源的、基于 Go 语言开发的高性能通用区块链基准测试工具。区块链系统与数据库系统、Web 系统有一定的区别，但是作为计算机软件，区块链系统在测试过程中所使用的测试思想与数据库系统、Web 系统是类似的，因此，测试引擎与测试指标可以采用类似的方式进行通用化设计。在区块链领域实现通用区块链基准测试工具面临的主要难题有两方面：一方面是现在并没有统一的区块链系统功能要求，各区块链系统所提供的功能各不相同，如何整合、适配主流的区块链系统是一个值得思考的问题；另一方面是现在没有统一的基准测试规范，大多规范都是由系统研发公司与研究机构自行提出的，因此，测试用例会随着时间不断变化，如何快速、灵活地根据变化的测试用例搭建测试环境同样是一个需要考虑的问题。HyperBench 对上述两个问题的解答是：从实际区块链系统使用者的视角出发，将区块链操作接口抽象成统一的智能合约部署、调用、查询等接口，借此来解决统一适配的问题；测试逻辑以脚本的形式构造，允许测试者基于统一的区块链操作接口和测试引擎所暴露的钩子函数自由灵活地制定测试用例，以此来解决快速搭建测试环境的问题。总的来说，在架构上，HyperBench 基于通用的测试引擎，通过将测试用例和被测区块链平台的接口分层抽象成易于扩展的基准层和适配层，测试者能够根据测试用例快速构建出不同区块链平台的测试用例，测评区块链系统在特定测试用例下的交易吞吐量与成功率。

从系统架构特点上来说，HyperBench 是一个基于虚拟机的分布式高性能基准测试工具，其整体架构如图 12-5 所示，共分为五个部分。

（1）基准层主要由测试用例构成，每个测试用例又分成了两个部分，用来配置测试引擎的测试参数配置和基于测试引擎所暴露出来的钩子函数制定测试用例的 Lua 测试脚本。

（2）引擎层主要由五个通用的控制测试行为的组件构成。分布式控制器负责主从模式的分布式控制，主要进行测试上下文和测试任务的分发；压力调度器主要根据参数向受测区块链系统输出压力；虚拟机池负责管理模拟用户行为所使用的 Lua 虚拟机；数据统计负责采集基准测试数据；可视化工具负责将采集到的数据进行渲染。

（3）虚拟机层主要由若干个 Lua 虚拟机组成。虚拟机由引擎层的虚拟机池管理，拥有独立的上下文，可以用来模拟用户的操作逻辑。压力调度器通过并发调用虚拟机暴露出的钩子函数实现压力输出。分布式控制器同样通过调用虚拟机暴露出的钩子函数进行运行时的虚拟机上下文同步，同步内容包括智能合约地址、调用的 ABI 等。虚拟机所执行的逻辑中，一部分钩子函数的脚本代码是由基准层的 Lua 测试脚本编写的，另一部分是 HyperBench 系统本身内置的。

（4）适配层将对区块链平台的操作统一抽象成智能合约部署、调用、查询、转账等区块链客户端接口，屏蔽区块链系统的功能细节。受测区块链系统使用各自的 SDK 实现客户端接口，进行适配。通过这种方式，为编写测试提供一个统一视角，方便形成统一的基准测试规范。

（5）性能扩展层主要是为了加速虚拟机执行测试逻辑的效率增加的。使用 Go 语言实现 Lua5.1 的标准库，并将测试中常用的工具方法如长随机字符串生成等，内置到虚拟机中供测试者使用，通过这种方式来尽量减小在系统中引入虚拟机和脚本带来的性能损失，提高测试工具性能。

图 12-5　HyperBench 项目架构图

运行时，HyperBench 通过 Go 的协程机制进行并发压力输出，通过对 Lua 虚拟机数量的限制控制最大并发。在这种架构下，测试工具的主要 CPU 开销集中在客户端的密码学计算上，内存开销主要集中在虚拟机上。对大多数客户端来说，一次区块链操作会涉及多次网络 IO，导致单次用户行为的平均耗时长，压力输出的主要瓶颈在并发上。

目前，HyperBench 已经适配了 Hyperledger Fabric、趣链区块链平台等平台。在 AWS c5d.2xlarge 规格的云服务器上测试轻客户端的趣链区块链平台时，单机能够达到 8000 并发 20000QPS 的压力输出。此处的轻客户端是一个相对的概念，指完成一次区块链操作，在客户端所需要完成的操作较少，存储的信息相对较小；与之相对的概念则是重客户端。例如，Hyperledger Fabric 这一类在一次交易中需要在客户端完成背书收集等相对较多网络操作的区块链系统，其客户端负载高，往往需要多台压力机进行分布式测试。

## 2. Caliper

Caliper是一款基于Node.js的开源通用区块链基准测试工具，是Linux基金会主导的Hyperledger项目中一个旨在标准化区块链基准测试的子项目。作为Hyperledger的子项目，Caliper对于其他Hyperledger的子项目都提供了一定的支持，包括Hyperledger Fabric、Sawtooth、Iroha、Burrow、Besu，除此之外，还支持以太坊及FISCO BCOS。

Caliper整体架构的设计思路也是将区块链系统适配和测试用例的编写从工具核心中抽象出来，供测试者进行扩展。整个工具能够自底向上地分成三个部分，分别是适配层、接口与核心层、基准层，图12-6所示为Caliper的整体架构图。

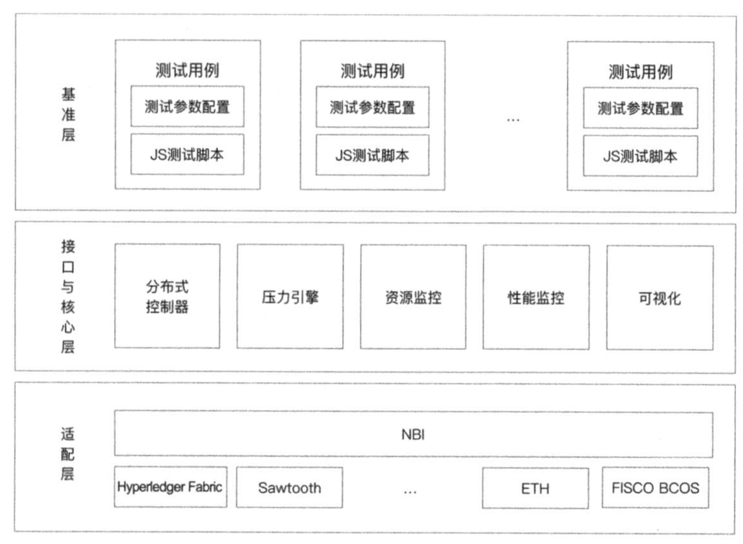


图12-6 Caliper的整体架构图

适配层将区块链系统提供的功能抽象成统一的接口，集成到接口与核心层，在测试时使用。开发者将这个统一的区块链系统接口称为Caliper Blockchain NBI（North-Bound Interface，北向接口）。区块链平台使用基于Node.js的SDK或RESTful API实现上述NBI，以接入系统。

接口与核心层则是在适配层的基础上进行封装，除适配层提供的区块链操作接口之外，还为上层提供资源监控、性能监控及可视化接口。除此之外，还封装了分布式控制器及压力引擎，向上层提供配置接口。

基准层则基于接口与核心层所提供的接口，根据区块链项目的测试用例来编写测试逻辑与配置测试策略。

运行时，Caliper 通过 Node.js 的线程与 Promise 机制来实现并发的压力输出。在这种架构下，Caliper 相比前一节提到的 HyperBench 的优势是 Node.js 的开发者较多，上手成本可能比较低；劣势是对测试者来说，在线程与 Promise 的模型下，较难在运行时缓存测试上下文，从而构造比较复杂的连续区块链操作用例。另外，由于 Node.js 的限制，如果不使用 C/C++进行扩展，则性能较差。

# 致谢

书者，如也。一人书如其才，如其人；多人书如其志，如其魂。本书倾众人之心血完成，想法、手稿、调研、查阅、撰写、修订、校对，期间经历了很多艰辛，但最终定稿还是颇有成就感。感谢趣链科技基础研发中心团队！

团队的意志在于分工明确，共同目标。有目标、有规划、有指导、有实施以及总分总的战略协作方式在此次书籍撰写中展现得淋漓尽致。

感谢邱炜伟博士和李伟博士给予战略目标指导，带领书籍规划小组构建书籍的“大脑”；感谢书籍撰写负责人黄方蕾对于撰写全流程进度把控的辛苦付出，体现出了一个技术项目经理高超的项目管理水平；感谢胡麦芳、张珂杰、李世敬、方儒玥贡献系统的技术理论知识，在文章结构、内容把握以及整体修订上给予专业的建议；感谢各个项目团队，各展所长、各尽所能，贡献了相应章节内容，构建了本书的筋骨与血液。

感谢胡麦芳、李世敬、方儒玥、赵超越等产品团队。

感谢端豪、俞欢、王广任等共识团队。

感谢乔沛杨、鲁校冉、魏新蕾等密码学团队。

感谢郭威、吴志强、金鹏、叶晨宇、李旺泰等存储团队。

感谢陶烨琪、卢益铭、杨攀、董剑辉、宋宇等虚拟机团队。

感谢马晓敏、曹立晨、何昊等网络团队。

感谢刘明美、何奇、薛英才等权限治理团队。

感谢汪晓可、郑柏川、余竞等嵌入式团队。

感谢徐才巢、周蓉、江哲、陶勇星、夏立伟等跨链团队。

感谢姚文豪、刘欣、俞志斌等数据网格团队。

感谢谭锦志、戴唯威、张丁文等开放平台团队。

感谢郑银燕、曾爽、魏晓彤等测试团队。

最后，还要对书中引用的知识文献致以感谢，让我们得以站在巨人的肩膀上继续前行，希望本书可以对读者了解区块链的理论和技术有一定的帮助，如果可以为区块链行业吸引更多的有志之士加入、开辟、创造，将是本书莫大的荣幸。